SketchUp（中国）授权培训中心官方指定教材

SketchUp常用插件手册

孙 哲 潘 鹏 编著

清华大学出版社
北京

内 容 简 介

本书原本是《SketchUp曲面建模思路与技巧》一书中的第3章；因篇幅太大，专门分离出来并充实内容后形成一本独立的《SketchUp常用插件手册》；虽然分成了两本书，但读者还应把本书作为工具书，与《SketchUp曲面建模思路与技巧》配合学习与应用。

本书的内容可供读者建模时快速方便地查阅几百个常用插件的功能与用法，附件里还提供了这些插件的最新rbz文件与相关课件。

这本手册作为市场上唯一以插件为课题的专著，能为你解决插件方面的很多麻烦问题，将成为所有SketchUp用户案头的必备工具，当然也可作为各大专院校师生的重要工具书。

图书在版编目(CIP)数据

SketchUp常用插件手册/孙哲，潘鹏编著. —北京：清华大学出版社，2023.8
SketchUp（中国）授权培训中心官方指定教材
ISBN 978-7-302-64212-1

Ⅰ.①S… Ⅱ.①孙… ②潘… Ⅲ.①建筑设计—计算机辅助设计—应用软件—中等专业学校—教材
Ⅳ.①TU201.4

中国国家版本馆CIP数据核字（2023）第135320号

责任编辑：张 瑜
封面设计：潘 鹏
责任校对：周剑云
责任印制：丛怀宇
出版发行：清华大学出版社
    网　　址：http://www.tup.com.cn，http://www.wqbook.com
    地　　址：北京清华大学学研大厦A座　　邮　　编：100084
    社 总 机：010-83470000　　邮　　购：010-62786544
    投稿与读者服务：010-62776969，c-service@tup.tsinghua.edu.cn
    质量反馈：010-62772015，zhiliang@tup.tsinghua.edu.cn
    课件下载：http://www.tup.com.cn，010-62791865
印 装 者：三河市君旺印务有限公司
经　　销：全国新华书店
开　　本：190mm×260mm　　印　　张：37.25　　字　　数：905千字
版　　次：2023年9月第1版　　印　　次：2023年9月第1次印刷
定　　价：188.00元

产品编号：093689-01

SketchUp（中国）授权培训中心

官方指定教材编审委员会

主　编：潘　鹏

副主编：孙　哲

顾　问：

王　奕　张　然

编　委：

肖万涛　李吉鸿（新加坡）　刘东全　钟　凡　郑　珩

唐海玥　王　军　刘新雨　黄慧宇　戴　超　王镇东

郭　超　安重任　彭时矿　吴淦坤　孙　禄　吴纯臻

郭　蓉　张　泙　方　祥　潘　琳　王　敖　王鹏远

SketchUp官方序

自 2012 年天宝（Trimble）公司从谷歌（Google）收购了 SketchUp 以来，这些年 SketchUp 的功能得以持续开发和迭代，目前已经发展成为天宝建筑最核心的通用三维建模以及 BIM 软件。几乎所有天宝的软硬件产品都已经和 SketchUp 衔接，因此可以将测量测绘、卫星图像、航拍倾斜摄影、3D 激光扫描点云等信息导入 SketchUp；产品在 SketchUp 中进行设计和深化之后，也可通过 Trimble Connect 云端协同平台与 Tekla 结构模型、IFC、rvt 等格式协同；还可结合天宝 MR/AR/VR 软硬件产品进行可视化展示，以及结合天宝 BIM 放样机器人进行数字化施工。

天宝公司发布了最新的 3D Warehouse 参数化的实时组件（Live Component）功能，以及未来参数化平台 Materia，这将为 SketchUp 打开一扇新的大门，也还会有更多、更强大的 SketchUp 衍生开发产品陆续发布。由此可见，SketchUp 已经发展成为天宝 DBO（设计、建造、运维）全生命周期解决方案核心工具。

SketchUp 在中国的建筑、景观园林、室内设计、规划及其他众多设计专业有非常庞大的用户基础和市场占有率。然而大部分用户仅仅使用了 SketchUp 最基础的功能，却并不知道虽然 SketchUp 的原生功能简单，但将这些基础功能结合第三方插件的拓展，众多资深用户还可以将 SketchUp 发挥成一个极其强大的工具，能处理复杂的几何体和庞大的设计项目。

SketchUp（中国）授权培训中心（ATC）的官方教材编审委员会已经组织编写了一批相关的通用纸质与多媒体教材，后续还将推出更多新的教材，其中，ATC 副主任孙哲老师（SU 老怪）的教材和视频对很多基础应用和技巧做了很好的归纳总结。孙哲老师是国内最早的用户之一，从事 SketchUp 的教育培训工作十余年，积累了大量的教学资料成果。未来还需要 SketchUp（中国）授权培训中心以老怪老师为代表的教材编写委员会贡献更多此类相关教材，助力所有的使用者更加高效、便捷地创造出更多优秀的作品。

向所有为 SketchUp 推广应用做出贡献的老师致敬。

向所有 SketchUp 的忠实用户致敬。

SketchUp 将与大家一起进步和飞跃。

SketchUp 大中华区经理
王奕（Vivien）

SketchUp 大中华区技术总监
张然（Leo Z）

本书是"SketchUp（中国）授权培训中心"（以下称 ATC）在中国大陆出版的"官方指定系列教材"中的一部分。此系列教材包括《SketchUp 要点精讲》《SketchUp 学员自测题库》《LayOut 制图基础》《SketchUp 建模思路与技巧》《SketchUp 材质系统精讲》《SketchUp 常用插件手册》《SketchUp 曲面建模思路与技巧》，正在组稿的还有关于"BIM 应用""动态组件"等方面的书籍以及与之配套的一系列官方视频教程。

SketchUp 软件诞生于 2000 年，经过二十多年的演进升级，已经成为全球用户最多、应用最广泛的三维设计软件。自 2003 年登陆中国以来，在城市规划、建筑、园林景观、室内设计、产品设计、影视制作与游戏开发等领域，越来越多的设计师转而使用 SketchUp 来完成自身的工作。2012 年，Trimble（天宝）从 Google（谷歌）收购了 SketchUp。凭借 Trimble 强大的科技实力，SketchUp 迅速成为融合地理信息采集、3D 打印、VR/AR/MR 应用、点云扫描、BIM 建筑信息模型、参数化设计等信息技术的"数字创意引擎"，并且这一趋势正在悄然改变着设计师们的工作方式。

官方教材的编写是一个系统性的工程。为了保证教材内容的翔实性、规范性及权威性，ATC 专门成立了"教材编写委员会"，组织专家对教材内容进行反复的论证与审校。本书由 ATC 副主任孙哲老师（SU 老怪）主笔。孙哲老师是国内最早的用户之一，从事 SketchUp 的教育培训工作十余年，积累了大量的教学资料成果。此系列教材的出版将有助于院校、企业及个人在学习过程中更加规范、系统地认知，掌握 SketchUp 软件的相关知识和技巧。

在本书的编写过程中，得到了来自 Trimble 的充分信任与肯定。特别鸣谢 Trimble SketchUp 大中华区经理王奕女士、Trimble SketchUp 大中华区技术总监张然先生的鼎力支持。同时，也要感谢我的同事们以及 SketchUp 官方认证讲师团队，这是一支由建筑师、设计师、工程师、美术师组成的超级团队，是 ATC 的中坚力量。

最后，要向那些 SketchUp 在中国发展初期的使用者和拓荒者致敬。事实上，SketchUp 旺盛的生命力源自民间各种机构、平台，乃至个体之间的交流与碰撞。SketchUp 丰富多样的用户生态是我们最宝贵的财富。

SketchUp 是一款性能卓越、扩展性极强的软件，仅凭一本或几本工具书并不足以展现其全貌。我们当前的努力也仅为助力使用者实现一个小目标，即推开通往 SketchUp 世界的大门。欢迎大家加入我们。

SketchUp（中国）授权培训中心 主任
2021 年 3 月 1 日，北京

我们知道，SketchUp 自诞生之日就定位于"开放的平台"——平台本身仅提供有限的原生工具资源，同时开放 Ruby 接口，并鼓励各行业的专家根据需要编写适合各自行业的 Ruby 脚本以拓宽平台的应用范围，提高工作效率。这种定位思路并非 SketchUp 所独有，如 3ds Max、AutoCAD、Photoshop……几乎现代流行的各种知名软件，都采用了这种"加插件、开外挂"的方式以适应更高、更多的用户需求。

SketchUp 用户数量在快速增加，用户的平均水平在不断提高，更多用户越来越依赖各种插件完成复杂的建模工作，甚至很多建模任务离开插件根本无法完成。SketchUp 的原生工具只有几十个，插件却不断飞速发展，数量大到难以统计。仅本书收录的、带有工具图标的功能就超过 900 个，再算上没有工具图标要到菜单中调用的功能，总数超过 1300 个，这居然达到 SketchUp 原生工具的十多倍。可见 SketchUp 用户与 Ruby 脚本（插件）之间已经形成了一种紧密结合的生态。

这本书的内容，原先是《SketchUp 曲面建模思路与技巧》的第 3 章，因为内容丰富，篇幅太大，经跟出版社协商，下决心拆分出来，补充了更多常用插件，独立成书，这样也更方便读者查阅使用。建议读者把本书与《SketchUp 曲面建模思路与技巧》对照着学习使用。

因为 SketchUp 的插件数量远多于大多数其他软件，对各行业的各个细节均有覆盖，造成了 SketchUp "入门容易，想要提高学习水平的成本却较高"的现实，原因是在学会 SketchUp 原生工具外，至少还要能熟练运用几十甚至上百种（组）插件，因此所需付出的时间远高于学习 SketchUp 本身。这使得学习曲线实际上变得很漫长；比如本书作者自 SketchUp 3.0 版开始入门，只用了三五天就可以投入设计实战；而经历了 20 年，16 个不同 SketchUp 版本后的今天，还在不断学习新出现的插件，还在为曾经用过的插件失效寻找替代品，甚至会为忘记了似曾相识的插件如何操作而犯愁，想必稍微有点资历的 SketchUp 用户都会像我一样对插件"爱恨交加"。

作者希望这本工具书的出现将很大程度上改变这种尴尬。

作者也确信这本书的读者将会把它放在案头当作重要的工具。

2022 年 7 月 1 日

目　录

第1章

SketchUp 插件概述

　　SketchUp 官方曾不止一次表态：SketchUp 本身是一个开放的平台，仅提供最基础的工具，更多高级功能需借助各种扩展程序（SketchUp 自带的原生工具基于北美特定环境下，对于一般的民用建筑设计应大致够用）。

　　记忆中，大概从 SketchUp 4.0 版开始，Ruby 脚本扩展程序就开始出现（本书后文统称"插件"）。时至今日，全球无数 Ruby 作者编写了大量插件（总数估计应超过 4 位数）。随着 SketchUp 应用领域的不断扩展，用户已涉及十多个不同领域，SketchUp 自带的原生工具已远远不能满足用户的需求，目前，"原生工具"加"插件"已经成为 SketchUp 的重要应用方式之一，这一点在创建曲面模型时更为突出。

　　SketchUp 的插件很多，也与众多行业有关。剔除不太实用的、过时的、有问题的插件以后，还剩 500 个（组）以上。作者挑选出 200 余个（组）最为常用的插件收录于本书，其中进行详细讨论的就有 140 个（组），覆盖了 SketchUp 各行业用户的需求；按工具图标计算，大概至少有 900 个工具；算上菜单调用的功能，共计超过 1300 个工具。面对如此众多的工具，很少有人能完全记得并能全部熟练运用。本书可供读者在创建曲面模型时方便地查阅这些工具的功能与用法，因此本书的内容除了跟《SketchUp 曲面建模思路与技巧》配合学习以外，还将成为 SketchUp 用户案头的重要工具。

1.1 插件的来源、安装与调用

这一节的部分内容曾经出现在本系列教材《SketchUp 要点精讲》与《SketchUp 材质系统精讲》《SketchUp 曲面建模思路与技巧》中，因为重要，所以在本书的开头就有选择地重复部分内容并进行充实。随着 SketchUp 用户的快速增加，用户的平均水平不断提高，更多的用户越来越依赖各种插件来完成复杂的建模工作；很多建模任务离开插件就无法高质量完成，甚至不知道该怎样完成。SketchUp 的原生工具只提供最低门槛的功能，插件却不断飞速进化，数量巨大；所以 SketchUp 用户与 Ruby 作者撰写的脚本（插件）之间就形成了一种互相依赖的关系。

丰富的插件对使用者来说似乎是好事（除了要花费大量时间成本之外），但是对于插件开发者来说维护起来却相对麻烦。随着计算机图形学的发展，每个插件都是由某个领域的专家与程序员来开发的（很多优秀的 SketchUp 插件都是择优借鉴甚至复制其他软件已成熟的技术）。尤其是插件使用的 Ruby 语言版本时常变化升级，开发者要不断投入时间成本去更新，但却很难获得回报，所以随着 SketchUp 的改版与 Ruby 的升级，很多插件的作者放弃升级，甚至很多人离开了这个领域。而 SketchUp 用户也要面对同样的问题；随着 SketchUp 的升级，总有很多用熟的插件失效，能否得到更新全看插件作者的心情。甚至因为怕插件随着 SketchUp 升级的失效而影响工作效率与团队合作，直到 2022 年，还有一些设计院规定全体成员只能使用 2013 版或 2017 版的 SketchUp。

SketchUp 的插件数量远多于大多数其他软件，对各种应用、各行业均有覆盖，造成了 SketchUp "入门容易，想要提高学习水平的成本却较高"的事实，原因是除了要学会 SketchUp 原生工具外，至少还要能熟练运用几十甚至上百种（组）插件（工具），因此所需付出的时间远高于学习 SketchUp 本身。如前所述，随着 SketchUp 的升级，经常会有一些插件失效，插件的寻找、测试（包括系统崩溃）等成本是分散累计的；当你想要成为 SketchUp 建模的专家高手，必需一个个地学习并熟悉这些插件，这使得实际学习曲线变得很漫长。比如本书作者自 SketchUp 3.0 版开始入门，只用了三五天就可以投入设计实战；而经历了 20 年，经历 16 个不同 SketchUp 版本后的今天，还在不断学习新出现的插件，还在为曾经用过的插件失效或者忘记了似曾相识的插件如何操作而犯愁。

时至今日，SketchUp 的"原生工具 +Ruby 插件"已成为 SketchUp 无法改变的重要生态，所有 SketchUp 用户必须接受这个事实。初学者入门以后，"用插件"是必然要面对的问题，希望上面的文字能让你对"插件"有些思想准备。而"找插件"是"用插件"时遇到的第一个问题，本节就先详细介绍一下插件的来源。

1. 国外插件来源

SketchUp 的"窗口"菜单里有一个 Extension Warehouse（即扩展程序库，SketchUp 2022 版在"扩展程序"菜单里，下同），可以直接联网寻找需要的插件来安装。也可以用浏览器访问官方扩展程序库 https://extensions.sketchup.com/。因为这是官方网站，公布的插件都有大量用户应用，所以可以放心地安装使用，但还是重点注意该插件是否支持你所用的 SketchUp 版本。

另一个插件来源 https://sketchucation.com/ 是优秀插件的第三方发源地之一，有很多老资格的 Ruby 脚本大佬常驻在此；注册后，可完全免费下载、免费试用和付费使用。

以上两个网站都需要提前注册一个 ID，否则只能浏览但无法下载。注册是免费和永久有效的。这两处提供下载的插件，绝大多数是免费的；即使是收费插件，也都有长短不等的免费试用期。

2. 国内插件来源

这是一个非常敏感的话题，为慎重起见，SketchUp（中国）授权培训中心在编写这部分内容的时候，特地正式征询了天宝（Trimble）公司与 SketchUp（中国）官方的态度，归纳如下。

（1）天宝官方尊重、支持并保护所有原创 Ruby 脚本，包括中国作者的原创作品。

（2）Extension Warehouse 和 sketchucation 上的所有 Ruby 脚本都受国际著作权相关法律的保护。

（3）所有未经原创作者书面授权的汉化、改编、分拆、重命名、破解、二次分发等都属侵权行为，天宝公司与 SketchUp 官方保留支持插件原创者追究法律责任的权力（见本节附录）。

（4）中国本地主要的 SketchUp 插件库、插件管理器的开发者们目前正在积极配合完成合规性的整改工作，希望未来中国的 SketchUp 社群有一个注重知识产权保护的良好环境。

（5）天宝公司 SketchUp 大中华区团队愿意为中国大陆尊重知识产权的专业商户、网站提供相关原则性的业务指引与协助。

这本书作为 SketchUp（中国）授权培训中心的官方指定教材，在 SketchUp 官方对中国本地主要的 SketchUp 插件库开发者们合规性整改工作完成之前，目前原则上只向读者推荐 SketchUp 的官方插件库 https://extensions.sketchup.com/ 和另一个优秀插件原创来源 https://sketchucation.com/。

除了 9 个国内作者的优秀原创插件外，本书所提到的插件几乎全部来源于上述两处。对于不习惯使用英文界面插件的读者，可以记下插件的英文名称再用百度等工具搜索，基本能找到对应的汉化插件。但请注意上述第（3）条的侵权定义与风险。

请本书读者理解 SketchUp（中国）授权培训中心与作者本人这样做的必要性，并给予谅解。

3. 插件的文件形式

上面介绍的两个主要插件来源，应该已经解决了 SketchUp 初学者的第一个难题。有了插件后，如何安装（包括插件的文件形式）将是要碰到的第二个难题，现在再来为你解决这个同样重要的问题。请注意，下面的内容对每一位 SketchUp 用户都是必须掌握的"应知应会"性质的知识，尤其对于打算自己单独安装、调试插件或者打算参加考核、获取技能证书的用户，更要谙熟于心。

SketchUp 发展得很快，插件的安装方法也在改变，编写 SketchUp 插件使用的 Ruby 脚本语言发展得也很快，所以 SketchUp 的插件形式也在跟着改变。这些变化中的大部分对 SketchUp 用户是有利的，但有些变化也给我们带来了一些困惑和麻烦。下面先介绍一下 SketchUp 插件的文件格式和结构。

最早的 SketchUp 插件比较简单，只有一个用 Ruby 编写的脚本文件，其文件后缀是 rb。凡是用 rb 后缀的插件，可以用 Windows 的记事本打开和编辑，甚至可以在文本中找到插件编写者留下的使用方法和联系方式。这种插件汉化起来也比较容易，所以很多沿用至今（也许已经改头换面成了 rbz 文件）。

图 1.1.1 中的两个插件就是 rb 格式的。经验教训告诉我们，"人不可貌相，插件也不能看外貌"，这种插件看起来很简单、颜值差；须知其中有很多是非常优秀的，沿用至今的还有不少。

第一个 makefaces，是一种制作封面用的插件，后来有人为它加了图标，改头换面成了 rbz 文件。

第二个是大名鼎鼎的 UVTools，后来也有人为它做了图标。

单个 rb 后缀的插件，通常没有图标，需要在 SketchUp 的菜单里调用。至于它藏身在哪个菜单的什么位置，全凭插件作者的心情。对初学者，可能觉得更大的麻烦是：有很多 rb 插件安装后在菜单里根本找不到，这种插件通常要等到预设条件满足了再到鼠标右键关联菜单里去找。

后来，有一些功能比较复杂的插件，rb 文件就只起一个引导的作用了，Ruby 脚本的大部分内容和图标等附属文件都保存在另外的文件或文件夹里。图 1.1.2 展示的就是这一类插件，这个插件有一个 rb 文件，还带有一个文件夹。这个示例算比较简单的，复杂的情况下可能带有多个文件与文件夹。

图 1.1.1 两个 rb 格式的插件

图 1.1.2 带有文件夹的 rb 文件

图 1.1.3 是一个 rb 文件，带有一个文件夹，文件夹里面全是图标。还带有一个 rbs 文件（后面还会提到），以及 so 格式的动态链接库，这是一种较复杂的结构。

在 rb 插件后面出现的还有一种 rbs 为后缀的插件，如图 1.1.4，这是一种 SketchUp 官方提供的加密的 rb 文件，用 rbs 加密的插件汉化起来就有点麻烦了。说到加密，如图 1.1.5 所示，有一种 rbe 为后缀的文件也是加密的，比如大名鼎鼎的 Dibac 里有一个内核脚本文件就是 rbe 为后缀的。

图 1.1.3 较复杂的 rb 文件　　图 1.1.4 rbs 加密的 rb 文件　　图 1.1.5 rbe 加密的 rb 文件

Trimble 公司从 Google 接手 SketchUp 以后，从 SketchUp 2013 版开始，所有的插件格式统一变成了一个以 rbz 为后缀的单个文件。图 1.1.6 就是 rbz 格式的插件，都有一个蓝色的钻石形状的图标。

图 1.1.6 rbz 格式的插件

把所有的插件都变成了 rbz 格式的单文件形式，出发点是好的，可以让安装插件的操作变得简单可靠，可是实际的效果却未必如此。作者在这个系列教程的其他部分里一再强调过：用 SketchUp 的扩展程序管理器安装 rbz 格式的插件是在碰运气，运气好当然开心，运气不好时就好像吃到了苍蝇，吃出了毛病，连吐都吐不出来（高手与有准备者除外）。

用 SketchUp "窗口"菜单中的"扩展程序管理器"命令安装 rbz 格式的插件,整个过程简单快速,但是安装的全过程对用户来说完全不透明,绝大多数用户用这种方式安装插件,根本不清楚它在后台把什么东西复制进系统里去了。如果事后发现问题,再想删除都很困难(不是不能),"想吐都吐不出来"说的就是这个意思。后又教会你如何"不吃苍蝇"和如何"把吃进去的苍蝇吐出来"。

4. "库"文件

前面介绍了"rb""rb+文件夹""rbs""rbe""rbz"五种不同的插件格式,还有一种特殊的文件,它看起来像插件,其实却不是。它没有具体的功能,却不能缺少,这就是所谓的各种"库"文件。

有些插件的作者把一些常用的子程序和共用的文件做成多个插件共用的运行库,还有多国语言通用的"语言库";有了这些预置的库,新写的插件只需调用运行库里的各种子程序和通用文件,这大大减少了插件开发的工作量。但是用户只有提前安装这些库文件才能获得插件的正常功能。新出现的插件常常还需要更新这些库,如果缺少某些库或者没有及时更新库,非但插件不能正常运行,还会不断弹出各种提示信息,非常烦人。下面列出几种常见的库,今后这种库会越来越多,请经常关注新出现的库并时常更新原有的库。

- LibFredo6(多国语言编译库、基础扩展库)。
- AMS Library(AMS 运行库)。
- TT Library(TT 插件编译库)。
- BGSketchup Library(BGSketchup 运行库)。

很多初学者使用插件时碰到的问题,尤其是 SketchUp 启动时弹出来的一连串提示,很多是出在这些库的安装和更新上面(此外还有收费插件的权限问题),所以必须引起足够的重视。

5. 插件的安装目录

上面介绍了 SketchUp 插件的各种文件形式,下面详细介绍如何用不同的方法来安装这些插件。

首先,每一位 SketchUp 用户必须要知道经常打交道的 SketchUp 关键位置和关键目录。例如 2018 版以后的版本,必须知道的是下述的这条路径,请仔细看好并记住。

(1)系统的 C 盘,也就是安装操作系统的那个硬盘分区,无论你把 SketchUp 主程序安装在什么位置,插件和其他几个重要的文件夹都在 C 盘中。

(2)找到"用户",有些系统是英文 user,都一样。

（3）找到用户名（可能是 Administrator 或电脑品牌名称）。

（4）找到 AppData。很多人在电脑上找不到这一项，其实，Windows 系统默认对这一项是隐藏的，只要在"查看"菜单里的"文件夹选项"子菜单中找到"隐藏文件"，勾选"显示隐藏的文件"复选框，就会出现 AppData 了。

（5）打开它以后接着再找到 Roaming（功能）就可以看到电脑上安装的所有软件。

（6）找到 SketchUp，在这里将看到电脑上安装的所有版本的 SketchUp（包括已经卸载而没有彻底删除的文件）。进入其中的一个，可见到如图 1.1.7 ②所示的六个文件夹，完整的路径见图 1.1.7 ①。

（7）这 6 个文件夹除了 Classifications（分类）里面有一个"IFC 2x3.skc 分类标准文件"；Plugins 里有 4 个默认插件（沙箱、天宝中心、高级镜头、动态组件等）之外，其余 4 个文件夹都是空的。理论上我们可以把自己的组件、材质、风格、模板等分别保存在这些文件夹里，然后在 SketchUp 里就能快速调用。但是这样做并不合适，其中一个原因是重装系统的时候，保存在 C 盘的所有资料都将灰飞烟灭，有时候连转存的机会都没有。另一个原因是 C 盘分区通常都不大，也许很快就被这些东西塞满，系统运行就会越来越慢。

图 1.1.7　所有 SketchUp 用户必须牢记的路径与目录

总结一下，插件的安装路径如下（你不用抄下来，本节的附件里就能找到）：

C:\Users（或用户）\Administrator（或你的电脑名称）\AppData（先解除隐藏）\Roaming\SketchUp\SketchUp 2018\SketchUp\Plugins

6. 关于插件的几个重要问题

（1）所谓安装插件，其实就是把"rb""rbs""rbe"和附带的文件夹复制到 Plugins 文件夹；即使用 SketchUp 的"扩展程序管理器"安装 rbz 插件，其实质也一样。

（2）SketchUp 2021 版之前的所有版本，必须至少安装过一个插件之后，在菜单栏上才会出现"扩展程序管理器"菜单项。从 2022 版开始，菜单栏中默认就有"扩展程序管理器"菜单项。

（3）无论把 SketchUp 安装到电脑的什么位置，插件文件夹永远位于 C 盘的上述位置。通过 SketchUp 中的【窗口→扩展程序管理器】菜单命令安装的 rbz 格式的插件也都在这里，不过它们到了这里后就不是原来的 rbz 了，会分解成很多文件与文件夹。

（4）如果想要自己动手把插件安装到这里，请注意这里只接受前面提到的"rb""rbs""rbe"和附带的文件夹；只要原样拷贝进去，重新启动 SketchUp 就可以在"扩展程序管理器"菜单里调用；也可以在【视图→工具栏】菜单里调用。请注意，很多人安装插件不成功的原因是拷贝的文件不完整，可能是因为下载的文件本身不完整或者被杀毒工具删除了一部分文件。

（5）某些插件可能需要在其他菜单项下调用，甚至隐藏在鼠标右键菜单里。如果你对 SketchUp 菜单里的命令不熟悉，新出现了什么也不知道的话，很可能会错过。

（6）把 rbz 后缀的插件拷贝进 Plugins 里是没有用的，因为 rbz 是"rb""rbs""rbe"与相关文件夹的压缩形式，只有把它解压成正常的文件后再拷贝进去才有用。即使用扩展程序管理器安装 rbz 插件，它最终也是要解压成"rb""rbs""rbe"和相关文件夹，不过解压过程是自动的。

（7）想要把 rbz 格式的插件变成"rb""rbs""rbe"与相关文件夹（插件的本来面目），只要把后缀 rbz 改成 zip，然后用 winrar 或 winzip 等工具正常解压即可。

（8）如果要使用某个身份不明的 rbz 插件，一定不要用 SketchUp 自带的扩展程序管理器做"不透明的糊涂安装"；请一定提前用上面的方法把 rbz 解压后再拷贝进 Plugins 里去。这个做法虽然麻烦一点，但是可以避免"想吐都吐不出来"的尴尬，这是唯一的办法；因为你拷贝进去的东西如果忘记了也不要紧，解压前后的东西全在，按样子对照着删除掉就可以了，大不了不用这个插件，不至于造成更多更大的麻烦。

（9）有一些插件（大多是收费的）是 exe 格式的可执行文件，只要像安装其他软件一样操作就行，唯一需要注意的是安装的位置和路径（避免安装到 C 盘）。

（10）前面说过，很多系列插件是要同时或提前安装库文件的，库文件的版本还不能是过时的老版本，不然启动 SketchUp 的时候会弹出很多提示。碰到这种情况，要仔细看清每一条提示信息，要按要求安装库文件；如果库文件过时了，就去找新版本替换掉老版本；或者干脆到 Plugins 文件夹中删除这个插件。

（11）如果用了国内的某些插件管理工具，在上述 C:\Users……\SketchUp\Plugins 目录里是看不到所安装插件的真实文件的，删除或改动的办法各不相同，请自行咨询插件管理工具的开发者。

（12）有些插件管理器之间有可能产生技术冲突甚至互相排斥（请原谅不方便解释得太具体）。碰到这种情况，可上网搜索故障原因和解决的办法。

7. 插件的调用

（1）有工具栏的插件，在插件版本与 SketchUp 版本匹配的前提下，以上述任何方式成功安装，有些插件直接出现在 SketchUp 界面上，有些插件则需要重新启动 SketchUp 才能够看到或调出相关的工具栏。

（2）调用工具栏有两种方法。

● 在【视图→工具栏】菜单中勾选需调出的插件。

● 鼠标右击 SketchUp 顶部排列的工具图标，在右键菜单里可看到全部原生工具与插件，勾选需要调出的工具栏即可。这是调用插件最快的方法。

（3）很多插件既可以调出工具栏，也可以在菜单栏里直接调用插件的指定功能。这种插件的菜单项可能存在于 SketchUp 的文件、编辑、视图、相机、绘图、工具、窗口、扩展程序、帮助中的任何一个菜单内；从 extensions.sketchup.com 或 sketchucation.com 下载的插件，通常会注明调用的方法，请在下载与安装之前注意阅读。

（4）很多插件（估计有三成以上）在使用过程中有右键菜单，当你不知道如何操作，一筹莫展之时，不妨单击鼠标右键看看，很大概率能有惊喜。

（5）大多数插件使用过程中，在 SketchUp 左下角的状态栏里会有实时的操作提示。

8. 插件的维护与管理

下一节会专门对插件的维护管理深入讨论，这里先介绍每一位 SketchUp 用户都"应知应会"的重要知识点，如图 1.1.8 所示。

（1）扩展程序管理器仅对下述 6 种途径安装的插件实现维护与管理。

● SketchUp 自带的默认插件（如 Trimble Connect、动态组件、沙盒工具等）。

● 通过【窗口→ Extensions warehouse】菜单命令直接安装的大多数 rbz（不是全部）。

● 从 https://extensions.sketchup.com/ 下载后安装的插件（不是全部）。

● 从 https://sketchucation.com 下载后安装的插件（不是全部）。

● 从其他途径下载安装的插件（来源于上述途径且没有汉化或改动过的部分插件）。

● 部分汉化得较好或国内开发的插件或管理器。

注意：很多插件安装后不会出现在扩展程序管理器里，因此无法对它实施管理。

（2）插件的启用与关闭。

选择【窗口→扩展程序管理器】菜单项，打开"扩展程序管理器"窗口①，打开"主页"选项卡②，找到相关插件，单击对应的"启用"与"停用"按钮③即可（注意：停用的插件并未删除，只是不随 SketchUp 一起启动而已，以加快 SketchUp 的启动速度；再次启用时即可随 SketchUp 一起启动）。单击向右的箭头④可查看该插件的更多信息。

（3）更新。

SketchUp 启动后会自动检查已安装的插件是否为最新的版本，如需要更新，会弹出提示信息。看到需要更新的信息后，在"扩展程序管理器"窗口⑤中，切换到"管理"选项卡⑥，若有需更新的插件，⑦所示的按钮将变成红色，单击，稍等片刻即可自动完成更新，该按钮恢复成浅蓝色。该功能仅对前述 6 种途径安装的插件有效，部分汉化或改动后的插件不能自动更新。

（4）删除。

发现有问题的插件或决定不再使用的插件，可选择【窗口→扩展程序管理器】菜单项，打开扩展程序管理器窗口⑤，单击"管理"标签⑥，找到有问题或不再使用的插件，单击卸载按钮⑧，插件即被卸载，重新启动 SketchUp 后即可生效（注意：只有上面 6 种来源的插件才会出现在扩展程序管理器里，可以使用这个方法来卸载）。单击向右的箭头⑨可查看该插件的更多信息。

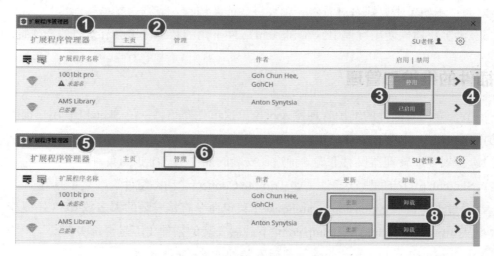

图 1.1.8　插件的维护管理

最后请给作者一个感叹的机会，读者们可以看成是对你的忠告。

大概 20 年前，我只三五天就能用 SketchUp 实战干活，以为这很简单；自从 SketchUp 4.0 版以后，接触了插件，就开始头痛；前前后后用在各种插件上的时间，百倍于当初学 SketchUp 的时间，麻烦的是，新的插件还在天天出现，用熟了的插件却因为 SketchUp 的升级而不断失效；在插件上耗费的时间越来越多，做正经事的时间被严重挤占，工作效率越来越低。后来，我给自己定了几条规矩。

第一，电脑里只安装经过测试没有问题的、最可靠、最常用的插件，通常不超过 30 个（组）。将不常用但今后可能会用到的插件保存起来，要用的时候再安装或调用。

第二，尽可能从正规渠道获取插件，尽量收集插件作者的使用说明或视频留作查证。

第三，把收集的插件按最常用、次常用等方法分类集中并保存一个副本。

第四，每次 SketchUp 版本更新后，要花至少半天时间测试原有的常用插件是否失效。通常知名并负责任的插件作者会在一个月内更新他的插件，到时候再安装最新的版本。

第五，下载插件之前，仔细研究该插件的功能是不是需要的，是不是已经有了同类功能的，比如很多插件在"JHS 超级工具条""1001bit""Fredo6 Tools"等插件组里已经有了。

第六，了解新出的插件，对于不实用的插件坚决不用（连试都不试）。将可能会用得到的插件记录下来，等一定要用的时候再去安装测试。

第七，如果你有多台电脑，新的插件可在其他电脑上做测试和练习，认为可靠后再列入常用插件行列。即便如此谨慎，也难保插件之间互相不兼容。

自从制定这些规矩后，工作的效率明显高了许多。希望你能从我的经验教训里得到点启发。

附录：

以下摘录自 https://extensions.sketchup.com/terms/，注意：括号内为译文。

SketchUp Extension Warehouse Terms of Use（SketchUp 官方插件库使用条款）

1. Warehouse Content; Use Restrictions（扩展仓库（以下简称仓库）的内容；使用限制）

B. Use Restrictions.（使用限制。）

You may not:（你不可以：）

i. Modify the Warehouse Content（修改仓库内容）or use them for any public display, performance, sale, rental or for any commercial purpose except as expressly authorized in these Terms of Use；（或将其用于任何公开展示、表演、销售、出租或用于任何商业目的，但本使用条款明确授权的除外；）

ii. Decompile, reverse engineer, or disassemble any Warehouse Content；（反编译、逆向工程或反汇编任何仓库内容；）

iii. Remove or modify any copyright, trademark or other proprietary or legal notices from the Warehouse Content; or（从仓库内容中移除或修改任何版权、商标或其他所有权或法律通知；或）

iv. Redistribute or transfer the Warehouse Content to another person.（将仓库内容重新分配或转移给另一个人。）

……You will be responsible for any costs incurred by Trimble or any other party（including attorneys' fees）as a result of your Misuse of the Warehouse Materials.（您将承担 Trimble 或任何其他方因您滥用仓库资料而产生的任何费用（包括律师费）了。

以下摘录自 https://extensions.sketchup.com/general-extension-eula，括号内为译文。

SketchUp Extension Warehouse: General Extension End User License Agreement（SketchUp 官方插件库通用用户许可协议）

2．License Restrictions（许可限制）

You may not, and you may not permit anyone else to:（您不能，您也不能允许任何人：）

（b）copy, modify, adapt, translate, create a derivative work of the Extensionor use it for any public display or performance,（复制，修改，改编，翻译，创建一个衍生作品的扩展，或将其用于任何公开展示或表演，）

（c）decompile, reverse engineer, or disassemble the Extension.（反编译、逆向工程或反汇编扩展。）

（d）remove, obscure or alter any product identification, proprietary, copyright, trademark or other notices contained in the Extension.（删除、模糊或更改扩展中包含的任何产品标识、所有权、版权、商标或其他通知。）

（e）distribute, sell, transfer, sublicense, rent, or lease the Extension,（分销、销售、转让、转许可、出租或租赁延期，）or use the Extension（or any portion thereof）for time sharing, hosting, service provider, or like purposes.（或将扩展（或其任何部分）用于分时、托管、服务提供商或类似用途。）

1.2　插件的维护管理

通过前面一个小节的介绍，想必你已经对 SketchUp 的扩展程序（插件）有了基本的了解。希望你对即将接触并寄予厚望的插件树立起一个全面和客观的认识，并有充分的思想准备接受和处理由插件引起的大大小小的问题。这一节的重点是插件的维护与管理。

1. 两种不同层级的"插件管理"

即将展开的"插件管理"课题，至少可以从两个不同层级展开。

（1）首先要讨论的是：如何避免上一节所介绍的"找插件和安装调试它们"的麻烦，关键词是"避免""麻烦"。这是对插件第一层次的管理。

（2）然后才是对于电脑上已有的插件进行管理，目的是为了提高建模的效率，关键词是"提高""效率"，这是第二层次的管理。

上一节我们已经介绍和讨论过"找插件、安装、测试"的问题；是一种去搜索、去找、去下载，然后安装和测试的做法；这种做法在 SketchUp 用户中已经沿用了十多年，现在还有不少人（包括作者本人）还在用。但是，因为下列原因，这种方法正在被逐步淘汰。

（1）自行"找插件、安装、测试"需要具备对电脑和 SketchUp 有相当强的认识和经验。

（2）自行"找插件、安装、测试"需要花费很多时间和精力。

如果你有经验又有时间折腾，以上两条都不是问题，那么下面四条就一定会引起你的共鸣。

（3）SketchUp 每年一次的更新，随即有很多用熟的插件不再能用，折腾了半年刚刚解决问题，SketchUp 又来一次更新，还要从头再来。

（4）英文的插件看不懂不好用，对应的新版免费汉化插件越来越难找。

（5）上一节提到的各种各样的"运行库""编译库""语言库""扩展库"太难管理，只要有一个库需更新，启动 SketchUp 时就会弹出一连串的提示。

（6）有些插件确实好用，单个插件收费也不高，但是好些个插件加起来就是个负担不起的数字了。

那么，更为先进、省事、效率更高的新办法是什么呢？其实，马上要介绍的这些办法正在成为 SketchUp 用户使用扩展程序（插件）的一种新潮流，一种新的生态。

2. 介绍一个插件管理器

下面要介绍的是 ExtensionStore v4.2.5（2022 年 7 月时的最新版本是 v4.2.9）。它实质上是一个"管理插件的插件"。它还有另一个名字叫作 SketchUcationTools。

我们可以用它来访问 SketchUcation 的庞大插件库，其中包含 800 多个（组）免费的插件，并且允许用户把它们安装到 SketchUp 中。请注意，有些插件，如 ClothWorks（布料模拟），必须先安装这个管理器后才能安装。

这个"管理插件的插件"的下载链接如下：

https://sketchucation.com/pluginstore?pln=SketchUcationTools

下载完成后，可以用 SketchUp 的【窗口→扩展程序管理器】菜单命令进行快速安装，安装完成后的工具条名称是 ExtensionStore（见图 1.2.1）。在"扩展程序"菜单里的名称是 SketchUcation（见图 1.2.2）。菜单里还有九个次级菜单，请参阅图 1.2.2 右侧的译文，其功能比工具栏分得更细，调用更快捷。

根据 SketchUcation 公布的信息，ExtensionStore v4.0 至少有以下功能。

- 搜索 ExtensionStore 上的 800 多个插件和扩展程序（数量还在增加）。
- 查找信息，报告错误并直接向作者提出功能请求。
- 使用自动安装功能将插件或扩展程序直接安装到 SketchUp 中。
- 将 SketchUp 插件或扩展安装到自定义文件夹中。
- 向 SketchUp 插件或扩展的作者进行捐赠。
- 管理已安装的 SketchUp 插件和扩展。
- 保存已启用 / 禁用的插件或扩展集。
- 卸载插件和扩展。
- 自动插入来自电脑原有的 Archive（存档）的 ZIP 和 RBZ 格式的插件。
- 切换 SketchUcation 工具栏的可见性。
- 可以根据需要定制 SketchUp 环境，根据当前任务定义启动或临时加载的插件。
- 自定义完成后，可保存为 Sets，需要时将插件加载到 SketchUp 中，从而改进工作流程。

图 1.2.1　ExtensionStore 工具条

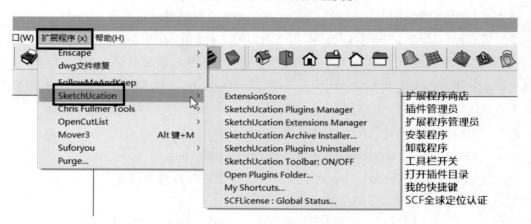

图 1.2.2　ExtensionStore 菜单项

3. 对插件第二层次的管理

上面介绍的是对插件第一层次的管理，要解决的是"找插件和安装调试"的问题。下面讨论"第二层次"的插件管理。第二层次的管理是指对电脑上已有插件进行管理，目的是为了提高建模的效率。

（1）插件的启动管理。

随 SketchUp 一起启动的插件太多会影响 SketchUp 的启动速度，极端情况下还会造成 SketchUp 因启动失败而退出，所以不是十分有必要的、非最常用的插件最好不要随 SketchUp 一起启动。

如果你已经用了 ExtensionStore v4.0 一类的插件管理器，可以指定某些不常用的插件，特别是不常用的大型插件是否要随 SketchUp 一起启动。

如果是单独安装的零星插件，就要对一些不常用的插件，包括 SketchUp 自带的地形工具，高级相机工具，天宝连接，动态组件，还有自己安装的所有暂时不用的插件（尤其是 MB 级别的大型插件）都可以在 SketchUp 的【窗口→扩展程序管理器】菜单命令中暂时禁用，这样，下一次 SketchUp 启动的时候就不用加载它们，可以加快 SketchUp 启动和运行的速度，在需要的时候再勾选它，丝毫不会影响你的应用。

（2）插件的颜值与价值。

我们知道"以貌取人"是一种不太正确的态度，同样"以貌取插件"也可能是一种认识误区。

SketchUp 的插件从外观看是不能确定它有没有价值、值不值得收藏和应用的。比如一些插件连工具图标都没有，要用的时候必须到窗口菜单或右键菜单里去找。它们看起来很简单，但并不等于它们的功能就不行。

好多没有工具图标的插件，作者已经用了很多年，还爱不释手，比如 FAK（不扭转放样）、Cylindrical Coordinates（圆柱坐标）、SolidSolver（实体修理工）、UVTools（UV 贴图 1.2.）、IVY（藤蔓生成器）、Z to 0（Z 轴归零）、SetArcSegments（重建圆弧）、Voronoi XY（冰裂纹工具），等等，都是没有工具图标却好用的插件（有些已被合并或改造）。

另一方面，很多插件有图标，单击后又是一大片图表，弄得人眼花缭乱，其实它能做的就那么点小事。所以在挑选插件之前，最好亲自动手测试，要挑选那些确实能够解决问题的插件。

（3）插件的桌面管理。

有的孩子喜欢把所有玩具统统摊开，摆满床铺或地板"接受检阅"，沉浸在炫耀和显摆的满足之中。我在长期的教学活动中发现：很多 SketchUp 的初学者跟孩子们有着同样的心理活动，恨不得把所有工具和插件都弄出来，摆满窗口"接受检阅"，同样"沉浸在炫耀和显摆的满足之中"。花花绿绿的工具条把宝贵的工作空间挤压得只剩下很小的一块，说实话，其实这是一种心理不够成熟的表现。

作者还亲耳听见一位用 SketchUp 已经五六年的熟手说，把尽可能多的工具条弄出来摆满桌面，可以吓唬吓唬不懂 SketchUp 的同事和客户，会让他们肃然起敬，觉得自己很了不起，满足一下虚荣心。依我看，他不但是一个心理不健康的人，并且对于 SketchUp 的认识也仅限于皮毛，根本不懂如何"炫技"与"显摆"。依我看，与其用满屏的工具条来装门面吓唬人，还不如建模中全程用眼花缭乱的快捷键操作，完全不使用工具条才是真正令人生畏的"炫技"与"显摆"。

说实话，对于 SketchUp 的很多默认原生工具以及很多插件，若干年我们都不会碰一次，它们不但会占据一大块空间，常用的工具也被淹没其中，想用时要找很久，严重影响建模的速度。所以，聪明人只会把最常用的工具和插件放在窗口最方便的地方，不是每天都要用几次的工具或插件在需要的时候再弄出来，用过就关掉，留出尽可能多的作图空间，提高作图的效率，这样所节约的时间会远远超过调用插件的那几秒钟。

另一方面，一些又长又大的工具栏，比如 JHS 的基本工具栏，占用了好大一块作图空间，全套工具中很多都是可有可无的，即使设置成小规格的工具图标，其长度也超过了所有笔记本电脑显示屏两行的宽度；还有很多工具跟其他插件工具是重复的，要不要让它占据宝贵的作图空间，真值得考虑。还有一些插件，看起来显得很复杂的样子，其实它只能完成一些简单的功能。

（4）插件的更新管理。

每一位 SketchUp 用户在启动 SketchUp 的时候，差不多都遇到过图 1.2.3、图 1.2.4 这样的 Load Errors（载入错误）的提示，这大多出现在以下情况下。

- 扩展库、语言库、运行库、编译库等库文件已经失效，需要更新。
- 某些文件丢失或已经改变，经常发生在使用某种插件管理器时。
- 某些插件的版本太旧，不能在新版 SketchUp 里使用。
- 免费试用的插件或收费的插件已经过期。

没有经验的 SketchUp 用户，反复遇到这种情况一定会抓狂，其实这些弹出对话框不过是提示下而已，出现这种提示的大多数情况并不会影响 SketchUp 的正常使用，如某些插件暂时不能用或中文变成了英文而已。如果你暂时没有时间，可以先放过它，等有空的时候把这些提示复制下来并认真阅读，就会发现，其中 90% 以上是某个插件的路径，只有不到 10% 才是有用的信息，可以按图索骥地去解决（比如更新或重新安装新版本）。实在解决不了的，在【窗口→扩展程序管理器】菜单里关掉或删除该插件，重新启动就不会再提示了。

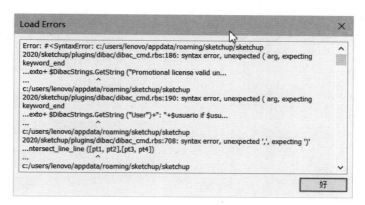

图 1.2.3　Load Errors 载入错误一

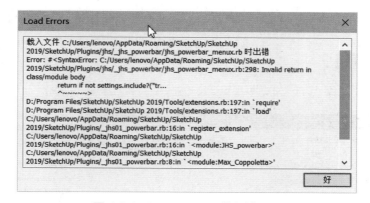

图 1.2.4　Load Errors 载入错误二

（5）插件的更新与卸载。

如图 1.2.5 所示，扩展程序管理器可以在【窗口→扩展程序管理器】菜单里调出。在这里，我们可以安装插件，停用插件，还可以更新与卸载插件。但是有一个细节，如果没有引起足够重视，可能会造成不该有的麻烦。

当 SketchUp 启动或某个时候，显示屏右下角提示有某些插件需要更新，打开"扩展程序管理器"窗口，单击"管理"标签，其中会出现红色按钮，上面有"更新"二字。此时，务必看清楚，提示更新的是不是正规来源的免费插件，如果是，则可以更新，稍等片刻即可（有些插件需重新启动 SketchUp 才能生效）。重点来了：如果提示更新的是收费的插件，而你并没有付过费（细节不言自明），单击"更新"按钮，后果可能会让你后悔。

安装过 Fredo 系列插件 LibFredo6 运行库的用户时常会见到如图 1.2.6 ①所示的提示信息，默认每 15 天出现一次，这是插件作者提醒你要检查更新插件。单击绿色的"检查更新"按钮，即可弹出如图 1.2.7 所示的"检查更新插件"面板。

图 1.2.5　扩展程序管理器（安装、更新、停用、卸载）

图 1.2.6　Fredo 系列插件的更新提示

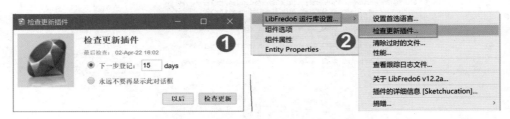

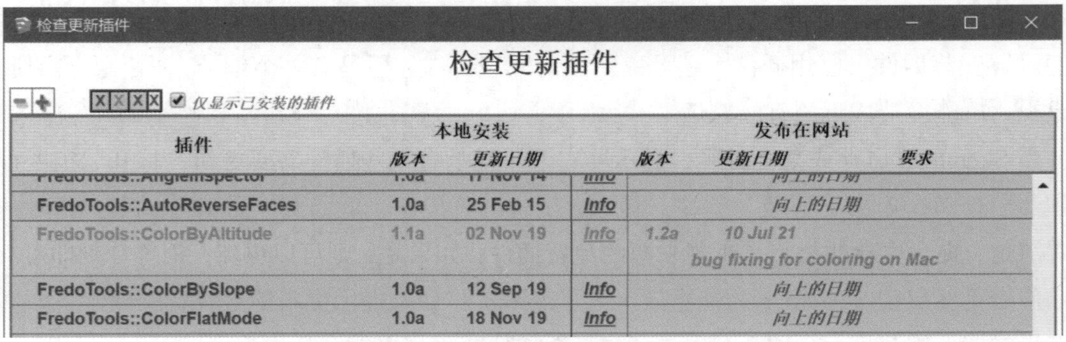

图 1.2.7　"检查更新插件"面板

　　除了每 15 天会自动提示之外，还可以如图 1.2.6 ②所示，选择【窗口→LibFredo6 运行库设置→检查更新插件】命令，同样能打开如图 1.2.7 所示的"检查更新插件"面板。

　　图 1.2.7 仅仅是"检查更新插件"面板的一小部分，其中列出了已经安装的所有 Fredo 系

列插件（也可以显示 Fredo6 的全部插件）。其中绿色的是最新版本的插件，不用更新；红色的是需要更新的插件；灰色的是已经终止或需更换的插件。右击每个插件，还有更多提示信息。"检查更新插件"面板只是提示有些插件需要更新，并不会自动更新；若想更新某个插件，仍然要下载新的版本来重新安装更新。

登录 https://sketchucation.com/pluginstore 并单击 Authors（作者）链接，找到并单击 Fredo6 即可显示其全部 Ruby 作品，挑选需要更新的插件，重新安装后将会覆盖老版本插件。

4. 插件的保存与检索

（1）插件库问题。

大多数 SketchUp 用户的电脑里都保存有大量已经安装或下载后准备安装的插件（几十到几百个不等），对这些插件的保存与检索普遍存在以下问题。

- 插件大多数由国外引入，以英文命名，其中很多是"望文不能生义"的生造词。
- 同一个插件改版后用不同的名称，也容易造成混乱。
- 插件的中文名称往往是由首先引入该插件的网站或个人翻译，很多不合理。
- 同一个插件在不同的下载点有不同的中文名。
- 一些似曾相识又不太常用的插件很难想起其名称与用法。

（2）解决上述问题的建议。

- 所有插件集中保存在同一个文件夹里（也可再设置若干子文件夹）。
- 每个插件的命名规则应是"插件原英文名（中文名＋用途）"。这样做的好处是英文名称开头的文件在系统里可自动以升序或降序排列，以方便检索。中文名用于核对，用途可起提示作用。

本书对所有收录的、保存的、提到的、用到的插件全部按上述规则命名。

5. 插件的分类规则

图 1.2.8 是 Extension Warehouse 的插件分类，图 1.2.9 是 Sketchucation 的插件分类，把它们的分类名称与其中的内容认真对照，会发现很多名实不符的情况。

作者曾先后对国内外十多个分享插件的网站进行比较，发现每一家都有自己的分类规则，随意性非常大，且有很多重复，似乎是以"吸引眼球"为目的，非常不利于用户查找。所以，如果你想要分类保存插件的话，无须参考别人的分类，应以简单、合理、易用为原则。

本书对插件的分类以尽可能简单实用为原则，下一节会详细讨论。

图 1.2.8 Extension Warehouse 插件分类　　　　图 1.2.9 Sketchucation 插件分类

6. 部分问答内容（由紫天 SketchUp 中文网提供）

（1）扩展程序签名是怎么回事？

SketchUp 具有扩展策略，这些策略会影响 SketchUp 启动时可以加载和不可以加载的扩展，只有注册的扩展开发人员可以通过数字签名来声明他们的软件所有权。这些扩展都采用安全的编码格式。每个人都应该从扩展仓库、作者或受信任的源下载扩展的最新版本。

（2）我应该如何使用扩展程序的政策模式？

扩展程序的政策模式有以下 3 种。

- 仅加载认证的扩展程序：在该模式下，SketchUp 只会加载已由注册 SketchUp 开发人员数字签名的扩展。

- 批准身份不明的扩展程序：此模式允许 SketchUp 每次启动时选择加载哪些扩展。您会在加载未识别的扩展时看到找到的扩展和 ruby 文件列表，并通过对话框选择允许加载的扩展。SketchUp 会记住您批准了哪些扩展，每次启动 SketchUp 时，都会看到批准对话框，因此在加载扩展之前更改批准项。

- 不受限制：这是最不安全的模式。SketchUp 启动时会加载所有扩展和 ruby 文件，并且加载未识别的扩展。仅当信任已安装的所有扩展时才使用此模式。

加载未签名扩展有可能导致 SketchUp 运行缓慢、扩展程序冲突、SU 不稳定、易出错、非法退出、数据丢失、数据失窃等异常情况，因此请谨慎加载非正常途径获取的扩展程序。您可以在 SketchUp 运行时随时切换策略模式，但需要重新启动才能卸载 SketchUp 已加载的扩展程序。

（3）我的扩展程序都是从正常渠道获得的，为什么还是有很多扩展程序显示签名无效？导致扩展程序签名无效的原因有很多，请通过以下原因逐一进行排查。

- 是否安装了非正规渠道的第三方插件管理器。某些第三方插件管理器会修改插件的默认安装路径，导致正常插件使用时出现问题。
- SketchUp 的安装路径是否有中文。
- Windows 系统用户名是否使用了中文字符。
- 计算机的设备名称是否使用了中文字符。

（4）我购买的正版插件为什么在注册时无法联网？明明我已经联网了呀！

安装非法途径获得的插件，会屏蔽插件的服务器，导致正版插件无法激活。可采用以下一种方法解除服务器的屏蔽。

- 打开 c:\windows\system32\drivers\etc 文件夹，修改 hosts 文件，把屏蔽的网站字段删除，并重启电脑。
- 通过 QQ 电脑管家解除屏蔽。
- 设置全局网络代理。

1.3 《插件手册》应用引言

1. 这本手册能为你提供什么便利

SketchUp 官方曾经不止一次地表示（大意）："……SketchUp 仅提供基础的原生工具，但在开放的平台，可供各行业的专家以 Ruby 脚本（即扩展程序）的形式为 SketchUp 的发展添砖加瓦，提高完善它的整体品质与扩展在各行业的用途。这就是 SketchUp 的长期发展策略……"。

如前所述，SketchUp 的插件数量远多于大多数软件，对各种应用、很多行业均有覆盖，造成了 SketchUp "入门容易，想要提高的学习成本却较高"的事实。也就是学会 SketchUp 原生工具很容易，但是除了原生工具之外至少还要能熟练运用几十种（组）甚至更多的插件，因此所需付出的时间成本远高于学习 SketchUp 本身。这使得学习过程变得很漫长。

时至今日，SketchUp 的"原生工具 +Ruby 插件"已成为 SketchUp 无法改变的重要生态，所有 SketchUp 用户必须接受这个事实并给予足够重视。所有初学者入门以后，"用插件"是必然要面对的问题。归纳一下，SketchUp 用户在插件方面所遇到的问题大致有以下几个方面。

（1）找插件方面的问题。

- 插件多如牛毛，总不能全都安装吧？挑选最适合自己行业与当前模型的插件，要去找来测试，这要花很多时间。

- 每种插件的功能与用法各不相同，有大量插件名称不同但功能类似甚至完全相同，需要比较甄别。

- 很多插件只能用于老版本的 SketchUp，辛辛苦苦找到，安装上却用不了。

- 搜索一种插件，弹出来无数个链接，一个个去甄别尝试，插件没下载到，却偷偷摸摸安装了一大堆不需要的流氓软件和游戏，删都删不掉。

（2）用插件方面的问题。

- 很多 Ruby 脚本作者发布插件的时候是把你当作跟他一样精通的行家，惜字如金，只给出一两句话的提示，导致很多插件都找不到如何使用的详细信息；就算说得很清楚，来自各国的 Ruby 作者用的术语各不相同，连估带猜太伤脑筋。

- 每一种插件都有自己的用法，特别是大型专业性强的插件，要求使用者有较强的几何学、数学专业方面的理论功底，测试学习费时，使用相对复杂，想要真正用好这种大型插件，并不比从头开始学习 SketchUp 轻松多少。

- 测试研究了很久，终于会用了，隔了一段时间不用，又忘记了，还得从头开始。

这本手册可以解决你找插件和用插件方面的绝大多数问题，如我们已经精选了一大批常用插件；插件的应用范围覆盖了从整个城市的规划到创建一条小板凳的所有领域，全部经过严格的测试，可以直接安装到最新的 SketchUp 2022 中，每个（组）插件的应用都给出了详细的图文教程，较复杂的插件还带有视频教程。在此建议读者先大致浏览一下本书，了解全貌，等到要用的时候，再进行安装、学习。难得用一次的插件，忘记了如何操作，翻看一下相关章节即可。

2. 本手册收录插件的选择标准

（1）宁缺毋滥是第一。

仅官方渠道发布的插件数量就有上千个，全部下载的话，恐怕要用个移动硬盘来存放，其实里面很多是功能重复的、永远用不着的、过时失效的、无价值的、中看不中用的插件。你在这本手册里看到的插件是我们经过大半年的测试、比较、权衡才确定下来的，挑选的原则是"宁缺毋滥"。

（2）可靠好用是第二。

符合上述"宁缺毋滥"条件的插件还有很多，有些插件真的很优秀，可惜很久都不更新，看来以后也不会更新了。若是有相似的替代品，我们会优选能及时更新的那个。有些插件功能类同，有些用起来很复杂，有些却很方便简单，我们要选后者而舍弃前者。有些优秀插件，因为长期不更新已经不能用了，却找不到替代品，我们会专门组织人手进行修复。

（3）一个特别考虑的因素。

在挑选和收录插件的时候，还有一个重要的因素：对于一些自称可以"穿透"组或组件屏障进行操作的插件，我们会非常慎重地考虑要不要收录，因为"组"与"组件"是 SketchUp 模型最基本的几何体管理措施与底层内核运行基础，我们尽可能不破坏这种管理措施与技术基础；尤其是初学者，用惯了这类工具可能因此放松自己，养成坏习惯。所以我们原则上不推荐跟 SketchUp 底层运行逻辑明显相悖、颠覆性的、具有"穿透"功能的插件，除非这种"穿透"不具备"颠覆性"，不会造成损失。

（4）关于汉化插件的问题。

国内的汉化插件很多，但良莠不齐，有原则问题的很多；有些汉化翻译者可能对相关技术与基础理论一知半解，对英文的专业术语也不熟悉，汉化时按单词直译，甚至直接拷贝翻译软件上的汉字，搞出很多不该有的错误。大多数原版插件都只用几个单词，所以只要是学习过英文的人，借助于越来越智能的在线翻译工具，完全没必要害怕那 26 个字母。建议在使用插件的时候（尤其是年轻人），尽可能选用原版的，这对提高自己的业务水平是有益的。

（5）关于收费与免费问题。

其实 extensions.sketchup.com 和 sketchucation.com 两处提供的免费插件足以解决我们建模过程中 90% 以上的需求，各行业通用的插件（包括很多知名的大型插件）很少有收费的；极少数专业性较强的插件收费也情有可原。中国的 SketchUp 用户即使愿意付费购买也很难建立支付渠道，所以我们收录的插件尽可能选择免费的或有较长试用期的。愿意付费购买插件的用户也不难通过网络找到国内的代购渠道。

（6）重要声明。

本书作者和 SketchUp（中国）授权培训中心与本书收录推荐的任一插件作者或相关公司无商务与经济往来，收录与推荐的标准仅限于上述几项。

3. 本手册对插件的分类原则

（1）越简单越好。

上一节我们提到过 Extension Warehouse 和 Sketchucation 的插件分类，其名称与内容很多都名实不符。纵观国内外插件分享网站，每家都有自己的分类规则，随意性非常大，就算原始意图是想方便用户，但结果却弄得用户无所适从。所以本手册对插件的分类以简单、合理、易用为原则。

（2）手册分类原则概述。

"最常用插件""次常用插件"与"偶尔用插件"这 3 章里收录的是所有行业的用户都用得着的宝贝，根据使用的频度分成三级，可选择安装应用。

"建筑业插件""规划与景观插件"和"室内与木业设计常用插件"这 3 章带有明显的专业特点，内容涵盖了大多数 SketchUp 用户的需求。非这些行业的用户，有时间就浏览一下，没有时间就放过。

"曲线曲面相关插件"和"材质与动画插件"这两章针对性也很强，推荐给对 SketchUp 建模已经有一定水平的用户选用。其中大多数插件都不是天天要用到的，但又是绝不能没有的。

"其他插件与软件"这一章里收录了一些很难归类的插件与外部软件。

4. 对本手册读者的建议

（1）在本手册的索引页，我们用心形符号的多寡标示出每种插件在建模过程中使用的频度（仅凭本书作者的经验，不一定普遍适用，供参考），一共分为四个级别。

♥♥♥♥ 的插件建议安装并常驻在 SketchUp 工具条上。

♥♥♥ 的插件建议安装，但不一定常驻在工具条中占用作图空间，需要时调出，用过后关闭。

♥♥ 的插件建议确实要用的时候再安装（或安装后在扩展程序管理器里关闭，不要随 SketchUp 启动，要用的时候再打开）。

♥ 的插件，使用频度极低，可在确实要用的时候再安装。

（2）根据我们的长期教学实践，提出以下建议。

- 每位 SketchUp 用户须优先学习并且熟练掌握 ♥♥♥♥ 等级的插件，这是每天都要使用 10 次以上的工具。

- 对于 ♥♥♥ 等级的插件，不必全部安装，也不必常驻，但是需要知道如何操作它们，可根据自己的需要选择安装。如每天使用的频度低于 5 次的就没有必要让它常驻，挤占宝贵的作图空间。

- 至于 ♥♥ 等级的插件，大多数人的使用频度不会太高，不一定要安装，也不一定花太多时间去研究它们。

- ♥ 等级的插件，不见得人人需要，但是对于某些行业可能是重要的；它们可能需要很多的基础理论与专业知识功底。如果不是必须，可以先放过，有空再去研究。

第 2 章

最常用插件（各业通用）

　　本章要介绍 20 种各行业通用的，最为常用的 SketchUp 插件。如按照工具条统计，至少包括 260 个以上的工具图标；若将菜单功能包括在内进行统计，至少有 350 个以上功能项。比如以下这些工具：

- JHS Powerbar（JHS 超级工具条）
- Fredo6 Tools（弗雷多工具箱）
- Round Corner（弗雷多倒角）
- Fredo Scale（自由比例扭曲缩放）
- JointPushPull Interactive（联合推拉）
- Selection Toys（选择工具）
- Chrisp RepairAddFace DWG（DWG 修复工具）
- JF MoveIt（精确移动）
- PerpendicularFaceTools（路径垂面工具）
- Select Curve（选连续线）

　　这些都是作者用了 10 年以上，每天都要多次使用的重要工具，其中有些工具每天要使用上百次，甚至还专门设置了快捷键，郑重地推荐给读者。

2.1　关于各种库文件

很多初学者使用插件时碰到的问题，尤其是在 SketchUp 启动时弹出来一连串提示，应有半数是出在库的安装和更新上面（此外还有收费插件的权限问题）。

1. 库文件

前面介绍了"rb""rb + 文件夹""rbs""rbe""rbz"五种不同的插件格式。此外，还有一种特殊情况的文件，它看起来像插件，其实不是，它没有具体的功能，却不能缺少，这就是所谓的各种库文件。

有些插件的作者把一些常用的子程序和共用的文件做成多个插件共用的运行库，还有多国语言通用的语言库；有了这些预置的库，新写的插件只要去调用里面的各种子程序和通用文件即可，这大大减少了插件开发的工作量。但是用户只有提前安装这些库文件才能获得插件的正常功能。新出现的插件常常还需要更新这些库，缺少某些库或者没有及时更新这些库，插件非但不能正常运行，还会不断弹出各种提示信息。下面列出几种常见的库，今后这种库会越来越多，请经常关注新出现的库并时常更新原有的库。

LibFredo6（Fredo6 基础扩展库）

LibFredo6（多国语言编译库）

AMS Library（AMS 运行库）

TT Library（TT 插件编译库）

BGSketchup Library（BGSketchup 运行库）

……

很多初学者用插件碰到的问题，尤其是 SketchUp 启动时一连串的弹窗提示，半数以上是出在这些库的安装和更新上面（此外还有收费插件的权限问题），所以我们必须引起足够的注意。

2. 关于 LibFredo6（多国语言编译库）

下面以弗雷多的 LibFredo6（多国语言编译库）为例说明库的重要性，顺便介绍一下如何把弗雷多编写的英文插件变成中文界面。

图 2.1.1 所示是刚刚安装好的 LibFredo6（多国语言编译库），想要使这个库起作用，还需要做如下的设置。

图 2.1.1　多国语言编译库

- 如图 2.1.1 所示，选择【窗口→ LibFredo6 Settings → Set Preferred Languages】命令，在弹出的对话框里选择"ZH Chinese/ 中文"选项。

- 重新启动 SketchUp 后，同一个菜单变成了中文的，如图 2.1.2 所示。更重要的是，所有已经安装或即将安装的弗雷多编制的插件都将以中文显示。

- 一些用 LibFredo6（多国语言编译库）翻译的弗雷多插件的中文翻译并不准确，此时，我们可以选择【窗口→ LibFredo6 运行库设置→语言翻译】命令，在打开的对话框里找到翻译不准确的英文单词或短语，并修改成准确的中文。

- 在【窗口→ LibFredo6 运行库设置】菜单里还有更多可设置的项目，请自行研究应用。

3. 关于 TT Library（TT 插件编译库）

这是原来的 TT_Lib²，现在正式更名为 TT Library。它并不是单独运行的插件，而是一些代码调用库，由 ThomThom 开发的一些插件调用，因此大部分 ThomThom 开发的插件需要先安装 TT Library 才能运行。其安装方法同普通插件一样，正常安装 rbz 文件即可。注意：选择【扩展程序→扩展程序管理器→管理】命令可及时更新 TT Library。

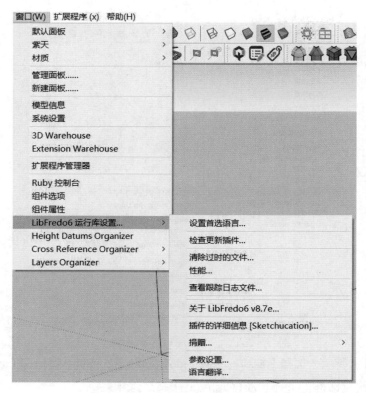

图 2.1.2　设置成中文后的菜单命令

2.2　JHS Standard（JHS 标准工具条）部分工具可常驻

　　JHS 的标准工具条，如果完整显示出来，一共有 88 个工具，如图 2.2.1 所示。本节附件里有该插件的 V2017 中英文两个版本，可在 2022 以下版本的 SketchUp 里安装使用。

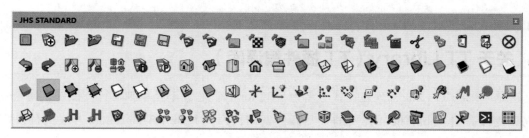

图 2.2.1　JHS 标准工具条的全部工具

1. 所有工具名称

（1）第一排：工具栏尺寸、新建、打开、打开最近、保存（固定版本）、另存为、保存为模板、导入 3D 文件、导出 3D 文件、导入图片、导入为纹理、导入为照片匹配、导出 2D 图形、导出图片、将选择导出为 DWG、导出动画为图片序列、导出动画为视频、剪切、复制、粘贴、原位粘贴、智能删除。

（2）第二排：后退、重做、添加场景、删除当前场景、添加正交视图、模型信息、系统设置、视图对齐选择面、视图 iso、顶 / 底视图、前 / 后视图、左 / 右视图、X 光模式、背面线、隐藏线 / 线框、纯色 / 材质、单色、正反面检查、默认样式、CAD 风格、线色随轴、显示阴影。

（3）第三排：显 / 隐边线、显 / 隐轮廓线、显 / 隐端点、显 / 隐出头、边线抖动、草图样式、风格（优选 1）、风格（优选 2）、随图层颜色显示、轴对齐、重置原点、显 / 隐模型轴线、显 / 隐群组 / 组件轴、显 / 隐参考线、显 / 隐所有注释、显 / 隐所有文字、显 / 隐所有标注、显 / 隐水印、选择相同材质、存储 / 恢复选择、隐藏剩余模型、采样材质。

（4）第四排：仅选线、仅选面、隐藏边线、显示边线、快速成群组、快速成组件、内部炸开、取消隐藏、选同群组 / 组件、群组 / 组件转换、快速安全布置、退出所有操作、隐藏模型剩余部分、切换缩放手柄、显 / 隐图层、上一视角、下一视角、超级清理、材质操作、清理内存、显 / 隐 Ruby 控制台、切换快捷键设置。

JHS 标准工具条虽有 88 个工具，但剔除 SketchUp 自带的，以及不常用和不实用的，仅剩下 20 个左右的功能是比较有价值的。建议保留（或常驻）的功能已在图 2.2.2 中框出，本节将对图 2.2.2 中框出的功能作重点介绍。

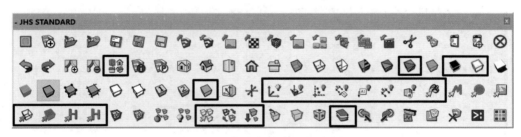

图 2.2.2　框出部分为可常驻工具

2. 必要的设置

（1）选择图 2.2.3 ①所示的【扩展程序→ JHS 标准工具条→工具栏按钮】命令可调出如图 2.2.4 所示的"工具栏设置"面板。这个面板等于告诉我们，JHS 标准工具条上所有的工具并非都是必须显示的，可取消不需要随 SketchUp 一起启动的项目（大多与 SketchUp 原生工具重复）。图 2.2.5 中只勾选最有价值的功能，重新启动 SketchUp 后，新的 JHS 标准工具条如图 2.2.5 所示。

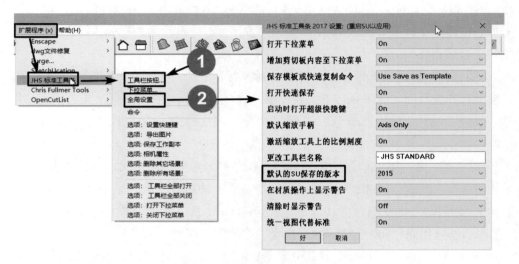

图 2.2.3　打开全局设置面板

图 2.2.4　"工具栏设置"面板

图 2.2.5　可考虑留下（或常驻）的工具

（2）单击图 2.2.3 ②所示的"全局设置"命令，弹出图 2.2.3 右侧的设置面板，建议全部保留默认设置。

3. 为什么要摒弃 JHS 标准工具条的 60 多个功能，仅留下一小部分

（1）桌面上的工具栏越简洁越好，用起来方便，也少占用宝贵的作图空间。

（2）如果把 JHS 标准工具栏的 88 个工具全部调出来，将占用很大一块作图空间，大多数笔记本电脑要占用两行以上，台式显示器也要占用一行多。而这些工具中的大多数都跟 SketchUp 原有工具重复，还有很多是不常用、不实用的功能。

（3）尽可能用 SketchUp 自带的工具栏，这对初学者的学习，以及师生、同事之间的交流非常重要。

（4）对于 SketchUp 的基本工具，熟手们都用快捷键，很少去单击工具图标。

4. 较有价值的 21 个功能（并非建议安装）

（1）图 2.2.5 中的第一个工具是"添加正交视图"。单击它以后，可以把一个模型分别形成六个"正交视图"（所谓正交视图，就是平行投影视图），以方便导出二维图样，如图 2.2.6 所示。对于熟手，这个功能也可以用"场景"或 LayOut 命令来实现，所以该功能并非是必须的。

图 2.2.6　添加正交视图

图中字母缩写的含义如下。

- T：top view（顶视图）。
- F：front view（前视图）。
- B：back view（后视图）。
- L：left view（左视图）。

- R：right view（右视图）。
- I：individual view（单独场景）。

（2）图 2.2.5 中的第二个工具是"正反面检查"。这个功能是为建模时马马虎虎的人准备的——有人在没有彻底检查正反面的情况下就匆匆赋了材质，结果到渲染的时候，反面出现一个"黑洞"（视渲染工具不同而异）。渲染前单击这个工具，模型中凡是正向朝外的面以绿色显示，反向朝外的面用红色显示。再次单击工具，结束检查返回常态。

（3）图 2.2.5 中的第三个工具是"CAD 风格"。单击它以后，SketchUp 模型将变成"黑底白线"状态，如图 2.2.7 所示；再次单击则返回常态。

（4）图 2.2.5 中的第四个工具是"线色随轴"，单击它后，模型中跟红绿蓝三轴平行的轮廓线分别以红绿蓝三色表示，不平行于任何轴的线条用黑色表示，如图 2.2.8 所示。在创建大型模型时，需要钻到模型中间去操作，看不见红绿蓝轴的时候就可以单击它，指出正确的方向。再次单击则返回常态。

图 2.2.7　CAD 风格　　　　　　　　　　　　　　图 2.2.8　线色随轴

（5）图 2.2.5 中的第五个工具是"随图层颜色显示"。SketchUp 为每一个图层都自动给出一种默认的颜色（可以改变），如果模型需要渲染，可以提前把同样材质的面归入到同一个图层中。单击这个按钮后，同一图层的面全部用相同的颜色显示，如图 2.2.9 所示。导出这样的模型，在渲染工具里成批替换材质就会很方便。

图 2.2.9　可留下（或常驻）的工具

（6）接下来的七个工具都跟显示 / 隐藏有关，其中有些很好用。因为这些工具的功能比较简单，一看就明白其功能，下面简单说明一下。

- 图 2.2.5 中的第六个工具是"显 / 隐模型轴线"（即红绿蓝三轴的默认坐标）。

- 图 2.2.5 中的第七个工具是"显 / 隐群组 / 组件轴"（显示组与组件的轴是为了检查或修改组或组件）。
- 图 2.2.5 中的第八个工具是"显 / 隐参考线"（用卷尺工具产生的参考线，包括参考点）。
- 图 2.2.5 中的第九个工具是"显 / 隐所有注释"（包括所有文字和尺寸，与下一个功能类似）。
- 图 2.2.5 中的第十个工具是"显 / 隐所有文字"（包括所有文本对象，与上一个功能类似）。
- 图 2.2.5 中的第十一个工具是"显 / 隐所有标注"（包括圆和弧标注）。
- 图 2.2.5 中的第十二个工具是"显 / 隐水印"（包括"风格面板 / 水印"里的所有文字和图像）。

（7）图 2.2.5 中的第十三个工具是"选择相同材质"。先选中有这种材质的面，再单击这个工具，模型中相同材质的面会同时被选中，相当于右键菜单里的"选择"→"使用相同材质的所有项"功能，通常是为了同时删除或更换某种材质。

（8）图 2.2.5 中的第十四个工具是"仅选线"，第十五个工具是"仅选面"。这两个工具是一组，用法如下：选择好模型的某个或某些对象（在组或组件外选择无效），然后单击"仅选线"工具，就只选择其中的边线；单击"仅选面"工具，就只选择其中的面。这样的操作通常用在分拣废线或废面的时候。这是两个比较重要的工具。

（9）图 2.2.5 中的第十六个工具是"隐藏边线"，第十七个工具是"显示边线"。这两个工具也是一组。需要指出的是，真实世界里的万物绝大多数都是有棱角边线的，建模时，即使进行柔化，也应注意保留部分合理存在的边线，所以任何模型若隐藏了所有的边线就会产生严重的失真。请谨慎使用这组工具。

（10）图 2.2.5 中的第十八个工具是"选同群组 / 组件"。建模时做这种选择的目的通常是为了删除或更换某种相同的组或组件。操作要领是：先选择某个组或组件，再单击这个工具，所有相同的组或组件同时被选中，然后进行删除或编辑、更换。

（11）图 2.2.5 中的第十九个工具是"群组 / 组件转换"。操作要领如下。

- "群组"转"组件"：选中一个或一些群组，再单击该工具，在弹出的对话框中，图 2.2.10 是默认状态，所有被选的群组转成相同的组件；图 2.2.11 中所有被选中的群组转换成各自不同的组件。
- "组件"转"群组"：选中一个组件，再单击该工具，组件即变成群组。

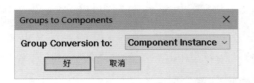

图 2.2.10 所有被选群组转换成相同组件

图 2.2.11 所有选中群组转换成不同组件

（12）图 2.2.5 中的第二十个工具是"快速安全布置"。这是一种留一个安全副本的操作，要点如下。

- 假设需要对图 2.2.12 所示的模型留个副本（通常是为了安全原因）。选择该模型后，再单击"快速安全布置"工具。
- 在弹出的对话框里输入副本偏移保存的距离（副本只能保存在 Z 轴方向），如 2000，即代表在正本上方 2000mm 处保存一个副本（输入负数，副本保存在下方）。
- 单击"好"按钮，该副本创建完成，自动成组后保存在一个新的图层里，并且隐藏。
- 新图层的名称是 _WORKING_COPIES，默认是隐藏状态。
- 图 2.2.13 是打开该图层后，在正本上方 2000mm 处显示副本。

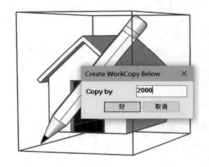

图 2.2.12 输入副本偏离尺寸

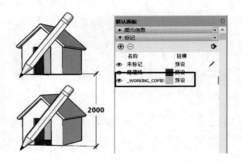

图 2.2.13 显示隐藏的副本

（13）图 2.2.5 中的第二十一个工具是"显/隐图层"，这是一种临时隐藏大多数图层（只留下少许图层）方便建模的方法（免得一个个去关闭图层的麻烦），操作要领如下。

- 假设要对图 2.2.14 的尖顶做编辑，需隐藏尖顶外的其余图层。
- 可在模型中选择尖顶，或在"图层"面板中选择尖顶图层，如图 2.2.14 ①②所示。
- 单击图 2.2.14 ③所示的"显/隐图层"按钮，部分图层取消选择，如图 2.2.15 ②③所示。
- 单击模型空间的空白处，部分图层隐藏，如图 2.2.16 所示。
- 再次单击该工具，可恢复常态。

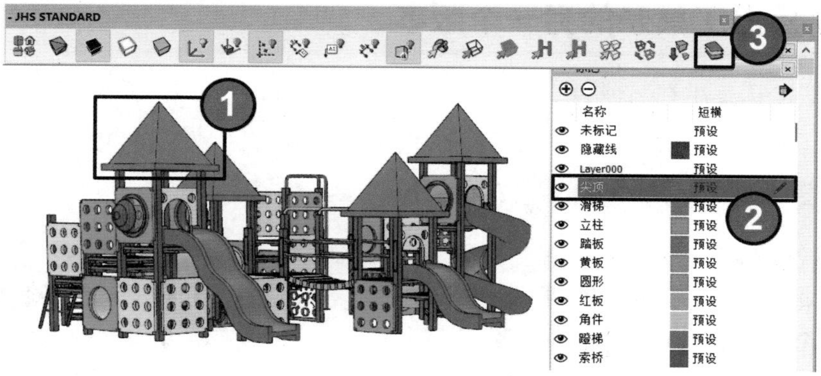

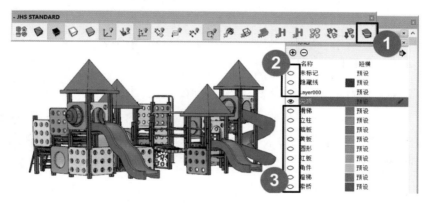

图 2.2.14　显 / 隐图层操作一

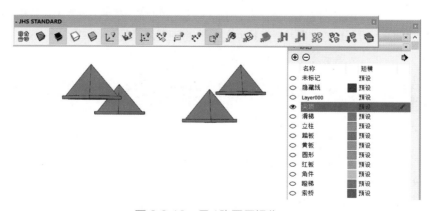

图 2.2.15　显 / 隐图层操作二

图 2.2.16　显 / 隐图层操作三

5. JHS 标准工具条的另一个版本

JHS 标准工具条还有一种 60 个图标的 2015 版本，如图 2.2.17 所示。其中有大部分工具与 SketchUp 自带的工具重复，也有很多不常用、不实用的，比较有特色的工具没几个。其操作要领与上述 88 个图标相同，可参考进行操作。

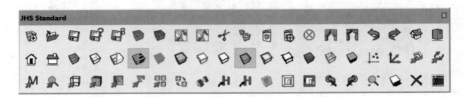

图 2.2.17　另一种 60 个图标的 2015 版本

（1）第一排：新建、打开、保存、另存为、另存为 SU8、导入 3D 文件、导出 3D 文件、导入图像、导出图像、剪切、复制、粘贴、原位粘贴、删除、添加场景、删除场景、还原、重做、等轴、顶 / 底视图。

（2）第二排：前 / 后视图、左 / 右视图、X 光、后边线、线框 / 消隐、纯色 / 材质、显 / 隐边线、显 / 隐轮廓线、线颜色随轴、CAD 风格、默认样式、边线抖动、草图样式、正反面检查样式、追踪样式、只显示阴影、显 / 隐参考线，显隐组件轴、全选、反选。

（3）第三排：选择仓库、镜头缩放、仅选边、仅选面、仅选材质、隔离材质、选同群组 / 组件、群组 / 组件转换、创建副本、隐藏边线、显示边线、隐藏剩余模型、两点透视、视角、上一视角、下一视角、精确缩放、显 / 隐阴影、清理模型、快捷方式。

最后顺便说一下，作者本人从来没有安装过 JHS 标准工具条，原因是其中的大多数工具与 SketchUp 的原生工具重复，其中有特色、实用的工具不多。

2.3　JHS PowerBar（JHS 超级工具条）大部分可常驻

相较于上一节介绍的 JHS 标准工具条，这一节要介绍的 JHS 超级工具条就完全不一样了，其中的大多数工具都比较实用。图 2.3.1 是把所有工具调出来以后形成的工具条，一共有 46 个工具，另外还有一种 44 个工具的版本（见图 2.3.2），二者的区别在于少了图 2.3.1 框出的两个工具（炸开曲线与均分曲线）。下面列出所有工具的名称，其中有一些将会作较详细的讨论。本节附件里有这个插件的中英文版本，可在 2022 版以前的 SketchUp 安装使用。

图 2.3.1　46 个工具的版本

图 2.3.2　44 个工具的版本

1. 工具条与重要的工具

（1）上排：AMS 增强柔化面板、运行 AMS 增强柔化、轻度柔化、重度柔化、取消柔化、平滑成四边面、直立跟随、按轴设置轴向、按线设置轴向、生成面域、边线偏移、拉线成面、沿路径挤出矩形、路径成管、线转圆柱、沿路径节点阵列、沿路径间距阵列、红轴对齐、绿轴对齐、蓝轴对齐、区域阵列、放置于面、放置于高度。

（2）下排：镜像物体、焊接线条、炸开曲线、均分曲线、参数移动、对齐工具、三维旋转、旋转物体、随机缩放、随机旋转、随机旋转缩放、组件代理、组件替换、自由变换 3×3、自由变换 4×3、锁定边线、解锁边线、网格生成、平面细分、四边面分割、添加顶点、连点成线、组件节点替换。

2. 工具条的按需定制

跟上一节介绍的 JHS 标准工具条一样，JHS 超级工具条也是可以按需定制的，操作如下。

（1）SketchUp 2022 版按图 2.3.3 左侧①②③所示的顺序单击，调出图 2.3.4 所示的设置面板。

（2）2021 版之前的 SketchUp，如图 2.3.3 右侧所示，选择【帮助→ CADFATHER PACK → POWERBAR ICONS】命令，将弹出图 2.3.4 所示的设置面板，勾选或取消勾选某些项目，重新启动 SketchUp 后设置生效。单击图 2.3.3 左侧④或右侧②处，都会显示一组包含所有工具的菜单，因面积太大，截图略。

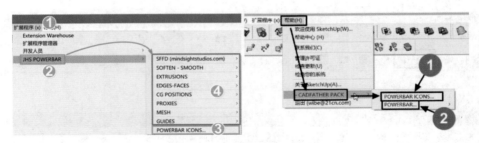

图 2.3.3 调出工具栏设置面板

图 2.3.4 工具栏设置面板

下面分成十三组来分别介绍 JHS PowerBar 所有工具的应用要领。

3. 第一组

此处包括 AMS 增强柔化面板、运行 AMS 增强柔化、轻度柔化、重度柔化、取消柔化和平滑成四边形网格一共六个工具，如图 2.3.5 框中所示。

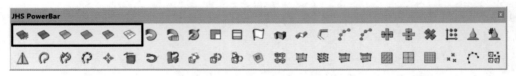

图 2.3.5 柔化相关工具

（1）前两个工具是一组，即 AMS 增强柔化面板和运行 AMS 增强柔化。柔化作业要分两步完成。

第一步：在 AMS 增强柔化面板（图 2.3.6 ①）里进行设置，应用后，设置生效。

第二步：选定柔化对象，单击第二个工具，运行 AMS 增强柔化，结果如图 2.3.6 ④所示。

图 2.3.6 ②的滑块跟 SketchUp 柔化面板相同，建议数值不要超过 90 度。面板中共有五个可选项，大多数情况下保持默认设置即可。

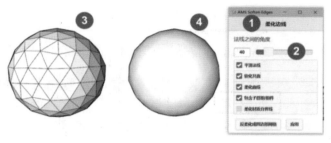

图 2.3.6　增强柔化的用法

（2）图 2.3.5 框选的第 3 ~ 5 个工具分别是轻度柔化、重度柔化和取消柔化。见文知意，没有什么需要解释的，唯建议尽量避免使用重度柔化工具。

（3）图 2.3.5 框选的第六个工具是平滑成四边面。

在 3D 建模领域，广泛将三角形和四边形作为基础单元，有些特殊的地方还使用五边形、六边形和七边形，图 2.3.7 是一些实例。

● 图 2.3.7 ①②是两个以三边面为基础单元的几何体。

● 图 2.3.7 ③的三个对象是以四边面为基础单元的几何体，球体南北极是三面体。

● 图 2.3.7 ④是个十二面体，全部由五边面组成。

● 图 2.3.7 ⑤是六边面和五边面混合而成的球体。

图 2.3.7 的所有对象里，只有图 2.3.7 ③的四边面可以最方便地进行细分平滑运算。比如要将一个四边面细分成两个或四个面，只要将口字形平分成日字形或田字形即可，运算非常简单；计算机对四边面的运算速度最快，资源消耗最少，UV 贴图也简单。如果让计算机处理大量由三边面、五边面组成的模型，因为庞大的运算量和计算机资源的限制，非常容易出现坏线、乱线和破面；因此几乎所有的高级三维建模软件，都将四边面作为一种基础的结构模式。

因为历史原因，SketchUp 默认只支持三边面，用"平滑成四边面"工具则可以弥补这个不足，如果需要，可用它把三边面变成四边面（其实是把相邻的两个三边面合在一起，隐藏掉对角线，即"非平面四边面"），然后让 SketchUp 以四边面为基础单元进行平滑运算。该工具的实际测试效果并不理想，建议用后面要介绍的 QuadFaceTools（四边面工具）。

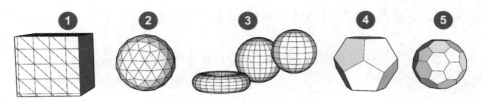

图 2.3.7 不同面形的几何体

4. 第二组

如图 2.3.8 框中所示，有直立跟随、按轴设置轴向、按线设置轴向三个工具。

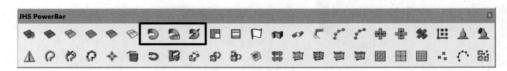

图 2.3.8 第二组的三个工具

（1）图 2.3.9 ①是图 2.3.9 右面四个螺旋体的路径与放样截面。

（2）图 2.3.9 ②是用 SketchUp 的路径跟随工具放样形成的螺旋体，暴露了它的致命缺陷。

（3）同时选中放样路径与放样截面，再单击图 2.3.8 框中的第一个"直立跟随"工具，获得图 2.3.9 ③所示的正常螺旋体。有一个叫作 FAK（Follow me and keep）的独立插件也可以达到同样的效果，有很多别的插件工具条上也包含有这个功能的插件。

（4）同时选中放样路径与放样截面，再单击图 2.3.8 框中第二个工具"按轴设置轴向"，在弹出的数值框中填写旋转数据，如图 2.3.9 ⑤所示，获得图 2.3.9 ④中的"扭转"螺旋体，扭转的方向与程度决定于图 2.3.9 ⑤中的数据。

（5）图 2.3.9 ⑥所示的螺旋体的扭转矢量（方向与大小）决定于图 2.3.9 ⑦所指的线段。

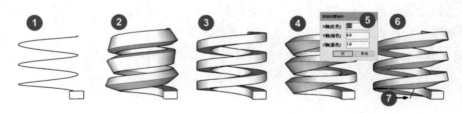

图 2.3.9 路径跟随工具

（6）经过无数次的测试，差不多可以确定图 2.3.8 框定的三个工具，只有"直立跟随"工具比较靠谱，建议在图 2.3.4 的设置面板中取消勾选另两个工具。

5. 第三组

图 2.3.10 中框定的三个工具是生成面域、边线偏移、拉线成面，其中生成面域和拉线成面这两个工具非常好用并且重要，"边线偏移"功能似乎多余。

图 2.3.10 第三组的三个工具

（1）图 2.3.10 框定的第一个工具"生成面域"使用很简单。

第一步，选中图 2.3.11 上半部分的全部线框。

第二步，单击图 2.3.10 框定的第一个工具"生成面域"，所有线框瞬间生成面域，如图 2.3.11 下半部分，缺点是生成的面域有一些反面朝外。

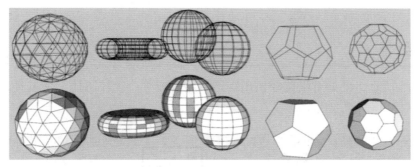

图 2.3.11 运用生成面域工具

（2）图 2.3.10 框定的第二个工具是"边线偏移"。依作者看，这个工具是多余的。用移动工具做移动复制的外部阵列和内部阵列，比这个工具的功能强多了，建议在图 2.3.4 中取消它的勾选。

（3）图 2.3.10 框定的第三个工具是"拉线成面"，也叫"拉线升墙"，是个非常有用的工具，操作要领如下。

图 2.3.12 下半部分是四组不同的线条，选中这组线条中的部分或全部，单击图 2.3.10 中的"拉线成面"工具，移动光标到已选中的线上，单击确认；再把光标往上移动，确定生成面的方向（注意不要单击鼠标左键）；松开鼠标，输入生成面的高度，如 2000，回车后，效果如图 2.3.12 上半部分。

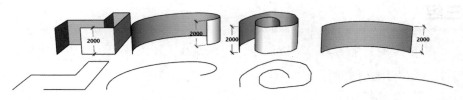

图 2.3.12 拉线成面实例

（4）"拉线成面"的功能还不止图 2.3.12 那么简单，图 2.3.13 是另外一些用法。

- 图 2.3.13 ①②是前面的基本用法。
- 图 2.3.13 ③④是分别把上下两条圆弧向侧面拉出长短不同的面。
- 图 2.3.13 ⑤⑥是把一条弧线拉往另外一条并结合，形成封闭的异形管状。

图 2.3.13 拉线成面的另一种用法

6. 第四组

如图 2.3.14 所示，此处有沿路径挤出矩形、路径成管、线转圆柱三个工具，都是非常有用的。

图 2.3.14 第四组工具

（1）图 2.3.14 框定的第一个工具是"沿路径挤出矩形"，这是一种简化的"路径跟随"操作，好处是不用再绘制放样截面并定位到放样路径的端部，缺点是放样截面只能是矩形。该工具的操作要领如下。

图 2.3.15 ①④是两条不同的放样路径，操作前必须先选择一条连续的路径，单击"沿路径挤出矩形"工具，在弹出的面板中进行设置，如图 2.3.15 ③⑥所示。

除了设置矩形的尺寸外，要注意放样矩形与路径的定位关系，建议用"几何中点"。

（2）图 2.3.14 框定的第二个工具是"路径成管"，这也是一种简化的路径跟随操作，好处是不用再绘制管道的内外壁并定位到放样路径的端部，这对于要绘制大量管道的用户来说可节约很多时间；缺点是只能做管道或圆杆，不能做别的。该工具的操作要领如下。

图 2.3.15　沿路径放样

选中图 2.3.16 ①的连续路径，单击"路径成管"工具，在弹出的面板中进行设置，如图 2.3.16 ③所示。

除了圆管内外径之外，还需要控制"圆的段数"；大多数时候，"圆的段数"可以设置到 12、8 甚至 6，以减少模型的线面数量。

如果第四项"添加节点"选择 Yes 选项，放样操作后的路径如图 2.3.16 ④所示，放样完成后的结果如图 2.3.16 ②所示。

如果最后一项选择 Yes 选项，生成的管道与原始的放样路径合在一起创建一个群组，原始的放样路径保存在独立的图层 XCLINE 里，如图 2.3.16 ⑤所示。

图 2.3.16　路径成管实例

（3）图 2.3.14 框定的第三个工具是"线转圆柱"，这也是一种简化的路径跟随操作，主要用于把"网格线框"生成"圆杆状的网架"。对于经常要做类似网架的用户，可节约很多时间。该工具的操作要领如下。

全选图 2.3.17 ①的所有网格线框，再单击"线转圆柱"工具，接着在图 2.3.17 ③的弹出面板中进行设置，注意"圆的段数"可以设置到 12、8 或 6，以减少模型的线面数量。

该插件生成的网架质量并非上乘，后面还有其他工具比它的表现更好。

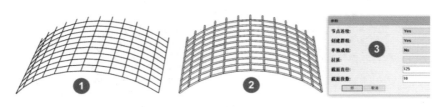

图 2.3.17　线转圆柱实例

7. 第五组

如图 2.3.18 所示，包括沿路径节点阵列、沿路径按间距阵列、区域阵列三个工具，这三个工具的功能都跟"复制"和"阵列"有关。

图 2.3.18　第五组工具

（1）按工具名称理解，"沿路径节点阵列"应该在路径的每一个节点（即每条线段的端点）放置指定的组或组件。其操作要领如下。

选中一条（连续）的路径（图 2.3.19 ①中的四条路径中的任一条），再单击"沿路径节点阵列"工具，输入数字 0（0 代表选择节点）后按 Enter 键，最后单击图 2.3.19 ②处的任一个组或组件，阵列完成，如图 2.3.19 ③所示。

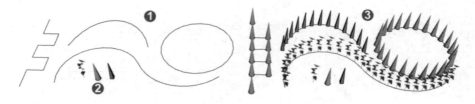

图 2.3.19　路径

（2）图 2.3.18 框定的第二个工具"沿路径按间距阵列"的使用要领如下。

选中一条（连续）的路径（图 2.3.20 ①中的三条路径中的任一条），再单击图 2.3.18 框定的第二个工具"沿路径按间距阵列"工具，在弹出的图 2.3.20 ②所示面板中输入间距，如 1500，然后按 Enter 键；在面板的上面一栏选择阵列的组或组件，下面一栏指定中心对齐；最后单击图 2.3.20 ③处的任一个组或组件，阵列完成，如图 2.3.20 ④所示。

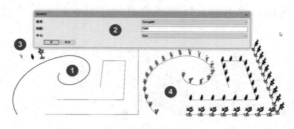

图 2.3.20　沿路径按间距阵列实例

请特别注意：这两个阵列工具需要的是"连续的路径"，但是图 2.3.19 和图 2.3.20 所示的几条路径是用圆弧或直线工具分成几段完成的，它们并不是"连续的路径"。解决的方法是：全选一条路径的所有线段，再单击第八组中的第二个工具"焊接线条"即可。

还有，需提前把坐标轴设置到组件或组的中心，以便精准对齐路径上的目标点。

（3）图2.3.18中最后一个工具也是比较实用的，叫作"区域阵列"，具体用法如图2.3.21所示，已经准备好了一个矩形的场地，如图2.3.21①所示；还准备好一个正在打太极拳的男人，如图2.3.21②所示。操作顺序如下。选矩形的场地（图2.3.21①）或其他形状的平面，再单击"区域阵列"工具，在弹出的面板中进行设置，如图2.3.21③所示，其中第一项要选中需要阵列的组件（名称"太极拳"），在第二项中输入阵列间隔（如2500）；若无特殊需要，下面三项不必改动；全部设置完成后，单击"好"按钮，区域阵列完成，如图2.3.21④⑤所示。

图2.3.21   区域阵列实例

8. 第六组

这一组共有三个工具，如图2.3.22所示的红轴对齐、绿轴对齐、蓝轴对齐。这些都比较简单，图2.3.23①是在地面上的一组对象（俯视图），不平行于红轴与绿轴。选中所有对象后，单击第一个工具"红轴对齐"，结果如图2.3.23②所示，为垂直于红轴并居中；选中所有对象后，单击第二个工具"绿轴对齐"，结果如图2.3.23③所示，为垂直于绿轴并居中；图2.3.23④是不平行任何轴的一组对象，选中所有对象后，单击第三个工具"蓝轴对齐"，结果如图2.3.23⑤所示，注意结果是在垂直于蓝轴的面上取齐并居中。

图2.3.22   第六组工具

图2.3.23   按轴对齐实例

9. 第七组

这一组只有两个水滴形状的工具——放置于面和放置高度。这两个工具比较重要，它们的功能跟图标的形状一样，都是把组件或群组如水滴一样降落下来，如图 2.3.24 所示。

图 2.3.24　放置工具

（1）图 2.3.25 ①有一个小小的土墩，上面有一些高高低低的植物，要把植物种到土墩上。

全选这些植物，然后单击图 2.3.24 中的第一个水滴状工具，结果如图 2.3.25 ②③所示：凡下面有附着物的植物，都降落下来了；凡是下面没有可附着物的植物，都留在了原地，而且还添了虚线形式的小尾巴。删除仍然腾空的植物就完成了一次种植。

图 2.3.25　放置于面实例

（2）另外一个水滴状的工具是"放置高度"，其功能同样是把群组或组件降落下来，区别是它只能降落到指定的高度，如图 2.3.26 所示。

图 2.3.26 ①有三个不同高度的平面，分别是 1 米、2 米和 3 米，顶部有三组对象。选择上面的一组对象，再单击"放置高度"工具，弹出图 2.3.26 ②所示的对话框，输入 3000，单击"好"按钮后，对象全部降落到离地面 3 米标高的位置，如图 2.3.26 ③所示；如在"输入放置高度"文本框里输入 0，单击"好"按钮，对象将落到"地面"上。

图 2.3.26　放置高度实例

10. 第八组

这一组工具比较杂，有镜像物体、焊接线条、炸开曲线、均分曲线、参数移动、对齐工具，一共六个工具，如图 2.3.27 所示。

图 2.3.27　第八组工具

（1）第一个工具是"镜像物体"，使用要领如下。全选想要镜像复制的对象，单击"镜像物体"工具，移动工具按图 2.3.28 ①②所示顺序画线确定镜像的轴，再按图 2.3.28 ②③所示顺序画一条短线（也可以向上画）确定镜像。镜像完成，如图 2.3.28 ④所示，删除或柔化中间的边线后结果如图 2.3.28 ⑤所示。

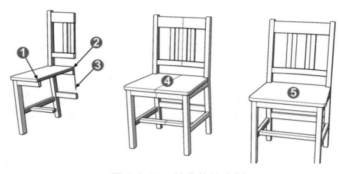

图 2.3.28　镜像物体实例

（2）第二个工具是"焊接线条"。这是一个非常重要的工具。我们知道，在 SketchUp 里，只有一次成形的圆形、多边形或圆弧是一条整体的路径，用圆弧或直线工具分成几段完成的路径都不是"连续的"，这给建模留下一些难题，解决的方法如下。

全选一条路径的所有线段（或三击全选），单击"焊接线条"工具，分若干次绘制的线段组即可变成一条整体的路径。

（3）第三个工具是"炸开曲线"。我们知道，在 SketchUp 里绘制的圆弧和圆都是由很多线段拟合而成的整体，在某些特殊情况下想要把它们分解成线段，其方法是选择想要炸开的曲线，单击"炸开曲线"工具，曲线即被炸开成线段。

其实不用该工具也可以完成炸开曲线的任务：选择曲线后，在右键菜单里选择"炸开"命令，圆弧、圆或其他曲线便可分解成若干小线段。所以这个功能不是必需的。

（4）第四个工具是"均分曲线"。我们以前学习过，SketchUp 可以把直线段拆分成指定的小线段，但是对于像圆弧和圆形这样的对象，SketchUp 只能把它们分解成默认的线段，而不能拆分成指定的线段。"均分曲线"工具可以帮助我们完成这个功能。

图 2.3.29 ①是一条普通的圆弧，通过"图元信息"面板（图 2.3.29 ②）可以查到它有12 段。选择好曲线对象后，单击"均分曲线"工具，在弹出的对话框（图 2.3.29 ③）里输入拆分的线段，按 Enter 键后，曲线段的均分完成，如图 2.3.29 ④所示。

请注意图 2.3.29 ③的对话框上面有两个选项：一个是 Number，就是数量，选择了此项量，就要在下面填写均分的线段数量；还有一个是 Length，就是长度，选择了此项，就要在下面填写线段的长度数据。

顺便说一下，如果是想改变圆或弧的片段数，可以选中后在"图元信息"对话框里编辑。

图 2.3.29　均分曲线

（5）第五个工具是"参数移动"。这个工具的特点是可以在输入数据后，用箭头键及功能键配合移动对象。本节的附件里有一个如图 2.3.30 所示的矩阵，可以操控上面的红色立方体做练习。

图 2.3.30 所示的网格矩阵，每一小格是 1 米见方，每一面是 10 米见方，已做成群组。

图 2.3.30 ①右下角有个红色的小立方体，它是要移动的对象，操作如下：先选定要移动的对象，单击像四方箭头的"参数移动"工具，输入一个距离（本例中输入 1000）后按 Enter 键，即指定每按动一次方向键移动一小格（1000mm）；用左右箭头键向左右移动对象，用上下箭头键前后移动对象；图 2.3.30 ②所示是用向上和向左箭头键各移动 6 次的结果。

如想要像图 2.3.30 ③那样上下移动对象，仍然用上下箭头键但要同时按住 Alt 键；如嫌每次移动太多，可先按住 Ctrl 键再按箭头键，每次移动的距离是给定尺寸的十分之一（实际试验不稳定、未获成功）；按住 Shift 键再按箭头键，等于加大移动距离，是给定尺寸的十倍。

"参数移动"工具虽然大多数功能还算正常，但是在我看来，在功能和易用性方面远不如另外一个单独的插件 Mover 3，所以不建议常驻。

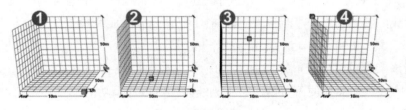

图 2.3.30　参数移动

（6）最后一个工具是"对齐工具"，图 2.3.31 是两次测试的结果。

左边有两个立方体，现在要把小的跟大的放在一起，并且两者对齐，结果如图 2.3.31 ⑦所示，具体操作是：先选定要移动对齐的几何体，调用对齐工具，依次单击图 2.3.31 左侧的①②③；再依次单击图 2.3.31 左侧的④⑤⑥，结果如图 2.3.31 左侧⑦所示。

上述的 6 次单击，其实就是分别定义大小立方体的定位点与红轴、绿轴的方向。同样的道理，单击图 2.3.31 右侧的 6 个点，就可得到图 2.3.31 右侧⑦的结果。

这个工具用处不大且操作麻烦，用移动和旋转工具更直观，不建议常驻。

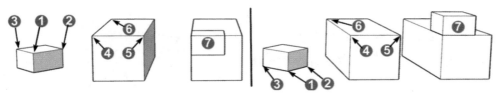

图 2.3.31　对齐工具

11．第九组

该组的工具有三维旋转、旋转物体、随机缩放、随机旋转、随机旋转缩放，如图 2.3.32 所示。

图 2.3.32　第九组工具

（1）第一个工具是三维旋转，用法如下。

选择好要旋转的对象，单击调用"三维旋转"工具；移动工具，单击图 2.3.33 ①确定旋转的中心，再单击图 2.3.33 ②确定旋转对象的一条边，最后单击图 2.3.33 ③指定目标位置，操作结果如图 2.3.33 ④所示。选择右侧另一个对象，单击调用"三维旋转"工具；移动工具，单击图 2.3.33 ⑤确定旋转的中心，再单击图 2.3.33 ⑥确定旋转对象的一条边，最后单击图 2.3.33 ⑦指定目标位置，操作结果如图 2.3.33 ⑧所示。

该工具的注意点：使用该工具之前，如果没有提前在需要旋转的平面上画好这些辅助线，旋转的结果可能出乎意料；如果你对旋转结果有严格的定量要求，不推荐使用它；而是用 SketchUp 的旋转工具或另一个独立插件 Mover 3。

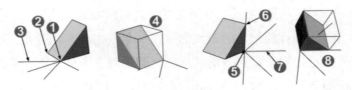

图 2.3.33　三维旋转

（2）第二个工具是旋转物体。这个工具在方案推敲过程中也许有用，其用法如下。

选定旋转对象，调用"旋转物体"工具，输入每次旋转的角度，按 Enter 键生效。

请注意图 2.3.34 ①屏幕左上角，按向上的箭头键，可以在红绿蓝三轴间做选择，选定的轴就是对象的旋转轴。

选定旋转轴以后，再按左右箭头键，对象就在指定的轴上旋转了。

按向下的箭头键，对象在指定的轴上做 180 度翻转。

按左箭头，逆时针旋转；按右箭头等于顺时针旋转；按 Alt 键，转换旋转的方向；按 Ctrl 键，每次旋转 45 度；按 Shift 键，每次旋转 1 度。虽然这个工具功能很多，可以向任何方向旋转任何角度，但不容易操控，不推荐常驻。

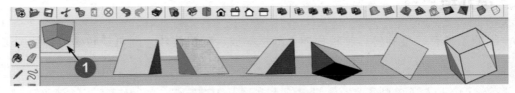

图 2.3.34　旋转物体

（3）这一组右边的三个工具是随机缩放、随机旋转、随机旋转缩放。这三个工具在随机布置的时候或许有用。

图 2.3.35 ①是对象的原始状态，一共四组。

全选第 2 组后，单击"随机缩放"工具若干次，结果如图 2.3.35 ②所示。

全选第 3 组后，单击"随机旋转"工具若干次，结果如图 2.3.35 ③所示。

全选第 4 组后，单击"随机旋转缩放"工具若干次，结果如图 2.3.35 ④所示。

单击这三个工具后，屏幕左下角会出现一些英文提示，如图 2.3.36 所示。经过反复测试，无法按这些英文提示操作，提请读者们注意。

图 2.3.35　原始状态

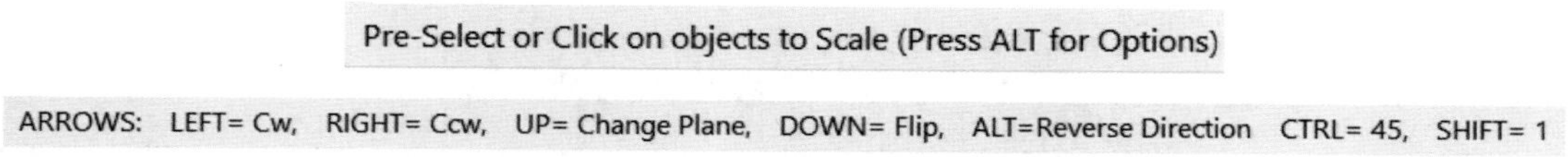

Pre-Select or Click on objects to Scale (Press ALT for Options)

ARROWS: LEFT= Cw, RIGHT= Ccw, UP= Change Plane, DOWN= Flip, ALT=Reverse Direction CTRL= 45, SHIFT= 1

图2.3.36 两种英文提示（实测无效）

12. 第十组

该组有两个工具：组件代理、组件替换，如图2.3.37所示。

图2.3.37 第十组工具

（1）先说说"组件代理"工具：若干年前，电脑软硬件性能普遍不太高，为了避免SketchUp运行时卡顿，有人编写了这个插件，它的用途是在建模时把线面数量较多的组件用简单的近似几何体暂时代替，到最终出图的时候再恢复组件的真面目。按理，现在电脑软硬件的性能提高了很多，只要不是特大的模型，很少再会卡顿，所以应该不会再有人去用这种插件了；可是，就在前两个月，居然有个学生在找"组件代理"插件。这引起了我的好奇心，一打听，原来她是做婚庆设计的，客户要求模型里用9999朵玫瑰，不用组件代理，线面数量大到根本无法建模。

选中需要代理的所有组件，单击"组件代理"工具，结果如图2.3.38的下半部分所示；所有组件，不管原来多么复杂，都暂时用简单的线框替代；想要恢复的时候，再次选中它们，再单击"组件代理"工具就可恢复原始状态。

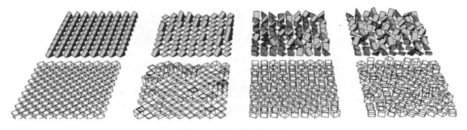

图2.3.38 组件代理

（2）再说说"组件替换"工具，用户常用它来更换植物组件，其用法如下。

选中图2.3.39①或③，这是要用来更换圆柱体的立方体，再调用"组件替换"工具，然后逐一单击需要更换的圆柱体，结果如图2.3.39②所示；若想一次更换所有的圆柱体，可按住Ctrl键单击任一圆柱体，如图2.3.39④所示。

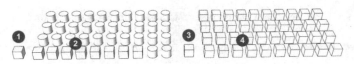

图 2.3.39　组件替换

13. 第十一组

该组有自由变换 3×3、自由变换 4×3、锁定边线、解锁边线共四个工具，如图 2.3.40 所示。

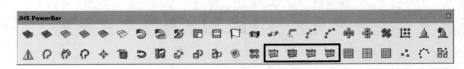

图 2.3.40　第十一组工具

（1）这一组工具里有两个 FFD——3×3（3乘3）和 4×3，FFD 的全称是 Free form deformation，也就是自由变换的意思。所以，FFD 插件也叫作自由变换插件。在计算机图形学中，FFD 是一种可以将物体进行简单自由变换的技术，它可将物体嵌入在一个控制网格之中，通过控制网格的点来间接控制物体的几何变形。

图 2.3.41 ①是一个球体，选中它，然后单击 FFD 3×3 插件，可以看到对象上多了一些黑点，图 2.3.41 ②中黑点的数量在长宽高方向上都是三个，所以才叫它 FFD 3×3。

这个 3×3 的矩阵是一个独立的群组，换句话说，图 2.3.41 ②中有两个群组摞在一起，一个是要变形的对象，是球体；另一个是刚产生的变形控制点群组。FFD 的操作就是通过改变这些黑点的位置来改变对象的形状。

现在双击图 2.3.41 ②任何一个小黑点，就可以进入变形控制矩阵内进行编辑，请注意，如果单击了变形的对象（球体），是无法进行后续变形操作的。

进入变形控制群组后，选择部分控制点，用移动工具移动这些控制点，对象就会产生变形。图 2.3.41 ③就是选择了右侧一组九个控制点后向右移动后的结果。

如果一次变形还不够，可以退出编辑，删除变形控制点阵群组，重新产生一个新的变形控制群组，再次进入群组进行变形操作。

做 FFD 变形的对象必须有足够的段数，段数越多，变形后的结果越平滑，如图 2.3.41 ④所示。但是段数越多，物体的线面数量也越多，SketchUp 运行速度就越慢，甚至崩溃退出。怎样保证既有平滑的效果又在合理的线面数量范围内，应根据需要进行把控。

另外一个 4×3 的 FFD 工具，区别仅为横向多一组控制点，用法完全和 3×3 的一样。

FFD 虽然不能做定量的精确变形，但它仍然是 SketchUp 的一个重要插件。

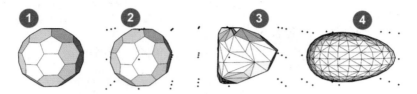

图 2.3.41　FFD 变形实例

（2）至于这一组的另外两个工具：锁定边线、解锁边线，是配合 FFD 工具而设置的，比如在图 2.3.41 ③的情况，想要锁定已经变形的球体左侧不让它再变形，可以双击进入球体的群组（不是控制点群组），用选择工具选择好左边想要锁定的线面，再单击"锁定边线"工具，这些线面便被锁定不再参与变形。

重新选择已经锁定的线面，单击"解锁边线"工具即可释放已锁定的线面。

14.　第十二组

这一组有三个工具——细分平面、按次细分、四边面分割，如图 2.3.42 所示。在 3D 建模过程中，时常要对几何体做细分操作，细分的目的是为了后续的变形和平滑，细分的程度应根据实际需进行控制，不是分得越细越好。这一组的三个工具都有对平面进行细分的功能。

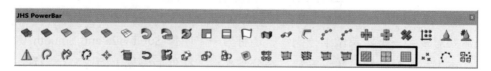

图 2.3.42　第十二组

（1）第一个工具是"细分平面"。这个工具对几何体进行细分的依据是细分单元的尺寸和角度。

先选择好需要细分的平面，单击"细分平面"工具，在弹出的对话框（图 2.3.43 ①）里输入细分单元格的尺寸和单元格与坐标轴间的角度，确定后细分完成。该工具只对平面有效。图 2.3.43 ①③是不同的网格尺寸，图 2.3.43 ②④是对应的网格。

图 2.3.43　细分平面实例

（2）第二个工具是"按次细分"，这个工具是按照指定的细分次数来实施细分。

选择好需要细分的平面，单击"按次细分"工具，在弹出的对话框里输入细分的次数，如图 2.3.44 是从 1 次细分到 5 次的细分结果。

再次提醒：确定细分次数必须谨慎。这个工具可同时细分多个面。

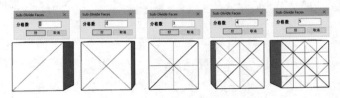

图 2.3.44　按次细分实例

（3）第三个工具是"四边面分割"，这个工具是按照指定的细分段数来进行操作的。

选择对象，调用工具，输入分割的段数，确定后分割完成。

图 2.3.45 是从 2 次到 10 次分割的结果，该工具可以同时分割多个平面。

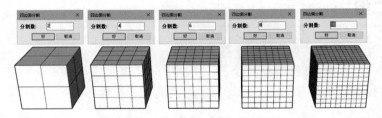

图 2.3.45　按段数细分实例

如果需要对复杂三维对象做细分操作，还有另一个叫作 Subdivide and Smooth（细分与平滑）插件，本书后文有介绍。建议安装"细分与平滑"插件而停用上面这三个工具。

15.　第十三组

这一组的三个工具是添加顶点、连点成线、点转组件，如图 2.3.46 所示。

图 2.3.46　第十三组工具

（1）SketchUp 本身没有任意画点的工具，虽然用小卷尺工具也能勉强画出参考点，但是限制太多。"添加顶点"工具可以解决这个问题。调用该工具后，随便单击就出来一个点，只要有耐心，芝麻烧饼马上就有，如图 2.3.47 所示。

（2）"连点成线"这个工具是把刚刚单击出来的芝麻，用线穿起来。非常遗憾的是，它不能按芝麻出现的先后顺序连线，如图 2.3.48 所示。

图 2.3.47　添加顶点

图 2.3.48　连点成线

（3）最后一个工具"点转组件"在布置植物或类似应用时特别有用。

图 2.3.49 是一个微地形的平面图，想要在其上布置植物平面组件。右下角是几个大小不等的植物平面组件。

先用"添加顶点"工具在平面上画出一些参考点，每个参考点等于一棵树，如图 2.3.49 所示。

按空格键退出顶点工具。此时，刚画好的点是被选中的状态，按住 Ctrl 键做加选，选择一个植物平面组件。

单击"点转组件"工具，刚才的参考点就变成了植物平面组件，如图 2.3.50 所示。

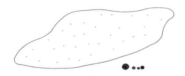

图 2.3.49　平面与参考点

图 2.3.50　点转组件

也可用同样的方法在立体的地形上进行种植。图 2.3.51 上已经画了一些参考点，按住 Ctrl 键加选一棵树的组件，再单击"点转组件"工具，结果如图 2.3.52 所示。

图 2.3.51　微地形与参考点

图 2.3.52　点转组件

JHS Powerbar（JHS 超级工具条）中有一些工具非常好，但是也有一些不实用、不常用、不好用的。在图 2.3.53 里，作者选择了一些实用也常用的工具，它们可作为随 SketchUp 启动的常驻插件集，其余的可在非常需要的时候再调出来。

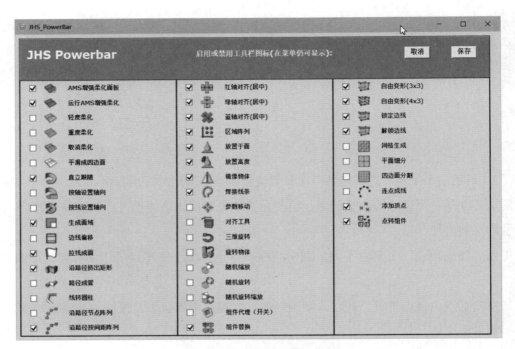

图 2.3.53　可考虑常驻的工具

2.4　Fredo6 Tools（Fredo6 工具箱）

这是一个综合性的工具条，有多种不同的版本，2022 年最新的版本是 v4.3a。安装完成后，也许只能看到如图 2.4.1 所示的单个工具图标（这样做可以不占用作图空间），单击该工具图标将会出现图 2.4.2 所示的工具菜单（不用时可关闭），其中包括 24 个功能项目。当光标停留在每个工具上，就会出现简短的功能提示，单击其中的任一个就可调用其功能。

在图 2.4.2 最右边，默认有一排图标像"没有眼珠的眼睛"，单击它后就变成了"完整的眼睛"（图 2.4.2 已经单击了上面 5 个作为示范）。如果勾选了全部，重新启动 SketchUp 后，可看到如图 2.4.3 所示的全部工具图标。单击"小眼睛"左边的彩色书本状图标，可打开 http://sketchucation.com/ 网站的对应网页来查看相关说明（英文）。

Fredo6 Tools 的功能太多，如果一一截图来说明操作要领会占用大量篇幅，在本节的附件里有一个 30 页的 Fredo6 Tools（弗雷多工具箱图文全版）文件是这一节的原版；本节中改成了简化版，仅提供文字提示。

请注意：汉化版里有不少翻译错误，有些还是常识性的低级错误，如果你的英文水平不错，建议用英文原版。

图 2.4.1　简化工具图标　　　　图 2.4.2　全部工具菜单　　　　图 2.4.3　全部工具图标

为了查找方便，图 2.4.4 已为每个工具编号。

图 2.4.4　Fredo6 Tools 工具条

刚安装好的工具条默认以英文显示，如果想要改成中文，选择【窗口→LibFredo6 Settings】命令，然后选择 Set Preferred Languages（设置首选语言）命令，在弹出对话框的"首选语言一"里指定 Chinese（中文）；重新启动 SketchUp，就可以看到汉化的工具提示了。但前提是必须先安装好最新的语言库：LibFredo6_v12.8a（本节附件里都有）。

（1）单击第 1 个工具，即显示图 2.4.2 所示的工具列表。

（2）第 2 个工具是 Angle Inspector（角度检测）。这是一个对图元几何体的属性进行查询的工具，虽然它的名称是"角度检测"，其实还有其他的功能，如"补角""点坐标""面积""边线长度""共面角度"，等等。

单击"角度检测"工具后，窗口上部出现一个信息区，如图 2.4.5 所示。请注意：Fredo6 编写的大多数插件都有这个信息区，我们可以在里面设置各种可选择的项目；所有插件的信息区都有左边的"关闭""显示隐藏切换""选择区上下和左右切换"和右边的"返回"和"离开"按钮，后文讲到 Fredo6 编写的其他插件时，就不再提这些相同的部分了。

图 2.4.5　Fredo6 插件的信息区（两端的功能固定）

这个插件信息区的上部分成了三个区，其实就是三组可供选择的项目。

第一组选择项目是 Information（信息）。在这一部分，可以指定检测时需要显示的项目，它们有"角度""补角""元素"和"点"等信息；可以全部选择。如果只检测角度，可以关掉其余的三个开关（注意部分汉化版本有翻译错误）。

第二组选择开关是 Angle Unit（角度单位），共有四个选项，即"角度"、"级"、"弧度"和"坡度"，只能选择其中的一个。

第三组选择开关是 Axis Direction（轴的方向）。我们知道，任何测量都必须有个基准，所以首先要指定角度检测的基准轴；可以用鼠标直接指定，也可以在上部的信息区指定。

设置完成后，就可以使用这个工具了。对图元几何体的检测非常简单，只要把光标移动到待测的对象上停留，这个对象的信息就显示在光标旁边了。比如，我们把光标移动到一条线上，就可以看到这条线的"角度""补角""长度"和"共面角"；将光标移动到一个面上，可以看到这个面与基准轴的垂直角和面积；将光标移动到一个点上，显示的是这个点的绝对坐标值。

（3）第 3 个工具是 Auto Reverse Faces（自动翻面）。这是个非常好用的工具，只要预选好包含反面的所有几何体，单击该工具图标，即可一次性对所有反面完成翻面，需要翻面的反面在组或组件里也可完成。

（4）第 4 个工具是 Color By Altitude（高度渐变色）。

（5）第 5 个工具是 Color By Slope（坡度渐变色）。

（6）第 6 个工具是平面渐变色。

（7）第 7 个工具是调色板。

以上四个工具的详细介绍请查阅本系列教材《SketchUp 材质系统精讲》的第 10 章，分别在该章的 10.10 节、10.11 节、10.12 节、10.19 节，在此不再赘述。

（8）第 8 个工具是 Construct Face Normal（标注法线）。注意，这个工具的名称和用法，还有提示信息的汉化在有些版本中有问题。其实这是一个用来标记法线的工具，用法也非常简单：只要选择好需要标记法线的面，然后单击这个工具，所有选择的面上就标记出了一条虚线。数学知识告诉我们：法线是始终垂直于某平面的虚线，所以这些虚线就是这些平面的法线。

（9）第9个工具是 Convexify（实体分割动画）。英文的 Convexify 可直译为"凸包"，根据它的用途和表现，似乎应该译成"实体分割动画"；它有点儿像制作爆炸图，但是又不能指定精确的分割和移动；除了好玩，很难想出它在设计中能发挥什么作用。如果你是个实用主义者，请暂时把它放在一边，有空再回来研究。

（10）第10个工具是 Count Faces By Sides（统计面数量）。这个工具用来统计面的数量，使用方法是：选定对象，单击该工具，在弹出的面板中会显示出统计数据。如果没有预先选定对象，它会对模型中所有的几何体做统计。

（11）第11个工具是 Curvi Shear（曲线坡道）。这个工具可以用画在地面上的道路轮廓生成坡道，其用法如下。

第一步，选择地面上的曲线对象，调用该工具。

第二步，在对话框里填写数据，确定后坡道线框生成。

第三步，用工具 Curviloft 成面。Curviloft 是重要的曲面造型工具，后面会专门讨论。

（12）第12个工具是 Divide Edges（等分边线）。这个工具可以用来等分直线段或曲线，或仅用参考点标记等分点。鉴于 SketchUp 本身没有对曲线进行等分的方法，该工具的作用值得称赞。其用法是：预选需要等分的线段（曲线或手绘线），单击该工具图标，在弹出的对话框（图2.4.6）中完成设置，或按图中的提示用快捷键 Shift、Ctrl、Alt 辅助完成线段的等分。

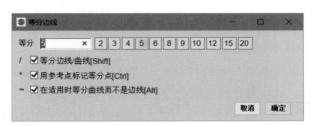

图 2.4.6　等分边线

（13）第13个工具是 Draw Along（推断绘图）。该工具类似于 SketchUp 的直线工具，但又增加了下述特性。

- 基于圆弧中心、面或组件、组自动推导。
- 自动锁定方向。
- 自定义方向锁定。
- 沿着模型中的物体锁定方向。
- 利用模型中的平面锁定方向。
- 用预定义的属性，如柔化、光滑、隐藏来画边线。
- 画参考线和点。

- 复制和分段模式。

- 按照点和方向远程推导。

- 用 Alt 键关闭推导。

这个工具虽然看起来功能强大，但在建模实践中很少有它的用武之地。若有兴趣深入研究，可参考附件里的视频。为了方便看不懂英文的读者观看，已经在视频里添加了中文译文。如果你经常要用到这些功能，就多看两遍。

（14）第 14 个工具是 Edge Inspector（边线检修）。该工具专门用于检查和修复模型中的边线缺陷。这个工具用得好的话，可以解决建模过程中出现的很多棘手问题，所以作者专门为它制作了一个视频。使用该工具以前，务必先选定检测修理的对象；如果没有预先选择对象，默认是对全部模型进行检测。如果模型的规模较大，会浪费很多时间。

调用该工具，会弹出一个操作面板。现在从上到下解释一下（见图 2.4.7）。

① 是当前选定的组或组件的数量；如未选定目标，在这里显示"整体模型"。

② 处蓝色的表格显示最初、当前、修复后的线面数量。

③ 处可指定检查或修复七种边线缺陷的全部或部分，绿色为选中部分。

④ 处单击"%"或标尺，可指定检查的范围。

⑤ 左侧显示检查结果的图标，右侧显示该项下的问题数量。

⑥ 和 ⑦ 是检查和修复按钮。

⑧ 是这次被检查的对象，有 15 个重叠线，24 个小线头。

⑨ 是单击两次"修复"按钮后的统计结果，边线减少了 9，面增加了 15。

修复后，再次检查，⑩ 处原有的毛病全部归零。

部分修复不了的边线可以重新设置参数后再检测和修理。为了检测细节，该插件还带有一个可以放大 2 ～ 5000 倍的放大镜和控制面板，用于调整放大镜的倍数。

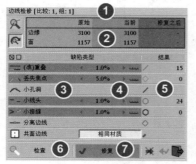

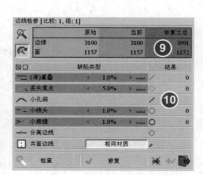

图 2.4.7　边线检修前后对比

（15）第 15 个工具是 Element Stats（图元统计）。这个工具用来统计指定对象所包含的边线、面、图片、材质、文字等一切元素的数量；其最简单的应用是：选定对象，调用工具，在顶部信息栏里查看数据。

其实，在【窗口】菜单的模型信息里，有一个不错的统计功能，它还可以直接清除多余的元素，所以这个工具的实用性并不高。如果你对这个工具有兴趣，可浏览作者制作的视频。

（16）第 16 个工具是三角细分。

这个工具的功能与使用都比较简单，选择好需要进行三角细分的几何体（也可以是组），再调用该工具，所选中几何体的非三边面将全部被细分成三边面。

（17）第 17 个工具是 Mark Vertices（标注顶点）。

这个工具的使用也极为简单：选定对象后，调用工具，对象上所有的顶点全部标记出来。

把顶点标记出来的目的本身并没有太多实际意义，只是为了后续编辑创造条件，如用移动工具对这些顶点进行编辑，或者查找线段的断点。想要删除所有顶点，可取消【视图→参考线】之前的勾选。

（18）第 18 个工具是 Move Along（推导移动）。

这个工具类似于 SketchUp 的移动工具，但功能更为强大。该工具移动对象的依据如下。

① 依圆弧、面、组件和组的中心产生的推导。

② 自动锁定移动方向。

③ 自定义锁定移动方向。

④ 以点或其他方式的远程推导参考。

⑤ 用模型中的物体锁定移动方向。

⑥ 用模型中的面锁定移动平面。

⑦ 使用 Alt 键屏蔽推导锁定。

附件里有插件作者制作的视频，本书作者已添加了中文说明，对于有经验的用户不难理解其用法。

（19）第 19 个工具是 Remove Lonely Vertices（恢复单线）。

这个工具按字面看应该是"删除孤立的顶点"，但其功能跟它的名字相距甚远。它能把各种分割成小段的线条恢复成原来的样子，有点像以前讨论过的"焊接线条"；区别是它同时可以"焊接"不止一条线。如果你不怕出问题，甚至可以让它焊接整个模型的线。

其使用方法是：选择包含断点的边（也可以选择面、组或组件的整体）。如果不选择任何内容，该工具将认为要处理整个模型（应绝对避免）。调用该工具后，对象上原来看不见的断点用绿色的小点显示。在弹出的对话框里有两种选择：如果选择了标记，就是只把断点标记出来；如果选择了删除，插件将删除所有的断点，等于把断开的线条焊接在一起。

（20）第 20 个工具是 Report Label Area（面积报告）。

该工具能够按材质、组件或组，甚至对整个模型计算和显示面积，还能打印和导出 CSV 格式的文件。其用法是：选定测量对象，调用工具；在弹出窗口中选择面积单位，指定测量精度要保留到小数点后的几位，然后就可以读出面的数量和被选对象的总面积。也可以进入群组或组，测量某一部分的面积。

（21）第 21 个工具是 Report Label Area（面积标注）。

同样是测量面积，这个工具跟上一个工具的不同在于：上一个是生成总体的面积报告，这一个是在测量的同时生成标注，方便查询。其操作方法是：调用工具，移动到需要面积标注的对象上，光标上显示对象的面积；如果想创建标注，按住鼠标左键不放拖曳出标注。它还可以设置面积的单位、测量结果的精度，也能把所有标注全部放在一个独立的图层上，这既方便读取面积数据，又不会因为标注太多而干扰操作。

（22）第 22 个工具是 Reverse Orient Faces（统一面向）。

这个工具条已经有了一个翻面的工具，这是第二个，它用来快速调整指定面的正反，统一连续面的方向。它可以穿透组件和组的边界，不需要进入组或组件就能做翻面操作。

调用该工具后，可以在顶部设置面板上指定一种方式；比如，现在指定"同方向的所有相邻的面"，光标移动到对象上，符合条件的面将被选中；单击左键，翻转完成。

其他方式的操作也差不多。后面附上插件作者的视频供参考。

（23）第 23 个工具是 Revert Curve（反转曲线）。

在 SketchUp 中创建曲面的模型时，往往是从曲线开始，而曲线的首尾方向直接影响曲面创建的结果，这个工具专门对曲线的首尾进行交换。

如果我们想用一条曲线创建坡道，选择好曲线后，调用上面的"曲线坡道"工具，创建坡道；但是发现方向反了，现在选择曲线副本，单击"反转曲线"工具，从外表看不出有什么变化，其实，它的首尾已经反转；重新调用"曲线坡道"工具，新创建的坡道方向调了个头。该工具的缺点是：首尾交换后的曲线并无特别的标志，用户会觉得迷惑。

（24）第 24 个工具是 Solid Volume（体积面积）。

这个工具不用做任何解释。选定对象后，调用该工具，在弹出的面板中显示有体积和面积，还可以设置单位和精度。

（25）第 25 个工具是 Thru Print（增强纹理）。

这是一个增强的材质工具，它具有以下功能。

- 不受组和组件的界限，可直接涂刷于其内部表面。

- 单击并拖动鼠标即可持续涂刷。

- 针对贴图表面有多种选择：单面、表面、连续面、相同材质表面。

- 边线可自动上色。

- 可对正面、背面、正反面，以及自动统一面进行涂刷或贴图。

- 可吸取任何表面的材质，包括组或组件内的表面。

- 有多种贴图模式。

- 能自由方便地调整贴图，可通过键盘上的箭头键、数值输入栏或者激活 ThruPaint 自身的可视化编辑器进行调整。

- 单击问号按钮可调出使用帮助。

本工具条的详细内容请浏览附件里插件作者的视频，其中已添加中文字幕。

2.5　Round Corner（倒角插件）

图 2.5.1 中的两个工具条都是 Fredo6 的作品，用途也差不多，所以放在一起介绍。

图 2.5.1 ①的 Round Corner 工具条是 2013 年之前发布的免费版（至今仍能用）；图 2.5.1 ②的 FredoCorner 工具条是 2017 年发布的收费版（15 天完整功能免费，永久授权 25 美元，24 天授权 8 美元）。

这两个版本的 rbz 文件都可以在本节的附件里找到。考虑到新版本 FredoCorner 的三个主要功能与老版本的 Round Corner 功能完全相同，新增加的"细分"与"撤销"两个功能并非十分必须，加上收费的因素，所以还是推荐使用免费的老版本——Round Corner。

图 2.5.1　两种倒角工具

图 2.5.2 是分别单击图 2.5.1 ①三个工具后在屏幕顶部弹出的参数控制条，其重要的参数只有两个，已经用①②标出：①是倒角的"偏移量"，②是倒角的"线段数量"。至于"边选择"和"边缘属性"很少会用到；"几何产生"几乎多余。如果没有特别的需要，建议"边选择""边缘属性"和"几何产生"用默认的参数即可。若想尝试更改，请提前记下原始的默认状态，以便恢复。

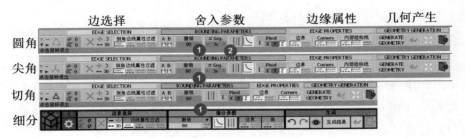

图 2.5.2　参数控制条

图 2.5.3 ①是"倒圆角"后的结果，为了看得清楚，倒角边数的默认值 6 改成了 3。

图 2.5.3 ②是"倒尖角"后的结果，为了看得清楚，倒角边数的默认值 6 改成了 3。

图 2.5.3 ③是"倒切角"后的结果，只指定偏移量。

图 2.5.3 ④是"细分"后的结果，只指定偏移量。

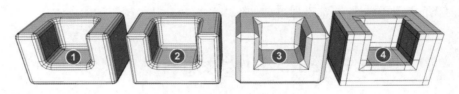

图 2.5.3　四种不同的倒角

该工具的使用非常简单，具体如下。

（1）选择好要倒角的对象。

（2）单击工具。

（3）输入倒角"偏移值"和"片段数"（默认为 6）。

（4）工具光标变成绿色对勾，单击屏幕（或按 Enter 键），倒角完成。

图 2.5.4 是用"倒圆角"工具操作后的结果。上半部分是为了看得更清楚，取消了所有的柔化，倒角的圆角片段改成了 3。下半部分是柔化以后的情况，圆角片段数由默认的 6 改成了 3，仍然获得了不错的效果。

更多细节请浏览同名的视频教程。

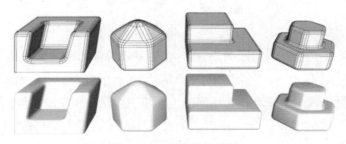

图 2.5.4　倒圆角的效果

2.6 Fredo Scale（比例缩放扭曲）

这个插件也是 Fredo6 的作品。凡是 Fredo6 编写的插件，如果已经安装了语言编译库 LibFredo6，则可以设置为显示中文提示。在本节的附件里，可以找到插件和语言编译库 LibFredo6，如果已经安装过语言编译库，就不用再安装。

下面开始分别介绍图 2.6.1 所示工具条上的 10 个工具。有些工具的汉化名称有不太恰当的，已经做了简化与更改，请注意一下。

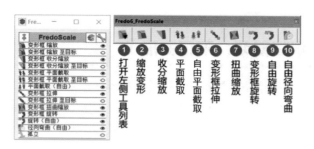

图 2.6.1 工具条

1. 工具 1 号（打开左侧工具列表）

这个工具只能打开左侧的工具列表，文字形式的工具提示比图示的工具图标更为直观。此外，工具列表还比工具条多了 5 个不常用的功能。

使用工具条上的大多数工具时，都可以按 Tab 键调出参数设置对话框；使用大多数工具时，都可以单击鼠标右键获得更多功能。

2. 工具 2 号（缩放变形）

它的功能跟 SketchUp 的缩放工具类似，区别是它可以清楚地看到被锁定的方向。在图 2.6.2 中，①是 SketchUp 原生的缩放工具操作界面，②是"缩放变形"插件的操作界面，初看差不多，实际用起来还是后者更好操作。

3. 工具 3 号（收分缩放，单侧缩放）

它的特点是可以只缩放特定的面。图 2.6.3 就是一个例子，①是原始的六棱柱，②是调用

"收分缩放"工具后仅放大右侧的一个面。该工具的汉化名称"收分缩放"值得商榷,改为"单侧缩放"为宜。

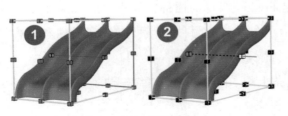

图 2.6.2　缩放变形

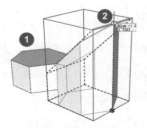

图 2.6.3　单侧缩放

4. 工具 4 号（平面截取，平行变形）

这个工具可以用移动指定面的方法产生平行四边形变形。图 2.6.4 中,①是对象的原始状态,②是向右移动对象顶面后的效果。该工具的汉化名称用"平面截取"欠妥,建议改用"平行变形"。

5. 工具 5 号（自由平面截取，自由平行变形）

这个工具也是做平行四边形变形的工具,不过变形的依据变了:图 2.6.5 中,①为变形的基点,单击②形成一个变形的轴,然后输入一个倾斜的角度或向右移动光标,到合适处单击屏幕确定这次变形。这个工具的汉化名称"自由平面截取"也不恰当,建议改成"自由平行变形"为妥。

图 2.6.4　平行变形

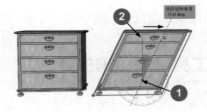

图 2.6.5　自由平行变形

6. 工具 6 号（变形框拉伸）

这个工具的功能是"以变形框为依据做拉伸",类似于 SketchUp 原生的缩放工具。图 2.6.6 中,①为对象的原始状态,是一个开了矩形和六边形孔的立方体;②④⑤三个图形是分别沿红、绿、蓝三轴拉伸的情况。请注意，③处的六边形孔没有被同时拉伸，④处的上下两个孔都没有随立方体一起变化，说明这个工具用于拉伸变形是有限制的。为了防止无意中铸成错误，建议还是用 SketchUp 自带的缩放工具为妥，除非你正好需要这个工具的某些特性。

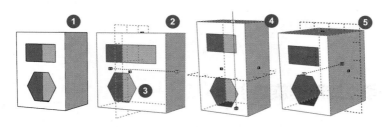

图 2.6.6　变形框拉伸工具和问题

7. 工具 7 号（扭曲缩放，扭曲变形）

这个工具只能做扭曲而没有缩放功能，所以其汉化名称"扭曲缩放"也有问题，建议改成"扭曲变形"。这个工具在建模实践中非常有用，是这个工具条上最值得推荐的两个工具之一。其使用方法如下。

（1）选择需要扭曲变形的对象，调用工具。

（2）将工具移动到对象的某个位置，单击鼠标左键确认此处为扭曲中心。

（3）此时可看到对象默认细分成 12 份，可按 Tab 键调出参数对话框改变细分数量。

（4）将工具移向扭曲旋转的半径方向，再次单击鼠标左键确认。

（5）将工具移向扭曲旋转的圆周方向，输入旋转的角度，按 Enter 键后扭曲变形完成。

下面用两个实例来进一步说明这个工具的用法和用途（用默认的细分数量 12）。

- 图 2.6.7 ①②是两个对象的原始状态：实线与虚线的立体箭头。
- 预选对象图 2.6.7 ③，用扭曲变形工具单击④，工具再移动到⑤处单击确认旋转轴，顺着⑥所示的方向移动一点，指出扭曲的方向，输入扭曲旋转的角度，按 Enter 键。
- 图 2.6.7 ⑦⑧分别为逆时针扭曲 90 度和 180 度的虚线箭头。
- 图 2.6.7 ⑨⑩分别为逆时针扭曲 90 度和 180 度的实线箭头。
- 图 2.6.7 ⑪是取消柔化后实心箭头被细分成若干小段，每个小段的每个面都被"折叠"成两个三角面。

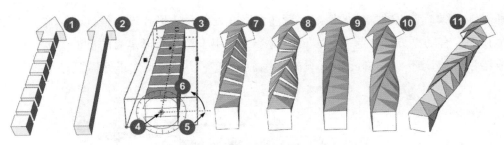

图 2.6.7　扭曲变形的过程与结果

8. 工具 8 号（变形框旋转）

这个工具跟 SketchUp 自带的旋转工具相比，就是可以看清楚旋转的方向。操作方法为：如图 2.6.8 所示，①是原始状态；预选②，调用工具，移动到③，单击确定旋转中心；再移往④，单击确认旋转轴；光标再往⑤的方向移动，确定旋转方向，输入旋转角度后完成，如⑥所示。

9. 工具 9 号（自由旋转）

这个工具的特点是可以指定旋转的中心。如图 2.6.8 所示，预选⑦以后，用工具单击⑧，确认旋转中心；光标再移往⑨，再次单击确定；光标继续移往⑩，确定旋转的方向，按 Enter 键后完成旋转，如⑪所示。

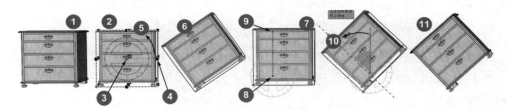

图 2.6.8　两种旋转工具

10. 工具 10 号（自由径向弯曲）

这个工具与 7 号工具一样，也是这组插件中非常有特色的一个，它可以将对象根据指定的中心和半径进行弯曲变形。在十多年之前，它几乎是唯一能完成这种弯曲操作的工具。虽然现在有了一些新的弯曲工具，但是因为它有自由弯曲的特点所以未被淘汰。操作方法如下。

如图 2.6.9 所示，①是对象的原始状态，预选②后调用该工具，单击③，确认为弯曲中心；工具移动到④，再次单击，确定弯曲的另一端；工具移往⑤，弯曲结果如⑥所示。

对⑦修改弯曲中心与半径，重复一次上述的弯曲操作，结果如⑧所示。

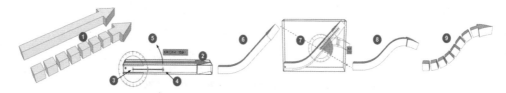

图 2.6.9　自由径向弯曲工具

注意：在正式弯曲之前，可以按 Tab 键调出参数对话框。可设置的项目有七个，如图 2.6.10 所示，但是除了第一个参数之外，下面六个都可以保留默认值。

需要特别说明的是：第一个参数"切片数"用于对弯曲的对象做细分。当这个数字为正数时，对象按给定的切片数弯曲成"折线状"。当这个数字为负数时，弯曲对象弯曲成"弧线状"。

操作每一种工具的时候，右键菜单里还有一些功能可供选择，图 2.6.10 为其中之一。

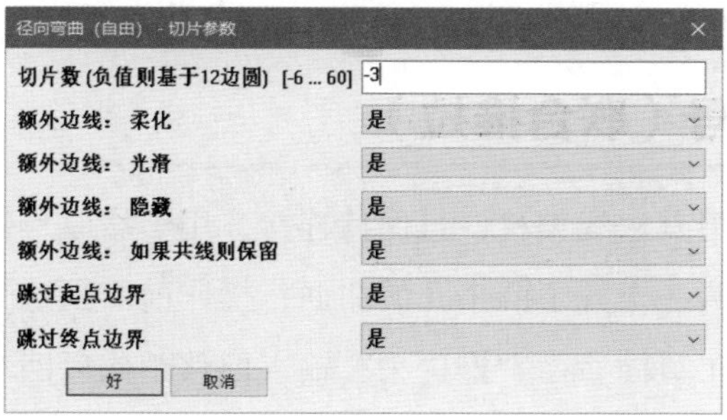

图 2.6.10　参数对话框

2.7　Joint Push Pull（联合推拉）

SketchUp 的推拉工具虽然强大，但有个致命的缺点，就是只能对平面对象进行推拉操作；插件 Joint Push Pull 的中文名称是"联合推拉"，也有人叫"超级推拉"，特点是可以直接在曲面上进行推拉操作。这个插件已经过十多次更新，目前的这个可视编辑版能在操作插件时看到操作对象的变化过程，更加直观。

最新的版本内集合了更多的功能，工具条如图 2.7.1 所示，包括如下工具。

● ②③：联合推拉。工具上有个字母 J 或 =，代表 joint push pull。这两个工具功能差不多。

- ④：近似值推拉。图标上有个字母 R，代表 rounding push pull。这个工具也叫倒角推拉。

- ⑤：矢量推拉。工具上的字母是 V，表示 vector push pull。

- ⑥：法线推拉。英文是 normal push pull，所以图标上的字母是 N。

- ⑦：挤出推拉。extrusion push pull，所以用 X 做代表。

- ⑧：跟随推拉。follow push pull，用 F 代表，它的功能一目了然。

图 2.7.1 联合推拉工具条

1. 工具 2 号和 3 号（联合推拉）

这两个工具推拉的面沿其法线偏移，且保持连接，用于增厚形体，实例见图 2.7.2。

- ④是本例标本，为一个开了两个孔的曲面，操作前需预选全部线面再单击工具。

- ⑤是用联合推拉工具向对面"推进去"输入偏移距离后回车的结果。

- ⑥是用联合推拉工具向对面"拉出来"输入偏移距离后回车的结果。

- ①处有面对面、表面、所有已连接面、所有相同面（材质）等选项，可选其一。

- ②处显示（或输入）偏移距离。

- ③处可选择推拉后是否留下原始的面。

在本例中，工具条上的两个联合推拉工具（工具②③）的表现是相同的。

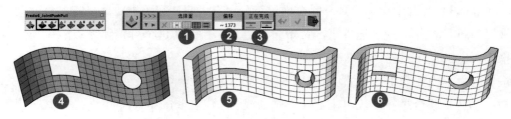

图 2.7.2 联合推拉实例

2. 工具4号（近似值推拉）

该工具根据面与面间的角度、法线，为面的间隙自动创建圆角，实例见图2.7.3。

- ⑤是本例标本原始状态，为一个带有圆弧凹陷的立方体。
- ⑥为全选后用此工具向上移动，输入偏移距离后回车的结果。可见推拉是在所有方向都有效的，偏移出的新面与原始面之间自动生成圆角，圆角参数在①②③④中设定。
- ⑦是适度柔化以后的状态。
- ①处有面对面、表面、所有已连接面、所有相同面（材质）等选项，可选其一。
- ②处显示（或输入）偏移距离。
- ③处可选择推拉后是否留下原始的面。
- 在④处可输入圆弧截面的片段数，建议保留默认值6或改小。

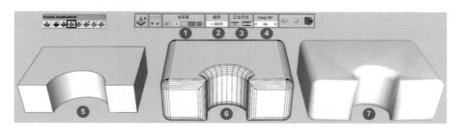

图 2.7.3　近似值推拉

3. 工具5号（矢量推拉）

该工具把预选的面沿自定义方向（或沿模型轴）偏移，实例见图2.7.4。

- ①是本例原状，在一个立方体顶部有个四棱锥。
- ②是预选一个面，设置为向X轴方向推拉的结果。
- ③是预选一个面，设置为向Y轴方向推拉的结果。
- ④是预选一个面，设置为向Z轴方向推拉的结果。
- ⑤是预选两个面，设置为向X轴方向推拉的结果。
- 可以在⑥处选择面对面、表面、所有已连接面或所有相同面（材质）等选项。
- 在⑦处显示（或输入）偏移距离。
- 在⑧处可选择推拉后是否留下原始的面。
- ⑨处的设置最重要，可指定沿X、Y、Z轴推拉或自定义推拉方向。

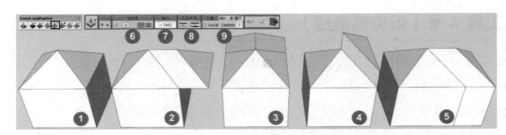

图 2.7.4　矢量推拉实例

4. 工具 6 号（法线推拉）

这个工具的表现类似于 SketchUp 的推拉工具，区别是它可同时推拉多个面，生成的面是非连接的（想要生成的面并在一起，请用联合推拉），实例见图 2.7.5。

- ④⑥⑧是本例的原状（需要预先取消柔化）。
- ⑤⑦⑨是用这个工具推拉后的结果。

操作要领如下。

（1）预选部分或全部需要推拉的面，单击"法线推拉"工具。

（2）单击预选好的面，向推拉方向稍加移动后输入移动距离，回车确认。

（3）可以在①处选择面对面、表面、所有已连接面或所有相同面（材质）等选项。

（4）在②处显示（或输入）偏移距离。

（5）在③处可选择推拉后是否留下原始的面。

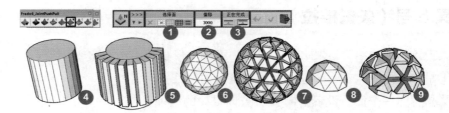

图 2.7.5　法线推拉实例

5. 工具 7 号（挤出推拉）

此工具推拉时保持面接合，给出比联合模式更一致的结果，实例见图 2.7.6。

- 在①②③分别选择面，设置或输入尺寸，设置是否保留原来的面。
- ⑤⑥⑧三处说明此工具可以完成一般的曲面推拉。
- ④⑦⑨三处显示可以对预选的多个面集中拖拉，而且相邻的面是接合的。

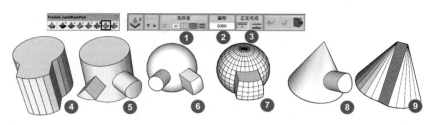

图 2.7.6　挤出推拉实例

6. 工具 8 号（跟随推拉）

此工具推拉的面沿其相邻边给定的方向偏移，是一个有特色的工具，实例见图 2.7.7。

● ④⑥⑧是本例的原始状态。

● ⑤⑦⑨是用这个工具执行推拉后的结果，注意⑨表示可往横向推拉。

● 在①②③处分别选择面，设置或输入尺寸，设置是否保留原来的面。

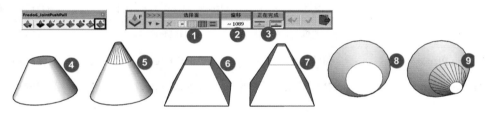

图 2.7.7　跟随推拉实例

2.8　Selection Toys（选择工具）

这是一组辅助选择工具，有了它的帮忙，可大大加快选择的速度，降低建模的难度。

工具条上最多可以调出 45 个工具，如图 2.8.2 所示。但是图 2.8.1 中最常用的 8 个工具是默认的，分绿与红两组，绿色的 4 个是"选择"，红色的 4 个是对应的"取消选择"。

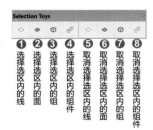

图 2.8.1　选择工具

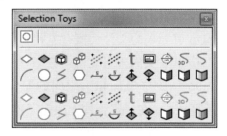

图 2.8.2　全部工具

因为该工具比较简单，看图中文字与工具图标就明白用途，就不再举例说明了。

想要调出如图 2.8.2 所示的所有工具，可选择【工具→ Selection Toys → UI Settings（用户界面设置）】命令，在弹出的面板上勾选需要的工具。勾选时可参考表 2.8.1。

表 2.8.1　可调用工具中英文对照表

Select Edge Loops	选择循环	Arcs	弧线
Edges	边线	Circles	圆
Faces	面	Polygons	多边形
Groups	群组	n-Gons	正多边形
Components	组件	Linear Dimensions	尺寸标注
Guides	辅助线	Radial Dimensions	半径标注
Guide Points	辅助点	Front Default Material	正面默认材质
Text	文本	Back Default Material	背面默认材质
Images	图像	Hidden	隐藏
Section Planes	剖切面	Soft Edges	柔化的边线
3D Polylines	3D 多段线	Smooth Edges	光滑的边线
Curves	曲线		

2.9　ChrisP Repair Add Face DWG（DWG 文件修复）

这是一个有十多年历史的重要工具，在国内有很多汉化版。奇怪的是，无论用什么搜索引擎检索，除了在 Youtube 上七年前不再更新的视频外，找不到这个插件作者 ChrisP（即俄罗斯人 Christophe Plassais，克里斯托弗·普拉塞斯）的任何信息，也几乎看不到国外的 SketchUp 教学界引用这组插件。

SketchUp 可导入的文件大概有三种类型，第一是多种格式的图片，第二是 3DS 等格式的模型，第三是 dwg 类的矢量文件。在教学和设计实践中发现，出现问题最多的就是导入 dwg 文件了。AutoCAD 与 SketchUp 之间的配合存在很多的问题。计算机辅助设计软件采用什么样的几何运算核心，在一定程度上决定了该软件的性能。AutoCAD 与 SketchUp 属于不同时代，所以它们之间存在诸多的不和谐。

因为先入为主的惯性和形成的习惯，AutoCAD 占有非常重要的地位。作为后起之秀的

SketchUp，只能迁就老一辈的 AutoCAD，所以 SketchUp 用户要研究如何跟 AutoCAD 配合。在这套教材的《SketchUp 建模思路与技巧》一书中用了几节的篇幅详细讨论了 dwg 不兼容的原因与对策。这一节要介绍的工具就是针对导入矢量图形后不能成面问题的。

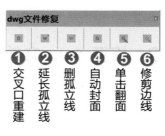

图 2.9.1　工具条

这个工具无法在 extensions.sketchup.com 或 sketchucation .com 中搜索到，只能在"百度"中搜索汉化版，最高版本是 3.0。安装完成后，可调出如图 2.9.1 的工具条，它有六个工具，介绍如下。

1. 修复 dwg 文件例一

图 2.9.2 ①中的图形有 9 处缺口（以红色箭头标出），2 处出头线（以绿色箭头标出），这种情况在导入 dwg 时很常见，下面要用这套工具进行修复。

（1）全选图 2.9.2 ①后，单击工具②"延长孤立线"，在弹出的对话框（图 2.9.3）中输入线段延长的百分比（不是长度，输入的百分比"宁大勿小"），单击"好"按钮后，线段闭合，如图 2.9.2 ②所示。

（2）全选图 2.9.2 ②后单击工具④"自动封面"，结果如图 2.9.2 ③所示。

（3）全选图 2.9.2 ③后，单击工具③"删孤立线"，在弹出的对话框（图 2.9.4）中输入孤立线段的长度（同样"宁大勿小"），结果如图 2.9.2 ④所示。

（4）单击工具⑤"单击翻面"，结果如图 2.9.2 ④所示（有意留下一块没有翻转）。

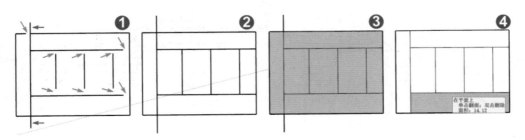

图 2.9.2　修复实例

图 2.9.3　两端延长调整

图 2.9.4　孤立边线长度范围

工具①"交叉口重建"用于导入的 dwg 文件中线条虽然交叉却没有断开时。工具⑥的用途与用法类似于 SketchUp 原生的橡皮擦工具，不赘述。

2. 修复 dwg 文件例二

如图 2.9.5 所示，①是刚刚导入的 dwg 文件，完全不能成面。②是用"线头工具"找出的断点，几乎遍布全图，经过 3 次"延长孤立线"、3 次"自动封面"、1 次"删除孤立线"操作后，全部成面（见图 2.9.6）。这些 dwg 原件与 skp 文件都保存在本节附件里，供练习。

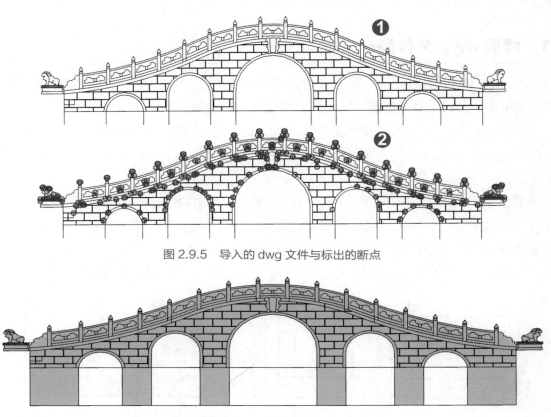

图 2.9.5　导入的 dwg 文件与标出的断点

图 2.9.6　经封面处理后

2.10　Make Face（自动封面）

这是 S4U（越南的 Suforyou，苏福尤）编写的封面专用插件，起初是免费的，后来改为收费。本节附件里是 2022 最新的免费版本，经测试可以在 SketchUp 2022 以下版本使用，可以用【窗口→扩展程序管理器】命令进行安装；安装完成后，可以勾选【视图→工具栏→ S4U Make Face】菜单调出图 2.10.1 所示的工具图标。

　　该工具的使用方法相对简单，最基本的用法如下：全选需要成面的对象，单击图 2.10.1 中的工具图标，稍待片刻即可完成。如还有未成面的部分，可以重复以上的操作。

图 2.10.1　工具图标

这个插件跟上一节介绍的"DWG 文件修复"一样，都是用来对导入的 dwg 文件进行"成面"操作的。但是它跟上一节的"DWG 文件修复"有个最大的区别："容错性"。我们知道：SketchUp 对于成面的条件相当苛刻，在围合的面中只要有小小的零碎线头就无法形成面，而 AutoCAD 里司空见惯的"重叠的线"也是不能成面的原因之一。

这一节介绍的 Make Face（自动封面）插件充分考虑到了这点，在封面的时候，它可以容忍零碎线头与重复线条的干扰，自动生成面；但是它对于原先没有闭合的"豁口"并无"延长线段"的功能，所以这个插件还是不能独立完成导入 dwg 文件后成面的任务，只能跟上一节介绍的"DWG 文件修复"配合起来使用。

图 2.10.2 是上一节演示用的实例，如果你做过了测试，一定知道在箭头所指的地方有一些 dwg 文件带来的问题（重叠在一起的弧线）——不能成面。

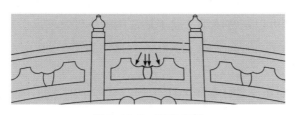

图 2.10.2　重叠的线

图 2.10.3 ①是有问题的位置，图 2.10.3 ②是用上一节的"DWG 文件修复"进行处理，只有两个小块可以成面（不该成面的）。图 2.10.3 ③是用本节介绍的 Make Face（自动封面）进行处理后，它完全无视重叠的线。

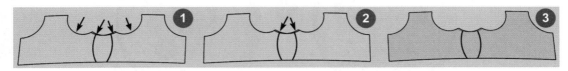

图 2.10.3　修理过程

请注意：这个插件虽然在这个阶段可以容忍 dwg 文件的错成面，但这也可能是把双刃剑。

这样勉强形成的面，拉出体量后，一定不符合 SketchUp 对"实体"的要求，在建模的后续阶段可能会有问题。所以在建模操作中要尽量规范与严谨，尤其在 BIM 模型中要特别注意。

2.11　FrontFace（智能翻面）

SketchUp 的几何体有正反面之分，这个特点会引起很多麻烦，尤其是渲染模型时，更要时刻小心，因为大多数渲染工具都拒绝接受模型里的反面，不小心混了一个反面在模型里，渲染出来就是个大黑窟窿。所以，解决翻面的工具层出不穷，我收集到的就至少有 6 种；最早的一个是十多年前的单击翻面，如果模型里有很多需要翻的面，食指要点到抽筋。后来就有了这一节要介绍的"智能翻面"工具，也叫"划动翻面"。

本节介绍的这个工具虽然仍然是手工翻面，但是比单击翻面要省事得多。调用工具后，只要把光标在需要翻面的位置上划动就行。它还有点智能，在不该翻的面上划动也不会出问题，所以它的中文名称是"智能翻面"。在本节附件里有它的 rbz 文件，你可以放心用 SketchUp 的扩展程序管理器直接安装。

安装完成 FrontFace（智能翻面）后，可以勾选【视图→工具栏→智能翻面】菜单调出工具图标。

工具图标如图 2.11.1 ①所示。它没有相同功能的菜单项。经过测试，该插件在 2017—2022 版的 SketchUp 里都可以正常使用，属于最常用的插件之一。

本节附件里还有个 Automatic Face Reverser（自动翻面）插件，只能在 2020 以下版本的 SketchUp 里使用。

该工具使用方法很简单，调用图 2.11.1 ①后，只要把图 2.11.1 ②所示的光标移动到想要翻转的面上，按住鼠标左键划动即可。该插件还有个更为可贵的特点：它可以穿透群组屏障直接翻转组或组件内的面。

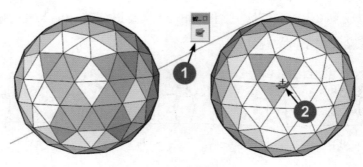

图 2.11.1　智能翻面实例

2.12　JF MoveIt（精准移动）

这是一个使用频率非常高的重要插件（也叫 Mover），最早出现在 SketchUp 5.0 中。SketchUp 已经更新了 14 次，在作者的插件清单里，它始终是使用频率最高的工具之一；每次安装好 SketchUp，最早安装的几个插件中一定有它。在 extensions.sketchup.com 与 sketchucation.com 上搜索不到这个插件，用国外的搜索引擎也搜索不到它或它作者的只言片语，只有国内的 SketchUp 用户们仍然对它爱不释手，并且有几种汉化版本。经过测试，本节附件里的汉化版本最可靠，在 SketchUp 2022 版与以下版本都能正常使用（注意，很多汉化版不能使用或毛病很多）。

虽然为它起的名字是"精准移动"，其实其功能远不止"移动"那么简单，它至少可以做以下的事。

（1）指定组或组件沿指定轴定量地精确移动。

（2）指定组或组件沿指定轴的 45 度角定量地精确移动。

（3）可指定在移动的同时再复制一个副本。

（4）把指定组或群件降落到地面。

（5）把指定组或组件移动到坐标原点。

（6）把指定的组或组件在指定轴上精确旋转指定的角度。

（7）把指定的组或组件在指定轴上随机旋转一个角度。

（8）可指定旋转的同时复制一个副本。

操作要领如下：选择【扩展程序→ JF MoveIt（精准移动）】命令，调出图 2.12.1 ⑫所示的工具图标；单击它后弹出右侧的面板。建议设置一个快捷键（如 Alt+M）快速调出该界面。

面板的上半部分用于"移动"，下半部分用于"旋转"，操作要点如下。

上半部分包括 12 个按钮，单击红绿蓝按钮⑦向该轴正负方向移动，其中还有四个灰色按钮⑥用来向 45 度角方向移动。按住⑧提示的 Ctrl 键，移动的同时会复制出一个副本。

移动或旋转对象必须是群组或组件。

预选对象后单击①按钮，对象降落到地面；预选对象后单击②按钮，对象移动到坐标原点；移动对象前在③处输入定量移动的数据；旋转对象前在⑨处填写定量旋转的角度，在⑩处指定当前的旋转轴；分别单击⑪处的按钮可顺时针或逆时针旋转对象，也可随机旋转或者重置旋转角度；按住 Ctrl 键，旋转的同时复制出一个副本。

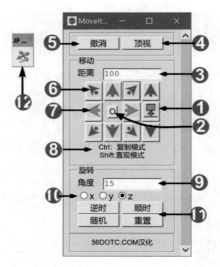

图 2.12.1　精准移动工具

2.13　Solid Inspector² （实体检测修复）

1.　实体与其概念

从 8.0 版开始，SketchUp 引入了一个"实体"的新概念。为了更好地对实体进行加工，还增加了一组实体工具条。在展开本节的主题之前，我们先来复习一下有关实体和实体工具方面的概念。

在这个系列教程的《SketchUp 要点精讲》和《SketchUp 建模思路与技巧》两本书和视频里，我们反复强调过：一个几何体是否符合实体的标准是，第一，必须是群组或组件；第二，必须是密闭的空间，不能漏气；第三，群组内不能有多余的线段，哪怕长度只有 1mm。

要检测某个群组或组件是否符合实体的条件：

- 只有在【图元信息】面板里能显示体积数据的组或群组才符合实体的条件。
- 在【图元信息】面板不能显示体积数据的群组或组件不符合实体的条件。
- 符合条件的实体才能使用实体工具进行加壳、相交、联合、减去、剪辑、拆分等操作。

2.　问题与解决

自从引入了"实体"以及相关的逻辑运算后，从理论或学术角度上看，SketchUp 的功能又上了一个台阶，但是也产生了一些新的问题，尤其是"几何体很难全部符合实体的条件"。这个问题非常突出，它直接影响了实体概念与其运算操作的深入发展；问题的起源大多数是 SketchUp 用户操作不够严谨，也有部分是 SketchUp 本身的问题。后来就有人编写了一些"容错率"高的修补和替代工具，但是很难从根本上解决用户的几何体不符合 SketchUp 对实体要求的问题。本节介绍的 Solid Inspector[2]（实体检测修复）就是其中较完善的一个。

你可以用 SketchUp 访问 extensions warehouse，然后用 Solid Inspector[2] 搜索最新版本后直接安装。在本节附件里有适用于 SketchUp 2022 版的 Solid Inspector[2] 的 2.4.7 版，可以放心用【窗口→扩展程序管理器】命令直接安装，并用【视图→工具栏→ solid inspector2】命令调用。也可以选择【工具→ Solid inspector2】命令调用该插件。

一些号称能"自动转实体"或"实体修复"的插件，有些确实可以快速把有问题的几何体修复成符合条件的实体，可惜检测和处理的过程是"黑箱操作"，其结果可能弄巧成拙。还有一些插件的原理就是"容错"，脱离了 SketchUp 向实体发展的初衷。这一节要介绍的 Solid Inspector[2]（实体检测修复）插件克服了这些插件的不足，它会先检测，再提供检测报告，由用户自己决定要不要修复；当用户拿不定主意的时候，还能为用户提供参考意见。

3. 应用实例一（检测与修复反面）

图 2.13.1 的球体上有一些错误的反转平面。在①中选择好该球体后，单击②的工具图标，结果如③所示，不正确的面用红色突出显示；同时提供④所示的检测报告，提示有 38 处 Reversed Faces（反面）。如果你不知道如何操作，单击⑤处的问号后会弹出操作提示（黑色的部分）。如果确认检测出的问题需要纠正，可单击⑥处的 Fix（维修）按钮，结果如图⑦所示同时给出最终的检测报告⑧: No Errors Everything is shiny（没有错误，一切都是完好的），检测、修复完成。

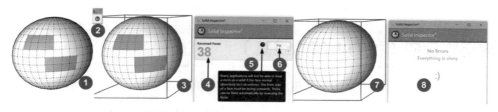

图 2.13.1　Reversed Faces（反面）

4. 应用实例二（检测修复内部线面）

如图 2.13.2 所示，①的六棱柱内部有一些"线面"，这些线面可能是用户有意创建的，也可能是多余的。单击工具②后，结果如③所示，内部的面用红色突出显示；同时提供④所示的检测报告，提示有 7 处 Internal Face Edges（内部的线面）。如果你不知道如何操作，可单击⑤处的问号；如果确认检测出的问题需要纠正，可单击⑥处的 Fix（维修）按钮，结果如⑦所示，同时给出最终的检测报告。

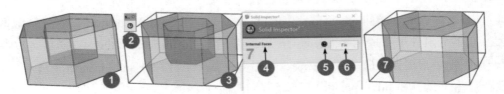

图 2.13.2 　 Internal Face Edges（内部的线面）

5. 应用实例三（检测修复零散边线）

如图 2.13.3 所示，①的六棱柱内部还有一些"线"，这些线可能是用户有意创建的，也可能是多余的。单击工具②后，结果如③所示，这些"线"用红色突出显示；同时提供④所示的检测报告，提示有 12 处 Stray Edges（零散边线，其中一条手绘线有 10 个线段）。如果你不知道如何操作，可单击⑤处的问号；如果确认检测出的问题需要纠正，可单击⑥处的Fix（维修）按钮，结果如⑦所示，同时给出最终的检测报告。

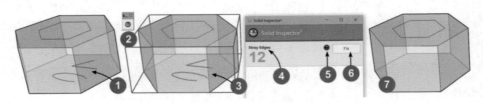

图 2.13.3 　 Stray Edges（零散边线）

6. 应用实例四（检测内部的线面）

如图 2.13.4 所示，①的六棱柱内部还有一些"线面"（2 个矩形），这些线面可能是用户有意创建的，也可能是多余的。单击工具②后，结果如③所示，内部的面用红色突出显示；同时提供④所示的检测报告，提示有 2 处 Internal Face Edges（内部的线面）。如果你不知道如何操作，可单击⑤处的问号；如果确认检测出的问题需要纠正，可单击⑥处的 Fix（维修）按钮，结果如⑦所示，同时给出最终的检测报告。

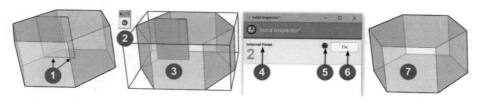

图 2.13.4　Internal Face Edges（内部的线面）

7. 应用实例五（检测并修复面上的孔洞）

如图 2.13.5 所示，①的球体表面有几处"洞"（7 个矩形），这些"洞"可能是用户有意创建的，也可能是多余的。单击工具②后，结果如③所示，这些"洞"的边线用红色突出显示；同时提供④所示的检测报告，提示有 7 处 Face Holes（面上的洞）。如果你不知道如何操作，可单击⑤处的问号；如果确认检测出的问题需要纠正，可单击⑥处的 Fix（维修）按钮。但是这次不会进行自动修复，在弹出的提示⑥中告诉你：Edges that form the border of a surface or a hole in the mesh.These cannot be fixed automatically. Manually close the mesh and run the tool again。可意译为："不能自动修复形成表面孔的边缘，请手动修补后再次运行插件检查"。遇到这种情况就需要人工介入进行处理，通常的措施是"补线成面"（包括柔化）。

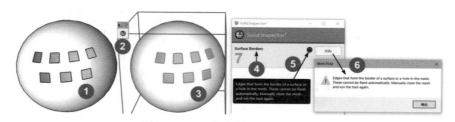

图 2.13.5　Face Holes（面上的洞）

8. 应用实例六（修复表面边界）

如图 2.13.6 所示，①的四棱锥外部有一些"废线"（一个圆弧，一段手绘线，三段折线），这些线有可能是用户有意创建的，也可能是多余的。单击工具②后，结果如③所示，检测到的废线以红色突出显示；同时提供④所示的检测报告，提示有 24 处（其实是 24 个线段）Stray Edges（零散边线）。如果你不知道如何操作，可单击⑤处的问号；如果确认检测出的问题需要纠正，可单击⑥处的 Fix（维修）按钮，结果如⑦所示，同时给出最终的检测报告。

图 2.13.6　Surface Borders（表面边界）

9. 应用实例七（检测与修复百病缠身的模型）

如图 2.13.7 所示，①和③是"百病缠身"的一对兄弟，因为它们都不是组或组件，所以一旦单击了②处的工具图标，兄弟俩所有的毛病都同时被检查出来并且用红色突出显示，从④所示的检查报告中可以看到，它们兄弟俩一共患有四种不同的毛病。

- Stray Edges（零散边线）108 个（线段）。
- Surface Borders（表面边界）16 个。
- Internal Face Edges（内部的线面）9 个。
- Nested Instances（嵌套的实体）3 个。

分别单击它们的 Fix（修理）按钮后，工具自动修复了其中的大多数毛病，最后剩下一些需要用户自行确认和手工修复，显示在最终的报告⑥里面，它们是：

- Surface Borders（表面边界）12 个。
- Internal Face Edges（内部的线面）5 个。
- Nested Instances（嵌套的实体）3 个。

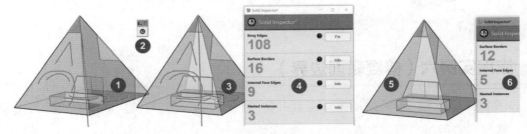

图 2.13.7　"百病缠身"的一对兄弟

虽然经过反复的测试，最后还要提示一下。

- 要用这个 Solid Inspector[2]（实体检测修复）插件做实体检测修复的对象，要提前做成组或组件。
- 检测修复操作前，务必预先选择该组或组件，这样检测修复的范围就可受到限制。

- 如果选择了一些尚不是组或组件的几何体，单击工具图标后将检测 SketchUp 中的所有几何体。
- 第二次单击 Solid Inspector[2]（实体检测修复）工具图标，也会把检测范围扩大到模型中所有几何体。
- 对模型中所有几何体做检测和修复，得到的时常不是我们想要的结果。
- 善用这个工具，除了可以把几何体修复到符合实体的要求（对 BIM 设计特别重要）之外，还可以快速提高我们的建模规范化水平。

2.14 Edge Tools[2]（边线工具）

这是一组以检查、修理边线问题为己任的工具，可以在本节附件里找到这组插件的 rbz 文件，可以用【窗口→扩展程序管理器】命令进行安装；安装完成后，请勾选【视图→工具栏→Edge Tools[2]】菜单，调出图 2.14.1 所示的工具条。工具条中有 9 个工具，其中②③④⑤处的"查找线头""闭合空隙""删独立线""简化曲线"4 个工具特别有用。

图 2.14.1 Edge Tools[2]（边线工具）

1. Edge Tools[2]（边线工具）的四大功能

（1）智能分割表面。

（2）对导入的 CAD 图形进行线头处理，辅助封面。

（3）简化曲线。

（4）整理、简化复杂模型的边界，使顶点对齐。

2. 应用实例一（智能分割面）

（1）移动边线分割面：激活"分割面"工具，再选择一条边线，按住左键移动边线进行分割，输入移动距离后回车，如图 2.14.2①所示。

（2）外部阵列分割面：激活"分割面"工具，再选择一条边线，移动一点指出方向，输入移动距离80（或其他值）回车，接着输入星号"*"和6，结果如图2.14.2②所示。

（3）内部阵列分割面：激活"分割面"工具，再选择一条边线，输入阵列的总距离600回车，输入斜杠"/"和6回车，结果如图2.14.2③所示。

（4）图2.14.2④展示了"分割面"工具的智能分割功能。把线移动到a是常规的移动；移动同一条线时，光标放在b或c处的结果是不同的。

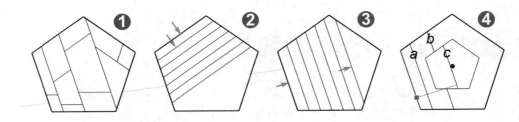

图2.14.2　分割面

3.　应用实例二（查找与闭合线头）

激活该工具之前如没有选择，则对窗口中所有线头做标注（不推荐）。如果激活该工具之前已经双击进入一个组或组件，标注线头的范围就被限制在组或组件范围内，如图2.14.3②所示。若是少量线头需要删除，可直接单击蓝色的小圈。

（1）图2.14.3①是一组有不同间隙的平行线，自左往右的间隙分别为1.5、3、4.5、6、7.5、8.8、8.8。

（2）双击进入该群组后单击"闭合空隙"工具，在弹出的数值框中输入闭合范围6后，左边4条线闭合，如图2.14.3③所示。

（3）若是输入9，结果出错，如图2.14.3④所示，原因是输入的闭合范围超过平行线之间的宽度。这是正常的结果，遇到类似情况可退回重做或改用手工补线。

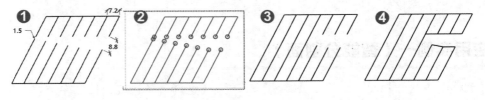

图2.14.3　查找与闭合边线

4. 应用实例三（删除单独的线）

"删独立线"这个工具一定要用组或组件限制作用范围，否则就作用于整个模型，造成不希望的结果。

（1）图 2.14.4 ①是在面上的 12 条独立线，双击进入该群组后调用"删独立线"工具，结果如图 2.14.4 ②所示。若只有少量线头，可用查找线头工具标注后，单击蓝色的小圈。

（2）图 2.14.4 ③是一个闭合线框（未成面）中的 12 条独立线段，双击进入该群组后调用"删独立线"工具，留下闭合线框，结果如图 2.14.4 ④所示。

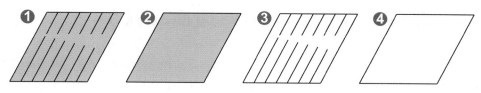

图 2.14.4　清理独立的线

5. 应用实例四（简化曲线）

图 2.14.5 ①是原始曲线，上面有密密麻麻的顶点。选择曲线后单击"简化曲线"工具，在弹出的对话框中设置偏差范围，简化曲线后的结果如图 2.14.5 ②所示。

图 2.14.5 ③是压缩几何体，选择所有线段后，单击"始尾端共线"工具，使始端与尾端共线，结果如图 2.14.5 ④所示。

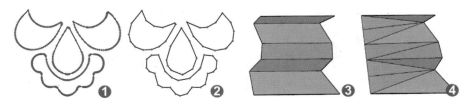

图 2.14.5　简化曲线与始尾端共线

6. 应用实例五（红轴、绿轴、蓝轴共线）

选中图 2.14.6 ①顶部左侧的线段，单击"红轴共线"，所选线段顶点与红轴共线，如图 2.14.6 ②所示。

选中图 2.14.6 ③顶部一侧的线段，单击"绿轴共线"，所选线段顶点与绿轴共线，如图 2.14.6 ④所示。

选中图 2.14.6 ⑤右侧的线段，单击"蓝轴共线"，所选线段顶点与蓝轴共线，如图 2.14.6 ⑥
所示。

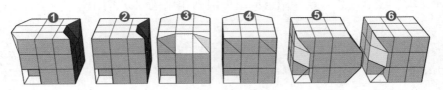

图 2.14.6　红绿蓝轴共线

2.15　QuadFaceTools（四边面工具）

这个插件是免费的。SketchUp 用户可以访问 https://sketchucation.com/，用 QuadFaceTools
作为关键词搜索下载并安装。安装完成后，可在【视图→工具栏勾选→ QuadFaceTools 】菜单
中调用这个插件的工具条，如图 2.15.1 所示。本节附件里有这组插件的 rbz 文件，可直接安装
（但不保证最新）。

1.　三维建模用四边面有什么好处

下面所说的"四边面"，就是具有四个顶点 / 边的面或由此形成的网格。

用多边面或三边面建模，会遇到包括破面和贴图困难在内的各种问题。而用四边面建模，
可以避免其中的大多数问题，如模型的变形、破面，贴图的变形，渲染时的光照计算，等等。

四边面运算的结果是可预测的，并且可大大减少计算机的运算量。如细分一个四边面，
只要简单对分即可，而处理三边面或多边面就需要复杂得多的运算。

四边面在建模中可以较方便地处理拓扑关系，方便在 U 方向或 V 方向环选边或面，为布
线操作提供很大的方便，处理模型的各种纹理与 UV 映射也更轻松。

2.　SketchUp 与四边面

有一个很多人不会或不肯相信的事实："除了 NURBS 以外的所有 3D 应用软件的底层
核心，对于曲面，都是由三边面组成的。"不同应用程序之间的区别是，"如何在底层处理
和向用户展示这些三边面"，通常是把两个相邻的三边面组合成一个"非平面的四边面"，
请注意这个新概念。因为历史原因，SketchUp 用户通常不能享用这种"非平面四边面"（伪
四边面）带来的方便。

许多应用软件允许使用"非平面的四边面"，但是在 SketchUp 中实现起来并不容易。你可以从本系列教材的《SketchUp 要点精讲》与《SketchUp 建模思路与技巧》中关于"折叠"技巧的几个小节里发现，在 SketchUp 中编辑几何体的顶点时，它会把一个平面自动折叠，并将一个四边面分解成两个三边面；而有些 3D 应用程序则会将其保留为一个"非平面四边面"。

ThomThom（TT）编写的这个工具集让 SketchUp 用户也能使用"非平面四边面"。它的方法在概念上很简单：把两个相邻的三边面用"软边缘"分隔，这两个三边面就被视为一个"非平面四边面"单元。单击一个这样的四边面，其实就是选择了两个三边面，实体信息窗口中也只显示选择了一个面。这就是 TT 在这组插件中定义四边面的方法。

下文中统一用"三边面、四边面、多边面"的名称，而不用"三角形、五角形"的称呼。而在几何理论与具体应用中，它们之间是有区别的。

3. 工具条与功能分组

图 2.15.1 列出了"四边面工具"的工具条和所有工具的名称。下面将把这 29 个工具按照它们的特征分成 10 个组并用一些简单的实例分别介绍它们的功能和用法。

图 2.15.1　工具条

4. 选择工具组

包括图 2.15.2 框出的三个工具，实例见图 2.15.3。

图 2.15.2　选择工具组

（1）选择：用于选择需要处理的四边面，功能强大，可穿透群组或组件，甚至可以选择曲面等隐藏物体中的四边面。图 2.15.3 ①就是用"选择"工具在组件外单击其中的一个面（箭头所指处）。

（2）扩大选择：它的功能是在已选择的基础上扩大选择区域到邻近的四边面。图 2.15.3 ②就是在图 2.15.3 ①的基础上，单击"扩大选择"工具 1 次后的结果，选择区在原有基础上向四周各扩大一个网格。图 2.15.3 ③④是分别单击 2 次和 3 次"扩大选择"工具的结果。

（3）缩小选择：它的功能是在已选择的基础上缩小选择区域，如图 2.15.3 ⑤就是在图 2.15.3 ④的基础上单击 2 次"缩小选择"的结果。

请注意：这个工具组可以"透过"组或组件操作，工具条上的其他工具都没有这个功能。

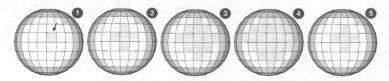

图 2.15.3　选择工具组实例

5. 环形选择工具组

包括图 2.15.4 框出的三个工具，实例见图 2.15.5。

图 2.15.4　环形选择工具组

（1）选择环形边：功能是根据已选边为条件选择所有环形的边。图 2.15.5 ①预选了一段边线，单击"选择环形边"工具后，结果如图 2.15.5 ②所示，U 方向环形的一圈线段全被选中。图 2.15.5 ③是预选了 V 方向的线段，单击工具后结果如图 2.15.5 ④所示，V 方向的环形一圈被选中。图 2.15.5 ⑤中双击预选了一个面和四条边线，单击工具后，结果如图 2.15.5 ⑥所示，U 与 V 方向的两个环形圈内的所有边线被选中。

请注意：这个工具要进入组或组件内（或炸开后）操作，后面介绍的工具要求相同。

（2）扩选环形边：功能是根据已选区逐步扩大选择环形边线。

（3）缩选环形边：功能是逐步减少已选择的环形边线。

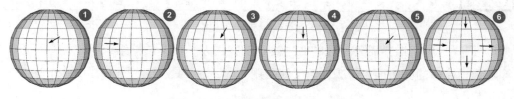

图 2.15.5　环形选择工具组实例

6. 循环选择工具组

包括图 2.15.6 框出的三个工具，实例见图 2.15.7。

图 2.15.6　循环选择工具组

（1）选择循环边：功能是根据预选的线段或面循环选择成整条边线或面。如图 2.15.7 所示，①中预选了一个 V 方向的线段，单击工具后的结果如②所示，这个方向的所有线段首尾相接成环。③是预选了 U 方向的一个线段，单击工具后的结果如④所示，该方向的所有线段首尾相接成环。⑤中预选了一个面，单击工具后的结果如⑥所示，预选面四个方向的所有面形成环状选择。

（2）扩选循环边：根据已选区逐步扩大选择循环边线或面。

（3）缩选循环边：功能是逐步减少已选择的循环边线或面。

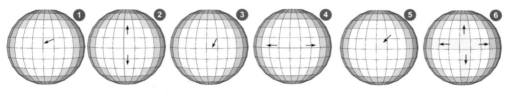

图 2.15.7　循环选择工具组实例

7. 三边面工具组

包括图 2.15.8 框出的三个工具，实例见图 2.15.9。

图 2.15.8　三边面工具组

（1）翻转三角面：它的功能与 SketchUp 原生的沙盒工具中的"对调角线"功能相同，对所拾取四边面中的对角线实行翻转，如图 2.15.9 ④⑤框出部分所示。

（2）使三角化：可将选择的所有四边面统一转换为隐藏对角分割线的四边面，如图 2.15.9 所示，①是一个四边面球形，②是连续三击后的情况，③是单击"使三角化"工具后，所有四边面上都出现了一条以虚线显示的对角线。

（3）移除三角面：它的功能正好相反，在图 2.15.9 ③所示的条件下，单击这个工具，会将所有已经被三角化的四边面转换为如图 2.15.9 ⑥所示的标准四边面。

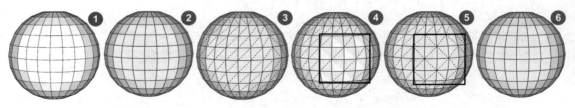

图 2.15.9　三边面工具组实例

8. 边角工具组

包括图 2.15.10 框出的三个工具，实例见图 2.15.11 和图 2.15.12。

图 2.15.10　边角工具组

（1）生成边角：功能是根据当前选择的边线，生成合适的四边面转角，图 2.15.11A 中有一条折线，其中①②③三个转折处各形成了一个三边面和一个五边面。全选这些折线和网格，单击"生成边角"工具后的结果如图 2.15.11C 所示，原先有问题的位置已经变成三个四边面。

（2）生成末端：功能是根据当前选择的边线，生成合适的四边面末端。所选边线必须为两个平行的循环边线相接。图 2.15.11D 符合上述条件，选择后单击"生成末端"工具，结果如图 2.15.11E 所示，两个末端网格各分割成四个四边面（测试中发现该工具有时不太好用）。

（3）三角面转四边面：其功能是把类似图 2.15.12 ①中的三角面转换成四边面，操作要领是，先如图 2.15.12 ②那样选中两个相邻的三边面作为基准，再单击"三角面转四边面"工具，三角面就自动转换为四边面，如图 2.15.12 ③所示。图 2.15.12 ④是用沙盒工具创建的网格，取消柔化后暴露出隐藏的对角剖分线，如图 2.15.12 ⑤，框出的位置选择了两个相邻的三边面，单击工具后，所有的对角剖分线消失，成为标准四边面，如图 2.15.12 ⑥所示。

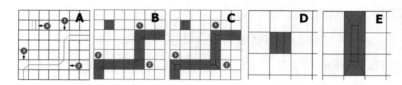

图 2.15.11　边角工具实例

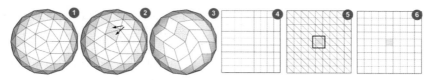

图 2.15.12　三角面转四边面工具实例

9. 转四边面工具组

包括图 2.15.13 框出的三个工具，实例见图 2.15.14。

图 2.15.13　转四边面工具组

（1）线框转四边面：它的功能是将四边面边线形成的线框根据角度容差生成四边面，图 2.15.14①②为一个线框的两个视图，全选后单击"线框转四边面"工具，结果如图 2.15.14③所示，所有在默认容差范围内的四边面自动封闭成面，呈半透明的蓝色，每一顶点以红色小 X 标注，回车确认后如图 2.15.14④所示。

（2）沙盒转四边面：沙盒工具生成的四边面不能直接被"四边面工具"编辑，只要选择好沙盒面后单击"沙盒转四边面"工具，即可转换为能被本工具编辑的四边面。

（3）Blender 面转四边面：这是将 Blender 软件中导入的四边面转换为可被本工具编辑的四边面。考虑到 Blender 软件主要应用于 CG 行业，故不举例说明，有兴趣的读者可浏览本节视频。

图 2.15.14　线框转四边面工具实例

10. UV 工具组

包括图 2.15.15 框出的四个工具，实例见图 2.15.16、图 2.15.17 和图 2.15.18。

图 2.15.15　UV 工具组

（1）UV 贴图：其功能是通过单击顶点、U 轴和 V 轴来设置所选四边面的 UV 贴图。如图 2.15.16 所示，A 是一个 3D 的圆环，全部是四边面（为演示已取消柔化，实战中不用柔化）。调用材质面板吸管工具汲取材质④，再单击"UV 贴图"工具，顺序单击顶点①、U 向边②、V 向边③，得到初始 UV 贴图 C，同时出现代表 U 方向的红环和代表 V 方向的绿环，上面各有一操作圆点，移动绿色圆点调整贴图在 V 方向的大小如 D 所示，移动红色圆点调整贴图 U 方向的大小，如 E 所示。

改变 B 中②③的单击顺序，即可改变 UV 贴图方向。

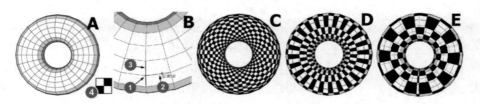

图 2.15.16　UV 贴图工具实例

（2）复制 UV：通过单击顶点、U 轴和 V 轴来设置所选四边面的 UV 贴图。

（3）粘贴 UV：通过单击顶点、U 轴和 V 轴，将 UV 贴图粘贴到所选的四边面中。

以上两个工具通常是成对使用的，如图 2.15.17 所示，A 是一个二维的四边面网格，上面有 UV 贴图，现在要把这 UV 贴图复制到 B 所示的曲面上去，操作如下：调用"复制 UV"工具，顺序单击图 A 的①②③（局部放大见图 C），完成复制后，全选曲面 B，调用"粘贴 UV"工具，按④⑤⑥顺序完成 UV 粘贴，结果如图 D 所示。

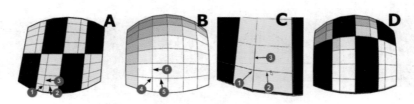

图 2.15.17　UV 复制与粘贴工具实例

（4）展开 UV 网格：将曲面上的 UV 网格展开为平整的二维平面。如图 2.15.18 所示，A 为一个曲面网格，上面有 UV 贴图，B 是操作过程：全选后调用"展开 UV 网格"工具，按①②③的顺序单击顶点、U 方向的边线、V 方向的边线，双击确认后，光标上出现如 C 所示的平面，移动到旁边后再次单击左键，曲面上的 UV 网格展平成一个二维的平面，如 D 所示。

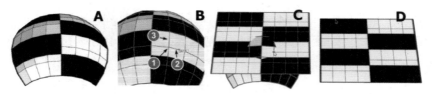

图 2.15.18　UV 网格展平工具实例

11.　平滑工具组

包括图 2.15.19 框出的两个工具，实例见图 2.15.20。

图 2.15.19　平滑工具组

（1）平滑四边面：选择图 2.15.20 ①所示的四边面，单击"平滑四边面"工具，结果如②所示。

（2）选择②后，单击"取消平滑四边面工具"，结果如③所示。

注意球体南北两极是三边面，其余部分是四边面。

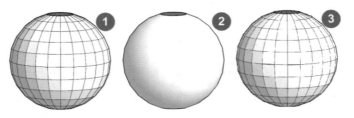

图 2.15.20　平滑工具实例

12.　循环边工具组

包括图 2.15.21 框出的三个工具，实例见图 2.15.22 和图 2.15.23。

图 2.15.21　循环边工具组

（1）插入循环边：根据当前选择的边线，生成新的循环边。如图 2.15.22 所示，①选择了两个 U 方向的线段，单击"插入循环边"工具后，生成垂直于所选线段的循环线，如②所示。

（2）移除循环边：根据当前选择的边线，移除相关的循环边。它的功能正好与"插入循环边"工具相反，选中想要删除的循环边，如刚生成的两条，单击该工具后，所选的循环边删除。

又如③中选中了3条U方向的线段，单击"移除循环边"工具后，这3条循环边被删除，结果如④所示。⑤中选择了四条V方向的线段，单击工具后的结果如⑥所示。

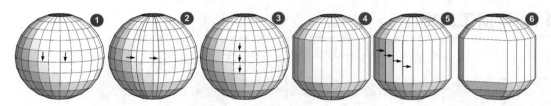

图 2.15.22　循环边工具实例

（3）连接边线：功能是在每两条边线之间绘制出新的边线以分割四边面。使用这个工具前，需要知道一些隐藏的窍门，实例见图 2.15.23。

调用"连接边线"工具后，会出现一个小小的黑色数值框，如②③④⑤右上角，因上面没有文字提示，所以常造成困扰。请记住，黑色数值框上面一栏可输入新建边线的数量，默认为1；下面一栏可输入线条间的距离，默认为0；最下面绿色的"钩"是确定，红色的"叉"是取消。

使用这个工具，另一个会造成困扰的问题是两个快捷键。按住鼠标左键移动时，要按住Ctrl键才能画出新的边线，所绘制边线的数量与间距决定于数值框里的设置。若需要删除已绘制的边线，按住鼠标左键，同时按住 Shift 键移动光标，即可删除已画的线。

②就是用默认的设置绘制的边线，③是把线条数量改成3后一次画出3条平行线；④是把线条间距改成40后所绘的线条（网格宽100）；⑤是水平垂直交叉处形成的三边面和多边面，要用"边角工具组"处理成四边面（图中②③有同样的问题）。

已经绘制成型的边线，也可以用输入新数据的办法修改，如在①的基础上把线条数量改成3，结果如③所示变成3条线。用同样的方法也可以改变间距。

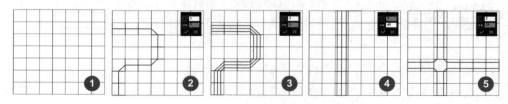

图 2.15.23　连接边线工具实例

13. 辅助工具组

包括图 2.15.24 框出的两个工具，例见图 2.15.25。

图 2.15.24 辅助工具组

（1）线：两点画线工具可以在三维弯曲的表面画线。如图 2.15.25 所示，①是一个曲面，连续三击后可看到虚显的剖分线②；③是这个曲面的前视图，调用"线"工具在曲面上画分割线④，柔化后如⑤所示。

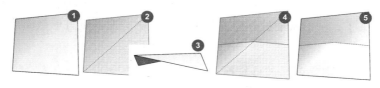

图 2.15.25 线工具实例

（2）实时四边面分析：使用工具后可以实时显示四边面状态，绿色为四边面，蓝色为三边面，红色为其他面；再次执行本命令可关闭实时显示。图 2.15.26 ①③的网格被一些折线分割出三边形和五边形。工具使用要领为，全选需要分析的对象，创建群组，再进入群组全选所有几何体，单击"实时四边面分析"工具，结果如图 2.15.26 ③④所示。

重要提示：测试中曾经发现由这个工具生成的颜色很难去除，实战中请谨慎使用。

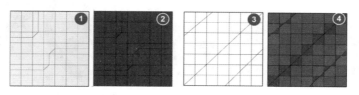

图 2.15.26 四边面分析工具实例

2.16 Perpendicular Face Tools（路径垂面）

这个插件的英文名称是 Perpendicular Face Tools，中文的名称是"路径垂面"或"垂面工具"，它有三个工具图标，如图 2.16.1 所示，其功能一目了然：第一个工具是画跟路径垂直的矩形；第二个工具是画圆形；第三个工具是根据指定的平面图形在路径上产生垂直的面，也可以产生随机方向的面。

在本系列教材中不止一次提到，要完成一次精确的路径跟随，必须具备两个条件：

第一，必须有一条连续的放样路径（关键词是连续）。

第二，还必须有一个跟放样路径垂直的放样截面（关键词是垂直）。

1. 路径跟随截面的错误用法

很多人在操作的时候，忽视了放样截面必须跟路径垂直这个前提，比如下面这个例子。

（1）画两段圆弧作为放样路径。在放样路径的端部，按常规画两个不同的截面，一个是圆形，一个是正方形，如图 2.16.2 ①②所示。

（2）用路径跟随工具对这两组路径和截面进行放样，如图 2.16.2 ③④所示。

（3）结果出来了，圆形截面放样后，截面变成了椭圆形；正方形截面放样后变成了长方形，如图 2.16.2 ⑤⑥所示。

造成这种结果的原因，就是放样截面跟放样路径不垂直。可能有人会说，那就把截面画得跟路径垂直好了。说起来容易，做起来可不简单，因为按 SketchUp 默认的绘图方式，只能画出跟红、绿、蓝三轴平行或垂直的面，就像图 2.16.2 ①②所示的那样。

当然，我们可以用坐标轴工具来改变红、绿、蓝三个轴的方向，创建一个临时的"用户坐标系"。但这样做很麻烦，容易出错，用过后还要恢复到默认的世界坐标系。有了这个插件，情况就不同了，下面说一下这个插件的用法。

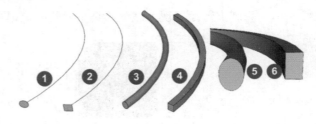

图 2.16.1　工具条　　　　　　　　　　　　图 2.16.2　错误实例

2. 第一个工具（路径垂直矩形）的用法

（1）准备好一条连续的路径（如需要，可用 JHS 的"焊接工具"处理）。

（2）调用该工具。若是第一次使用，右下角的数值框里默认数据是 2540，这是英制的 100inch（100 英寸，假设 SketchUp 已设置为"公制""毫米"）。

（3）用此工具单击路径的一端，将自动产生一个垂直于路径的正方形，边长为 2540mm。

（4）若不合适，可在做操作前输入一个新的数值（如 100）后回车，路径的端部将自动产生一个边长为 100mm 的正方形，并严格垂直于路径。

（5）要改变这个正方形大小，也可以在单击工具后立即输入新的数据并回车。

该工具只能自动产生正方形，所以只需输入一条边的长度。自动生成的正方形自成群组，若要用作放样截面，需提前炸开。当然，也可以把正方形的平面改造成我们想要的形状（如在平面上绘制图形）。

3. 第二个工具（路径垂直圆形）的用法

具体用法跟上述"路径垂直矩形"基本一样，区别如下。

（1）默认的参数也是 2540mm（100 英寸），注意此数值既不是直径也不是半径。

（2）输入 100 后回车，得到垂直于路径的圆形（半径 76mm）；输入 300 后回车，得到半径为 279mm 的圆形；输入 1000 后，得到的圆形半径为 991mm。可见误差相当大。

（3）如果想要获得一个垂直于路径的具有精确尺寸的圆，请用第三工具。

4. 第三个工具（路径垂直任意形）的用法

（1）准备好一条连续的路径（如需要，可用 JHS 的"焊接工具"处理一下）。

（2）在 XY 平面（地面）上绘制所需的图形。

（3）选中该图形后，调用右侧的工具（路径垂直任意形）。

（4）移动工具到路径端部并单击，这个图形就精确垂直于路径了。

这个工具的优点显而易见：

● 可自由创建各种图形作为放样截面。

● 所创建的图形尺寸精准。

此外，以上三个工具都可以把图形（矩形，圆形，任意型）放置在路径的端部之外，还可以把这些图形放置在路径的任一个顶点（路径线段的连接处）。混合运用三个工具，可以在同一条路径上设置多个不同的图形；运用得当的话，可以用来制作非常复杂的曲面造型，内容可浏览本节的同名视频。

2.17 Select Curve（选连续线）

在前面的视频里，我们介绍了几种大型的插件集合，有 JHS 的标准和超级工具条，有 Fredo6 Tools。这一节主要介绍 SketchUp 插件家族中一个不起眼的小人物——Select Curve（选连续线）。

SketchUp 的插件有四位数之多，作者常用的不过 30 ~ 50 个（组），其中大多数是要用的时候才临时调出来，用过后就关闭，所以平时见不到它们，免得占用有限的作图空间。但是对图 2.17.1 所示的小家伙却给予最高的"礼遇"，作者会把它安排在工作区的显眼位置，并且随 SketchUp 启动。那么为什么要给这个小家伙贵宾待遇？请看它的表现。

在建模过程中，几乎每天都会遇到同一种尴尬：用选择工具选择一条或者若干条线组成的边线，而这些边线可能并非是连续的线，尤其是刚刚经历过模型交错的曲面，新产生的边线看起来是连续的，其实已经变成了零碎线头。想要用这条线做路径的话，势必要按住 Ctrl 键做加选，往往要单击几十次，还免不了返工从头再来。碰到过这种操作的用户一定知道这是很折磨人的"体力劳动"，甭管你是什么等级的设计师，都要老老实实地重复这种无法避免的操作。

但是有了这个"选连续线"的小插件，情况就不同了，这里有个小例子：图 2.17.2 ① 是刚刚经历过模型交错的新曲线，它的线是一小截一小截的。现在要用它做放样路径，用图 2.17.2 ②作为放样截面，完成如图 2.17.3 所示的垂脊。

如果没有这个小插件，只能按住 Ctrl 键，慢慢单击图 2.17.2 ①所示边线的一小截一小截，还有半途返工的可能。有了这个工具，调用它以后，再去单击 2.17.2 ①的任何位置，整条路径就被选中，接着的放样（如图 2.17.3）就一气呵成了。它的表现如此出色优秀，难道不应该把它提拔到重要的岗位，放到显眼的位置吗？

图 2.17.1　选连续线

图 2.17.2　断续的放样路径

图 2.17.3　完成放样后

2.18 Groups from Tags/Layers（按图层编组）

这一节要介绍一个 SketchUp 本身没有的几何体管理方式："按图层编组"。这种新的几何体管理方法对于经常修改某个图层内容的用户最为可贵，如把 dwg 或 rvt 文件导入到 SketchUp 时，标记（即"图层"）在大多数时候都很混乱，不方便编辑特定的线条和对象，而这个工具可助一臂之力。

本节附件中有一个名为 group_from_tag_for_mmoser_ew 的 rbz 文件，经测试可放心通过【窗口→扩展程序管理器】命令进行安装。安装完成后，可勾选【视图→工具栏→M Moser Groups from Tags/Layers】菜单调出如图 2.18.1 所示的工具图标。

图 2.18.2 ①的滑梯部件都已经成组，并按部件颜色形状分了图层，见图 2.18.2 ②。下面的操作将按照原有的图层进行分组，以方便后续的操作与导出渲染。

（1）全选所有组或组件，如图 2.18.2 ①所示。

（2）单击图 2.18.1 ①，结果如图 2.18.3 ③所示，同一图层内容单独成组。双击进入一个组，里面全部是同一个图层的对象，这为编辑修改提供了很大的方便。

（3）如要退出这种"按图层编组"的形式也很简单：全选后单击图 2.18.1 ③，就可解散"图层编组"，退回原始状态。

至于图 2.18.1 ②处的"图层组内自动成面"也很好用，本节附件里有个演示用的例子，可以动手实践。

图 2.18.1　工具图标

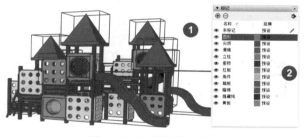

图 2.18.2　按零件分组

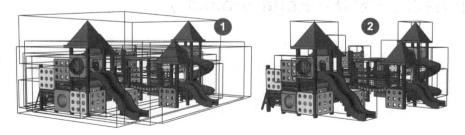

图 2.18.3　按图层分组与恢复原状

2.19 Construct Tools（点线工具）

在第 2.3 节介绍 JHS 超级工具时，提到过"添加顶点"工具，它可以创建辅助点或构造点。但是这个工具功能过于简单。这一节要介绍一个功能更强（不是最强）的绘制构造点、顶点和构造线（辅助点和辅助线）的工具。

在本节的附件里，作者收集了 6 种类似工具，它们都可以通过【窗口→扩展程序管理器】命令进行安装，安装完成后大多没有工具条，只有一个或一组菜单项。通过反复比较，建议只安装附件里的 mx_constructtool.rbz；安装完成后可以勾选【视图→工具栏→ Construction Tools】菜单，调出如图 2.19.1 所示的工具条。图 2.19.1 右侧是工具条中各工具的中英文名称。

① Set an Construction Curve-Centerpoint 设中心点
② Set the Edge-Points 设边线点
③ Draw Construction-Points on Elements 绘构造点
④ Draw Construction-Line 画构造线

图 2.19.1 工具条

1. 设中心点（Set an Construction Curve-Centerpoint）

这个工具可以用来对已有的圆和圆弧设置中心点，具体操作是：预选图 2.19.3 ①②③④⑤中的任意一个，单击图 2.19.2 框出的工具，即可产生中心点。

图 2.19.2 点工具

图 2.19.3 产生中心点

2. 设边线点（Set the Edge-Points）

这个工具可以标出被选中的一条或一些线条的端点（顶点），用法是：选中一条线，再单击图 2.19.4 框出的工具，两端就产生顶点；选中一批边线后单击工具，所有顶点都会被标注出来。

图 2.19.5 ①②③是一些原始图元，图 2.19.5 ④⑤⑥是设置顶点后（点很小，可能看不清）的效果。

图 2.19.4　边线设点

图 2.19.5　设置顶点

3.　绘构造点（Draw Construction-Points on Elements）

这个工具用来在已有的对象上绘制构造点，对象可以是普通的面、坐标轴、边线。也可以透过组或组件的屏障在组或组件的外面绘制构造点。单击图 2.19.6 框出的工具，可绘构造点。

图 2.19.7 ①②是分别在边线和平面上绘制的构造点。

图 2.19.7 ③是在群组内绘制的构造点。

图 2.19.7 ④⑤是在群组外透过群组屏障绘制的构造点。

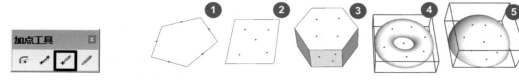

图 2.19.6　绘点

图 2.19.7　绘构造点

4.　画构造线（Draw Construction-Line）

这个工具可以像铅笔工具一样画线，区别是它画出来的是虚线和两端的构造点，如图 2.19.8 所示。

像直线工具一样，用它画线的时候也可以输入长度绘制精确的虚线，如图 2.19.9 所示。

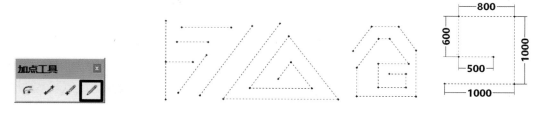

图 2.19.8　构造线工具

图 2.19.9　画构造线

用该工具绘制的所有顶点、构造点、辅助点、辅助线都可以用橡皮擦工具或 Delete 键删除，也可以用【编辑→删除参考线】命令一次性全部删除。

2.20 SUAPP 免费基础版

SUAPP 由 sketchupbar.com 于 2007 年 10 月免费发布,因其功能丰富、稳定性好并持续更新,是当前较为经典、应用广泛的中文插件库。SUapp Free 1.x 版是 sketchupbar.com 推出的免费产品,包含上百项常用功能,极大地增强了 SketchUp 的实用性。

1. 插件的获取、安装与调用

访问 www.suapp.me/download 下载。本节附件里有这个插件 exe 文件,可双击安装。

双击 SUAPP v1.7setup.exe 安装程序,单击"安装"按钮即可一键完成安装,无须更改路径。

安装过程中会弹出如图 2.20.1 所示的初始化配置界面,在"选择 SketchUp 平台"列表中选中使用的 SketchUp 版本。注意"离线模式"即免费基础版,如果这里显示"云端模式"即专业授权版,单击按钮就能切换。单击右下角的"启动 SUAPP"按钮即可使用。

是否要备份原有插件,可根据实际需要设置。

选择【视图→工具栏→ SUAPP】命令,可调用或关闭图 2.20.2 所示的基本工具栏。

选择【扩展程序→ SUAPP】命令,可见到如图 2.20.3 所示的菜单。

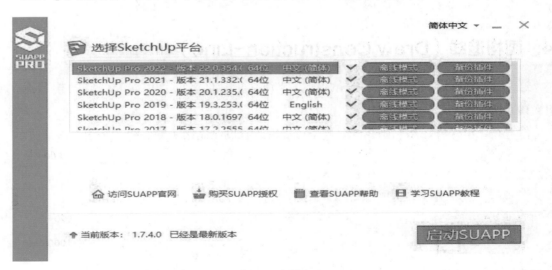

2.20.1 安装界面

2. 工具条与菜单

图 2.20.2 为 SUAPP 的基本工具条，包含绘制墙体、拉线成面、墙体开窗等 26 个常用插件。另外还有一百多个插件命令项可在【扩展程序】菜单下找到，菜单明细如图 2.20.3 所示。

2.20.2　SUAPP Free 1.7 基本工具条

从图 2.20.3 可见，SUAPP 里包含有轴网墙体，门窗构件，建筑设施，房间屋顶，文字标注，线面工具，辅助工具，图层群组，三维体量，渲染动画等 10 大项，100 多个子项。

其中有一些命令会出现在右键菜单里，当选择对象为不同元素（点、线、面、群组、组件）时，右键菜单会出现相应的可用插件命令，为操作提供了方便。

此外，选择【文件→打开新版】命令，可打开高版本的 skp 文件，这是 SUAPP 特有的免费功能。与"打开新版"一起的还有"保存旧版"和"另存旧版""保存设置"，这些命令都是 SketchUp 没有的。

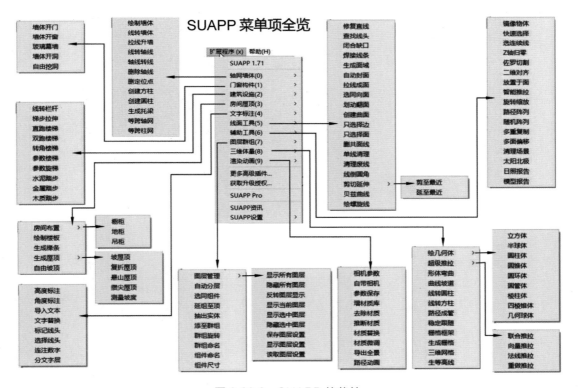

图 2.20.3　SUAPP 的菜单

第 3 章

次常用插件

　　本章要介绍的 19 种插件，使用的频度显然没有上一章所介绍的高，但也不是绝对的，还要因人而异，因行业而异，如以下几种插件就是作者常用的：BoolTools（布尔群组交错），S4U To Components（点线面转组件），Skimp（模型转换减面），2D Tools（2D 工具集），Place Shapes Toolbar（基本形体工具条），Guide Tools + Projection（辅助线工具 + 投影）。

　　读者们可先浏览本章的图文介绍与视频教程，再确定你是不是需要安装这些插件。

3.1 BoolTools（布尔工具，群组交错）

在本系列教材《SketchUp 要点精讲》的 4.4 节，我们曾经比较详细地讨论了如图 3.1.1 ①所示的 SketchUp 原生的实体工具。因为 SketchUp 对实体的严格条件限制和其他原因，很多人还是愿意使用 SketchUp 传统的模型交错；但是，SketchUp 的模型交错功能有个局限，即参与交错的两个几何体都不能是群组或组件，否则必须提前炸开后才可以进行操作，这大大影响了模型交错的应用。

有没有直接对两个群组或组件进行模型交错的办法呢？有的，BoolTools（布尔工具）就是这样一个插件，它可以对重叠的两个不同群组进行模型交错，所以这个布尔工具也可以称为"群组交错"。BoolTools 有先后两个版本，分别如图 3.1.1 的②和③；其中②是先发布的免费版 BoolTools，工具条上有三个工具图标。两年后发布的是一个收费的版本 BoolTools 2，工具条上有六个图标，如图 3.1.1 ③所示。

图 3.1.1 ②的 BoolTools 虽然只有三个工具，但这三个工具已经包含了布尔运算最基本的"与、或、非"，也就是"并、交、差"功能，并且免费，所以这一节重点讨论它。至于 BoolTools 2，虽然新增了三个工具，但它们都是在"并、交、差"基本功能上建立的附带功能，再加上收费，在选用时就不是很有竞争力了。

图 3.1.1 三种类似的插件

图 3.1.1 ②工具条上的三个工具，比起 SketchUp 自带的"实体工具"有两个突出的优点，一是能不受组或组件的影响进行并、交、差运算；第二个特点更为可贵：用它进行并、交、差运算的对象可以不受实体条件的限制，这样就可以免去很多麻烦。下面分别测试一下它的这两个优点。请注意，这个工具虽然有上述优点，但这些"优点"对培养初学者严谨的建模习惯恰好是不利的。

图 3.1.2 ①是参与测试的两个群组——球体 A 与立方体 B，X 光显示部分重叠。

图 3.1.2 ②是用并集工具先单击 A 再单击 B，二者合并，重叠部分去除。

图 3.1.2 ③是用并集工具先单击 B 再单击 A，二者合并，重叠部分去除。

并集工具运算的结果是"合二为一"，两个（或更多）群组变成了一个，减少了模型中几何体的数量。两个群组重叠的部分被删除，又减少了模型的线面数量。所以可以使用并集工具简化模型的结构，减少模型的线面数量。

图 3.1.2 ④是用差集工具先单击 A 再单击 B，只留下二者之差（先单击的 A）。

图 3.1.2 ⑤是用差集工具先单击 B 再单击 A，只留下二者之差（先单击的 B）。

差集工具相当于做减法，A 减 B 等于 C，先单击的群组是被减数 A，后单击的群组是减数 B，结果是差 C，所以单击的顺序就非常重要。差集工具常用来修剪建模中的对象。

图 3.1.2 ⑥是用交集工具先单击 A 再单击 B，只留下二者相交部分（先单击的 A）。

图 3.1.2 ⑦是用交集工具先单击 B 再单击 A，只留下二者相交部分（先单击的 B）。

所谓交集，就是 A 和 B 重叠的部分，所以执行了交集运算后的两个群组，只留下了原先重叠的部分，其余部分删除。这个工具也常被用来修剪几何体。注意，用交集工具单击两个没有相交部分的几何体，结果为 0，二者都将被去除，什么都不会留下。

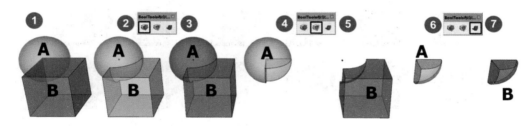

图 3.1.2　测试结果

上面用实例介绍了 BoolTools 的第一个特点：可以对组或组件进行布尔运算。下面仍然用实例来介绍 BoolTools 的另一个特点：参与布尔运算的对象可以不受实体条件的限制。

我们知道，SketchUp 对几何体是否符合"实体"的要求相当严格：SketchUp 官方网站上的定义"实体是任何具有有限封闭体积的 3D 模型（组件或组），SketchUp 实体不能有任何裂缝（平面缺失或平面间存在缝隙）"。建模实践中发现，"实体"的条件还不止官方所说的这些，如在某个组或组件中若存在废线头，这个组或组件就不符合"实体"的条件，就不能用"实体工具"进行布尔运算。如此严格的条件极大地妨碍了"实体工具"在建模实践中的运用，而 BoolTools 则为我们解决了这个大难题。

图 3.1.3 中上下两排是相同的，区别只是下排打开了 X 光显示模式：①是其中唯一没有毛病的，用于对照；②删除了一个平面；③在立方体内部多了一条对角线；④在立方体的表面多了一条共面线；⑤在球体内部多了条直线；⑥在球体表面缺了一个面。所以图 3.1.3 ②③④

的立方体和⑤⑥的球体都不符合实体的条件，所以都不能用 SketchUp 的实体工具进行布尔运算。

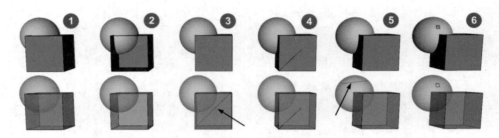

图 3.1.3　有问题的群组

现在换用 BoolTools 来对这些不符合实体条件的对象进行布尔运算，结果见图 3.1.4：

①行是几何体的原始状态，②行是用并集工具处理的，③行是用差集工具处理的，④行是用交集工具处理的。它们都是先单击球体再单击立方体，虽然这些对象都有瑕疵，都不符合实体的条件，但换用 BoolTools 工具后都可以完成布尔运算。

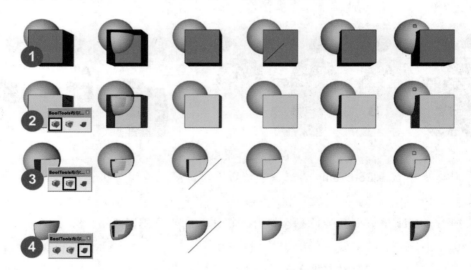

图 3.1.4　BoolTools 的容错表现

用 BoolTools 工具单击有问题的群组时，会弹出一个如图 3.1.5 所示的提示信息，提示这个被选择的对象不是实体，结果可能不如预期，询问要不要继续。如果你想要创建一个"严谨"的模型，看到这个提示要找出原因。图 3.1.4 中都是选择了"是"（也就是"知错不改"）后的结果，其中绝大多数都能得到满意的结果，这就是 BoolTools 的"容错"特性下的表现。用布尔工具处理后的几何体，仍然是群组，这更符合大多数人的建模习惯。

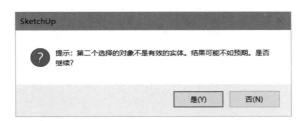

图 3.1.5　询问是否要"知错不改"

　　下面介绍收费的 BoolTools 2。如图 3.1.6 所示的三个工具跟上面介绍的三个工具功能与用法相同；图 3.1.7 最右边的工具是组内合并，能把嵌套的组或组件合并成一个新的组，这样做的目的也是简化模型。下面着重介绍 BoolTools 2 第四和第五个工具——"修剪"和"分离"。

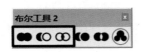

图 3.1.6　三个相同的工具

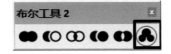

图 3.1.7　组内合并

　　图 3.1.8 的上面一行是执行"修剪"后的结果，跟 SketchUp 实体工具中的"修剪"工具是一样的，区别就是可以"容忍"不符合实体标准的对象参与布尔运算。

　　图 3.1.8 的下面一行是执行"分离"后的结果，跟 SketchUp 实体工具中的"拆分"工具是一样的，区别也是可以"容忍"不符合实体标准的对象参与布尔运算。

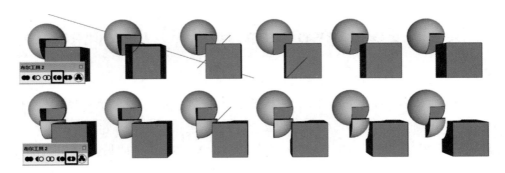

图 3.1.8　BoolTools 2 的修剪和分离

下面的文字摘译于该插件作者的介绍，供参考。

插件功能：

（1）适用于 SketchUp Make 及 SketchUp Pro（2016 及以上版本）。

（2）可处理小尺寸的复杂对象。

（3）可应用于嵌套的实体。

（4）在原组件的基础上进行修改，不会创建新的组件。

（5）保留第一个选定对象的图层及名称。

（6）包含并集、差集、交集、修剪、拆分等命令。

（7）全新的单个对象联合工具（单击一个群组或组件，可合并其内所有的部嵌套实体）。

（8）大多数情况下生成的是可用于 3D 打印的实体对象（原对象都是实体）。

注意事项

（1）对单个对象，"联合工具"在某些情况下有时会导致 SketchUp 无响应或崩溃，在使用该工具前请先保存模型。若遇到这种情况，可以多次使用并集工具将嵌套对象合并成单个实体。

（2）在某些情况下使用 BoolTools 2 处理两个对象时，若其中包含嵌套实体，有时会导致 SketchUp 无响应或崩溃，在使用该工具前请先保存模型。若遇到这种情况，可以尝试将父实体分解后再对各个子对象执行操作。

（3）这个工具的特点是"容错"（能容忍 SketchUp 实体工具不接受的错误）。这种功能与初学者培养建模时的"严谨"作风是背道而驰的，也跟 SketchUp 推出"实体"概念与底层逻辑的发展方向不符。对于今后有可能涉及 BIM 的从业者，最好一开始就对自己严格一点，不要用这个工具来"容忍"自己的错误。

3.2　S4U To Components（S4U 点线面转组件）

先介绍一下这组插件的背景。它是 Ruby 资历并不太深的越南人"Suforyou 苏福佑（S4U）"编写的，他曾在 extensions.sketchup.com 发布过 37 个插件，其中有 28 个下载后不久就不再能用，需要用 PayPal 付费才能继续使用（收费 10 ~ 30 美元间，全套收费 180 美元，但 28 个收费插件中有近 20 个功能很简单且有替代品的小插件）。S4U 还在 sketchucation.com 发布过 21 个插件，无一免费。看来 S4U 比全球众多老资格的优秀 Ruby 作者如"tt""Fredo""Tig"对收费更为殷切。

说实话，在挑选收录插件的时候，鉴于本书读者中的绝大部分并无 PayPal 付费渠道，所以本书作者只要能找到替代品时就尽可能避免推荐 S4U 写的脚本；但是这一节的"S4U To Components（S4U 点线面转组件）"中的某个功能在《SketchUp 曲面建模思路与技巧》一书某些实例中，实在找不到完美的替代品，所以只能用它了。有 PayPal 付费渠道的读者请按图 3.2.2 中的路径去付 25 美元激活；其余读者请搜索汉化版或替代品。

1. 安装与调用

在 SketchUp 中选择【窗口→扩展程序库】命令，用 S4U To Components 搜索并直接安装。

用浏览器访问 extensions.sketchup.com，用 S4U To Components 搜索，下载后安装。

百度或其他搜索引擎中以"S4U 点线面转组件"搜索、下载、安装。

安装完成后，可用【视图→工具栏→ S4U To Components】命令调出如图 3.2.1 所示的工具条。

付费路径：【扩展程序菜单→ Suforyou → Manage License → PayPal】，见图 3.2.2。

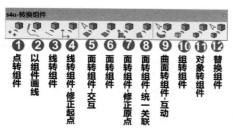

图 3.2.1　工具条

图 3.2.2　付费激活路径

2. 操作要领

1）"点转组件"操作要领（见图 3.2.3）

（1）准备好如①所示的"点"和如②所示的"组件"。

（2）选择左侧 50 个点和红色组件，再单击工具图标将点转为组件，结果如③所示。

（3）再选右侧 50 个点与绿色组件，单击工具图标将点转为组件，结果如④所示。

注意转换后"点"与组件的坐标中心重合，故创建组件时要设定好坐标中心。在 JHS 超级工具栏上有相同功能的工具。

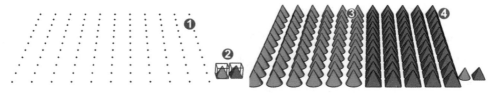

图 3.2.3　点转组件实例 1

图 3.2.4 是"点转组件"的另一种用法。其中①是一条手绘线，②是用 JHS 的"点工具"标出的所有节点，③是准备好的组件，④是全选后单击"点转组件"的效果。

在 JHS 工具栏里有同样功能的工具，所以该"点转组件"工具非必需。

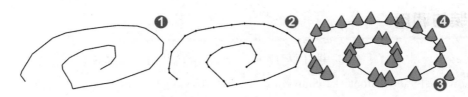

图 3.2.4　点转组件实例 2

2）"以组件画线"操作要领（见图 3.2.5）

①是一个半圆柱组件，坐标轴在右侧端部水平线的中点。

（1）预选①，调用"以组件画线"工具，左键单击→移动→单击→移动……结果如②所示。

（2）③是一个空心的环形（不用成组）。预选③后，调用"以组件画线"工具，左键单击→移动→单击→移动……结果如④所示。

因为两次单击生成的几何体之间不能妥善对接，该工具似乎没有多少实用价值，后来总算想出一个用途：可以用它来做景观设计游览路线分析图，操作如下。

图⑤是一个箭头形的组件（注意要设置成绿轴向上）。预选⑤以后，沿着游览引导线，左键单击→移动→单击→移动……结果如⑥所示。如觉得箭头密度太高，可间隔删除。

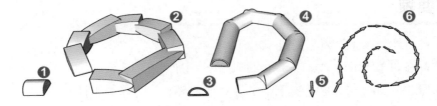

图 3.2.5　以组件画线

3）"线转组件"操作要领（见图 3.2.6）

这个插件的用法相对简单，图中展示了它的 5 种不同用法，其共同操作是：条件设置好后，选择一个组件（或面）加上线，单击图标将线转为组件（下文不再重复）。

图中的①③⑤，三者看起来完全一样，结果②④⑥却全然不同；其区别是①的五角星是普通的"面"操作，结果如②所示，沿线段生成了体。③的五星是个组件，操作后垂直于每个线段的端部，结果如④所示。⑤的五星也是组件，但是它的坐标在五星的中间，并且绿轴向上（重要），结果如⑥所示，平铺在各线段的端点。

⑦是一组线段与一个球形组件，操作结果如⑧所示，球体沿线段分布并拉长。

⑨的箭头也是组件，但坐标轴的绿轴向上，结果如⑩所示，沿线段平铺。

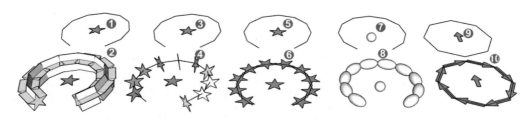

图 3.2.6 线轴组件实例

4）"线转组件 - 排列"操作要领

操作方法和结果与上述"线转组件"基本相同，先选择一个组件或面和线，再单击工具图标进行排列。经多次测试，二者没有太大区别，不再赘述。

5）"面转组件 - 交互"操作要领（见图 3.2.7）

图中的①是个曲面，由众多三边面组成；②是一个三角锥组件。

全选①②，单击"面转组件 - 交互"图标，即可将面转为组件，如③所示。

还可通过如⑤所示的右键菜单调整到符合要求，结果如④所示。

进入任一组件生成边框与玻璃，结果如⑥所示。

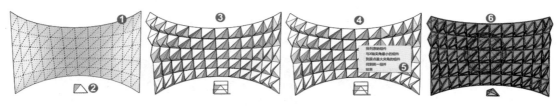

图 3.2.7 面转组件

6）"面转组件"操作要领（见图 3.2.8）

图中的①是一个曲面，注意全是四边面；②是一个四棱锥组件。

全选①②后单击"面转组件"工具，还能在右键菜单③里调整方向。

选择右键菜单中的"结束"命令或回车，结果如④所示。

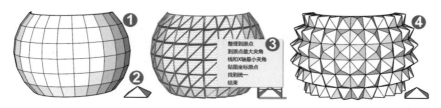

图 3.2.8 面转组件实例

7）"面转组件 - 排列"和"面转组件 - 一致"（见图 3.2.9）

在条件①②与操作方法相同时，二者的结果与上述"面转组件"基本相同。

③是"面转组件"的结果；④是"面转组件 - 排列"的结果，⑤是"面转组件 - 一致"的结果。经多次测试，除了④⑤二者没有右键菜单外，三者没有太大区别。

在本节所附的视频里有这些工具的更多用法，为压缩篇幅不再赘述。

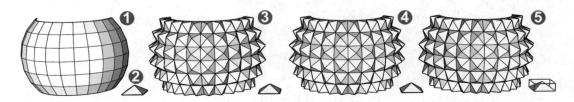

图 3.2.9　相同条件下的类似结果

8）"曲面转组件"操作要领（见图 3.2.10）

● 从这个工具的名称就可知道它的功能仅限于把曲面转成组件。

● 图中的①②③④是曲面，⑤是用来转移到曲面上去的组件。注意，①和②的曲面都比较复杂，至少有两条不同方向的曲线；③④则较简单，仅是由一条曲线形成的面。

操作很简单，先选择一个组件⑤和一个目标曲面，单击图标即可将曲面转为组件。

同样的操作，因①②的曲面相对复杂，没有成功，只有③④可用，结果如⑥⑦所示。

换用"曲面流动"工具，组件⑤可顺利"流动"到①和②两个曲面。

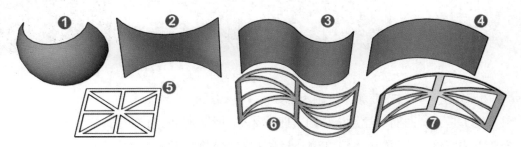

图 3.2.10　曲面转组件

9）"组转组件"操作要领（见图 3.2.11）

这是一个批量把"组"转换成"组件"的工具，实战中意义不大。

全选①中所有的组，单击工具栏上的"组转组件"按钮，所有组转变为了组件②，在"图元信息"面板上可查看到它们的属性。

10）"对象转组件"操作要领

这个工具类似于"组转组件"，区别是这个工具选择的对象可以是"组"或还没有成组的"几何体（面或体）"，单击图标后即可将所选的对象转为组件。在建模实战中很少有这种需要，所以这也不是一个太有价值的工具。

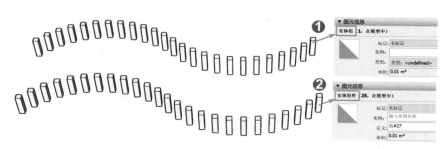

图 3.2.11　组转组件

11）"替换组件"操作要领（见图 3.2.12）

这个工具的用途是把选定的组件①转换成另一组件②，并按被选组件①的原始尺寸变形。建模实战中很少有这种需要，它也不是一个太有价值的工具。

操作要领：预选需转换的组件①，调用工具后单击新组件②，替换结果如③所示。

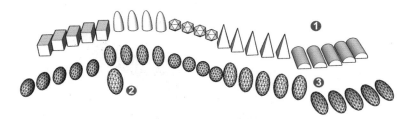

图 3.2.12　替换组件

既然上述很多工具没有太多实用价值，很多还有替代品，现在揭晓一下为什么要推荐这组插件：这组插件的工具栏有 12 个工具（有些版本只有 11 个工具，少一个"点转组件"）。经过好几天的寻找、选择和对比，我需要上述第 6 个工具"面转组件"，但找不到完美的替代品（同类插件还有 CLF Components onto Faces，但只支持 2018 版以前的 SketchUp），而《SketchUp 曲面建模思路与技巧》一书的实例中会用到这个功能，所以只能选择它。至于其余的功能，可择优而用。

3.3　Cylindrical Coordinates（圆柱坐标）

这个插件的英文原名是 Cylindrical Coordinates，按字面翻译就是"圆柱坐标"。对"圆柱坐标"这个名称和它的含义，可能有些人并不熟悉，在本节的附件里有比较详细的解释和一个小动画，有兴趣的同学可以查阅参考。不过，这里还是要用一两句话来描述一下这个概念。

简言之："圆柱坐标系是一种三维坐标系统，它是二维极坐标系往 Z 轴延伸后添加的第三个坐标，专门用来表示 P 点离 XY 平面的高低。"如图 3.3.1 所示。

图 3.3.2 和图 3.3.3 是插件作者提供的用这个插件制作的模型截图。

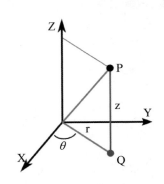

图 3.3.1　圆柱坐标

图 3.3.2　用圆柱坐标插件生成的模型

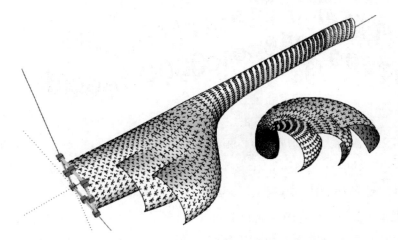

图 3.3.3　用圆柱坐标插件生成的曲面模型

下面提供该插件的两个测试实例。

如图 3.3.4 所示，画一个切掉一块的圆形①，拉出柱体②，用缩放工具缩小柱体的一端并删除废线面后效果如③所示，创建群组后在对象一端绘制辅助面④，复制辅助面到另一端如⑤所示，做内部阵列后如⑥所示，炸开群组并做模型交错如⑦所示，删除废线面后得到细分，再次群组如⑧所示。

上述操作均是后续测试的条件，你也可用其他形状，但务必提前"细分"。

接着，我们就可以对准备好的对象用"圆柱坐标"插件进行加工了。这个插件安装后是没有工具图标的，使用方法是：选好需加工的对象后，调用【扩展程序→ Eneroth Cylindrical

Coordinates】命令，弹出如图 3.3.5 ①所示的数值框，文字提示是"Length corresponding to full circle"，即"对应于整圆的长度"，默认参数是 1000。

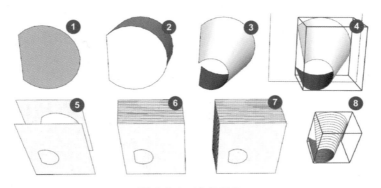

图 3.3.4　准备工作

图 3.3.5 中，②是对象的原始状态，③是用默认参数 1000 加工的结果，④是改变参数为 100 后加工的结果，⑤是改变参数为 50 后加工的结果，⑥是改变参数为 30 后加工的结果，⑦是改变参数为 20 后加工的结果。不难发现，输入不同的参数，结果有天壤之别，很难预料且没有规律性，甚至正反面都会随输入的参数不同而改变。

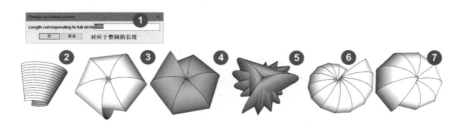

图 3.3.5　用圆柱坐标插件加工

图 3.3.6 是另一组测试结果：①是对象的原始状态，②是默认参数 1000 的结果，③是改参数为 100 的结果，④是改参数为 50 的结果，⑤是改参数为 30 的结果，⑥是改参数为 20 的结果。

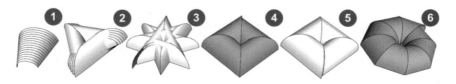

图 3.3.6　测试

从不下 30 次测试来看,使用这个插件后的结果跟"对象的初始形状""长宽高的比例","参数的确定"都有关系,并且还有很多尚未掌握的规律,在建模实践中正式使用需要通过一定的练习获得经验。建议记录好测试参数,保留每次测试的结果,说不定今后在方案推敲的时候就能用上。没有时间测试的读者可暂时放弃这个工具,或者像图 3.3.5 和图 3.3.6 那样多试试,说不定也能碰得到个有趣的结果。

3.4 Raylectron Platonic Solids(柏拉图多面体,正多面体)

能够生成正多面体的插件有十多种,经过认真筛选,这一节要介绍一个不为大多数 SketchUp 用户熟悉的插件。直至本书截稿之时,国内尚无网站引进过这个插件,当然也没有汉化版。这是一个很有用的工具,即使不汉化用起来也很简单,下面介绍一下这个插件。

如果你已经注册了一个 SketchUp 或 Trimble 账号,可以在 SketchUp 中选择【窗口→Extensions】命令,用 Raylectron Platonic Solids 作为关键词搜索安装。此外在本节附件里也有这个插件的 rbz 文件,可以通过【窗口→扩展程序管理器】命令直接安装。安装完成后,通常马上可以看到如图 3.4.1 的工具图标。如果没有,可以从【视图→工具栏】中调用。

单击该插件的图标,即弹出图 3.4.2 所示的参数面板。该面板大致可分成上面框内有预览图的基础正多面体部分和下面的"细分高阶"部分。图 3.4.3 ~ 图 3.4.7 分别是它生成的五种基础正多面体。

为得到更高阶的多面体(以 20 面体为例),要勾选 Subdivide into an IcoSphere without poles(细分为无极点的 20 面体)。请注意"无极点"的提法——所有用 SketchUp 的路径跟随工具生成的球体都是有"南北极"的,如图 3.4.8 所示,"有极点"球体的两极都是三边形,会给 UV 贴图等操作造成麻烦。这是个很重要的概念。而如图 3.4.9 那样的球体就是"无极点"的。

现在选择参数面板上的 20 面体,还勾选了"细分成无极点 20 面体";接着要选择"细分递归等级"(有 8 级可选)。图 3.4.9 分别是 2、3、4、5 阶细分后生成的 20 面体。

"半径"栏内的数字单位是英寸(1 英寸 =25.4mm),可以计算后输入需要的尺寸,也可以生成默认尺寸的球体后再放大到需要的大小。

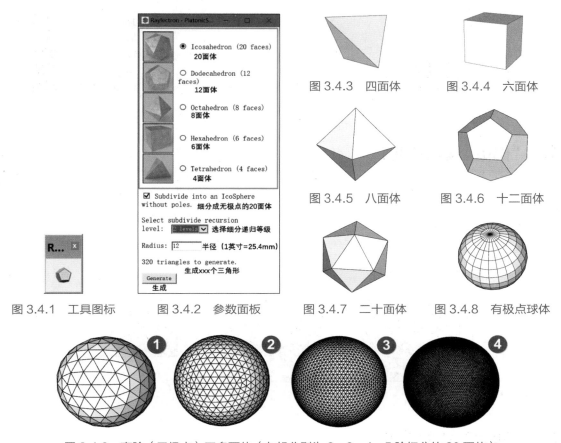

图 3.4.1　工具图标　　　图 3.4.2　参数面板　　　图 3.4.7　二十面体　　　图 3.4.8　有极点球体

图 3.4.3　四面体　　　图 3.4.4　六面体

图 3.4.5　八面体　　　图 3.4.6　十二面体

图 3.4.9　高阶（无极点）正多面体（左起分别为 2、3、4、5 阶细分的 20 面体）

3.5　2d Boolean（2d 布尔）

这是一个老插件了，已经有超过 10 年的历史，最近的更新在 2013 年 12 月。经过实测，从 sketchucation.com 下载的 v1.3.2 Beta 版在 2022 版的 SketchUp 中仍可正常使用。国内的汉化版可以正常应用于 2021 版的 SketchUp。本节附件里有从 sketchucation.com 下载的 v1.3.2 Beta 版。

该工具的功能如图 3.5.1：用选定的面去修剪或减去 2d 的组或组件。它还能够在修剪、减去运算之后推拉相关的面。如图 3.5.2 所示。

安装方法：【窗口→扩展程序管理器→ 2d Boolean.rbz】。

调用方法：【视图→工具栏→ 2d Boolean】或【扩展菜单→ 2d Boolean →各可选项】。

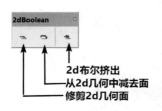

图 3.5.1 工具栏

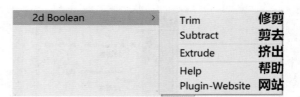

图 3.5.2 菜单栏细节

1. "修剪"功能实例

（1）如图 3.5.3 所示，①是一个普通的面（非群组），②是一个组件。

（2）③是把二者叠合在一起，单击工具④以后，修剪完成，结果如⑤所示。

图 3.5.3 修剪实例

2. "减去"功能实例

（1）如图 3.5.4 所示，①是一个普通的面（非群组），②是一个组件。

（2）③是把二者叠合在一起，单击工具④以后，"减去"完成，结果如⑤所示。

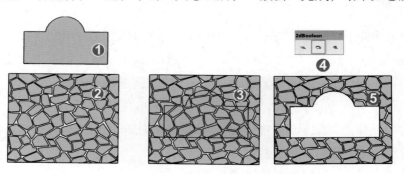

图 3.5.4 减去实例

3. "修剪"＋"推拉"功能实例

（1）如图 3.5.5 所示，①所示为一个面与一个组件，②是把面与组件叠合在一起。

（2）单击工具③，在弹出的对话框中选择"修剪"与"推拉"，结果如④所示。

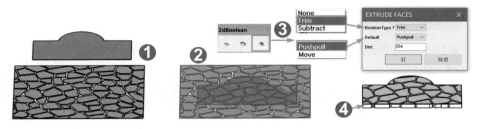

图 3.5.5　修剪后推拉实例

4. "减去"＋"推拉"功能实例

（1）如图 3.5.6 所示，①所示为一个面与一个组件，②是把面与组件叠合在一起。

（2）单击工具③，在弹出的对话框中选择"减去"与"推拉"，结果如④所示。

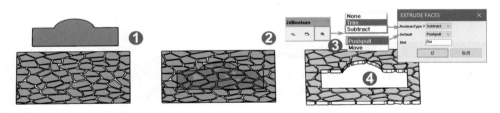

图 3.5.6　减去后推拉实例

3.6　Skimp（模型转换减面）

曾经导入过如 3DS 等格式模型到 SketchUp 的用户，都遇到过模型线面数量惊人的不知所措；这一节要介绍的 Skimp 插件就是解决上述尴尬的好工具。它可以用来对线面数量太大的 SketchUp 的模型做减面，所以这是一个非常有用的插件。

SketchUp 用户可以选择【窗口→扩展程序库】命令，登录到 extensions warehouse，再用 Skimp 作为关键词搜索找到后直接安装。但还要到网站 https://skimp4sketchup.com 订购免费 5 天全功能的试用或付费的商业许可证。国内可搜索到汉化版。

目前能够导入的外部模型格式有 FBX、OBJ、STL、DAE、3DS、PLY、VRML（未来计划推出更多的格式）。导入模型后，选择需要减面的对象，即使有数百万线面的对象，都可以在数秒钟内大大简化并替换原对象。下面列出主要的操作要领。

（1）操作前，务必先单击图 3.6.1 ④，并在弹出的图 3.6.3 所示的设置面板中做好必要的设置。

（2）单击图 3.6.1 ①导入模型（过大的模型应由 SketchUp 文件菜单导入）。

（3）选择减面对象后单击图 3.6.1 ②，在弹出的图 3.6.2 所示的面板中完成设置；移动滑块改变线面数量。

（4）单击图 3.6.1 ③，CTRL = 加载新纹理，ALT = 另一个面的材质，SHIT = 保留 UV 并更换匹配材质。

该插件的具体应用与实例将在《SketchUp 曲面建模思路与技巧》中详细讨论。

图 3.6.1　工具条

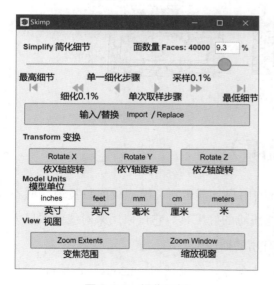

图 3.6.2　操作面板

图 3.6.3　设置面板（默认值）

3.7　Random Tools（随机工具）

　　这个工具是建筑、景观、室内与规划设计师们都需要的宝贝，它可以在模型中对小草、大树、石块甚至木纹节疤进行随机化设置。随机化包括对象的位置、角度、大小、推拉尺寸、顶点位置、纹理；也可选择将对象随机放置在面或边线上，甚至随机交换对象。这些随机搅动的措施可让模型看起来更加符合自然规律。

1. 安装与调用

　　（1）选择【窗口→扩展程序库】命令，用 Random Tools 搜索，安装。

　　（2）选择【视图→工具栏→ Random Tools】命令，调出如图 3.7.1 所示的工具条。

　　（3）选择【工具→ Random Tools】命令，调出如图 3.7.2 所示的菜单项。

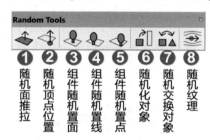

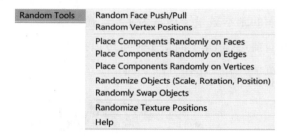

图 3.7.1　工具条　　　　　　　　　　　图 3.7.2　菜单项

2. 操作要领

　　（1）Random Face Push/Pull1（随机面推拉，见图 3.7.3）

选择一些面（可进入组或组件，不必炸开），如①所示。

调用工具，弹出对话框②，分别填入推拉尺寸。

③与④的区别限于在②里是否创建新的面：③选 No，④选 Yes。

图 3.7.3　随机面推拉

（2）Random Vertex Positions（随机顶点位置，见图3.7.4）

这个工具可制作③所示的起伏地面或水面波纹。

选择好待处理的网格①，在对话框②中输入变化范围，确定后生成③。

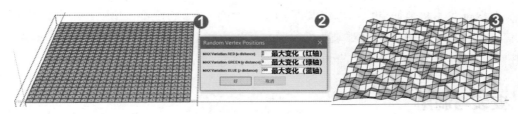

图3.7.4　随机顶点位置

（3）Place Components Randomly on Faces（组件随机置面，见图3.7.5）

这个工具可用来随机种植，①是②实施种植的结果。

选择好需种植的面③与种植组件④，单击工具后在弹出的对话框⑤中输入参数，指定每个面的副本数量（通常为1），旋转角度，尺度变化因子（0～1）；特别要注意组件副本的方向要选择Up（向上）；也可以指定副本置入的图层（图层需预先设置好）。以上设置完成后单击"好"按钮，结果如⑥所示。

图3.7.5　组件随机置面

（4）Place Components Randomly on Edges（组件随机置线，见图3.7.6左侧）和Place Components Randomly on Vertices（组件随机置点，见图3.7.6右侧）

这两个工具可用来沿线或按顶点随机种植。

①是待种植的草，按③设置，得到沿线分布的结果，如②所示。

④是待种植的向日葵，按⑤设置后得到按点分布的⑥。

（5）Randomize Objects（Scale, Rotation, Position）（随机化对象，见图3.7.7）

①是原始的几何体，全选后在对话框②中设置好参数。

完成设置后单击"好"按钮，结果如③所示。

图 3.7.6 组件置线与置点

图 3.7.7 随机化对象

（6）Randomly Swap Objects（随机交换对象，见图 3.7.8）

①是原始模型，红绿各占一半，全选后单击"随机交换对象"按钮得到随机对换结果②。可连续单击进行交换。

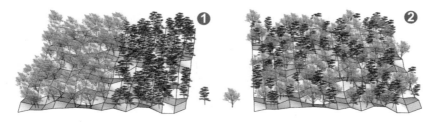

图 3.7.8 随机交换对象

（7）Randomize Texture Positions（随机纹理，见图 3.7.9）

木制品①的材质单调重复。②和③是全选①以后单击"随机纹理"的结果。可连续单击直至满意。

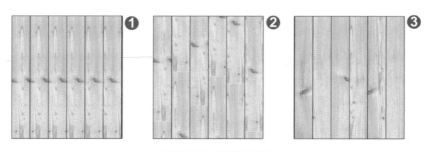

图 3.7.9 随机纹理

3. 额外提示

（1）如果有意或无意选择了请求对象之外的其他对象，那么部分对象将被忽略。如使用"组件随机置面"等工具时，只会使用第一个被选择的组件，其余被忽略。

（2）当把组件放置在边线和顶点上时，可以选择"法线"作为方向。因为只有面才有法线，而边线或点没有，此时组件的定向如下。

- 如果边线没有连接到一个面，组件将平行于蓝轴。
- 如果边线连接到一个面，该面的法线方向将被使用。但是请注意面可能翻转，这将导致法线倒置，意味着组件被放置到了相反的方向。
- 如果边线连接到两个相邻面但未指定 Up，将使用两法线方向的平均值。

（3）注意：当随机放置组件时，大量的副本将快速添加到模型中，这会引入大量线面，需要消耗大量计算机资源，所以应尽可能避免使用 3D 的组件并限制副本的数量。

3.8 3D Gridline（3D 网格）

这是一个旨在帮助我们在 SketchUp 里创建二维或三维网格（轴线）的工具。如果需要在平面或立体空间布置墙、柱、梁或类似构件，它也许能帮助你节约时间并且不容易出错。本节附件里有一个名为 toh_3dgridline_v1.0 的 rbz 文件，可以用【窗口→扩展程序管理器】命令安装。

1. 工具调用与参数面板

插件安装完成后，可以调用【视图→工具栏→ 3D Gridline v1.0】命令调出图 3.8.1 所示的工具图标。单击工具图标，将弹出如图 3.8.2 所示的参数面板，在这里填写的数据是生成二维、三维网格的依据。

图 3.8.2 是参数面板的默认状态，上面已经有了一些灰色的数据，这是插件作者给我们做的格式示范，下面先把图 3.8.2 ①②的几个设置重点提示一下。

- 虽然该插件默认的长度单位是 m，不过还是看一眼图 3.8.2 ①更放心。
- 图 3.8.2 ②的"坐标"是网格中每一条线的位置，第一条线通常是 0，数据以空格分隔。
- 图 3.8.2 ⑥里给出网格的起点，如全部为 0 的话，网格起点就是 SU 的坐标原点。

- 如果想要生成几个相同间隔尺寸的网格，可以输入"n*m"，n是网格间隔，m是重复数量，n与m中间用星号"*"代替连接用的乘号。
- 如果只想要生成二维的网格，图3.8.2②处的Z轴中输入"0"。

（1）对图3.8.2③④⑤⑥⑦⑧的标签设置提示如下。

- 这里的所谓"标签"就是《制图标准》里的"轴线编号"，GBT 5001的8.0.3节对"轴线编号"规定是："……除较复杂需采用分区编号或圆形、折线形外，平面图上定位轴线的编号，宜标注在图样的下方及左侧，或在图样的四面标注。横向编号应用阿拉伯数字，从左至右顺序编写；竖向编号应用大写英文字母，从下至上顺序编写……"
- 该插件生成的"轴编号"见图3.8.4④，基本符合《制图标准》的要求。
- 注意图3.8.2③位置的X、Y、Z栏里填写的参数要能与图3.8.2②的X、Y、Z相对应（即生成了多少条轴线就应该有相同数量的标签）。
- 图3.8.2④处有四处可勾选，分别对应出现在网格四个方向的标签（轴号），插件上X方向的Lift（左）和Light（右）是错的，应该改成Above（上）和Below（下）。
- 仅生成二维网格时，图3.8.2③处的Z数据要输入"0"。

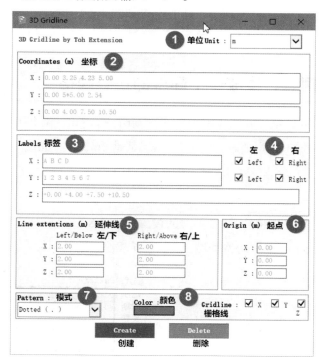

图3.8.1　工具图标　　　　　　　　　　　　图3.8.2　参数面板

（2）其余的设置提示如下。

- 图 3.8.2 ⑤处所谓的"延伸线"就是为了标注"轴号"对轴线所做的延长，在这里输入各方向延伸的长度。

- 图 3.8.2 ⑥处设置网格矩阵的起点，若 X、Y、Z 全部为"0"，SU 坐标原点即网格起点。

- 图 3.8.2 ⑦处的下拉菜单里有五个选项，如图 3.8.3 所示，用来指定网格线的形式，实测四种虚线区别不大。

- 图 3.8.2 ⑧处的"颜色"似乎只有灰色可用。取消勾选可不显示某些轴向的线条。

2. 例一：生成一个简单的二维网格

要求：东西方向（X 轴）间隔 6m，共 24m；南北方向（Y 轴）间隔 4m，共 16 米。

（1）单击工具图标（图 3.8.4 ①②）后，在参数面板上做间隔尺寸设置，如图 3.8.4 ②所示。

（2）"标签（轴号）"的设置如图 3.8.4 ③所示，注意要与图 3.8.4 ②对应。

（3）生成的网格如图 3.8.4 ④所示，标注的字体和单位等用 SU 的"模型设置"来修改。

3. 例二：生成一个简单的三维网格

要求：东西方向（X 轴）间隔 6m，共 24m；南北方向（Y 轴）间隔 4m，共 16 米；上下方向（Z 轴）底层高 4m，二、三层都是 3m，共 10m。

（1）单击工具图标（图 3.8.5 ①）后，在参数面板上做间隔尺寸设置，如图 3.8.5 ②所示。

（2）"标签（轴号）"的设置如图 3.8.5 ③所示，注意要与图 3.8.5 ②对应。

（3）生成的网格如图 3.8.5 ④所示，标注的字体、单位等用 SU 的"模型设置"来修改。

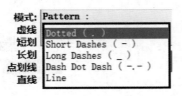

图 3.8.3　线型设置

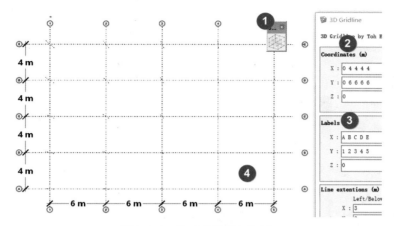

图 3.8.4　生成的轴线与编号

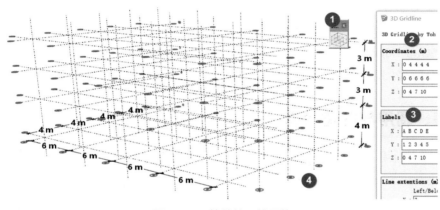

图 3.8.5　简单的三维网格

4. 关于图层

（1）插件每生成一个网格，就会同时生成一组标记（图层），方便我们对网格的使用与管理。

（2）图 3.8.6 是图 3.8.4 二维网格的标记（图层），自上而下分别是：默认图层，交叉点上的垂线，网格轴线与标签（轴号），尺寸标注。

（3）图 3.8.7 是图 3.8.5 对应的标记（图层），除了上述二维网格有的"交叉点垂线"和"尺寸标注"外，另外四个图层分别是四个平面网格。

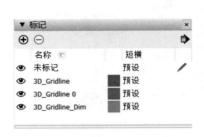

图 3.8.6　二维网格的图层

图 3.8.7　三维网格的图层

3.9　SteelSketch（创建型材）

这是一个创建常用型材的插件。除了创建型材，它还能计算出弯曲型材的整体重量。这个功能对于经常要跟钢结构或型材打交道的 SketchUp 用户来说是非常有用的。在本节的附件里，有一个 OldBridgeSoft_SteelSketch_01.00.14.rbz 文件，直接译成中文就是"老桥软件的钢材草图"。很显然，用它作为中文插件名称是不合适的，所以另外起个名字叫作"创建型材"。

1. 安装、调用与创建管道

你可以放心地用【窗口→扩展程序管理器】命令安装这个插件。安装完成后，用【视图→工具栏→SteelSketch】命令调出如图 3.9.1 所示的工具条。工具条上只有三个工具，分别代表三个功能：创建管道、创建型材和计算钢材的重量。下面分别介绍这三个功能。

这个插件的工作原理就是 SketchUp 的路径跟随，区别是路径跟随所需的"放样截面"可以设置为自动生成和完成放样。所以，在启用这个插件创建管道或型材之前，必须先绘制出管道或型材的放样路径；放样路径可以是直线、曲线或它们的组合，但必须是连续的。

全选放样路径后，单击图 3.9.1 的第一个工具，就可以创建圆形或矩形截面的管道。

- 单击工具后会弹出一个窗口，如图 3.9.2、图 3.9.3 所示，先要在圆形或矩形中选择一个。
- 如果选择了圆形（管道），见图 3.9.2，要输入三个参数：管道的外直径、管壁的厚度和圆形的片段数；然后单击 OK 按钮，瞬间圆形的管道生成，如图 3.9.4 ①②所示。
- 需要特别指出，创建圆形管道的 Num segs（片段数）参数默认值是 72。这是一个非常不合理的默认参数，可能造成大量没有必要的线面，强烈建议改成"24""18"甚至"12"；这样的改动不会明显影响模型的外观，也不会影响后续估算重量。

- 若是选择了生成矩形的管道，也要输入三个参数：宽度、高度和厚度（见图 3.9.3）；单击 OK 按钮后，矩形的管道形成，如图 3.9.4 ③④所示。

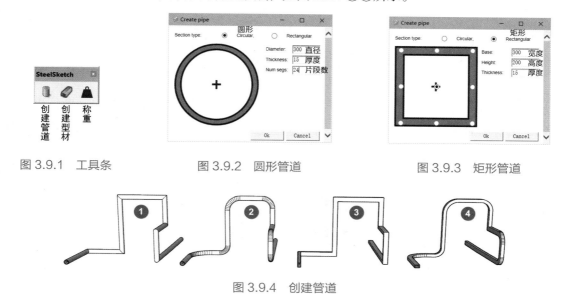

图 3.9.1　工具条　　　　　图 3.9.2　圆形管道　　　　　　　图 3.9.3　矩形管道

图 3.9.4　创建管道

2. 创建型材（钢梁）

创建型材的原理跟创建管道一样，也相当于 SketchUp 的路径跟随，所以必须要有一条连续的路径（直线、曲线与其组合）并且被选中。

"创建型钢（钢梁）"功能内置了五种 IOS 标准的型钢，如图 3.9.5 所示，分别用缩写CNP、HEA、HEB、HEM、IPE 表示。换用中国的术语来描述的话，除了第一项的 CNP 是"槽钢"之外，其余四种都是不同系列的"工字钢"，截面见图 3.9.6 ~ 图 3.9.10。

图 3.9.5　IOS 标准的型钢

图 3.9.6　CNP100

图 3.9.7　HEA100

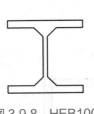

图 3.9.8　HEB100

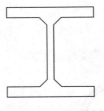

图 3.9.9　HEM200

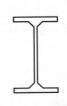

图 3.9.10　IPE100

选择好路径后，单击图 3.9.1 的第二个工具，会弹出图 3.9.5 所示的对话框，我们可以在图 3.9.5 ①所示的五种型材中选择一种，单击其中之一会显示该系列中全部规格，如图 3.9.11 所示。

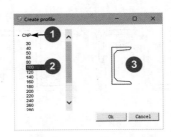

图 3.9.11　型钢的规格

选择图 3.9.11 ②的 IOS 100 的槽钢，参考图出现在图 3.9.11 ③处，单击 OK 按钮确认，所需的型材放样完成，如图 3.9.12 所示。

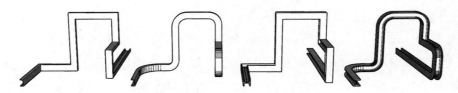

图 3.9.12　放样完成

3.　自动计算型材质量

这组插件的第三个功能是 Get Weight（获得重量），简称"重量"或"称重"。

这个工具的操作相对简单：选好需"秤重"的对象后，再去单击图 3.9.1 右侧像秤砣一样的工具，瞬间弹出图 3.9.13 左侧所示的结果，上面给出两个数据。

- Volume（体积）：单位是 SketchUp 预置的基本单位（mm^3）。
- Weight（重量）：单位是 kg（千克或公斤）。

为了测试，创建了一段型号为 IOS 100 的槽钢，长度 1m，如图 3.9.13 右侧所示左侧显示"秤重"后的结果：体积 =13729173mm³，重量 10.78 公斤。

请注意，IOS 标准的型材与我们常用的型钢国家标准有较大出入（其他型材也一样），所以这个插件给出的体积和重量误差太大，这点务必要引起业内设计师们注意（除非你用的就是 IOS 标准的型材）。

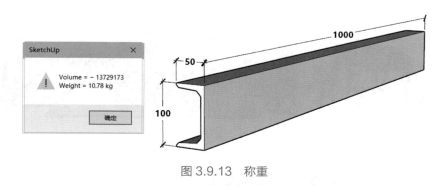

图 3.9.13　称重

3.10　Curic Axis Tool（轴工具）

每一次创建群组或组件，SketchUp 都会给出一个默认的坐标轴。它是这个组或组件在执行移动、旋转、复制、缩放等操作时的基准（下文统称"基准轴"）。如图 3.10.1 所示的七个几何体的基准轴就有三种不同的位置：左下角、球体中心和底部中心。如图 3.10.2 所示的两组家具的默认基准轴都在组件的左下角；图 3.10.3 是两棵 2D 树的组件，创建它们的时候，默认基准轴如图 3.10.3 ①③所示在左下角，需要在"创建组件"面板上设置组件轴，把坐标轴移动到树干的中心，如图 3.10.3 ②④所示。

综上所述，默认的基准轴在建模过程中时常不太适用，改变它还不方便；现在讨论的这个插件"轴工具"正是为了解决"基准轴位置"问题编写的 Ruby 脚本。

1. 安装与调用

在本节附件中有一个名为 curic_axis_v1.1.0 的 rbz 文件，可通过【窗口→扩展程序管理器】命令进行安装。安装完成后，可选择【视图→工具栏→ Curic Axis Tool】命令调出如图 3.10.1 ①所示的工具图标。

Curic Axis Tool（轴工具）可以很方便地把基准轴移动到组或组件预设的 27 个位置，甚至移动到组或组件的任何位置。

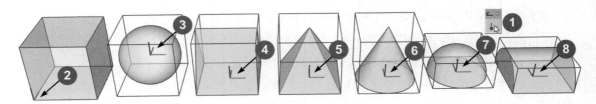

图 3.10.1　三种不同的基准轴

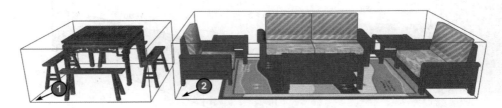

图 3.10.2　默认的基准轴

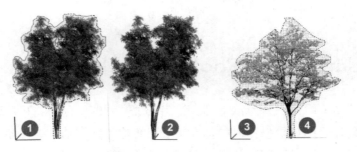

图 3.10.3　默认的与调整后的基准轴

2.　应用实例

图 3.10.4 是以一组常见的八仙桌和长凳为例说明其用法（附件里的模型更容易看清楚）。

图 3.10.4 ①所示是八仙桌上好多小组件的基准轴；全选长凳和八仙桌重建一个组或组件，默认基准轴在左下角，如图 3.10.4 ②所示。

图 3.10.4　默认基准轴与可选面

想要用这个插件改变这个组或群组的基准轴，操作如下。

选中这个组或组件，单击 Curic Axis Tool（轴工具）。把工具移动到对象的某些位置，会出现如图 3.10.4 ③和图 3.10.5 ①②③这样的半透明平面，提示该面被选中。

- 每个半透明平面上有九个红色的默认"可选坐标点"。
- 光标移动到任一"可选坐标点"，就会产生一个红绿蓝三条线的坐标轴图样。
- 默认的坐标轴方向与 SketchUp 的世界坐标轴相同。
- 可以用箭头键改变坐标轴方向（左箭头 = 绿轴，右箭头 = 红轴，上下箭头 = 蓝轴）。
- 如果默认预设的 27 个红点位置都不合适，还可以按住 Shift 键设定任意位置。

单击左键确定新的基准轴。

若是想把基准轴固定在某个面上，可用右键单击这个面，在弹出的菜单中选择 Bottom Only 确定把这个面固定为基准面。

图 3.10.5　可选择的面和基准点

3.11　Fredo_VisuHole（弗雷多智能开洞）

SketchUp 建模实践中的开洞功能一直不太令人满意，但是当你拥有了这个插件，一切都可以迎刃而解了，它甚至还有开洞以外的强大功能。这是一套交互式插件，可以通过设置参数对模型中的平面、曲面进行开洞、拓印、嵌刻和浮雕等操作，功能非常强大。

本节附件里的 VisuHole_v1.4b.rbz 文件也是 Fredo6 的作品之一，可以用【窗口→扩展程序管理器】命令安装。安装完成后，选择【视图→工具栏→ Fredo_VisuHole】命令可调出如图 3.11.1 ⑬ 所示的工具图标。单击该工具图标，会弹出一个参数控制条，如图 3.11.1 所示。

1. 参数控制条与各项细节

- 图 3.11.1 ①，打开参数设置面板。
- 图 3.11.1 ②，选择一个模板（单击一个平面），两侧的箭头用来选择一个模板。模板也可以是组或群组，按住 Ctrl 键可选择组里的一部分成为模板。

- 图 3.11.1 ③，选择一个平面（N 为无限止 = 下箭头，红 = 右箭头，绿 = 左箭头，蓝 = 上箭头）。

- 图 3.11.1 ④，从顶部父组或组件递归；图 3.11.1 ⑤，从选定的组和组件递归。递归是按某一法则或公式对一个或多个前后元素进行运算。

- 图 3.11.1 ⑥，左 = 孔洞仅限于第一层；中 = 不创建孔洞，只做模型交错；右 = 用辅助线而不是边线创建孔。

- 图 3.11.1 ⑦，左 = 打孔；右 = 用辅助线而不是边线投影。

- 图 3.11.1 ⑧，左 = 压平挤压面；右 = 雕刻或压纹的方向是主平面。

- 图 3.11.1 ⑨，用于雕刻或浮雕胶版。

- 图 3.11.1 ⑩，按照选择的表面放置模具形状（而不是直接投影）。

- 图 3.11.1 ⑪，左 = 组合，将每个实体的交叉点或挤出点组合在一起；右 = 组外，将交叉点或挤出点放在一个主控组的顶层——保持模型不变。

- 图 3.11.1 ⑫，左 = 当前材质，中 = 默认材质，右 = 选择一个材质。

- 图 3.11.1 ⑬，智能开洞工具图标。

- 图 3.11.1 ⑭，默认模板（仅供测试）。

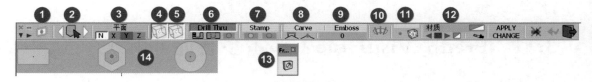

图 3.11.1 参数控制条

2. 实例

图 3.11.2 中，①是准备好的一个立方体，③是一个将要被当作模板的五角星。

单击②的"智能开洞"插件图标，会弹出图 3.11.2 顶部的参数控制条。

正式开洞前，至少要对④⑤⑥⑦⑧几项做好设置（其余可默认）。

（1）实例一：目的如⑨所示，打出一个贯穿立方体的通孔。

① 单击④"打孔（限于第一层）"和⑦"打孔"。

② 单击③"创建模板"，把光标移动到地面的五角星图样上，中间会出现一个表示中心的十字。把光标上的坐标轴 0 点对准中心十字，单击左键，五角星图样就粘在光标上，成了当前开洞用的"模板"，除非重新生成新的模板代替它。

③ 把粘有"模板"的光标移动到需要开洞的对象表面（因当前未指定轴向，可对齐任意面），对象的表面上也会出现一个表示中心的十字，可以利用它对齐中心；也可放弃这个中心，另行确定开洞的位置。

④ 把粘在光标上的模板移动到满意的位置后，单击左键，确定开洞的中心；此后还可以移动光标，改变模板在对象上的旋转角度。

⑤ 开洞中心和旋转角度完全调整好后，双击左键，开洞完成。

（2）实例二：目的如⑩所示，仅在对象的"表皮"上开洞。

① 单击⑤"只做模型交错"和⑦"打孔"。

② 其余操作如上述实例结果如⑩所示。

（3）实例三：如图⑪所示，仅在对象的"表皮"上用虚线绘制出模板的轮廓。

① 单击按钮⑥，即指定用辅助线而不是边线创建孔。

② 其余操作如上述实例，结果如⑪所示。

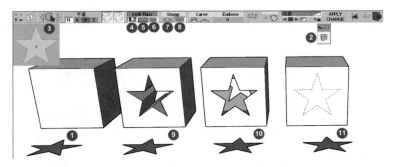

图 3.11.2　实例一～实例三

（4）实例四：指定打孔的轴向（见图 3.11.3）。

请比较⑦⑧⑨所示三个开洞的结果。

- ⑦所形成的洞垂直于与所选择的面。

- ⑧的洞垂直于绿轴。

- ⑨的洞垂直于蓝轴。

① 单击①的"智能开洞"工具图标，弹出顶部参数控制条。

② 单击⑤"打孔（限于第一层）"和⑥"打孔"。

③ 单击②"N 不指定轴向"，打孔结果如⑦所示（斜向）。

④ 分别单击③④指定打孔方向，得到的结果如⑧⑨所示。

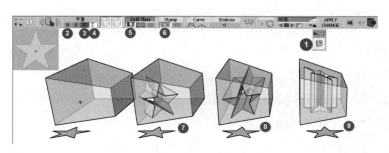

图 3.11.3　实例四

（5）实例五：同时对多层对象打孔（见图 3.11.4）。

⑤是一个 U 形的对象，⑥是两个独立的对象，它们排列在一起。

① 单击①调出顶部的参数控制条，再单击③④两个按钮。

② 单击②调用五角星模板，移动到⑦的平面，单击确定位置，移动光标确定旋转角度，最后双击开孔。因前后两层是同一整体，故同时开洞。

③ 预选好⑧所示的中间两个对象，把模板移动到⑧的平面，单击确定位置，移动光标确定旋转角度，最后双击开孔。因前后两层已经选定，故同时开洞。

④ 预选好⑨所示的所有对象，把模板移动到⑨的平面，单击确定位置，移动光标确定旋转角度，最后双击开孔。因所有四层已经选定，故同时开洞。

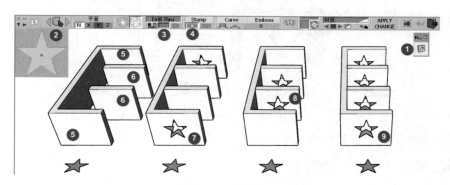

图 3.11.4　实例五

Fredo_VisuHole（Fredo 智能开洞）插件功能非常多，为了不占用太多篇幅，上文中只对插件里最常用的平面开洞功能做个简单介绍，其余的功能请浏览本节附件里的视频（制作了中文的字幕说明）。

3.12　ColorEdge（彩线虚线）

在 SketchUp 建模过程中，因为它没有绘制虚线的工具，也不能绘制彩色的线，多有不便。

这一节要介绍的 ColorEdge（彩线虚线）插件就可以绘制彩色的线段，也可以把已有的线改变成彩色的线或虚线。ColorEdge 有自己的工具条（见图 3.12.1），设置也可随时通过 Tab 键调出。

图 3.12.1　工具条

1.　Draw Color Edge（绘彩色边线，可定制色）

工具见图 3.12.2。

图 3.12.2　绘彩色边线

单击工具，即可绘制彩色的线，新绘制的线有默认的颜色。若想改变线的颜色，选中线条，如图 3.12.3 所示，单击当前颜色的色块（图 3.12.3 ①）；弹出选择颜料"面板"②，就可以在③里选择新的颜色。

③里有 140 种颜色，上下移动滑块即可选择；如果颜色不称心，请单击④处的编辑按钮，在弹出的 SketchUp 材质面板上进行调色。

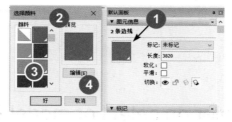

图 3.12.3　绘彩色边线

2.　Draw edge by color by vector（轴向颜色）

工具见图 3.12.4。

图 3.12.4　轴向颜色

单击这个工具后，再绘制的线条就是 SketchUp 默认的轴向颜色。

- 红：X 轴，东西方向。
- 绿：Y 轴，南北方向。
- 蓝：Z 轴，上下方向。

3. Edge color by axis on select or model（轴向边线上色）

工具见图 3.12.5。

选择一个（一些）对象（组或组件需双击进入或炸开），单击该工具，会弹出如图 3.12.6 所示的对话框。

- ①里列出所有图层，可以选择一个，默认选择全部图层。
- ②③④是指定 X、Y、Z 三轴的颜色，建议不要修改。
- ⑤里可以改变所有跟 X、Y、Z 轴形成 45 度角的线条颜色。
- ⑥里可以选择其他角度线条的颜色，单击"好"完成改色。

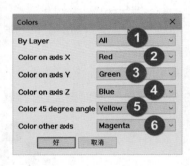

图 3.12.5　轴向边线上色　　　　　　　　图 3.12.6　轴向边线上色

4. Edge single color on select or model（边线单一颜色）

工具见图 3.12.7。

图 3.12.7　边线单一颜色

这个工具可以用来一次改变所有已选边线的颜色。选择一个（一些）对象（组或组件需双击进入或炸开），单击该工具，弹出如图 3.12.8 所示的对话框，①里列出了所有图层，可以选择一个（默认选择全部图层）；在②处的下拉菜单里有 140 种不同的颜色，可选择一种；单击"好"按钮完成改色。

这个工具可以用来恢复 SketchUp 默认的黑色边线。

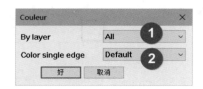

图 3.12.8　改变边线颜色

5.　Shade by 3 colors（三色着色）

工具见图 3.12.9。

图 3.12.9　三色着色

该工具在处理类立方体时，边线颜色就是 SketchUp 默认的轴向颜色，如图 3.12.10 所示。处理如图 3.12.11 所示的边线时将出现混乱的颜色，无法获得理想的"渐变"；这个工具可以一次改变所有已选边线的颜色，还可改变 SketchUp 默认的轴色。

选择一个（一些）对象（组或组件需双击进入或炸开），单击该工具，弹出如图 3.12.12 所示的选择框，①里列出了所有图层，可以选择一个，默认是选择全部图层；在②③④处的下拉菜单里各有 140 种不同的颜色，可选择一种，默认为红绿蓝色；设置完成后单击"好"按钮，所选边线改变颜色。

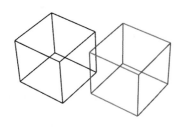

图 3.12.10　默认颜色

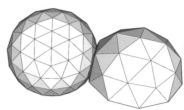

图 3.12.11　边线

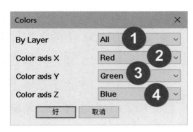

图 3.12.12　选择框

143

6. Color Edge by click（点边上色）

工具见图 3.12.13。

图 3.12.13　点边上色

用这个工具单击边线，能改变 SketchUp 默认的黑色。单击某边线后，默认的颜色是（A07色，R184 G0 B0）。

用 SketchUp 材质面板可以改变线的颜色，但需注意，材质面板上的改变同时对二者有效：

- 改变材质面板当前颜色后，再单击的所有边线将呈现新的颜色。
- 改变材质面板当前颜色后，凡是之前该工具单击过的线条也全部变成新的颜色。

7. Dotted line by click（点边成虚线）

工具见图 3.12.14。

图 3.12.14　点边成虚线

这是一个把 SketchUp 默认的实线改成虚线的工具，虚线的形态和颜色可调。

单击该工具后再去单击一条边线，就可以把该边线改变成虚线（默认值）。单击工具后，不要急着去单击边线，按住 Tab 键调出如图 3.12.15 所示的对话框，①参数可以意译为虚线的"密度"，默认值是"10"，其含意是把单击的整条边线改成 10 段的虚线（虚实各一半）。

- 图 3.12.16 ①的立方体上面四周就是默认的虚线密度"10"的结果。
- 图 3.12.16 ②立方体四周的四条垂线是把虚线密度修改成"5"后的结果。
- 图 3.12.16 ③立方体下部的四周是把虚线密度修改成"3"后的结果。

图 3.12.15 ②处的下拉菜单里有两个选择：%（百分比）和 cm（厘米），建议用默认的百分比。

图 3.12.15 ③的下拉菜单顶部有两个独立的色彩选项：Keep（保持原状）和 Default（默认的黑色）。下拉菜单里还有另外 140 种颜色可供选择，请注意 Color 1 是虚线实线部分的颜色。

图 3.12.15 ④的下拉菜单顶部也有两个独立的选项 Invisible（隐形）和 Without（没有），这是对虚线的实线空白部分的颜色设置。

- Invisible（隐形）是说：虚线空白的部分是有线的，但它是透明隐形看不见的。
- Without（没有）是说：虚线空白的部分压根就没有线，所以看不见。

上述二者是有区别的。前者的"隐形"虽然有一半线条看不见，但它还是存在并且跟看得见的部分首尾相接的；如果事后还需要对该虚线做编辑，建议用"隐形"设置。

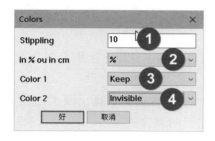

图 3.12.15　改边成虚线

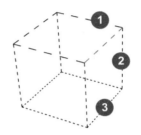

图 3.12.16　改变虚线密度

8.　Modify select or model in dotted line（转为虚线）

工具见图 3.12.17。

图 3.12.17　转为虚线

全选想要变成虚线的对象，单击这个工具，弹出如图 3.12.18 所示的对话框，它比图 3.12.15 仅多了一个① "图层"选项，默认为选择全部图层。

其余选项的设置跟前一个工具完全一样，就不再重复了。

图 3.12.19 ①是默认的 10% 的结果，图 3.12.19 ②③分别为 5% 和 2% 的结果。

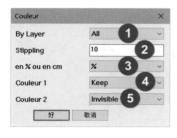

图 3.12.18　转为虚线

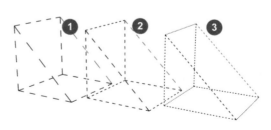

图 3.12.19　不同的虚线

9. Colored angle by click（点角上色）

工具见图 3.12.20。

图 3.12.20　点角上色

这是一个只对几何体的"角"上颜色的工具。调用该工具后，单击一条边线（双击进入组或组件或提前炸开），被单击线段的两端改变颜色。如图 3.12.21 ①所示为默认红色；工具连续单击组或组件三次，在坐标原点会出现这个几何体的副本，副本上所有的角都是红色，如图 3.12.21 ②所示。

要改变边线两端有色线段的长度，可以单击工具后按住 Tab 键，调出图 3.12.22 中的对话框进行设置，图 3.12.22 ①处的值是"有色线段占整条线的百分比"。

- 如图 3.12.23 ①所示，两端有色线段占整条线的 5%（默认值）。
- 在数值框里输入新的值 10% 以后的结果如图 3.12.23 ②所示。
- 在数值框里输入新的值 20% 以后的结果如图 3.12.23 ③所示。
- 想要改变线条两端的颜色，图 3.12.22 ③的下拉菜单里有 140 种选择，默认为 Red（红色）。

图 3.12.22 ④里除了有 140 种颜色外，在下拉菜单顶部还有 Keep（保持原状）、Default（默认）和 Invisible（隐形）项。图 3.12.24 ②是 20% 长度红色彩线，边线 Invisible（隐形）后的结果，只显示彩色的角。

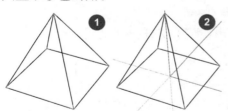

图 3.12.21　角的颜色与副本

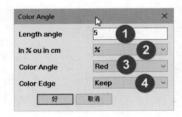

图 3.12.22　参数对话框

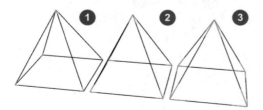

图 3.12.23　不同的角色长度

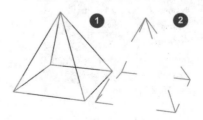

图 3.12.24　显隐部分边线

10. Pallet（调色板）

工具见图 3.12.25。

图 3.12.25　调色板

单击这个工具图标，会弹出一个颜色列表，其中共收录了 140 种不同的颜色，见图 3.12.26
和图 3.12.27，它们分别是这个列表的头部与尾部。列表有三栏，即国际标准色彩名称、RGB
值和色块小样。

这个列表仅用于操作中颜色名称、RGB 值和颜色的查阅对照，并非建模过程中必需。

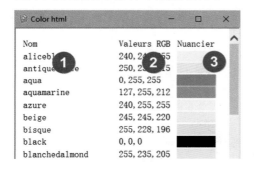

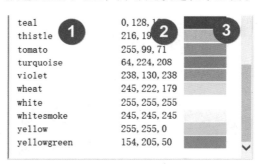

图 3.12.26　颜色列表头部　　　　　　　　　　图 3.12.27　颜色列表尾部

3.13　Solid Quatify（实体量化）

虽然这是一个有七八年历史的老插件，但它对于某些行业的设计师来说，还是个难得的
宝贝。它能做的是统计出模型里所有实体（组或组件）的重要数据，并形成一个文件。

1. 安装与调用

本节附件中有一个名为 solid_quatify_v2.5.1 的 rbz 文件，经测试可放心通过【窗口→扩
展程序管理器】命令进行安装。这个插件安装成功后是没有工具图标的，如图 3.13.1 ①所示，
选择【扩展程序→Solid Quantify2】命令，弹出一个包含九个选项的子菜单，如图 3.13.1 ②所示，
其中一个还是"孙辈"级别的菜单，如图 3.13.1 ③所示。

图 3.13.1　三级菜单

2.　一个简单的实例

图 3.13.2，是专门为这一节所创建的小模型。为了不至于把简单的概念搞得太复杂，已经把这张西式的桌子拆解成四种组件——面板、花板、旁板、曲脚，如图 3.13.3 所示。

（1）生成一个最简单的统计报表。选择【扩展程序→ Solid Quantify2（实体量化）→ SHOW in WEBDIALOG（网站对话框）→ SHORT REPORT（简短的报告）】命令。

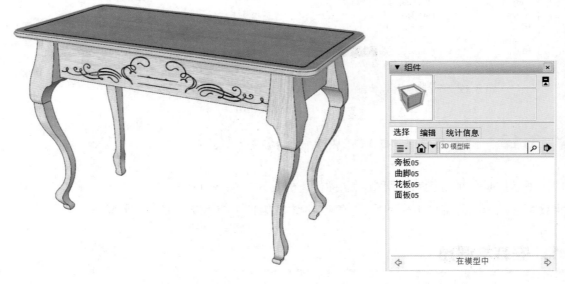

图 3.13.2　测试用模型　　　　　　　　　　　　图 3.13.3　组件

（2）获得一个如表 3.13.1 所示的表格（底色较深，若看不清楚，可查阅本节附件）。

（3）表格中虽然有十多个项目，但是因为创建组件的时候仅仅为组件起了个名字，并没有输入更多的细节，所以表格中只有"组件名称"和插件自动采集到的资料："材质的名称""每一种组件的数量""每种材质的面积""每种组件的体积""各种尺寸"，等等。

表 3.13.1　最简单的统计报表

PARENT NAME	NAME	SOLID MATERIAL	CLASS	TAG	PROFILE	COUNT(pc)	VOLUME (m3)	AREA (m2)	LENGTH (WIDTH) (m)	HEIGHT (m)	DEPTH (m)	COST ()	entityID
SOLID MATERIAL TOTALS													
SOLID MATERIAL:"none" TOTAL						0	0.014	1.269	1.098	0.557	0.024	0.0	
COMPONENT TOTALS													
COMPONENT:"旁板05" TOTAL						2.0	0	0	0	0	0	0.0	
COMPONENT:"曲脚05" TOTAL						4.0	0	0	0	0	0	0.0	
COMPONENT:"花板05" TOTAL						2.0	0	0	0	0	0	0.0	
COMPONENT:"面板05" TOTAL						1.0	0	0	0	0	0	0.0	
SURFACE_MATERIAL TOTALS													
SU_MAT::Wood Solid White Oak TOTAL						0	0	4.17	0	0	0	0.0	
SU_MAT::[Wood Floor Light] TOTAL						0	0	0.009	0	0	0	0.0	
COST TOTALS												0.0	

（4）表 3.13.2 是导出的 CSV 文件用 Excel 打开后的情况，其中有更多细节数据。

表 3.13.2　指定导出的 CSV 文件

	A	B	C	D	E	F	G	H	I	J	K	L	M
1	PARENTNAME 母体名	NAME 名称	SOLID MATER	CLASS 级别	TAG	PROFILE	COUNT (P	VOLUME (m	AREA (m2)	LENGTH (	HEIGHT (	DEPTH (m	COST ()
2	//	曲脚05		COMPONENTINSTANCE			4	0	0	0	0	0	0
3	//	花板05		COMPONENTINSTANCE			2	0	0	0	0	0	0
4	//	旁板05		COMPONENTINSTANCE			2	0	0	0	0	0	0
5	//	SU_MAT::Wood Solid White Oak		SURFACE_MATERIAL			0	0	1.26	0	0	0	0
6	//	SU_MAT::[Wood Floor Light]		SURFACE_MATERIAL			0	0	0.009	0	0	0	0
7	//面板05	面板05	none	COMPONENTINSTANCE			1	0.014	1.269	1.098	0.557	0.024	0
8	//旁板05//	SU_MAT::Wood Solid White Oak		SURFACE_MATERIAL			0	0	0.228	0	0	0	0
9	//旁板05//	SU_MAT::Wood Solid White Oak		SURFACE_MATERIAL			0	0	0.228	0	0	0	0
10	//曲脚05//	SU_MAT::Wood Solid White Oak		SURFACE_MATERIAL			0	0	0.302	0	0	0	0
11	//曲脚05//	SU_MAT::Wood Solid White Oak		SURFACE_MATERIAL			0	0	0.302	0	0	0	0
12	//曲脚05//	SU_MAT::Wood Solid White Oak		SURFACE_MATERIAL			0	0	0.302	0	0	0	0
13	//曲脚05//	SU_MAT::Wood Solid White Oak		SURFACE_MATERIAL			0	0	0.302	0	0	0	0
14	//花板05//	SU_MAT::Wood Solid White Oak		SURFACE_MATERIAL			0	0	0.623	0	0	0	0
15	//花板05//	SU_MAT::Wood Solid White Oak		SURFACE_MATERIAL			0	0	0.623	0	0	0	0
16	SOLID MATERIAL TOTALS												
17	SOLID MATERIAL: none TOTAL						0	0.014	1.269	1.098	0.557	0.024	0
18	COMPONENT TOTALS												
19	COMPONENT: 旁板05 TOTALS						2	0	0	0	0	0	0
20	COMPONENT: 曲脚05 TOTALS						4	0	0	0	0	0	0
21	COMPONENT: 花板05 TOTALS						2	0	0	0	0	0	0
22	COMPONENT: 面板05 TOTALS						1	0	0	0	0	0	0
23	SURFACE_MATERIAL TOTALS												
24	SU_MAT::Wood Solid White Oak TOTAL						0	0	4.17	0	0	0	0
25	SU_MAT::[Wood Floor Light] TOTAL						0	0	0.009	0	0	0	0
26	TOTAL TOTAL												0

这个插件生成报告后可提供的项目至少有 13 项，如图 3.13.4 所示。想要获得更加详细的报告，甚至参与 BIM 应用，从建模一开始就要注意以下问题。

- 保持实体的准确清洁并填写详细的属性资料（在组件上单击右键，见图 3.13.5）。
- 若该模型要参与 BIM，还要做好"分类"，见图 3.13.6。

```
PARENTNAME 母体名
NAME 名称
SOLID MATERIAL 实体材料
CLASS 级别
TAG 标签
PROFILE 剖面
COUNT(PC)数量
VOLUME(m3)体积
AREA(m2)面积
LENGTH(WIDTH)(m)长
HEIGHT(m)高
DEPTH(m)深
COST()成本
```

图 3.13.4　可导出项目

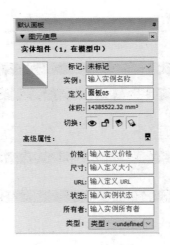

图 3.13.5　组件属性

图 3.13.6　分类

3.14　2D Tools（2D 工具集）

SketchUp 功能强大，建模过程简单、直观又快速，这些年来越来越多的设计师喜欢上了它。但是用户们有个共同的烦恼，就是 SketchUp 的平面作图功能不够强，很多人只能在 CAD 里绘制好 dwg 文件，再导入到 SketchUp。但是这样做也有很多麻烦，如断续的线，出头的线，重叠的线，不在同一平面的线，处理起来相当麻烦。很多简单的平面图可以在 SketchUp 里绘制，但是缺乏经验的用户在 SketchUp 的三维工作环境里绘制二维平面图样的时候，经常会把线条画到不同的高度上，造成很多新的麻烦。现在有了这组工具，SketchUp 用户就可以摆脱 AutoCAD 了。

如图 3.14.1 所示，这组插件一共有 15 个图标，14 个是绘图工具，最右边一个图标可以打开帮助文件（英文）。下面就来讲一下这些工具的用法和注意事项。

图 3.14.1　工具条

（1）第 1 个图标是 2D Set Z-plane，设置绘图平面高度。单击工具后，可以看到 SketchUp 数值框里显示"Z=0"，即默认高度是零，也就是 X-Y 平面或者地面。大多数应用场合就是从在地面上绘制 2D 图形开始的。但这个工具还有两种方式可以指定不同的绘图高度。

- 第一种方法是调用工具后，光标移动到模型中需要绘图的高度（可以是已有的点、线或面），数值框里显示当前工具所在的高度。单击左键后，就可以在这个高度上绘图了。在选择新的高度之前，绘图平面一直保持在这个高度。
- 第二种方法是单击工具图标后立即输入一个高度并回车，就可以在指定的高度上绘图了。在输入新的高度之前，所有的绘图动作全部锁定在这个高度上。

如果需要恢复到默认的高度，单击工具后输入零，再回车即可。

（2）第 2 个工具是 2D Line，绘制直线段，最常用的工具之一。它可以绘制虚线和实线，还可以绘制带构造点的虚线。

基本用法跟 SketchUp 的直线工具一样，单击确认直线起点，移动光标，输入长度数据回车确认，再指定新的方向，输入数据并回车……等全部线条完成后，双击鼠标，绘制完成。

- 工具默认是绘制实线；在单击工具后再按住 Alt 键，也能绘制实线。
- 如果想绘制虚线，在单击工具后，按住 Ctrl 键，绘制完成后双击即可。
- 如果想绘制带构造点的虚线，单击工具后，按住 Ctrl 键，绘制完成后不要双击确定，改用空格键退出。

（3）第 3 个工具是 2D Rectangle，绘制矩形。用这个工具画矩形跟 SketchUp 的矩形工具有点不同：SketchUp 的矩形工具是单击第一点后工具向对角线移动，输入矩形的长宽数据后回车；这个方法经常会把输入数据的顺序颠倒。

用这个工具画矩形，单击起始点，工具往一个方向移动，输入矩形的一个数据，回车；工具移向指定方向，再次输入数据并回车。虽然要分两次输入数据，但不会搞错方向，这样的操作比较严谨。

（4）第 4 个工具是 2D Freehand，绘制自由线（徒手线）。这个工具画徒手线跟 SketchUp 的徒手线工具是一样的，不过它可以设置徒手线的精度。

单击工具后，可以输入一个代表线段长度的数字，这个数字越小精度越高，形成的线段数量也越多，一般的应用保持默认的 25 就可以，需要时可以调高一些。

用这个工具绘制的徒手线，即使首尾相接也不会自动成面，但是可以用后面要介绍的第 8 个工具进行成面。

（5）第 5 个工具是 2D Arc，绘制弧形工具。它有两种不同的绘制圆弧的方法。

- 普通圆弧的画法：调用工具，右下角数值框里显示片段数为 18。单击圆弧的第 1 点，确定圆弧的起点，移动光标确定弦的方向，输入弦的长度，回车；接着光标向弧高的方向移动，确定圆弧突出部分的方向，输入弧的高度，回车后圆弧完成。这个过程跟 SketchUp 的传统圆弧工具是一样的，只是结果多了一个代表圆心的小黑点。有时候这个小黑点很重要，先不要急着删除。

- 第二种方法是：调用工具，按住 Ctrl 键改变画圆弧的方式，此时鼠标第一次单击指定的是圆心，光标往半径方向移动后输入数据，回车；接着鼠标顺着圆弧的方向移动，输入角度数值，回车后圆弧完成。这个方法跟 SketchUp 的另一个圆弧工具相同，区别也是留下了代表圆心的小黑点。

顺便说一下，用这两种方法绘制的圆弧，也可以在"图元信息"面板上修改精度和半径。

（6）第 6 个工具是 2D Circle，绘制圆形的工具。它有三种不同的用法。

- 默认的用法，跟 SketchUp 的圆形工具一样，调用工具，输入画圆的片段数（注意数值后面加一个字母 S，以示区别），第一次单击的地方是圆心，光标往半径方向移动，输入半径，回车后圆形就完成了。请注意：如果没有提前指定片段数值，默认用 18 个线段拟合一个圆形。

- 第二种方法是调用工具后按住 Ctrl 键，改变画圆的方式为三点画圆，这样画的是三角形的外接圆。

- 第三种方法是调用工具后按住 Alt 键，把画圆的方式改变成两点画圆，两点间的距离是直径而不是半径，所以输入数据的时候要输入直径。

（7）第 7 个工具是 2D Polygon，绘制多边形。注意，调用工具后的默认值是八边形。

- 如果要画的不是八边形，单击工具后的第一件事情就是输入一个数值以确定要画几边形（输入数据后一定不要忘记加一个字母 S，以示区别），接着光标向半径方向移动，输入半径并回车，多边形完成。

- 第二种方法：调用工具后，按住 Ctrl 键是三点画多边形。

- 第三种方法：调用工具后，按住 Alt 键是两点画多边形，需要输入直径。

（8）第 8 个工具是 2D Face Maker，封面填充工具，也可以简称为"封面工具"。它可以把围合的线条生成平面，只要在想封面的对象上单击就可以了。当然，如果单击的地方不符合成面的条件，点烂了鼠标还是没有用的。

（9）第 9 个工具是 2D Hatching，图案填充（正式图纸请对照制图标准后选用）。

调用工具后会弹出一个 Windows 资源管理器，如图 3.14.2 所示，里面有近 50 种填充图案。选择一个后，在符合成面条件的地方单击，封面和填充两道工序同时完成。

- 在已经成了面的地方，它可以完成图案填充。

- 如果单击的地方原先是反面，在填充图案的同时，还把不正确的面翻了过来。

- 想要换用其他图案时，只要用工具在工作区空白的地方用右键单击，就能选择新图案了。

如果对填充的图案不满意，还可以像普通材质一样进行编辑：在右键菜单里调整图案的大小、角度和位置，或恢复到原始大小和位置，还可以发送到外部软件进行编辑。在材质面板中可以做更多的编辑。

如果觉得这近 50 种现成的图案不够用的话，还可以自己制作图案，保存成 jpg 格式，然后把它放到以下路径的文件夹里：C:\Users\ 用户 \AppData\Roaming\SketchUp\SketchUp 2020\SketchUp\Plugins\2DTools\Hatching

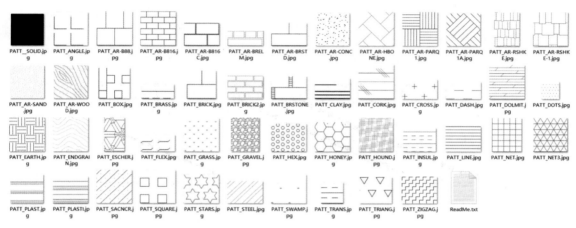

图 3.14.2　默认填充图案

（10）第 10 个工具是 2D Fillet，倒圆角工具。

调用倒角工具后，先单击一条边线，输入倒角的半径；再单击另外一条边，倒角完成。它的缺点是不能像 SketchUp 的圆弧工具那样，在其他角点双击完成同样的倒角。

事后也可以在实体信息里修改半径和片段数量。

（11）第 11 个工具是 2D Adjust，修剪与延伸线段。SketchUp 导入 dwg 文件后，可能存在大量的断线和多余的出头线段，这个工具就是专门解决此类问题的。它类似于 CAD 中的线条延长修剪工具，图 3.14.3 ①③⑤是一些放大了的断线图案，都是在导入 dwg 文件后最常见的毛病。

调用工具后，双击延长目标线条，使线条变成蓝色；再单击需延长的线条。可以将多条线向同一个目标线延长，连续单击需延长的线即可，图 3.14.3 ②④⑥即处理完的图形。

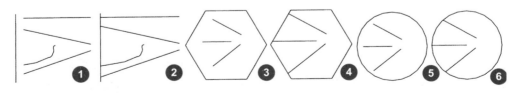

图 3.14.3　修剪与延长实例

注意，直线与手绘线可以延长，圆弧则不行。若目标线条是圆形或多边形，只能选择其中的一个片段为目标。

剪切的操作比较麻烦，还曾经多次引起 SketchUp 闪退，其实用橡皮擦直接删除更简单。

（12）第 12 个工具是 2D Line Stylet，编辑线形。这个工具相当好，下面详细介绍一下。

调用工具后，在目标线条上单击，线条变成默认的线框直线。然后在线条上右击，在右键菜单里选择"选择线形样式"，接着就可以在弹出的对话框（图 3.14.4 左上角）中像 CAD 一样选择线型、线宽、颜色。

如不满意，可以再次用工具在线段上右击，对线型、线宽、颜色重新进行编辑。

图 3.14.4 编辑线型

（13）第 13 个工具是 2D Text，平面文字，这也是一个有特色的工具。

调用工具后，在弹出的第一个对话框中输入文字（截图略），再在第二个对话框中选对字高、字体、是否加粗、斜体、填充、颜色等进行设置，效果如图 3.14.5 右侧。

如不满意，还可以用右键单击文字，在右键菜单中调出图 3.14.5 左侧的对话框进行修改。

这个工具唯一的不足就是只有一种系统中文字体——宋体，且无法更改。

图 3.14.5 平面文字

（14）第 14 个工具是 2D Polyline Edit，编辑多义线工具，可以对曲线等进行编辑，表现很一般。

调用工具，在需要编辑的线条上单击，所有的端点显示为红色的特征点，移动光标到需要调整的特征点上单击，被选中的特征点变成绿色，不要释放鼠标，移动鼠标完成编辑。

（15）最后一个是帮助工具，可以得到每个工具的使用方法英文提示。

3.15　Place Shapes Toolbar（基本几何体工具条）

建模过程，特别是学习过程中，我们常常需要一个能够快速得到各种常用几何体的工具。这些基本几何体对于教师、学生和初学者都是经常要用到的，所以就有不同的人编写了很多不同的插件。图 3.15.1 所示的六种就是其中的一部分，箭头所指的是本节要介绍的。

as_shapestoolbar_v1.4.rbz ◄	RBZ 文件	305 KB
jwm_polyhedra.rbz	RBZ 文件	19 KB
jwm_shapes_v2.65.rbz	RBZ 文件	78 KB
RaylectronPSS.rbz	RBZ 文件	53 KB
ShapeLoader_1.2.0.rbz	RBZ 文件	548 KB
su_shapes-2.0.1.rbz	RBZ 文件	10 KB

图 3.15.1　部分类似插件

在本节附件里有图 3.15.1 所示的六个插件，都可以用【窗口→扩展程序管理器】命令进行安装。经过长期的使用与试验，感觉各有所长，但是综合比较后，特别推荐图 3.15.1 箭头所指的 Shapes Toolbar（可译成"基本几何体工具条"）。它能快速生成常用几何体（基本形体）。使用前要提前设置"单位"，注意要选择 m，如图 3.15.3 所示。

Place Shapes Toolbar（基本形体工具条）的使用方法如下。

（1）正式使用前必须先单击图 3.15.2 ③的 U 字形图标，在弹出的图 3.15.3 所示对话框中选择"单位"。

（2）注意一：为了方便后续缩放，这个插件所生成几何体的初始大小全部是 1，如 1 英尺，1 米等；但是如果设置成 mm，生成的几何体就太小，找都找不到。所以请在图 3.15.3 的对话框里选择最下面的 m，生成后可以再缩放到需要的尺寸。

（3）图 3.15.2 ①框出的 14 个图标，非常形象地显示了创建的几何体，只要单击某个图标，再把光标移动到工作窗口中合适的地方单击就可生成一个几何体。可以连续单击生成多个几何体的数量。

（4）注意二：单击图 3.15.2 ①中的任一图标，拉到窗口中后千万注意，你拉到窗口中的是"组件"（不是群组），你对它所做的任何改动将同步到工具栏上的对应组件，譬如把正立方体改成扁平状，下次再拉下同一个立方体，它的形状不会是原先的正立方体，而是你曾经改动过的扁平状的组件。解决的方法很简单，拉下一个几何体后立即炸开，重新编组。

（5）注意三：单击图 3.15.2 ②的小房子图标，并不是生成小房子，它其实是个"组件复制工具"，可以复制工作窗口中已选定的组件。先在窗口中选择好一个组件（必须是组件），再单击这个工具；到工作窗口里单击一下就复制一个。此方法可以复制出无限个副本。

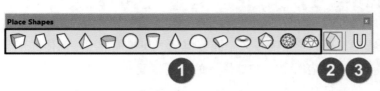

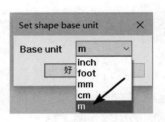

图 3.15.2　工具条　　　　　　　　　图 3.15.3　设置单位

3.16　Guide Tools + Projection（辅助线工具 + 投影）

这组工具有多种不同的版本，有较老的版本，有较新的版本，有汉化版，也有英文原版，还有拆分版。最早选择的一个老版的汉化版只有 12 个工具，如图 3.16.1 所示；后来发现其表现不太可靠，有几个工具时常罢工，所以只能选择了如图 3.16.2 所示的英文版本。这个版本比较新，虽然是英文的，但插件的工具图标非常形象化，一看便知其用途。如果能够记住这一节里告诉你的操作要领，即使完全不懂英文，也不会影响你的正常操作使用。

图 3.16.1　12 个工具的汉化版

图 3.16.2　17 个工具的英文版

后来，作者 Didier B. 把图 3.16.2 所示的原 Projections 拆分成了两个插件，一个仍然叫作 Projections，但是只有四个工具加一个设置，如图 3.16.3 右侧所示；另一部分作为一个新的插件，叫作 Guide Tools，如图 3.16.3 左侧所示；作者还取消了原来的三个功能——面投影、矢量推拉、法线推拉，非常可惜。

图 3.16.3　拆分成两部分 14 个工具的新版

拆分后的 Projections 可直译为"投射"或"投影"，这组插件只剩下四个工具和一个设置。另一组 Guide Tools 可译为"辅助线工具"（rbz 文件名称 GuideToys），有 11 个工具。经过核对，这一组插件功能最完整的当属图 3.16.2 所示的 Projections 版本，所以下面的篇幅中按图3.16.2的完整版本展开介绍,但是在本节的附件里保存有三个不同版本的rbz文件。如果你安装了 Projections 以外的其他版本,工具操作要领基本是一样的。

(1)删辅助线工具。图3.16.4 中这个橡皮擦只能删除辅助线而不能删除其他几何体。调用工具后,可以在弹出的对话框里指定要删除的辅助线类型。

图 3.16.4　删辅助线工具

辅助线类型如下。

- All Guides:全部辅助线。
- Plugin Guides:指由插件产生的辅助线。
- SketchUp Guides:指用 SketchUp 小皮尺工具产生的辅助线。

请注意,在操作这个工具条上的所有工具时,按 Esc 键、空格键或者选择其他工具都可以中止(退出)操作。

(2)辅助点工具。这个工具用法最简单,它可以在单击的任意位置添加一个辅助点,如图3.16.5 所示。

图 3.16.5　辅助点工具

该工具可以在平面、曲面或没有面的空间中单击产生辅助点,也可以在群组或组件的表面操作。

(3)边缘辅助线工具。专门用来沿着对象的边缘创建辅助线,如图3.16.6 所示。

图 3.16.6　边缘辅助线工具

图 3.16.7 ①②是测试用图形,调用工具后把工具移动到测试图形平面上,会看到这个平面的所有边线和它们的延长线;单击这个平面,辅助线创建完成,如图3.16.7 ③④所示。

如只需在图形的某一边缘创建辅助线;把工具移动到这条边线上,单击左键即可,图 3.16.7 ⑤⑥所示。

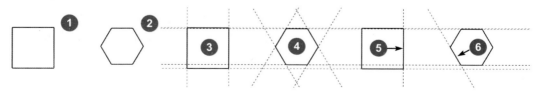

图 3.16.7　边缘辅助线

（4）法线辅助线工具。它其实就是通过指定的点或任意点作面的垂线，如图 3.16.8 所示。

图 3.16.8　法线辅助线工具

● 调用工具，光标移动到任何面上，就能看到这个面的垂线，如图 3.16.9 所示。

● 如果面上有定位用的点，就可以单击这一点，在这个面上生成垂线，如图 3.16.9①②③所示。

● 若面上没有定位点，也可以单击任意位置生成辅助线，如图 3.16.9④⑤⑥所示。

注意，这个工具不能穿透群组或组件。

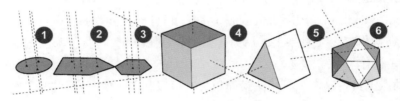

图 3.16.9　法线辅助线

（5）交错面辅助线工具。模型中经常有相互交叉的面，但有时不能对全部交叉的面做模型交错，此时可以使用本工具，如图 3.16.10 所示。

图 3.16.10　交错面辅助线工具

如图 3.16.11①②所指处就是交叉的面和交叉的线，工具使用方法如下。

先选定两个相互交叉的面，如图 3.16.11③④⑥⑦所示，单击工具后，生成辅助线，如图 3.16.11⑤⑧所示。

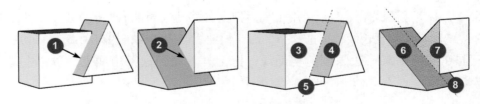

图 3.16.11　交错面辅助线

（6）等距辅助线工具。它可以在面上创建一组指定间距的辅助线，相当于用移动工具对辅助线做移动复制的外部阵列，如图 3.16.12 所示。

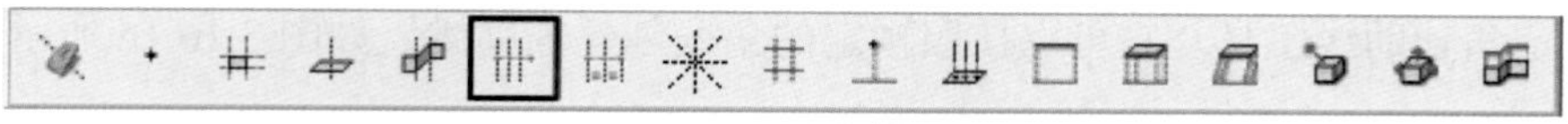

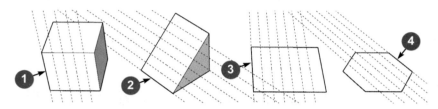

图 3.16.12　等距辅助线工具

调用工具，输入间距尺寸。输入尺寸后，一定要记得回车。

把工具移动到一条边线上，如图 3.16.13 ①②③④所示。单击鼠标左键，向画线方向移动，可以看到一组平行的辅助线；满意后再次单击左键，辅助线创建完成。

图 3.16.13　等距辅助线

还要记住：按空格或者回车退出工具。

这个工具可以在群组或组件表面操作。

（7）等分辅助线工具。用它可以在一个面上创建指定数量的辅助线，相当于用移动工具对辅助线做移动复制的内部阵列，也相当于对这个面做平均分割，如图 3.16.14 所示。

图 3.16.14　等分辅助线工具

调用工具，立即输入等分的份数。注意，不是输入辅助线的数量，如输入 4，就是要把两条边线之间的面分成四份，产生的辅助线将是五条。输入数字后不要忘记回车。

把工具移动到一条边上，如图 3.16.15 ①③⑤⑦所示的位置，单击左键；再移动到另一条边，如图 3.16.15 ②④⑥⑧处，再次单击左键，等分辅助线创建完成。按空格或者回车退出工具。

这个工具也可以在群组或组件表面操作。

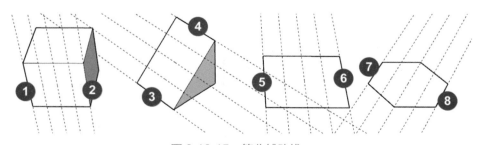

图 3.16.15　等分辅助线

（8）定角辅助线工具。它可以按照预定的角度创建辅助线，如图 3.16.16 所示。

图 3.16.16　定角辅助线工具

调用工具后，输入角度值，如指定角度是 30 度。

把工具移动到对象（图 3.16.17 ①）的边线上停留一会儿；把工具往对象的中心方向移动，工具会自动吸附到中心点上；然后微微移动工具，就可以得到一组间隔为 30 度的辅助线，如图 3.16.17 ②④所示。

这个工具也可以在组件或群组的表面正常操作。

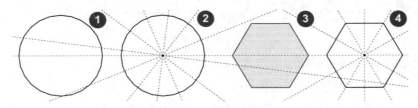

图 3.16.17　定角辅助线

（9）井字形的辅助线工具。这个工具依一个面生成口字形或井字形的辅助线，如图 3.16.18 所示。

图 3.16.18　井字形的辅助线工具

调用工具后，移动到一个面上，确定矩形的一个角，移动工具拉出矩形；还可以任意旋转角度，满意后单击左键，在弹出的选择面板里有两种不同的选择。

- Short guide：短的辅助线，就是虚线的矩形。
- Long guide：长的辅助线，就是井字形的辅助线。

注意，这个工具不能在群组或组件的外部进行操作。操作结果如图 3.16.19 所示。

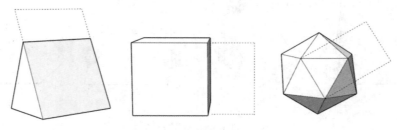

图 3.16.19　井字形辅助线

（10）以点成线工具。它可以从一个已经存在的构造点开始画辅助线，如图3.16.20所示。

图3.16.20　以点成线工具

调用工具前，先选定一个已经存在的点，这个点必须是用画点工具创建的构造点。

调用工具，移动到这个点上，单击左键，弹出的对话框里有四种选择。

- None：不产生辅助线只产生另外一个构造点。
- Short guide：短的辅助线，在两个构造点之间产生辅助线。
- Long guide：长的辅助线，产生一条贯穿两个构造点的无限长辅助线。
- Line：产生一条实线而不是虚线。

假设我们选择要产生实线，预选图3.16.21①②③的点，调用工具，移动工具过程中显示一条粉红色的虚线，工具到参照面上后单击左键，辅助线形成，如图3.16.21④⑤⑥所示。

这个工具可以连续使用，一直到按空格键退出。

这个工具虽然可以向任意方向画辅助线，但是并不太好用，建议主要用于画垂线或者在某一空间平面创建辅助线。

另外，在选择点的时候，如果用框选的方式会弹出信息，提示选择了两个对象，要求重新选择，所以一定要精准选择到构造点而不要碰到后面的平面。

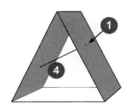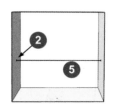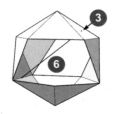

图3.16.21　点成线工具

（11）投射参考点工具，它的用途是在目标平面上产生对象的投射参考点，如图3.16.22所示。

图3.16.22　投射参考点工具

选择投射对象的所有边线，如图3.16.23①④所示，这些边线叫作投射指引线；按住Ctrl键加选需要投射出参考点的平面，如图3.16.23②③⑤⑥所示。调用工具的同时，参考点就投射到选定的平面上。

请注意，选择对象的时候，只选择它的边线而不要同时选中它的端面，否则可能产生一大堆没有意义的参考点，如图 3.16.23 ⑦所示。

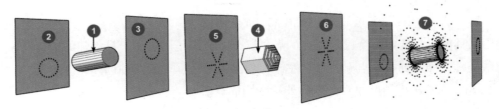

图 3.16.23　投射参考点

（12）投影到面工具。它可以把一个或一组面投射到指定的面上，如图 3.16.24 所示。

图 3.16.24　投影到面工具

图 3.16.25 ①②③是简单的平面对象，图 3.16.25 ④⑤是倾斜放置的实体对象。先选择投射的对象，对象不能是组或组件；调用工具，移动到投射目标面，单击左键确定。

还可以在弹出的对话框里指定要不要生成面。图 3.16.25 右侧有一些选择不要成面，单击确定后，在墙面和地面的投影完成。按空格键退出。

图 3.16.25 ⑥⑦是在对话框里选择成面，确定后的结果就大不一样了。

图 3.16.25 ⑪是一个倾斜的面，并且隔了一面墙，照样可以获得图 3.16.25 ④所示实体的投影。

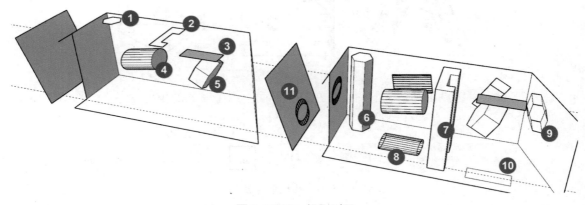

图 3.16.25　投影到面

（13）实体投影工具。它的主要功能是把一组实体的轮廓线投射到指定平面，如图 3.16.26 所示。

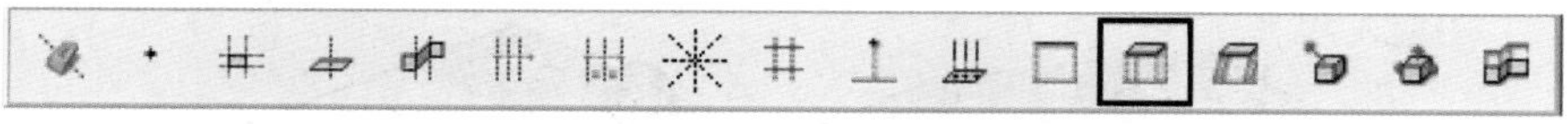

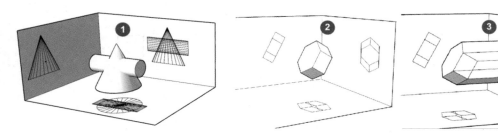

图 3.16.26　实体投影工具

先选择投射的对象，然后调用工具，再指定投射平面，在对话框里选择要不要生成面（大多数时候选择否）；单击确定，投影完成。

图 3.16.27 ①②就是仅仅把对象投影到面，图 3.16.27 ③则选择了投影的同时还要生成面。

如果对象是组或组件，要炸开后再操作。

图 3.16.27　实体投影

（14）投影推拉工具。这个工具的主要用途还不止投影，它还可以把选定的平面在投影的同时拉伸到最近的另一个平面，并且自动切割，是一个非常有用的工具，如图 3.16.28所示。

图 3.16.28　投影推拉工具

图 3.16.29 ①里有四个需要投影的面，其中两个腾空，两个在地面上。

先选定需要投影或推拉的平面，调用工具。注意，现在不要急着做投影或推拉，要利用模型中的一条边，如墙体的垂直或水平的线段，指定投影推拉的方向。

● 如要把六边形投射到左侧墙上，请按图 3.16.29 ⑥所示在水平边线上单击两次指定投射方向。

● 若要把地面上的圆形投射到屋顶上，按图 3.16.29 ⑦所示在垂直边线上单击两次指定投射方向。

再单击需要投射的对象，边线会变成红色，移动光标到目标面，单击完成。

图 3.16.29 ④⑤两处是在对话框里指定形成面的结果，投影的同时还推拉到面并自动裁切出一个新的实体。

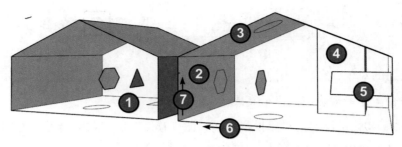

图 3.16.29　投影推拉

（15）矢量推拉工具。这个工具可以按照指定的矢量做推拉操作，如图 3.16.30 所示。

图 3.16.30　矢量推拉工具

矢量也称向量，是多个自然科学的基本概念，是一种同时具有大小和方向的几何对象。具体到 SketchUp 建模，矢量可以理解为像图 3.16.31 ①所示的线段，线段的长度表示矢量的大小，而矢量的方向也就是线段所指的方向。

下面就用矢量推拉工具做矢量推拉。选定一个需要做矢量推拉的面，如图 3.16.31 ②所示，然后调用工具，在图 3.16.31 ①处选一个表示矢量的线段，分别单击起始两端（下面为始端）；然后再把工具移动到选定的面上，稍微移动一下工具，看到虚线表示的体量形成后，再次单击，矢量推拉完成，如图 3.16.31 ③所示。

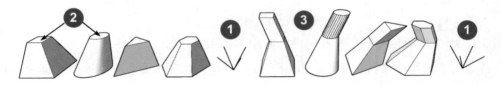

图 3.16.31　矢量推拉

（16）法线推拉工具。这个工具主要用于对几何体做指定尺寸的推拉，可以重复使用，如图 3.16.32 所示。

图 3.16.32　法线推拉工具

图 3.16.33 ①是对象的原始状态，预选需要推拉的面，可以同时选择多个面如图 3.16.33 ①的 A、B 两个面；调用工具后，立即输入推拉的尺寸，如 100。请注意，数字后面一定要加上尺寸的单位（mm），回车确认。

后面的操作就简单了，刚才选择了两个面，现在只要在其中一个面上单击，这两个面同时向外扩展，每个面扩展的距离就是刚才输入的尺寸，结果如图3.16.33②所示。除了上述"预选面"的方式外，还有一种使用方法：在设定好推拉尺寸后，用工具单击任何一个面，这个面就沿着法线方向扩展指定尺寸的距离，非常方便。

图3.16.33③是单击图3.16.33②A面两次、B面两次后的结果，图3.16.33④⑤是输入了负值（-100mm）后单击某些面后的结果。

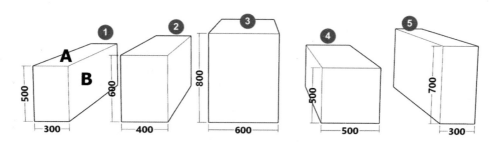

图3.16.33　法线推拉

（17）拉线成面工具。这是一个非常有用的工具，不止一个工具条上都有它，如图3.16.34所示。

图3.16.34　拉线成面工具

这个拉线成面工具的使用方法跟别的拉线成面没有什么两样，下面简单演示一下。

图3.16.35左侧有一些折线和曲线，分别用拉线成面工具拉出面，如右侧所示。

选中一条折线或曲线（三击全选），调用拉线成面工具，单击线条，往要成面的方向移动工具（注意红绿蓝方向提示），输入面的高度（图3.16.35中分别为600，400，400），单击确定。

图3.16.35最右侧的740的尺寸，是没有输入数据用鼠标随便拉出来的高度。

用拉线成面工具结合模型交错等功能，可以完成很多高难度的模型。

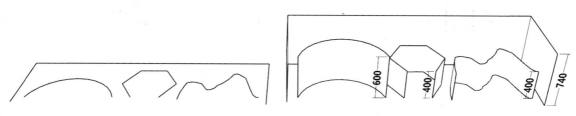

图3.16.35　拉线成面

以上的篇幅介绍了 17 个工具的 Projections 所有操作要领，此外，插件作者拆分这个插件后，新增（改良）了如下的三个工具，介绍如下。

（18）创建带点的辅助线或单独的点。用这个工具，右击或单击都可以创建点与辅助线，如图 3.16.36 所示。

图 3.16.36　创建带点的辅助线或单独的点

单击图 3.16.37 ①时产生一个点，移动光标时可见到跟随的辅助线，输入长度 2000 后回车得到第二个点（图 3.16.37 ②）与连接它们的辅助线。

如果还要产生更多点与辅助线，单击第二个点（图 3.16.37 ②）移动光标，再次输入长度 1000 回车，得到第三个点（图 3.16.37 ③）和第二条辅助线。

用同样的方法可以继续产生更多点和辅助线，移动光标时按住 Shift 可锁定方向。在任何时候按 Esc 键或者选择另一个工具时退出。

右击会出现菜单，如图 3.16.37 ⑤所示，可以选择产生一个点或离开。若选择产生一个点，就是图 3.16.37 ④位置的单独的点。

右键单击现有的点，用上述办法也可以产生更多点与辅助线，如图 3.16.37 ⑥所示。

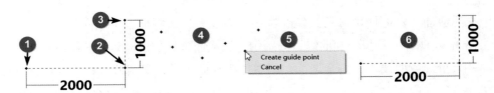

图 3.16.37　带点的辅助线

（19）创建点与辅助线网格。该工具可产生矩形或多边形辅助点线网格，如图 3.16.38 所示。

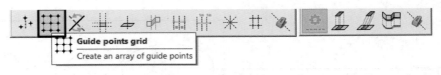

图 3.16.38　创建点与辅助线网格

单击该工具，可见图 3.16.39 右侧的对话框，可设置的参数有辅助线的线型，矩形或多边形网格，点网格和虚线网格，网格间距参数。

设置完参数后，单击图3.16.39①，移动光标单击图3.16.39②，再次移动光标到图3.16.39③，单击后网格完成。单击图3.16.39 ④⑤⑥可生成实线网格。

若设置成多边形网格，第一次单击图3.16.39 ⑦，移动光标到图3.16.39 ⑧，单击后完成。移动光标时按住 Shift 键可锁定方向，任何时候按 Esc 键或者选择另一个工具时退出。

选择了"多边形"后分别单击⑨⑩两点，可得到多边形点网格。

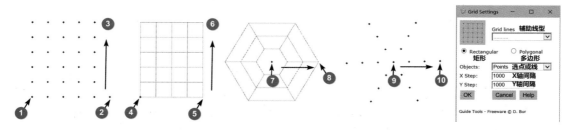

图 3.16.39　点与辅助线网格

（20）边线辅助线转换工具。如图 3.16.40 所示为工具图标。

图 3.16.40　边线辅助线转换工具

图 3.16.41 左侧为几何体的原始状态，调用工具后单击一个几何体的边缘，如图 3.16.41 箭头所指处，在弹出提示框中确认后，转换成辅助线；单击一条辅助线，也可反过来转换成实线。

任何时候按 Esc 键或选择另一个工具时退出。

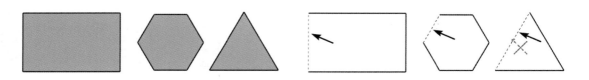

图 3.16.41　转换边线与辅助线

3.17　Flatten to Plane（压平工具）

这是个免费插件，可以选择【扩展程序→Extension Warehouse】命令，输入 Flatten to

Plane 搜索安装；也可以访问 extensions.sketchup.com，用 Flatten to Plane 为关键词搜索、下载安装。

该插件的功能类似于 AutoCAD 的"Z 轴归零"，SketchUp 也有类似名称为"Z 轴归零"或"压平工具"的插件；国内有人为其添加了工具图标的版本。

该插件时常被用于压平有问题的 dwg 文件。插件安装后没有工具图标，使用方法如下。

全选需要压平的几何体，选择【扩展程序→ Eneroth Flatten to Plane】命令，即可把选中的几何体压平在 XY 平面上。插件名称上的第一个单词 Eneroth 是插件作者的名字。

如图 3.17.1 所示，①和③是原始几何体，②和④是压平后的结果。

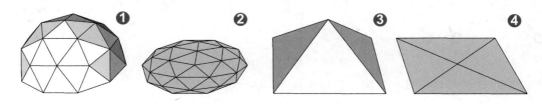

图 3.17.1　压平工具展示

3.18　Toogle Large icons（工具条图标切换）

SketchUp 的工具条图标有两种不同的大小，需要用【视图→工具栏→选项】命令进行切换。有了 Toogle Large icons（SketchUp 工具条图标切换）插件，就可以随时切换了。

这个插件看起来用途不大，但是对于像本书作者这样，平时喜欢用小图标（尽量少占用作图空间），又时不时要截取工具图标写作或用大图标授课的人就非常有用。

JHS Standard（JHS 标准工具条）的第一个工具也有同样功能，如你不想安装庞大的 JHS Standard（JHS 标准工具条）可以考虑用这个。

插件的获取安装、调用与使用方法如下。

（1）访问 56dotc.com，输入关键词 Toogle Large icons 搜索，下载。

（2）选择【扩展程序→扩展程序管理器】安装命令，重新启动 SketchUp 后生效。

该插件是免费插件，本身就是中文的。

本节附件里保存有这个插件的 rbz 文件，可用【扩展程序→扩展程序管理器】命令安装。

（3）选择【视图→工具栏→ Toogle Large icons】命令调出如图 3.18.1 所示的工具条。

（4）使用很简单，只要单击图中的工具，就可在大小工具图标之间进行切换。

图 3.18.1　工具条

3.19　Mouse Gesture（鼠标手势）

这是一个通过"鼠标手势"启动 SketchUp 命令的工具，该插件为 SketchUpbar 原创。

它可通过面板设置向不同方向滑动鼠标以执行不同的 SketchUp 命令，用以取代频繁单击工具图标或按快捷的传统方式，以获得更好、更快的建模体验。

在建模过程中，这个插件的光标基本不用离开 SketchUp 的工作区，使用同一个快捷键可调用 12 种工具。在提高建模效率的同时，它还能成为"炫技派"手里令人眼花缭乱的"绝招"。

1. 插件的获取、安装与调用

选择【扩展程序→ Extension Warehouse】命令，输入 Mouse Gesture 搜索，直接安装。

访问 extensions.sketchup.com，输入关键词 Mouse Gesture 搜索，下载后安装。

本节附件里保存有这个插件 rbz 文件，选择【扩展程序→扩展程序管理器】命令安装，重新启动 SketchUp 后生效。

这个插件没有工具图标，选择【扩展程序→鼠标手势】命令可见到如图 3.19.1 所示的菜单。

图 3.19.1　菜单

2. 设置与用法

选择【扩展程序→鼠标手势→鼠标手势设置】命令，设置鼠标手势的命令，方法见图 3.19.3。最多可以设置 12 个手势。建议把最常用的工具设置成"鼠标手势"。

图 3.19.2 所示为插件安装后默认的鼠标手势与对应的工具，可根据自己的习惯改动。

如果每次想要使用鼠标手势都要去菜单里选择菜单项就太麻烦了，我们可以对图3.19.1①所示的"启动鼠标手势"命令设置键盘快捷键，如F12键或其他任何未用的方便操作、方便记忆的快捷键。

做完以上设置后，想要调用"鼠标手势"时，只要按快捷键就可以用鼠标划线的方式来调用对应的工具了。希望你的同事看见这种"神操作"不至于惊掉下巴。

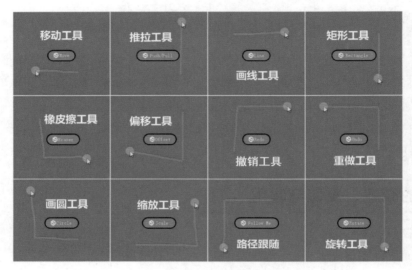

图 3.19.2　默认设置

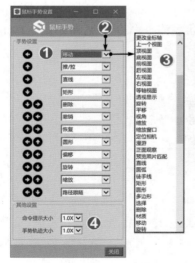

鼠标手势设置要点

选择【扩展程序→鼠标手势→鼠标手势→设置】命令调出左侧所示的设置面板

①为鼠标移动的方向，可以单方向移动，也可以画直角的形式移动

②设置鼠标移动调用对应的工具，在下拉菜单
③里指定。这里有SketchUp所有的原生工具

④处可设置提示符的大小，建议4K显示器改成"2X"

图 3.19.3　鼠标手势设置

第 4 章

偶尔用插件

　　看到这一章的名称就知道这些不是常用的插件，但又是不可或缺、无可替代的宝贝——虽然不常用却绝不能没有，也绝不能不会用。如以下这些工具，平时嫌它们占地方，难得用一次也挺能解决问题的：Unwrap and Flatten Faces（展开压平），Angular Dimension（角度标注），ComponentSpray（组件喷雾），Zorro2（佐罗刀），revcloud（云线），Polyhedra（规则多面体），Curic Face Knife（库里克面刀）。

　　本章里还有些比较小众的插件，可供高水平的 SketchUp 用户研究与尝试，如：Parametric Modeling（参数化建模），VIZ Pro（参数化建模）。

4.1　Parametric Modeling（参数化建模工具一）

　　"参数化设计"和"参数化建模"是一种逐渐占据主导地位的计算机辅助设计方法，最早应用于高度标准化、通用化、系列化的机械、电子等行业，后来逐步进入性质相近的建筑设计领域。SketchUp 面世不久，就有人尝试编写参数化建模方面的小插件，在现有上千数量的插件中，至少有近百个包含了一点点"参数化"的味道，其特征是允许输入数据或方程式来改变对象的形状和相互间的关系，它们可以算作 SketchUp 参数化建模方面的局部应用。

　　这一节要介绍的 Parametric Modeling 和下一节的 VIZ Pro 则可算得上是令 SketchUp 真正迈入参数化建模领域的尝试。插件的编制思路和架构、应用界面与方法都像是一个真正的参数化建模工具。这两个工具借助于类似虚拟引擎蓝图的节点编辑器，在 SketchUp 中进行参数化建模，可随时修改实体参数，即时查看结果；也可从活动模型中提取形状、点和矢量数据，从文件导入架构，将架构导出到文件。

　　由于这两个参数化建模工具规模较大，应用技巧与所需的操作相对复杂，想要对其做完整详细的讨论恐怕要各写一本书，学好用好这两个工具也要花费更多的时间精力。本节先以图文形式对它们做一般性的介绍，本节的附件里包含一些视频与官方用户手册的链接，可供有兴趣、有时间、有能力的读者进一步研究。

1. Parametric Modeling（参数化建模）的安装与调用

　　据插件的作者说：Parametric Modeling（参数化建模）还在开发完善阶段，所以更新较频繁。文件规模不大，只有 555KB，目前免费，自带汉化包。SketchUp 用户可以访问 https://sketchucation.com/，用 Parametric Modeling 作为关键词搜索下载并安装。安装完成后，可用【视图→工具栏→参数建模】命令调出这个插件的工具条，如图 4.1.1 ①所示。

　　本节附件里有这个插件 v0.0.7 版的 rbz 文件，可直接安装，但不保证是最新的版本。

2. 节点编辑器的基本用法

　　（1）如图 4.1.1 ①所示单击后将弹出黑色的"节点编辑器"，这是设计参数化架构的地方。注意，这里所说的"节点"并不是边线交叉所形成的"节点"，可以理解为编辑器中的关键点。

（2）图③所示的方框里包含了 32 个称为"节点"的图标，细节见表 4.1.1。

（3）参数模式由如④所示的节点和它们之间的"连接"⑥组成。节点由"输入套接字"⑦、"输入字段"⑤和"输出套接字"⑧组成。

（4）添加节点，单击节点编辑器顶部工具条中的图标，该节点就粘在光标上。将光标移动到合适位置再次单击左键，该节点就停留到工作窗口中。

（5）连接两个节点：单击节点一的输出套接字，再单击节点二的输入套接字，就能完成"连接"。只能连接相同类型的套接字。如果不确定套接字的类型，可将其悬停在插座上。

（6）移动节点：将节点拖放到所需的合适位置。

（7）一次移动多个节点：按住 Ctrl 键单击每个节点，节点被选中。再次按住 Ctrl 键，然后将节点拖放到所需位置。

（8）如果在节点字段中输入错误数据，节点边框变为红色。

（9）删除节点：右键单击节点，然后选择"删除此节点"命令。

（10）在空白处右键单击可以发现其他可能的操作，例如"从文件导入模式""冻结参数实体""将模式导出到文件"等。

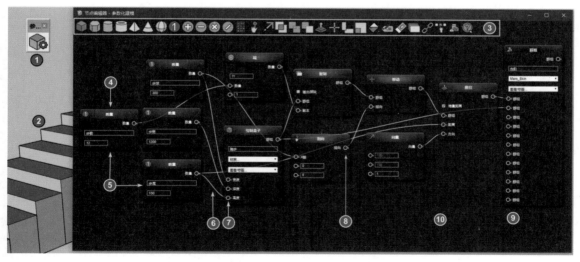

图 4.1.1 Parametric Modeling（参数化建模）实例

可用节点列表见表 4.1.1。

表 4.1.1　可用节点列表

Draw box	绘制立方体	Divide	除	Rotate	旋转
Draw prism	绘制棱柱体	Calculate	计算	Scale	缩放
Draw cylinder	绘制圆柱体	Point	点	Paint	材质
Draw tube	绘制圆管	Get points	获取点	Tag	标签
Draw pyramid	绘制棱锥	Vector	矢量	Erase	删除
Draw cone	绘制圆锥	Intersect solids	交集	Copy	复制
Draw sphere	绘制球体	Unite solids	并集	Concatenate	连接
Number	数值	Subtract solids	差集	Select	选择
Add	加	Push/Pull	推拉	Make group	建组
Subtract	减	Move	移动	Comment	在线帮助（英文）
Multiply	乘	Align	对齐		

下面介绍其中的几个节点。

（1）计算（Calcalate）。

部分节点允许使用数学公式，数学公式中可使用以下元素。

● 常量：pi。

● 变量：a，b，c，d，e，f，g，h，i，j，k，l。

● 运算符：+，-，*，/，%，<，<=，=，!=，>=，>。

● 功能：min，max，round，ceil，floor，deg，asinh，asin，sin，acosh，cos，atanh，atan，tan，exp，log2，log10，sqrt，cbrt，rand，if，case。

以下是一些数学公式正确表达的例子：

floor（a）；（a+b）/rand（c，d）；if（a>b，c，d）；a*max（b，c，d，e）；case a when（b）then c when（d）then e else f end。

对于三角函数，需要使用弧度。度数可以使用 deg 函数转换为弧度，例如 cos（deg（36））。

（2）数值（Number）。

在这种类型的节点和许多其他节点中，数字输入字段可以包含整数或十进制数。十进制分隔符是点。

若增加或减少一个数字，可按键盘中的 Up 或 Down 键。递增和递减操作将自动适应数字的规模。例如：如果输入 1.25，下一个增量将是 1.26；如果输入 1.264，下一个减量将是 1.263。要重置递增和递减步骤，清空数字字段。

当数字定义维度时，使用活动模型的度量单位。

（3）选择（Select）。

此节点类型用于选择匹配（或不匹配）查询的参数实体。可以使用以下元素编写选择查询。

- 数值变量：a，b，c，d，e，f，g，h，i，j，k，l，nth，width，height，depth。
- 数值运算符：+，-，*，/，%，<，<=，=，!=，>=，>。
- 数学函数：min，max，round，ceil，floor，deg，asinh，asin，sin，acosh，cos，atanh，atan，tan，exp，log2，log10，sqrt，cbrt，rand，if，case。
- 布尔变量：first，even，odd，last，solid，random。
- 布尔运算符：and，or。
- 布尔函数：not。
- 字母数字变量：name，material，tag，layer。
- 字母数字运算符：=，!=。
- 字母数字函数：concat。

以下是一些有效选择查询的例子：

```
Random;not(first);width>a;first or last;nth=if(a=b, c, d);name= concat('Box', a)
```

3. 一个简单的实例（创建棱柱体）

（1）如图 4.1.2 所示，单击工具图标①，自动弹出右侧的节点编辑器。再单击②，创建一个"棱柱体"，节点③就吸附在光标上，移动到编辑器窗口并单击，"棱柱体"节点就停留在编辑器窗口里。这时候坐标零点处会生成一个半径为 1、高度为 1 的六棱柱④（默认值）。若是 SketchUp 的基本单位为 mm，那么生成的六棱柱小到可能被误以为操作不成功（其他节点相同），要尽可能放大才能看到。

（2）看到默认的小六棱柱后，单击三次数值节点⑤，添加三个"数值"节点⑥⑦⑧。如果节点的位置不合适，可以单击节点的任意位置并移动到合适的地方；如果节点面积太大或太小影响操作时，可滚动鼠标滚轮来改变大小。这些操作将会贯穿参数化设计节点编辑的全过程。现在编辑器里有了 1 个棱柱节点和 3 个数值节点，它们互相之间并无关联。

（3）这一步要用"连接"的线条把不同节点之间的"套接字"按设计要求关联起来，具体做法是：单击一个节点的输出套接字（通常在节点的右侧），把出现在光标上的曲线拉到需要关联节点的输入套接字上，这样就完成了一次"连接"（新生成曲线的名称就叫"连接"）。如图 4.1.2 所示，已经生成了 3 个"连接"⑨⑩⑪，它们分别对应于棱柱体节点的半径、高度与边数。

（4）到这里你应该看出来了：棱柱体节点上只能设置节点的名称、改变材质（后面还会提到）和指定该节点所在的图层（新版称为标记）。而棱柱体最重要的半径、高度、边数三个参数必须借助于外加的数值节点⑫⑬⑭来调节（其他的默认几何体节点相同）。

（5）在 3 个数字节点上各有一个文本框（上）和一个数值框（下）。文本框用来输入节点的名称或附注。当同样的节点数量较多的时候，最好为每个节点输入名称，名称要有确定的意义。数值框用来输入节点的值，可以用键盘输入，也可以用上下箭头键快速调节参数。

（6）图 4.1.2 的⑫⑬⑭三个数值节点分别输入了"半径 =50（mm）""高度 =50（mm）""边数 =10"，结果如④所示。

（7）最后说一下棱柱体节点③上的文本框⑮和选择框⑯⑰。正如上面已经介绍的，如果节点较多时，最好在文本框⑮里输入一个有明确意义的名称（或附注）以示区别。还可以在材质选择框⑯的下拉菜单里为这个棱柱体赋材质。需要注意的是，下拉菜单里可供选择的材质品种与 SketchUp 材质面板上的"在模型中"相同，材质的尺寸、透明度等参数也能通过材质面板来调节。还有一个标记（图层）选择框⑰用来指定这个节点（棱柱体）所在的标记（图层）。

（8）图 4.1.2 的⑱⑲⑳是三个右键菜单。在某个节点上单击右键，会出现⑱所示的选项，可以删除该节点；在节点编辑器的空白处单击右键，出现如⑲所示的菜单，可根据需要选择其中的命令；右键单击节点编辑器顶部的任一节点图标，会弹出如⑳所示的英文菜单，可选择一个命令执行。

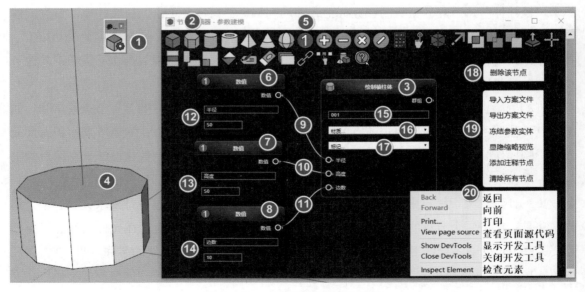

图 4.1.2　一个棱柱体节点的例子

（9）图 4.1.2 所示的这个"参数化设计"的例子可以用两种不同的形式保存：一是像平常的模型一样保存，适用于今后不打算再用这个编辑器修改时。二是还要继续进行参数化设计时，可以用右键单击编辑器空白处，再选中⑲处的"导出方案文件"命令，指定文件名与保存位置后，得到一个扩展名（后缀）为 schema 的文件。今后要重新编辑时，双击或用 SketchUp 都不能直接打开这个文件，而是要按以下顺序操作：单击图 4.1.2 ①的工具图标，出现节点编辑器，用鼠标右键单击节点编辑器空白处，在右键菜单里选择"导入方案文件"命令。

4. 进一步学习

如果想进一步深入学习参数化设计和这个工具的用法，可以用下面的两种方法进行。

（1）鼠标右键单击节点编辑器空白处，在右键菜单中选择"导入方案文件"命令，可看到这个工具自带的 8 个示例文件，列出如下。

- Curved Shelf.schema（曲架）。
- Decking On Pedestals.schema（底座上的盖板）。
- Door.schema（门）。
- Parallel Copy .schema（平行副本）。
- Pencil.schema（铅笔）。
- Shelf.schema（架子）。
- Staircase.schema（楼梯）。
- Wall Fence With Pillars .schema（带柱子的围墙）。

图 4.1.3 ～图 4.1.11 就是导入上述 8 个示例文件后的截图，建议先从研究节点关系相对简单的平行副本、铅笔、楼梯这三个实例入手。

（2）本节配套的同名视频里有其他一些应用实例，可供参考。

图 4.1.3　例：曲架

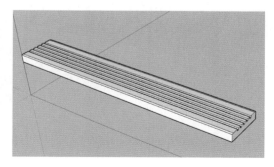

图 4.1.4　例：底座上的盖板

图 4.1.5　例：门

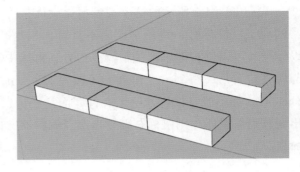

图 4.1.6　例：平行副本

图 4.1.7　例：铅笔

图 4.1.8　例：架子

图 4.1.9　例：楼梯

图 4.1.10　例：带柱子的围墙

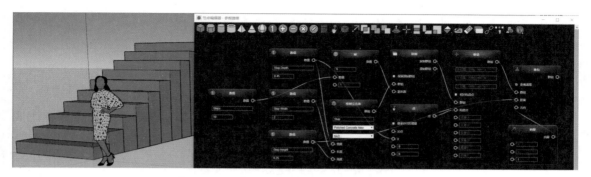

图 4.1.11 生成左侧台阶模型的节点编辑实况

4.2 VIZ Pro（参数化建模工具二）

1. VIZ Pro 概述

这是另一种参数化设计工具，跟上一节介绍的 Parametric Modeling 比较更为成熟，功能也更强。VIZ Pro 是收费插件，价格为 99 美元，但可免费试用 15 天。主要功能如下（译自 VIZ Pro 官网）。

- 创建 NURBS 曲线和曲面（Non-Uniform Rational B-Splines，非均匀有理 B 样条曲线与曲面）。
- 提供用于 CAD 操作的 Open CASCADE 引擎。
- 进行布尔运算和 CSG。
- 能导入 / 导出 3d 格式文件：STL、STEP、IGES。
- 能导入 / 导出文本格式文件：CSV 和纯文本。
- 能导入 / 导出图像格式的文件：JPEG、PNG、TIFF、BMP、EXR、HDR。
- 完成 CAD 操作，例如圆角、倒角、拉伸、旋转、管道。
- 创建曲面上的曲线。
- 处理图像和纹理
- 支持原生 STL 的 3D 打印机。
- 自定义节点

在对这个插件展开介绍之前，先提出几点看法供对此有兴趣的读者参考。

（1）对于绝大多数 SketchUp 用户，"参数化设计"从底层的建模方式开始、到建模思路确立乃至实际操作都与传统建模有天壤之别，需要从头开始学习与适应，整个学习与适应的过程不会比从头学习 SketchUp 容易。请有志于涉足"参数化设计"的 SketchUp 用户对此有清醒的认识。

（2）VIZ Pro 比起上一节介绍的 Parametric Modeling 功能要强大得多，甚至可看作是"附体于" SketchUp 的独立功能软件，可惜至今没有发行官方的中文版，也没有汉化版。这个插件内含的英文单词、短语、缩写的数量与专业性比起大多数原版插件要复杂得多，这一点可能会直接影响它在中国用户中的推广（因加密的缘故，估计今后也很难会出现汉化版）。

（3）99 美元的售价对于真正需要它的人来说并非大数，尚可接受。对于想尝鲜者，虽然有 15 天的试用版，但对于母语非英语的没有接受过参数化建模训练的人，要从头开始熟悉包括英文专业术语在内的很多新知识，15 天的试用期只够了解一点皮毛，似乎太短。

（4）想要用 VIZ Pro 创建一点像样的曲面对象，时常用到函数表达式。对于曾经学习过但因长期不用数学的人也需要投入更多的复习时间。

（5）综上所述，以下几种人请谨慎进入这个领域。

- 并非十分有必要用"参数化建模"的行业或项目。
- 英文基础与数学基础非常差的用户。
- 急着要用它来做项目的设计师，临时抱佛脚急着交作业的学生。
- 做事缺乏计划性、条理性的人，性格浮躁的人、等米下锅的人。

2. 安装 VIZ Pro

VIZ Pro 虽然只是 SketchUp 的一个插件，但是其规模非常大，不亚于一个中等规模的计算机软件，下载的 rbz 文件就超过 120MB。SketchUp 用户可以访问 https://extensions.sketchup.com/ 用 VIZ Pro 作为关键词搜索、下载并安装（有 Windows 与 MAC 版，下载前需要注册与登录）。安装完成并重新启动 SketchUp 后，可在【视图→工具栏】中勾选 VizPro，调出这个插件的工具条，如图 4.2.1 所示。

图 4.2.1　工具条

3. VIZ Pro 的界面与基本操作

（1）单击图 4.2.1 所示，工具条中左边的工具，可打开如图 4.2.2 所示的 VIZ Pro 操作界面。顶部①处有 27 个菜单项，自左向右分别是：分析、空间、颜色、容器、曲线、显示、域、文件、网格（Grid）、图像、输入、列表、材料、数学、网格（Mesh）、多列表、平面、点、原始的、序列、形状、汇聚、源、字符串、表面、变换、矢量。搞明白这 27 个菜单里近 300 个菜单项是你碰到的第一个难点。

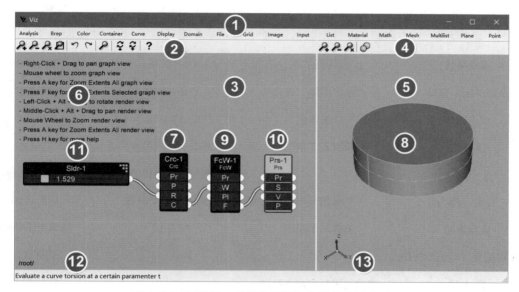

图 4.2.2　VIZ Pro 的操作界面与参数化建模实例

（2）下面分成两大区域介绍。左边的③是节点编辑器，②是该区域的控件；右边的⑤是所见即所得（可视化）模型区域，④是这个区域的控件。⑫是当前操作提示，⑬是模型的坐标系。连续单击②处的"？"可在⑥处查阅所有快捷键（后面将列出所有快捷键）。

（3）基本操作。

- 创建新的节点：按空格键，在弹出菜单里包括了 220 多个不同性质的节点列表，按英文字母顺序排列，选中其中的一个即可创建一个节点。这里出现了第二个难点——要提前熟悉这 220 多个节点的名称与对应的功能以及函数关系与用法，需花点功夫。
- 每个节点，如⑦⑨⑩⑪的顶部有该节点的名称，双击可重新命名或修改参数。
- 大多数节点有 1 ~ 8 个以字母代表的"功能项（函数）"，光标悬停其上可查阅其含义、用法与值。

- 大多数节点的左右两侧有多寡不同的白色半圆形，可以把它们看成是"插座"；左边为"输入"，右边为"输出"，二者之间可以看成是这种函数的运算器。

- 按住一个节点的"输出插座"不要松开，拉出一条"连接线"，连接线的端部可以看成是"插头"。把"插头"拉到另一个节点的"输入插座"，这样就完成了一次"连接"。单击某个"连接"，即可删除它。不合法的连接将被拒绝创建。

- 从"输出"到"输入"的连接，包括制定各种表达式与参数的输入与调节，它直接决定参数化建模的成败与品质，但需要很多知识与经验，这是第三个难点。

（4）下面列出 VIZ Pro 所有可用的快捷键（单击②处的"？"可在⑥处查阅）：

按空格键	创建新节点	Ctrl+Z 键	撤消操作
左键单击 + 拖动	"输出插脚"连接	Ctrl + Y 键	重做操作
双击属性	以编辑值	Ctrl + F 键	查找节点
按 H 键	获取更多帮助	左键双击节点的名称栏键	重命名
		删除键或退格键	键删除选择
右击 + 拖动	平移图形视图	选择时按住 Ctrl 键	切换选择
鼠标滚轮	缩放图形视图	按 H 键	获取更多帮助
按 A 键缩放所有图形视图		Ctrl + C	复制节点
按 A 键	缩放范围所有渲染视图	Ctrl + V	粘贴节点
按 F 键	缩放范围选定的图形视图	Ctrl + X	剪切节点
左键单击 + Alt + 拖动	旋转渲染视图	Alt 键 + 左键	双击容器输入数据
中键 + Alt + 拖动	平移渲染视图	在容器内按 Esc 键	退出
鼠标滚轮	缩放渲染视图	Ctrl + E	导出选中节点
		按 H 键	隐藏帮助信息

4. 一个简单实例（创建一个圆柱体）

（1）如图 4.2.3 所示，按空格键，在弹出菜单里找到（Circle）圆形节点（也可以输入节点名称搜索），单击 OK 按钮确认后，节点①出现在左侧的编辑窗口中，右边可见到一黄色的圆形①。

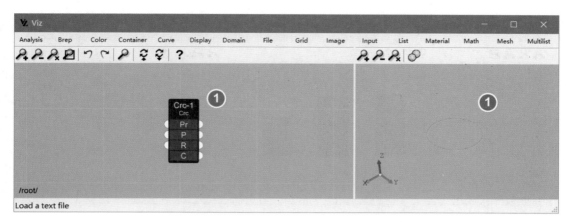

图 4.2.3　创建 Circle（圆形）节点并获得圆形

（2）如图 4.2.4 所示，再次按空格键，在弹出菜单找到 Face From Wire（线生面）节点，并单击 OK 按钮确认。请注意新创建的节点②很可能与原有节点堆叠在一起，所以常被以为创建没有成功。单击"圆形"节点的 C 插座，拉出连线到"线生面"节点的 W 插座，右侧的圆形变成圆面②。

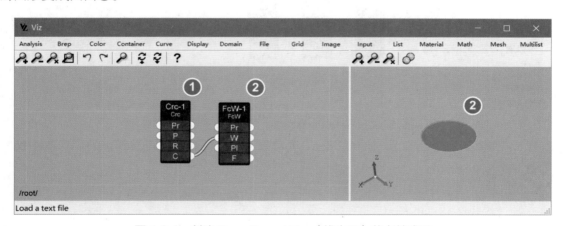

图 4.2.4　创建 Face From Wire（线生面）节点并成面

（3）如图 4.2.5 所示，第三次按空格键，找到 Prism（棱柱）节点。创建③后，把"线生面"节点的 F 点连接到"棱柱"节点的 S 点，右侧的模型变成圆柱形。

（4）如图 4.2.6 所示，第四次按空格键，找到 Slider（滑动条）节点④，并将输出连接到"圆形"节点的 R（输入），这样就可以通过移动滑块或输入数据改变右侧圆柱体的半径 R。

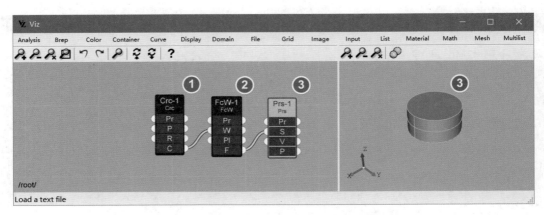

图 4.2.5　创建 Prism（棱柱）节点并生成圆柱体

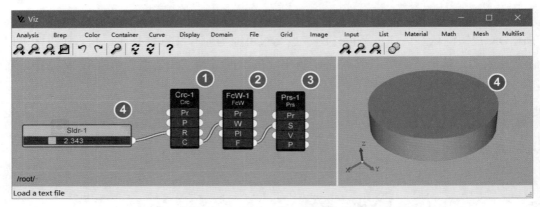

图 4.2.6　创建 Slider（滑动条）节点并改变圆柱体的半径

（5）如图 4.2.7 所示，双击④ Slider（滑动条）节点标题栏，可在弹出的面板⑤中编辑其参数（范围）。

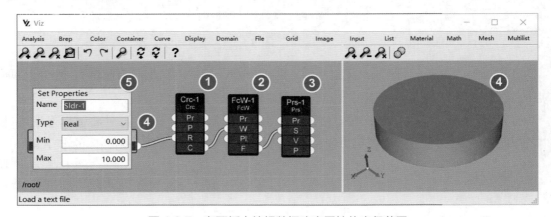

图 4.2.7　在面板中编辑数据改变圆柱体半径范围

（6）如图4.2.8所示，双击④ Slider（滑动条）节点的滑块轨道，则可以手动输入半径值，如⑥所示。

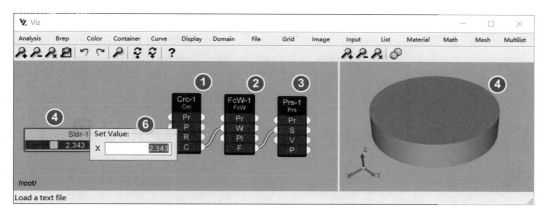

图 4.2.8　填写数据确定圆柱体半径

上面列出了一个最简单的例子，其基本描绘了从零开始创建一个实体的过程。请打算用 VIZ Pro 做参数化建模的读者注意这个过程中包含的以下几个问题。

（1）创建一个参数化的实体需要用到哪些节点？如何提前确定？

（2）如何确定节点之间从输出到输入的相互连接关系？

（3）如何在原有功能基础上增加新的功能？

若你能轻松回答以上的问题，并且可以在图 4.2.8 的基础上增加一些新的节点来改变原有实体的形状，如"任意调节圆柱体的高度""任意增加实体的副本""改圆柱体为锥体或棱柱体"，恭喜你可以花费时间研究本书作者准备的更多资料。这些资料保存在本节的附件里，下面列出这些资料的清单。

（1）**VIZ PRO MANUAL**（用户手册，已译成中文）。

（2）视频教程 13 节，已译成中文字幕，清单如下。

- VIZ01 Getting Started 入门
- VIZ02 Data Transfer 数据传输
- VIZ03 Entity Types 体类型
- VIZ04 Sequences and Lists 序列和列表
- VIZ05 Practical uses of lists 清单的用途
- VIZ06 Planes 面
- VIZ07 Curves on Surfaces 曲面
- VIZ08 Multi-dimensional Lists 多维列表
- VIZ09 Multi-list Matching Multi-list 匹配多维列表

- VIZ10 Organic Bench 长椅
- VIZ01 Multilist Mapping and Filtering 多列表映射和过滤
- VIZ 例 一般说明
- VIZ 例 旋转塔

（3）啃完这些资料并能运用这个工具创建模型，除了要掌握基础英语、数理基础、本行业知识库之外，估计至少需要一周时间的脱产自学。

4.3　Unwrap and Flatten Faces（展开压平面）

很多曲面模型，在电脑上创建起来并不复杂，然而到了实现阶段就可能变成不大不小的难题——根本无法（或很难）放样施工，这种尴尬在设计与施工实践中并非罕见。在手工制图的年代，很多专业的学生都要学一门"展开图画法"的课程，就是为了解决类似问题。进入计算机辅助设计时代后，很多软件也有类似功能，如 UG、SolidWorks、Pro/E、Solideage、钢构 CAD，但 SketchUp 本身并无这样的功能。这一节介绍的这个插件，也许可以部分解决上述的难题。

这是一个用来把曲面模型展开压平的工具，换言之就是把复杂的曲面分解成若干多边形，以方便放样施工（绝不限于钣金）。其实 SketchUp 模型本身就是若干多边形的组合。

据这个插件的作者介绍，它允许用户做三件事。

（1）使用自动（随机）算法展开非共面的面（如任何形状的物体、外壳等），然后将产生的面平铺在地面上。这样做不会造成任何扭曲（变形）。

（2）在地面上平铺任意方向的面或共面集合（会造成失真）。例如，结合手动展开工具确保面完全水平展开。

（3）通过粉碎所有的面，将一组面投射到三个主要平面中的一个。当然，这会造成扭曲。

综上所述：真正有展开压平实用意义的就是上述的第一条。在《SketchUp 曲面建模思路与技巧》里，还会以几个实例来具体应用这个插件。

1.　插件的安装与使用

选择 SketchUp 的【窗口→扩展程序库】命令，用 Unwrap and Flatten Faces 作关键词搜索并安装该插件。安装完成后，没有工具图标，只能在以下两处调用。

（1）在 SketchUp 中选择【工具→ Unwrap and Flatten Faces】命令，然后在 4 个选项中选择使用，如图 4.3.1 ①②③所示。

（2）条件成熟时，在右键菜单里调用插件，但只有图 4.3.1 ⑨所示的两个可选项。

在图 4.3.1 中，④默认压平到 Z 轴（地面），不要改变（投影时可改变）。

在⑤推荐选择 yes，展开时能以颜色区分源与展开的面。

在⑥中的迭代有 10、50、100、500、1000、5000、10000 七个选项，默认 1000，可不改变。

⑦中有两个选项 show（显示）和 hide（隐藏），建议选择 hide（隐藏）。

当只想要展开曲面的一部分时，⑧中可选 show（显示），否则选 hide（隐藏）。

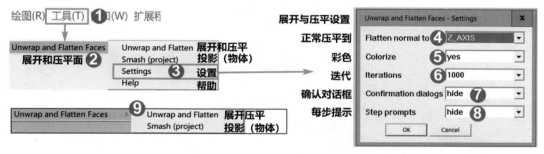

图 4.3.1　菜单项与设置

2. 插件作者提供的例子截图

（1）如图 4.3.2 所示，①是把一个指定的面平铺在地面上，②则把整个几何体展开平铺在地面上。

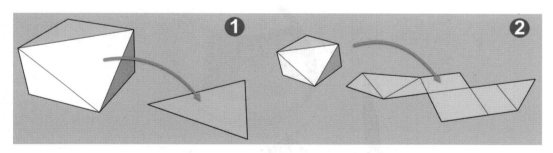

图 4.3.2　展平一个面与全部展开压平

（2）如图 4.3.3 所示，①是把一个相对复杂的曲面展开平铺在地面上，②是点选一个面后的平铺操作。

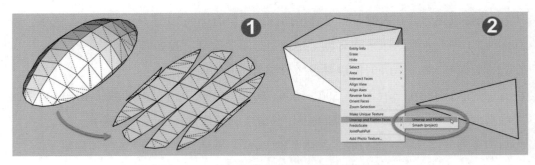

图 4.3.3　较复杂曲面展开压平与单面压平

（3）如图 4.3.4 所示，①是展开带有凹陷的零件，②是把对象投影到两个不同的平面。

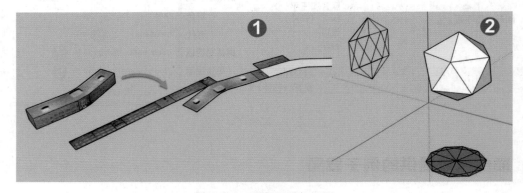

图 4.3.4　展开压平与投影

（4）如图 4.3.5 所示，是展示如何把复杂曲面分区展开压平的几个例子。

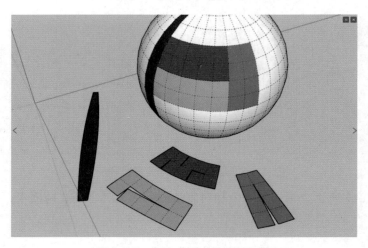

图 4.3.5　复杂曲面分区展开压平

3. 允许用户执行的操作

请回去查阅本节开头的文字。

具体用法：

（1）在模型中选择一个或多个连接和未分组的面，然后右键单击【展开和压平面 Unwrap and Flatten Faces】如在右键菜单中选择了【展开和压平 Unwrap and Flatten】则所有选定的面都将被解开（展开与压平）并放置在【设置】中选择的平面上。这种情况下，展开的面不会变形，因为各个面被折叠到同一平面上。如果在右键菜单里选择【粉碎 Smash（project）】则这些面将以投影形式，展开到所选平面上并粉碎（当然会失真）。

（2）在上述过程中将保留原始几何图形，并对所有生成的展开几何图形进行分组，从而使后续操作更加容易。有关示例，请参阅上面的屏幕截图和附件里的视频。

（3）除了右键菜单【展开和压平面 Unwrap and Flatten Faces】之外，还可以在"工具"菜单中找到此工具（见图 4.3.1）。

4. 一些提示

- 只有简单的表面（例如圆柱体）可以干净地展开。这意味着，如果您的对象具有双曲率（就像本文中图 4.3.3 所示的一样），则此工具可能会失败，因为可能无法找到结果。但是，如球体的情况，此工具基本上会"剥离"表面，得到的可能会是无用的结果。

- 在某些情况下，在选取任何面之前，必须先打开隐藏的几何图形。

- 插件的解析算法并不总是自动工作，它基本上从随机面开始，并尝试以逻辑模式排列所有选定的面。如果不成功，那么它会尝试一定次数来正确做到这一点。如果仍然不起作用，您会收到错误信息或看起来不正确的结果。所以请一次选择较少的面展开，重试并手动拼接它们。插件每次运行都是随机的，因此结果可能因不同的尝试而异。

- 展开结果可能具有重叠的面：当展开过程将一个面折叠在另一个面上时，就会发生这种情况。在这种情况下，SketchUp 将合并这些面。结果可能仍然能用，但您可能必须通过复制和编辑来分隔这些面。更好的方法是每次选择较少的面，分次展开对象。

- 要加快使用此扩展程序的速度，请在 SketchUp 的首选项下设置键盘快捷键。您还可以关闭设置下的确认对话框（见下文）。

● 您可以根据自己的喜好调整设置（设置菜单见图 4.3.1 所示）：

◆ "Flatten normal to" 选取形状将展平到的平面（地平面为缺省值）。

◆ "Colorize" 打开着色功能，为每个展开的片段，提供不同的颜色（随机颜色分配）。默认是禁用此选项的，此时将保留面原先的材质。

◆ "Iterations" 设置解决方案查找过程的迭代次数（默认值为 1000）。

◆ "Confirmation dialogs" 您可以隐藏确认对话框（默认显示）。如果启用了隐藏功能，则仅显示错误对话框。

◆ "Step prompts" 您可以显示所有步骤提示（默认情况下隐藏）。请注意此设置。在每个面折叠后，它将为您提供一个确认对话框。

4.4　AreaTextTag（面积标注）

我们都知道：想要了解 SketchUp 模型某处的面积，可以从 "图元信息" 面板查看。

我们也知道：想要标注模型某处的面积，可以用 "文字工具" 单击一个平面拉出一个标签。

我们还知道：这两种方法都不大称心。

这一节要介绍的 AreaTextTag（面积标注）是 TIG 编写的一组插件，比较好地解决了 SketchUp 在这方面的不足。

在本节附件里有这组插件的 rbz 文件，已经过测试，你可放心用【窗口→扩展程序管理器】命令进行安装。安装完成后的插件，可以勾选【视图→工具栏→ AreaTextTag】项调出图 4.4.1 所示的工具条。因为这组插件并不是最常用的，如果你不想让工具条占据宝贵的作图空间，也可以选择【扩展程序→ AreaTextTag Tools】中六个选项中的一个（与单击工具条上的工具效果一样）。

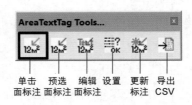

图 4.4.1　工具条

下面分别介绍六个工具的用途与用法。操作这组插件有两个注意点。

● 工具不能穿透组或组件屏障进行标注操作，要双击进入组或组件后操作（或者先炸开）。

- 工具会把标注文本自动放在正面（若标注的面是反的，标注将出现在正面）。

1. 单击面标注（Tag Picked Faces）

双击进入组或组件，调用工具后单击需要标注的面，这个面的面积就标注在面上，面积标注的文字大小、字体、单位、精度、标注位置等都可以设置。

该工具能标注各种平面的面积，如图 4.4.2 ①②④所示。还能标注曲面甚至球体的表面积，如图 4.4.2 ③所示。图 4.4.2 ⑤是反面朝上，标注出现在向下的一面；从上面看，标注文本是反向的。如图 4.4.2 ⑥翻面后重新操作，文本显示正常。

所有标注的面积数据都单独成组，所以可用移动工具移到合适位置。

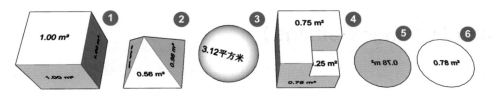

图 4.4.2　单击表面标注

2. 预选面标注（Tag Selected Faces）

双击进入组或组件，预选好需要标注的面，调用工具后，面积标注就出现在预选好的面，如图 4.4.3 ①②③所示。

预选需标注的全部面后单击工具，所有面一次完成标注，如图 4.4.3 ④⑤⑥所示。

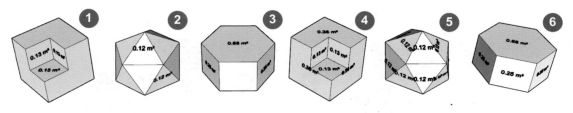

图 4.4.3　预选面标注

3. 编辑标注（Edit Selected Tag）

这个工具专门用来修改自动产生的标注文本，如图 4.4.4 ①②所示是自动产生的标注，面积单位是 m^2。如果想改成"平方米"，可执行如下操作。

选好想要修改的标注（组件外，不必双击进入），单击这个工具后，会弹出如图 4.4.4 ⑤ 所示的对话框，默认的内容是一对尖括号 "<>"，它代表现有的标注；把默认的尖括号 "<>" 改成需要的内容，如图 4.4.4 ⑥所示。回车后修改完成，如图 4.4.4 ③④所示。

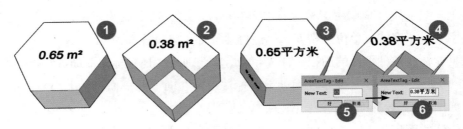

图 4.4.4　编辑标注

4. 设置（Change Settings）

单击工具栏第 4 个图，可对面积标注做预先设置，设置之前已完成的标注不会改变。

设置包括图 4.4.5 ①所示的七个项目。

- 标注的单位有九种不同选择，如图 4.4.5 ②所示。
- 标注的精度可以在小数点后的 0 ~ 6 位之间选择，如图 4.4.5 ③所示。
- 字体的可选项较多，如图 4.4.5 ④所示，但都是西文的，默认是 Arial。
- 标注的位置有三个不同选择，文本可出现在所标注面的中心、左和右，如图 4.4.5 ⑤ 所示。默认是中心。
- 字体大小用字体的高度来表示，以 mm 为单位。
- 最后两项还可以选择是否标注曲面，是否需要用粗体标注。

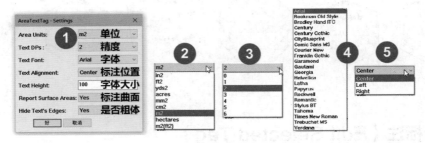

图 4.4.5　标注设置

5. 更新标注（Update Selected Tags）

这个工具可以在以下三种场合下使用。

- 第一种场合是：已经标注好了某个对象的面积，后来又改变了这个对象的形状，如做了局部或整体的放大或缩小时，单击这个工具后，根据弹出的提示操作即可选择"仅修正标注（单击 yes）"还是"连同设置也一起做修正（单击 no）"。
- 第二种场合是：在建模的过程中已经对模型的全部或部分完成了面积标注，现在创建模型的过程已经结束，即将生成统计文件（CSV）。为了防止在建模过程中已经改变了部分或者全部对象而没有及时修正标注，可以单击这个工具，让工具全盘重新审视，看看有没有需要修正的面积标注，如果有的话则自动修正。
- 第三种场合是：更新修改设置前已标注的内容。

6. 导出 CSV（Export Tags to CSV）

先介绍一下 CSV 文件的知识。CSV 是一种通用的、相对简单的文件格式，最广泛的应用是在不同程序之间转移表格数据。这种文件，一行即为数据表的一行，数据表的字段用半角逗号隔开。

CSV 文件可以用记事本或 Excel 打开。用记事本打开时，显示以逗号分隔的字符段；用 Excel 打开时，逗号成了表格中的分列标记。

这个工具生成的 CSV 格式文件可以直接用 Excel 来打开。如果在 Excel 里发现显示有问题的时候，建议用 Editplus（一种文本编辑器）打开检查并转存成 Excel 能识别的格式。

假设图 4.4.6 ①②所示是我们创建的模型，提示如下。

- 图 4.4.6 ①的六面柱归在图层一（标注一），图层的名称为"对象一"，如图 4.4.6 ③所示。
- 图 4.4.6 ②的缺角立方体归在图层二（标注二），图层的名称为"对象二"，图 4.4.6 ③所示。
- 两个对象都已经标注好面积，其中两个大面已经有意把"m²"改成了"平方米"，还有意在某处放置了几个重复的面。

预设的条件已经交代清楚，现在就可以生成统计数据了。其实操作很简单，单击一下工具条最右边的按钮就可以了。

首先看到的是如图 4.4.7 所示的提示。图 4.4.7 ①告诉我们 CSV 文件的保存路径，通常是在模型的同一目录下，本例中的文件名是"演示 3_AreaTextTagReport.csv"。图 4.4.7 ②诉我们有三个重复的面没有包含在 CSV 的报告里。

至于报告里的内容，请查看图 4.4.8，其包括对象的名称编号、所在的图层、原始的标注、每个面的周长、面积和单位。

想要做进一步的计算，可以用 Excel 的求和或其他运算功能进行加工。

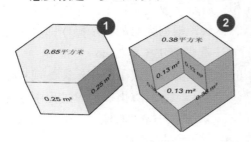

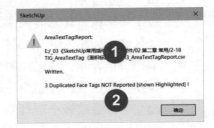

图 4.4.6　标注与图层　　　　　　　　　　　图 4.4.7　提示信息

编号	图层	原始标注	周长	面积	单位	F
	A1			fx	LAYER	
1	LAYER	TEXT	PERIM	AREA	UNITS	
2	对象一	0.65平方米	3	0.65	m2	
3	对象一	◇	2	0.25	m2	
4	对象一	◇	2	0.25	m2	
5	对象一	◇	2	0.25	m2	
6	对象一	◇	2	0.25	m2	
7	对象一	◇	2	0.25	m2	
8	对象一	◇	2	0.25	m2	
9	对象一	◇	3	0.65	m2	
10	对象二	0.38平方米	2.86	0.38	m2	
11	对象二	◇	1.43	0.13	m2	
12	对象二	◇	1.43	0.13	m2	
13	对象二	◇	1.43	0.13	m2	
14	对象二	◇	2.86	0.38	m2	
15	对象二	◇	2.86	0.38	m2	
16	对象二	◇	2.86	0.51	m2	
17	对象二	◇	2.86	0.51	m2	
18	对象二	◇	2.86	0.51	m2	

图 4.4.8　CSV 统计表

4.5　Angular Dimension（角度标注）

"角度标注"的不尽人意是 SketchUp 被用户们最常诟病的缺陷之一，但是很少有人编写相关的插件来弥补这方面的缺失，其中真正实用的更是凤毛麟角。这一节要介绍两个有角度标注功能的插件，全都出自 SLBaumgartner。第一个插件的功能非常强，可说接近理想，可惜在 SketchUp 2019 版以后，因为图 4.5.1 所示的原因："StringTranslator: translation file not found for language code zh-CN using English"（没有找到使用英语的语言代码 zh-CN 的翻译文件）而无法安装使用。考虑到这个插件的功能在"角度标注"方面的无可替代性，作者几经考虑，还是要为它写这一段教程，供有需要的读者参考。也希望有能力的读者，尽可能将其修复令其能在高版本 SketchUp 里正常应用，造福广大中文版的 SketchUp 用户。

在创建角度标注之前，请复习一下我国制图标准对角度标注的要求。内容非常简单，标准中相关的全部文字连标点符号只有 80 字。文字虽然不多，但每个字都很重要，要点摘录如下。

- 角度的尺寸线以圆弧表示。
- 角的顶点就是角度尺寸线圆弧的圆心。
- 角度标注的起止符号是箭头，也可以用圆点。
- 角度数字沿尺寸线方向注写。

1. 第一个工具

这个插件唯一无法满足制图标准的只有部分标注不能满足"角度数字沿尺寸线方向注写"的要求。在图 4.5.2 ①③中，标注文字垂直于尺寸线方向，所以不宜用它来做正式的施工图样标注。

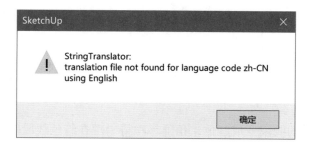

图 4.5.1　提示信息

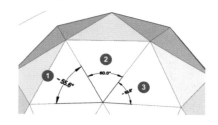

图 4.5.2　标注

在本节附件里有一个 Angular_Dimension_5_v6.2.rbz 文件，已经过测试，可以在 2019 版以前版本的 SketchUp 中用【窗口→扩展程序管理器】命令安装。如果你用的 SketchUp 是更高的版本，请自行搜索国内对这个插件经过优化或汉化的版本（目前尚未发现）。

安装完成后，可以选择【视图→工具栏→ Angular Dimension 2】命令，调出如图 4.5.3 ①②所示的工具条。此处只有两个工具。左边的用来做角度标注，右边的调出图 4.5.3 ③所示的设置对话框。选择【工具→ Angular Dimension 2】中的三个选项之一：Draw（绘制），Choose（设置），Language（选择语言），前两个菜单项对应工具条上的两个工具，后一个菜单项可以在多种语言中选用一种。

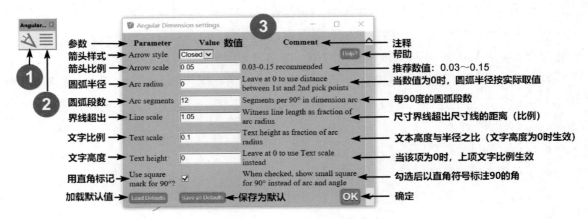

图 4.5.3　设置对话框

这个插件的使用非常简单，操作方法如下。

（1）从工具条调用 Angular Dimension（角度标注）或从菜单中调用 Draw（绘制）。

（2）在图 4.5.4 中，单击想要标注角的一条边线上的一点①，再单击角点②，然后单击另一条边线上的一点③，角度标注产生，如④所示（符合制图标准）。

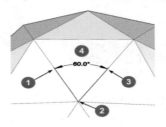

图 4.5.4　标注

（3）单击边线后，从单击位置到角点的线段变成红色，角度标注将出现在红色线段的端部，所以可以用单击边线上不同的点来改变角度标注的位置，如图 4.5.2 ①②③所示（注意①③两个编注位置不符合制图标准的要求）。

（4）插件安装好以后，就有一组默认的参数，可以勉强使用。如果想要得到更为理想的角度标注，务必请注意下文关于"设置"的讨论。

比起上述的角度标注操作，更重要的是要提前理解并做好各项设置。单击图 4.5.3 ②的图标，会弹出图 4.5.3 ③所示的设置对话框，下面分别讨论 8 个设置项。

（1）箭头样式：如前所述，我国制图标准规定角度标注可以用箭头或圆点，大多数设计师习惯用箭头。在下拉菜单里有五种不同的选择，分别是 Closed（闭合的箭头）、Open（开放的箭头）、Slash（斜杠）、Dot（点）、None（没有）。建议只用 Closed（闭合的箭头），这更符合制图标准。

（2）箭头比例：这个参数决定箭头的大小，推荐数值是 0.03 ~ 0.15。这个数值其实是"圆弧半径与箭头长度的比例"。图 4.5.2 和图 4.5.4 中的几个标注，箭头的比例都是 0.15，也就是箭头长度是圆弧半径的 15%。从图 4.5.2 的三个标注可知，箭头的大小跟标注的位置，也就是跟圆弧的半径相关。

（3）圆弧半径：如果在这里输入了一个值，那么所有的角度标注（不管你单击了边线的什么位置），得到的圆弧半径都将是一个固定的值。

（4）圆弧段数：这一项好理解，段数越多圆弧越光滑，保留默认的 12 就可以了。

（5）界线超出：这个选项要解释一下。请看图 4.5.5 ①②处的"出头"部分的大小是默认的 1.05；图 4.5.6 是改成 1.15 后的结果，出头部分明显加长。建议保留默认的 1.05。

（6）文字比例：这个参数改变标注文本的大小，其数值是字体高度与圆弧之比。如图 4.5.5 和图 4.5.6 所示是默认的 0.1；图 4.5.7 改成 0.05。图 4.5.8 改成 0.2 后，文字变大了会自动改变箭头方向。

（7）文字高度：如果把这里默认的 0 改成一个合理的值，标注的文字将由这个值确定，与圆弧的比例无关。

（8）用直角符号标记：勾选这里后，所有 90 度的标注将以直角符号代替。

图 4.5.5　标注 1

图 4.5.6　标注 2

图 4.5.7　标注 3

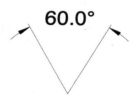

图 4.5.8　标注 4

使用该插件还有几个注意点。

（1）可以在组或组件的外面创建角度标注，建议把所有标注归入一个图层（标记）。

（2）每个标注都将创建为一个组，其中箭头和文字各有一个子组。

（3）如果角点或边的位置改变，需要重新进行标注操作。

（4）所有标注文本与箭头可以用推拉工具拉出，成为 3D 对象。

（5）调整好的设置可以保存为默认，也可调用该设置，单击 Help（帮助）按钮可调出英文帮助文件。

2. 第二个工具

本节一开始就说了，这一节要介绍两种"角度标注"插件。上面介绍的那个在 2019 以上版本不能正常使用，有待修复。现在介绍的这个是同一个作者的老版本，反而可以在包括 2022 版的 SketchUp 里正常安装使用。在本节的附件里有一个 draw_angle_dim_v4.0.rbz 的文件，可以用【扩展程序管理器】正常安装。因为是早期版本，所以功能有限，也不能设置参数，但是总算可以对模型标注角度了。工具图标见图 4.5.9，标注的示例见图 4.5.10 和图 4.5.11。

图 4.5.9　工具图标

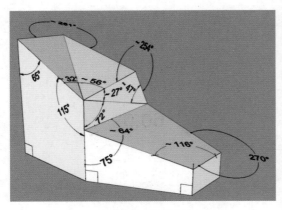

图 4.5.10　角度标注一

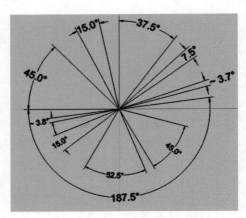

图 4.5.11　角度标注二

使用用法如下。

（1）用【视图→工具栏→Angular Dimension】命令调出图 4.5.9 所示的工具图标。也可以选择【工具→ Angular Dimension】命令启动工具。如果经常要标注角度，可设置一个快捷键。

（2）标注一个角度需要单击三次：首先单击被测角度的一条边，然后单击角的顶点，最后单击被测角的另一条边。使用默认设置时，尺寸弧的半径是第一个拾取点和第二个拾取点之间的距离。

（3）据 Ruby 作者说，它可以设置尺寸弧的半径，但在 2022 版的 SketchUp 中没有找到设置入口。

（4）按 Tab 键可在内部角或外部角之间切换。

（5）如果角度文本太大而无法放入尺寸线和箭头内，则将其放置在尺寸弧外。

（6）每个角度标注都是一个组。

4.6 CompoSpray（组件喷雾，复合喷雾）

在 SketchUp 二十年的存在历史里，类似组件喷雾功能的插件，至少有五、六种，如 Skatter（自然散射）、REG（随机散布）、Make fur（生成毛发）……还有很多渲染工具也带有类似的功能。不可否认，各色各样的"喷雾"工具很受建筑、景观方面建模者的欢迎。

本节即将介绍的 CompoSpray 最早以 Component spray 的名称出现在 2010 年，曾风靡一时，2014 年后就不再更新，最高版本为 v1.42，国内的汉化版几乎全是这个老版本。

CompoSpray 同样出自作者 Didier Bur，2016 年更新到版本 v2.0，免费并适用于 2016 或更高版本的 SketchUp；2019 年 7 月，插件作者更新了"帮助文件"。本节内容大多翻译于插件作者更新后的"帮助文件"和"发布说明"，本书作者对其进行了合并和增设编号，并以实际测试为基础对内容进行了增删改写。

1. CompoSpray（组件喷雾）插件的获取、安装与调用

在 SketchUp 中选择【窗口→扩展程序库】命令，输入 CompoSpray 关键词，搜索安装。

在浏览器中登录 extensions.sketchup.com，输入 CompoSpray 关键词，搜索下载。

本节附件里有 2022 年年初下载的 v2.0 英文版与 V1.42 的汉化版。

用前两种方式获得的 rbz 文件均可用 SketchUp 的【窗口→扩展程序管理器】命令安装。

2. 概览

（1）CompoSpray 是一个基于各种作用形状和约束条件，以喷雾方式快速填充组件（树，人，岩石，草……）的工具。可提供下列功能。

- 每组可设置多达 8 个组件。
- 14 种不同的喷雾方式。
- 喷雾压力调整。
- 指定目标图层。
- 最低 / 最高海拔。
- 最低 / 最高坡度。
- 最低 / 最高比例因子。

- 维持 / 改变缩放比例。
- 允许 / 不允许镜像。
- 允许 / 避免堆叠。
- 允许 / 忽略隐藏的几何体。
- 法线垂直 / 垂直。
- 围绕蓝色轴旋转。
- 随机旋转。

（2）CompoSpray v2.0 版中的新功能如下。

- 新的对话框，新的工具栏，自定义游标，喷雾区域的新预览。
- 精确的压力、高度、坡度、刻度、旋转值，带有滑块。
- 更快的碰撞检测，更快的正常喷射，更好的故障排除与用户控制体验。

3. 工具调用

（1）如图 4.6.1 所示，安装插件后，在【视图→工具栏】菜单中调用插件，出现如①所示的工具条，其中只有红蓝两个喷漆罐图标。

（2）在【工具】菜单下还可以发现一个 CompoSpray 项目，在二级菜单里有两个选项，对应于工具条的两个工具图标。

（3）工具条左边的蓝色图标是自顶向下喷射放置组件（如植物）的工具，红色图标按面的垂直方向（即法线）放置组件。单击两个图标中的任何一个，都会弹出图 4.6.1 所示的对话框。

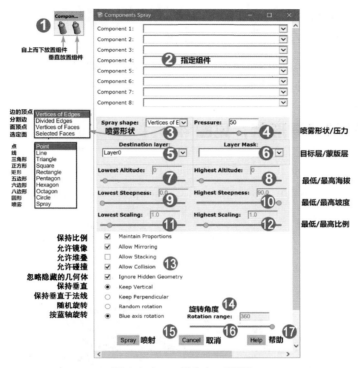

图 4.6.1　工具条与对话框

4. 对话框概述

（1）如图 4.6.1 所示，单击①所示的工具后，能否弹出对话框要具备两个条件。

● 至少有一个能接受"喷雾"的面，它可以是平面或曲面。

● 至少有一个用于被"喷射"到上述面的"组件"（注意设置组件的坐标中心）。

（2）在②处的下拉菜单里指定上述用于"喷射"的组件，最多 8 个。②部分可能因为其他操作会最多出现 3 次，被重复指定的组件将在喷射时获得与出现次数相当的参与喷射的机会。

（3）在③处的下拉菜单有 4 种"喷雾位置"与 8 种不同的"喷雾形状"可供挑选，这些选项只在当前所选对象不为空时出现。

（4）移动④所在的滑块可调整"喷雾压力"。这个值越大，喷射而出的组件就越多。

（5）在⑤和⑥处是指定目标层与蒙版层（即不被喷雾的层）。

（6）在⑦和⑧处指定最低与最高海拔。

（7）在⑨和⑩处指定最低与最高坡度。

（8）在⑪和⑫处指定最低与最高比例。

（9）在⑬处有 9 个问答题需选择，图中为默认项。

（10）当喷射出的组件（如矩形的）需要旋转时，可在⑭处调整角度。

（11）单击⑮开始喷雾，单击⑯相当于"从头开始"，单击⑰将弹出英文的帮助文件。

5. 10 种不同的喷雾形状，见图 4.6.1

（1）Point（点）。在所单击处插入所选组件列表中的一个随机组件，其他选项和约束也同样适用。如果约束不满足，状态栏显示 Cannot place a component heret（不能在此放置组件）。

（2）Line（线）。单击两个点，在两个点之间随机插入组件。其他选项和约束也同样适用。组件的坐标原点就在你这条线上。单击第一个点后，可以输入线的长度。结果如图 4.6.2 所示。

图 4.6.2　按线随机插入组件

（3）Triangle（三角形）。单击一个点定位等边三角形的中心位置，单击第二个点定义三角形的顶点，组件随机插入到三角形定义的区域里。其他选项和约束也同样适用。在单击中心点之后，可以输入中心点到顶点之间的距离。结果如图 4.6.3 所示。

图 4.6.3　按三角形随机分布组件

（4）Square（正方形）。单击一个点定位正方形的中心，单击第二个点定义正方形的顶点。组件被随机放置在正方形定义的区域里。在第一个点之后，可以输入中心和顶点之间的距离。其他选项和约束也同样适用。结果类似图 4.6.3。

（5）Rectangle（矩形）。单击第一点定位矩形长或宽的起始点，单击第二个点定义矩形长或宽的结束点（或输入长度），单击第三点定义矩形的宽或长（或输入长度）。组件被随机放置在矩形所定义的区域里。其他选项和约束也同样适用。结果类似图4.6.3。

（6）Pentagon（五边形）、Hexagon（六边形）、Octagon（八边形）和Circle（圆形）。同样是单击一个点定位形状的中心，单击第二个点定义形状的顶点。组件被随机放置在由形状定义的区域里。在单击中心点之后，可以输入中心到顶点之间的距离。其他选项和约束也同样适用。注意：圆形是一个用40条边拟合的多边形。结果类似图4.6.3。

（7）Spray（喷雾）。操作基本与圆形类似，但可以在圆形区域里重复放置组件，次数不限。每次不再需要指定中心和半径，但可以修改喷雾半径。将光标移到模型上，会看到一个蓝色的圆锥体，如图4.6.4所示，圆锥底座的中心就是圆形落点区域的中心。单击一个点，组件就会被删除。可在数值框中输入尺寸以更改圆锥的半径。

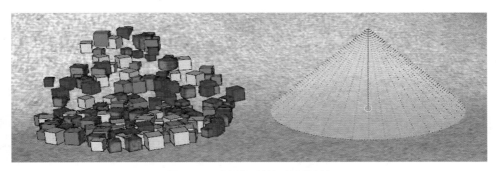

图4.6.4　圆锥形随机放置组件

6. 喷雾形状

调用工具之前，选择了面或边，可以用以下方法放置与排除组件。

（1）Vertices of Edges（边的顶点）。在启动工具之前选择边，就能在每条边的每一端插入一个组件。请注意，当边有共享顶点时，在共享顶点上只有一个组件。这个选项也适用于圆弧、圆、多边形、手绘线、贝兹曲线。非边的对象将被忽略，其他选项和约束也同样适用，如图4.6.5所示。

（2）Divided Edges（分割边）。在启动工具之前选择边，在每条边的每一端和每条边的分割处插入一个组件。还可在提示时输入分割成若干段，在段的每一端都有一个组件。请注意，当边有共享顶点时，在共享顶点上只有一个组件。这个选项也适用于圆弧、圆、多边形、手绘线和贝兹曲线。非边的对象将被忽略。其他选项和约束也同样适用。如图4.6.6所示，①为选择，②为结果。

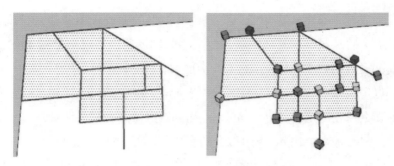

图 4.6.5　边的顶点

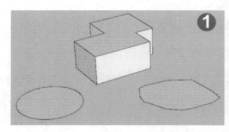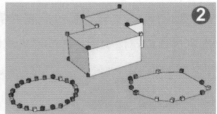

图 4.6.6　分割边

（3）Vertices of Faces（面顶点）。在启动工具之前选择面，可以在模型本身中或在组 / 组件中选择面（组件不会被重复封装在组或组件中）。组件实例被随机放置在由面边界定义的区域里，非面的对象将被忽略。其他选项和约束也同样适用。条件与结果如图 4.6.7 所示。

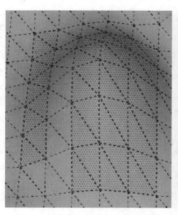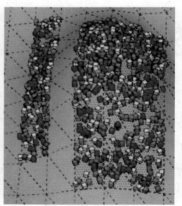

图 4.6.7　面顶点

（4）Pressure（压力）。默认值为 50%。向左或向右移动滑块，可调整组件下降的数量。选择 0% 将只下降一个组件，而选择 100% 也不会覆盖整个区域，如图 4.6.8 所示。

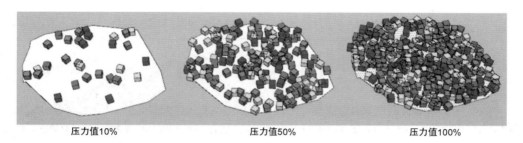

压力值10%　　　　　　　压力值50%　　　　　　　压力值100%

图 4.6.8　不同压力的区别

7. 图层的约束

在图 4.6.1 ⑤⑥中，有一个目标层（当前层）与蒙版层。这里重复一下其定义：目标层是组件将被放置的层，是当前默认的活动层。注意，只有可见的层才能被选择。蒙版层不会接收组件，如果你不想使用蒙版层，该项可以留空。如图 4.6.9 所示，中间的湖泊就在"蒙版层"里，所以不会接受组件喷雾。

图 4.6.9　蒙版层的实例

8. 几何约束

几何方面的约束有三项，即海拔、坡度和比例，下面分别说明。

（1）海拔：移动滑块以将喷射的组件限制在最低和最高海拔之间。如果组件的插入点 Z 值与该范围相匹配，则组件将被放置在这两个值之间，如图 4.6.10 所示。默认值是模型的实际最低和最高海拔高度。如果设置的高海拔低于低海拔，则值将自动反转。

（2）坡度：移动滑块以限制倾斜在最低和最高坡度之间的面上喷射的组件，如图 4.6.11 所示。坡度是从 XY（红绿色）平面测量的角度 0°（水平）和 90°（垂直）。默认值为 0° 和 90°（即无约束）。如果高坡度低于低坡度，则值将自动反转。

图 4.6.10　树分布在 5.7 ～ 16m 之间

图 4.6.11　树分布在 53.6° ～ 80.9° 之间

（3）比例：移动滑块以在最低和最高比例因子之间缩放喷射的组件，如图 4.6.12 所示。默认值最高与最低都为 1（即不缩放）。把滑块拉到最左侧，比例因子则为 0.01。如果高比例低于低比例，值将自动反转（另请参见"保持比例"选项）。

图 4.6.12　树的尺寸分布在 1 ～ 2.5 之间

（4）可选的约束：主要表示喷射的组件将如何缩放、镜像、堆叠、碰撞和旋转，一共有九个选项，图 4.6.13 所示是默认值。

- 保持比例：如果要为每个放置的组件设置相等的 X、Y 和 Z 比例因子（即立方体将始终是立方体，球体将始终是球体），请勾选该复选框。
- 允许镜像：如果要让脚本使用负比例因子，请勾选该复选框。
- 允许堆叠：如果要让组件一个接一个地堆置，请勾选该复选框。效果对比如图 4.6.14 所示。

保持比例 ☑	Maintain Proportions
允许镜像 ☑	Allow Mirroring
允许堆积 ☐	Allow Stacking
允许碰撞 ☑	Allow Collision
忽略隐藏 ☑	Ignore Hidden Geometry
垂直蓝轴 ◉	Keep Vertical
垂直于法线 ○	Keep Perpendicular
随机旋转 ○	Random rotation
旋转 ◉	Blue axis rotation

图 4.6.13　可选择的约束

图 4.6.14　左侧不允许堆积，右侧允许堆积

● 允许碰撞：如果想删除可能相互交叉的组件，请勾选复选框。注意，不允许碰撞的
选项运行起来可能会很慢，它甚至会在完成前几秒钟才显示沙漏图标。对比效果如
图 4.6.15 所示。

图 4.6.15　左侧允许碰撞冲突，右侧不允许碰撞冲突

● 忽略隐藏的几何体：这个选项用于选择是否想要"所见即所得"的喷雾形式。如果
想让隐藏的几何图形也接受喷雾组件，请勾选复选框。对比效果如图 4.6.16 所示。
这也适用于隐藏实体和隐藏层上的实体。

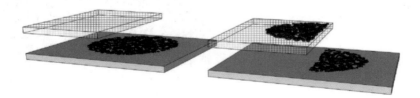

图 4.6.16　左侧忽略隐藏的几何图形，右侧允许隐藏的几何图形

- 保持垂直或保持垂直于法线：选中这两个单选按钮中的一个。如果选中"保持垂直"中，所有的组件跟蓝轴（Z 轴）对齐。如果选择"保持垂直于法线"，所有组件的 Z 轴平行于它们所在面的法线（垂直于面的平面）。对比效果如图 4.6.17 所示。

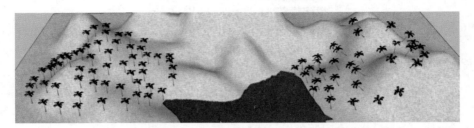

图 4.6.17　左侧是"保持垂直"，右侧是"保持垂直于法线"（垂直于各自平面）

- 随机旋转和按蓝轴旋转：选中这两个单选按钮中的一个，可以确定每个组件按 3 个轴旋转，或者仅围绕其蓝轴旋转。这些选项如果与上述"保持垂直"和"保持垂直于法线"选项结合使用，"保持垂直"的优先级高于"保持垂直于法线"，即蓝轴旋转的优先级最高。实例如图 4.6.18 ～ 图 4.6.22 所示。

图 4.6.18　所有组件垂直，旋转范围 0 表示完全不旋转

图 4.6.19　所有组件垂直，旋转范围 360 表示绕 Z 轴旋转

图 4.6.20　所有组件垂直，随机旋转范围为 360°

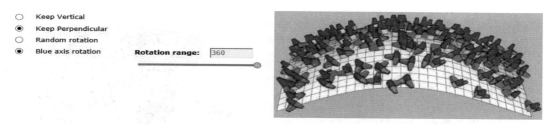

图 4.6.21　所有组件垂直于支撑面法线，按蓝色轴旋转范围为 360°

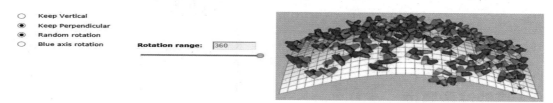

图 4.6.22　所有垂直于支撑面法线的组件，随机旋转范围为 360°

9. 喷雾

操作结果与上述的工具基本相同，左侧蓝色的工具沿垂直方向喷射组件，右侧红色的工具则沿法线方向喷射组件

（1）两种不同的喷雾方式：左侧使用标准的垂直而下的喷雾，有个蓝色的锥形；而使用沿法线方向的喷雾将显示一个粉红色的锥形。两种锥形的中心，都会显示一条蓝色或红色的长线，指示组件喷射的方向，如图 4.6.23 所示。

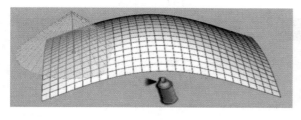 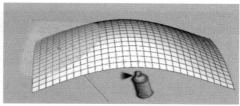

图 4.6.23　两种不同的喷射锥形与喷射方向指引线

（2）旋转喷雾的方向：在单击鼠标左键之前，可以通过按左右箭头键来旋转喷雾的方向。每按一次箭头键，分别逆时针或顺时针旋转形状 5 度。图 4.6.24 就是一个把树叶组件喷射到垂直墙面上的实例。

（3）图 4.6.24 和图 4.6.25 展示了另外两种喷射的用法。

图 4.6.24　把树叶喷射在墙上

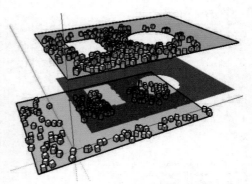

图 4.6.25　通过孔喷射（降落）

10.　其他注意事项

第一由于所有约束可能不一致或不连贯，并且脚本在运行之前没有进行检查或验证，因此可能会导致不可预知的结果。

有些形状很快就能填满，有些则很慢（特别是在高压下落在大面积区域时），而有些则慢得多（例如在使用强约束条件时），甚至出现了不能成功结束的情况。这就是为什么在这个过程中要做一些基本的控制。如图 4.6.26 所示，脚本会告诉你什么时候有一个很大的数字要删除，单击"是"进入，单击"否"中止。

如果启动，脚本会不断尝试删除组件，假设 5000 次试验，当第 5000 次试验完成，但没有达到目标数量的组件，你会得到如图 4.6.27 所示的消息。单击"是"继续进行 5000 多次试验，单击"否"终止试验。注意左下角的进度条总是显示完成的百分比。

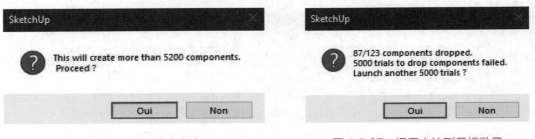

图 4.6.26　提示数字太大　　　　　　　图 4.6.27　提示未达到目标数量

- 在进程的每一步都可用取消指令。
- 以上所有工具都可以用第一次使用的相同参数再次运行。也可以在每次喷射间更改参数。
- 你可以把组件放到对象的种类，包括：边，面，组，组件和图像。

- 由于组件从模型顶部向下喷射，因此击中的第一个对象被视为接收器。这意味着，如果在非活动层上有对象，如未勾选"忽略隐藏几何体"复选框，这些对象也会被视为接收组件。

- 模型中的孔或面内的孔不会影响工具的行为，如在图 4.6.25 中，立方体通过上面的孔感觉到孔的存在，所以最低的面被选中。

更多操作细节请浏览本节同名的视频，本书作者已为其添加了中文注释。

4.7 Zorro2（佐罗刀）

《佐罗》是 1975 年法国和意大利合拍的一部电影，1978 年在中国大陆上映，由阿兰·德隆扮演蒙面的义侠佐罗。义侠佐罗的武器就是一把剑。这个插件以佐罗的剑命名，暗喻其用途为"分割"。Zorro2 是一个简单的插件，对几何体进行分割就像画一条线一样简单。

本节附件里有个名为 Zorro2_v2.0_beta 的 rbz 文件，用【窗口→扩展程序管理器】命令安装后，只能选择【工具→Zorro2】命令调用该插件。

1. 例一：传统的佐罗分割（即老版的 Zorro 的用法）

图 4.7.1 ①是一个群组，通过双击进入组编辑模式。选择【工具→Zorro2】命令，然后像用直线工具一样单击、移动，画一条线，如图 4.7.1 ②所示，删除部分后效果如图 4.7.1 ③所示。

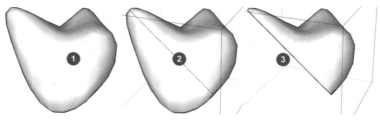

图 4.7.1　传统分割

2. 例二：对单独或堆叠的组或组件进行分割

要在组、子组和堆叠的组中创建剪切线，使用 Zorro2 工具时只要按住 Ctrl 键，如图 4.7.2 所示。

图 4.7.2 分割堆叠的组或组件

3. 例三：在平行投影模式下进行切割

Zorro2 可以按坐标轴进行推断切割，甚至对边或顶点进行推断切割。不过要提前把图 4.7.3 ①调整到如图 4.7.3 ②所示的平行投影，分割结果如图 4.7.3 ③所示。

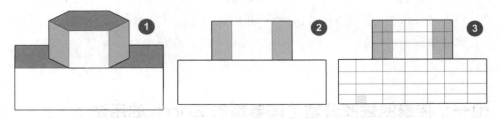

图 4.7.3 平行投影条件下切割

Zorro2 的另一个新特性是能够在对整个模型进行切割，剖面后的几何图形可被删除。根据模型的复杂性，此操作可能会创建许多独特的组件，并且可能需要几秒钟的创建时间。在使用此功能之前，建议保存模型的备份。

4.8　RevCloud（云线）

这是一个用来绘制"云线"的小工具，它对于经常绘制"绿地区域""连片灌木"等图形的建筑、规划、景观设计师比较有用。本节附件里有个名为 RevCloud_v1.1 的 rbz 文件，可以用【窗口→扩展程序管理器】命令安装。安装完成后，没有工具图标，只能选择【绘图→ RevCloud】命令调用绘制云线的功能。

1. 使用方法

（1）选择【绘图→ RevCloud】命令。

（2）光标移动到云线起点，用小键盘输入数值，设置云线的片段大小（默认值为300mm）。

（3）按住鼠标左键拖动，可以绘制出与 CAD 中相同的云线。

（4）松开鼠标即结束绘制。当结束点与起始点较近时会自动闭合，但不会自动成面。

2. 例一：圆弧向内的云线

图 4.8.1 ①是顺时针方向绘制的云线，圆弧向内。

删除云线连接处的部分线条如图 4.8.1 ②所示；用圆弧工具连接两端后成面，如图 4.8.1 ③所示。

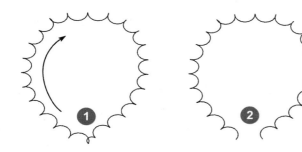

图 4.8.1　圆弧向内的云线

3. 例二：圆弧向外的云线

- 图 4.8.2 ①是逆时针方向绘制的云线，圆弧向外。
- 图 4.8.2 ②是默认的弦长 300，图 4.8.2 ③的弦长为 600，图 4.8.2 ④的弦长为 450。
- 用圆弧工具连接开口处，自动成面，如图 4.8.2 ⑤所示。

图 4.8.2　圆弧向外的云线

4.9 CleanUp³（清理大师）

模型的清理一向是 SketchUp 用户不可忽视的重要操作，SketchUp 自带一些清理模型方法，如可以在相关的面板中对已经不在当前模型里使用的"材质""组件""风格""图层"等进行清理，也可以用【模型信息→统计信息→清除未使用项】命令一次清理全部。

不过，SketchUp 自带的清理功能还有很多力所不能及的死角，如对"隐藏的几何体""重叠的面""杂散的边线""边线的材质"等都不能实施清理，所以模型中还会留存有相当大数量的垃圾。正因为这个原因，几乎从 SketchUp 5.0 开始就有不同的 Ruby 作者针对不同的需求写了很多不同的插件，类似的插件至少有 20 种以上。这一节要介绍的 CleanUp³ 是thomthom（TT）在 2017 年写的插件，国内有译为"模型清理""新模型清理""超级模型清理"的；本书作者以为：既然大家都接受了把"Sketch 加 Up"译为"草图大师"，那把"Clean加 Up"译成"清理大师"也就顺理成章了。经过测试它的功能，为它授名"清理大师"也算是实至名归。

本节附件里有 tt_cleanup-3.4.3.rbz，可以通过【窗口→扩展程序管理器】命令安装。安装完成后的"清理大师"是没有工具图标的，只能从【扩展程序→ CleanUp³】的子菜单调用各种功能，如图 4.9.1 所示。这组插件有 8 个不同的功能，下面分别进行介绍。

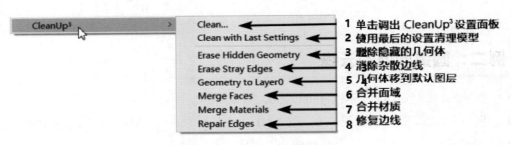

图 4.9.1 菜单上的全部功能

1. Clean（清理）

选择图 4.9.1 中的① Clean，弹出如图 4.9.2 所示的设置面板，上面有六类设置。在这个面板上所做的设置直接影响清理操作的结果，按顺序介绍如下。

（1）General（一般设置）。

- Model（模型）：选中此项后，清理的范围是当前模型的全部。
- Local（当地的）：选中此项后，清理的范围限于当前模型的局部。

- Selected（选择）：选中此项后，清理范围局限于当前已选择的部分。
- Validate Results（验证结果）：选中此项，完成指定清理后将验证清理结果。
- Show Statistics（统计数据显示）：选中此项，完成清理后将列出清理结果。

（2）Optimisations（优化，也可译为最佳），一共有三个选项，可以多选。

- Purge Unused：清除未使用的。
- Erase Hidden Geometry：消除隐藏的几何体。
- Erase Duplica te Faces：消除重复的面。

（3）Layers（图层）。

- Geometry to Layer 0：几何体移动到默认的图层 Layer 0。

（4）Materials（材质）。

- Merge ldentical Materials：合并相同的材质。
- Ignore Attributes：忽视属性。

（5）Coplanar Face（共同的面）。

- Merge Coplanar Faces：合并共同的面。
- Ignore Normals：忽略法线。
- lqnore Materials：忽略材质。
- Ignore UV：忽略 UV 贴图。

（6）Edges（边线）。

- Repair Split Edges：修复断裂的边线。
- Erase Stray Edges：清理杂散边。
- Remove Edge Materials：删除边线的材质。
- Smooth Edges by Angle：平滑边线的角度。

2. Clean with Last Settings（使用最后的设置清理模型）

当使用图 4.9.2 的默认设置或重新调整过的设置清理模型后，之后做清理就不用再设置，直接单击这个菜单项就可以完成图 4.9.2 设置里的全部操作。

清理完成后，会弹出如图 4.9.3 所示的统计信息。从显示的信息看，这次持续了 17 秒的清理，一共清理了 402092 条废线、4839 个废面、1 种材质与 13 个风格，效果非常显著。

图 4.9.4 是在另一次清理后出现的提示，说明出现了 6 个错误且都是合并面域的错误。同时给出了可能的原因和改进办法，并建议重新清理。

图 4.9.2　设置面板

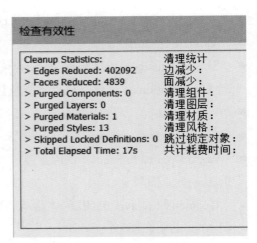

图 4.9.3　检查有效性

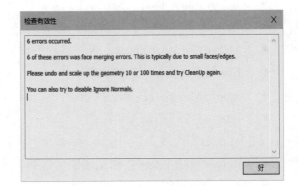

图 4.9.4　出现错误

3. Erase Hidden Geometry（清理隐藏的几何体）

清理模型垃圾时，最容易被疏忽的部分有隐藏的底图、几何体或辅助线，等等。用这个选项可以快速清理这些容易被疏忽的东西；但是，使用这个选项之前，请务必想清楚隐藏的东西里是否有必须留下的内容。

4. Erase Stray Edges（清理杂散边线）

SketchUp 本身自带的清理功能无法处理的问题，可用此清理项。导入 dwg 文件的同时，可能会同时导入大量杂乱的废线；另外在经过模型交错后，也时常会造成大量的废线段。使用这个菜单项可以一次清理所有的废线。

5. Geometry to Layer0（几何体移入默认图层）

导入 dwg 文件，有时会导入一些意义不明的图层，有些还是空图层，删又不敢删，留着又是垃圾，还容易出错。使用这个菜单项可以把选定范围内的几何体全部移到 SketchUp 的默认图层 Layer0，以便删除这些废图层。

6. Merge Faces（合并面域）

使用这个菜单项可以把选定范围的"共面"合并在一起。但是操作前务必要注意选择范围内是否有不能合并的对象，以免误操作。

7. Merge Materials（合并材质）

按字面解释，这个命令就是把相同的材质合并在一起，但这种解释会引起"较真"用户的困惑。作者就"较真困惑"了好久——相同的材质为什么还要合并？死掉很多脑细胞以后，终于弄明白这个菜单项的意义。

对某个对象赋了一种颜色，如是 H60 S100 B80。后来将另几个对象的颜色调整成相同的颜色，并且各自设置成"自定纹理"。这个菜单项就是要解决这种问题，即把这些"自定纹理"的材质合并在一起。

8. Repair Edges（修复边线）

望文生义，这个命令就是修复断裂的边线，大多用于导入 dwg 文件以后。

4.10 Polyhedra（规则多面体）

建模实践中，创建各种多面体是经常要做的事情，其中最经典的"规则多面体"虽然一共只有五种，但是要按数学理论创建这些"规则多面体"每次都要耗费很多时间，且结果还未必精准。该插件就是为了解决这个问题而编写的。用这个插件可以快速并且准确地绘制出四面体、立方体、八面体、十二面体和二十面体（见图 4.10.1），这些功能对于时常要创建这些精准图形的 SketchUp 用户，如教师与学生们，可以节约很多时间，所以特别介绍给需要的用户。

在本节的附件里有一个名为 jwm_polyhedra.rbz 的文件，可以放心用 SketchUp【窗口→扩展程序管理器】命令进行安装。这个插件安装完成后是没有工具图标的，可以在 SketchUp【绘图→ Polyhedra】的二级菜单里五个选项中进行选择，如图 4.10.2 所示。

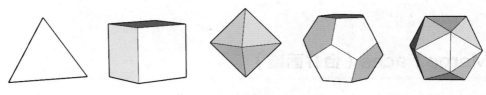

图 4.10.1　规则几何体

图 4.10.2　菜单项

下面以创建一个 20 面体为例说明这个插件的用法。

（1）单击【绘图→ Polyhedra → Icosahedron（20 面体）】命令。

（2）弹出如图 4.10.3 ①所示的对话框，询问"你要如何指定多面体的大小"。

（3）图 4.10.3 ②里有两个选择：直径或边长。图 4.10.3 ②里选择了边长。

（4）单击"好"按钮以后，弹出如图 4.10.4 ①所示的第二个对话框，在②中填入边长 300。

（5）再次单击"好"按钮确认后，20 面体生成，如图 4.10.5 所示。创建其他形状操作相同。

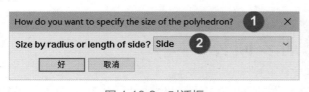

图 4.10.3　对话框

图 4.10.4　第二个对话框

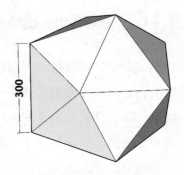

图 4.10.5　20 面体

4.11 Center of Gravity（质量重心）

这是一个用来计算单个或多个对象的体积、重量和重心的工具。

本节附件里有个名为"C of G_质量中心 v3.1"的 rbz 文件，可以放心通过【窗口→扩展程序管理器】命令安装；安装完成后，没有工具图标，只能用【扩展程序菜单→ C of G】里面的子菜单项调用。

子菜单里有两个可选项，其名称与功能是 Find C of G（求组的中心）和 Composite C of G（求组合的中心）。

1. 例一：测量单个对象的体积、重量和重心

选中一个必须是实体的对象，如图 4.11.1 ①所示，选择【扩展程序→ C of G / Find C of G】命令，在弹出的对话框（图 4.11.1 ②）里填写该对象的密度、名称和精度，单击"好"按钮，稍待片刻即可得到图 4.11.1 ③所示的报告和图 4.11.1 ④中的一组 SP（Symmetrical Point，平衡点）④。

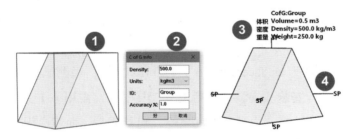

图 4.11.1　测量单个对象

复杂对象的运算过程需要更多时间，屏幕左下角显示有进度条。

2. 例二：测量多个对象的体积、重量和重心（例中为两个实体，更多实体也可以）

被测量的对象必须都是已经被测量过的"C of G 实体"，如图 4.11.2 ①②所示。

按住 Shift 键，分别单击这两个对象（注意要单击 SP 文字或引线），再选择【扩展程序→ C of G / Composite C of G（组合的中心）】命令，稍待片刻即可得到图 4.11.2 ④所示的重量报告和图 4.11.2 ③所示的一组 SP（Symmetrical Point，平衡点）。

插件生成的报告文本与 SP 单独成组，可将其删除而不破坏原来的几何体。

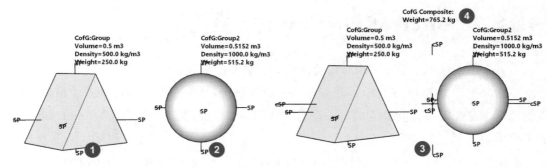

图 4.11.2　测量多个对象

4.12　Face Centroid（面质心）

物理学里的重心和质心，虽一字之差但极易混淆，它们是两个不同的概念。一个物体的各部分受到重力作用，用一点代替就是物体的重心；本章上一节就是求重心的工具。而这一节要讨论的工具所求是"质心"。所谓"质心"，是物体质量集中的假想点（规则形状物体就是它的几何中心），平面的质心就是其面积的中心点。无论"重心"还是"质心"，还有下面要提到的"惯性距""惯性半径"，它们都是重要的物理学概念，是"结构设计"的重要参数。

本节附件中有一个名为 as_facecentroid_1-4 的 rbz 文件，经测试可放心通过【窗口→扩展程序管理器】命令进行安装。安装完成后没有工具图标，需用【工具→ Face Centroid】命令调用。这个插件可自动计算选中平面的面属性，包括质心、面积、周长、惯性矩、惯性半径等。

1. 例一：检测规则图形

为方便理解该工具生成的"面属性"报告，本例的标本是边长 1m 的正方形，如图 4.12.1 ①所示。

这个插件的使用非常简单：选中想要测量的几何图，选择【工具→ Face Centroid → Get Face Properties（获取面属性）】命令，即可生成图 4.12.1 ②所示的"面属性"报告。

所生成的"面属性报告"共有 8 项，列出了 5 个方面的数据。

● Centroid（质心）：从 SketchUp 坐标原点算起，即十字靶标离红绿蓝轴的距离。

- Area（面积）：单位 mm² （可通过【模型信息】相关设置改变）。
- Perimeter（周长）：单位 mm （可通过【模型信息】相关设置改变）。
- 惯性距 lx、ly、lxy：单位 mm⁴ （通常被用作描述截面抵抗弯曲的性质）。
- 惯性半径 rx、ry：单位 mm （物体微分质量假设的集中点到转动轴间的距离）。

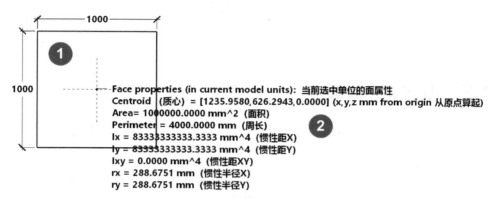

图 4.12.1　面的属性

2. 例二：检测不规则图形

图 4.12.2 ①是一个全部用手绘线绘制的不规则图形，中间有两个不规则的孔，这是专门用来测试这个插件能力的图形。

（1）全选图 4.12.2 ①的图形后，选择【工具→ Face Centroid → Get Face Properties 】命令。

（2）弹出一个提示，询问是否要生成"质心"与"十字线"。

（3）单击"确定"按钮，弹出如图 4.12.2 ②所示的提示："检测到表面有内孔，在使用前在每个孔和面周长之间画一条连接线。"

（4）遵照提示，添加了两个直线段，如图 4.12.3 ①②所示，再单击"确定"按钮，生成测量报告。

图 4.12.2　带孔的不规则形

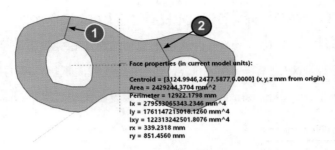

图 4.12.3 画线与检测报告

3. 例三：检测多个图形

选中要测量的多个图形，选择【工具→ Face Centroid → Get Face Properties】命令，结果如图 4.12.4 所示。

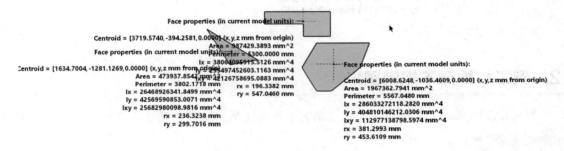

图 4.12.4 检测多个图形

4. 几点提示

- 被测量的几何图形必须平行于 XY 平面（即躺在地面上）。
- 被测量的几何图形不能是组或组件，否则须双击进入组或组件再实施测量。
- 若被测量的几何图形不是一个平面，要先"压平"成可测量的单个面（本书中有压平插件）。
- 可同时选中多个形状，插件将依次计算每个面的属性。
- 所有属性参数报告以文本列出，可复制。
- 插件会在质心区域绘制一个构造点和一组 XY 十字线，并独立成组（见 4.12.1 ①）。
- 为了准确计算包含内部孔的面，必须用一直线段将孔的边线与外轮廓线连接。

4.13　Sky Dome（球顶背景）

在建筑与景观设计中，时常要把完成的模型放在一个有背景、有云的空间里去表达，常用的办法就是做一个半球型的天空罩在对象上，然后把一幅预先做好的天空背景图片用投影或 UV 贴图的方法赋给半球型的内壁，这样就得到了一个所谓"球顶背景"，在任何角度都能看到天空和背景。这是一个有点麻烦的事，还要涉及建模之外的能力与技巧。用这一节要介绍的 Sky Dome 插件就可以比较简单地解决"球顶背景"的问题。

本节附件中有一个名为 ae_skydome_1.0.1 的 rbz 文件，经测试可放心通过【窗口→扩展程序管理器 】命令进行安装。安装完成后，可选择【视图→工具栏→ Sky Dome 】命令调出如图 4.13.1 所示的工具条，其中有三个工具图标。

1.　例一：默认的球顶

如图 4.13.2 所示是一个刚刚创建的别墅，下面为它配上背景。

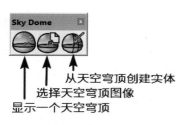

图 4.13.1　工具条

图 4.13.2　别墅

（1）不用做任何选择，直接单击工具条第一个工具"显示一个天空穹顶"。

（2）图 4.13.3 所示就是刚刚生成的"天空穹顶"（默认）。至于把一栋西式的别墅放在一大片麦田里是否和谐暂且不作讨论。

假设对图 4.13.3 所示的天空背景上的云彩不满意（太浓重），想要把穹顶转一个角度，可以做如下操作。

（1）鼠标右击背景，出现的右键菜单如图 4.13.4 所示，选择其中的第一项 Set azimuth angle（设置方位角）。

（2）在 SketchUp 界面的右下角数值框里输入"方位角"，可以让穹顶旋转一个角度。

图 4.13.3　自动生成的球顶

设置方位角	Set azimuth angle
选择球面图像	Select spherical image
选择半球形图像	Select hemispherical image
从天空穹顶创建实体	Create entities from sky dome

图 4.13.4　右键菜单项

（3）图 4.13.5 就是输入 180 后回车的结果，可以看到背景的天空变化了，原先在建筑物旁边的田间小路移到了建筑物的下面。如果对旋转结果不满意，还可输入其他角度。

图 4.13.5　旋转 180 度后的球顶

2. 例二：更换背景图片

预先准备好专用的特殊图片，如球面或半球的全景图片；制作这种图片的方法技巧请参阅本书作者编撰的《SketchUp 材质系统精讲》。

- 方法一：单击工具条中间的工具图标，在弹出的对话框中选择准备好的全景图片。
- 方法二：鼠标右击背景，在右键菜单中选择 Select spherical image（选择球面图像）或 Select hemispherical image（选择半球形图像）。

3. 操作快捷键

- 左键 + 拖动 = 环顾。
- Ctrl 键 + 左键 + 拖动 = 盘旋。
- Shift 键 + 左键 + 拖动 = 平底穿顶。

4. 生成"实体"的操作。

球顶背景调整完成后，要立即添加一个场景（为什么要这么做，马上就会知道）。

（1）单击工具条右边的图标，生成一个"实体"，如图 4.13.6 所示。所谓"实体"，其实就是一个球体或半球体，模型放置在其中心位置，球体或半球体的内壁附有天空与背景的图片，如图 4.13.7 所示。

（2）球体生成后，再添加一个场景。现在有了两个场景，分别单击就可穿行于球体内外。

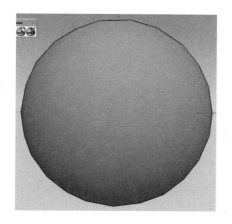

图 4.13.6 生成的实体

图 4.13.7 实体的内部

5. 其他可调整项

生成球顶背景后，还可以用 SketchUp 的以下工具对模型进行调整。

- 阴影面板：建议不要打开阴影，仅勾选"使用阳光参数区分明暗面"。
- 场景面板：除了上面讲的穿行于球体内外，还可以结合旋转模型创建一些新的场景，方便观察与生成动画。
- 剖面工具：图 4.13.8 和图 4.13.9 就是用剖面工具的结果。
- X 光与透明材质：图 4.13.7 就是在 X 光模式下的效果。

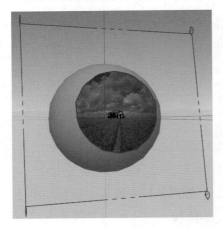

图 4.13.8　运用剖面　　　　　　　　图 4.13.9　移动剖面

本节附件里有一段插件作者的视频，已经添加了中文标签，可供参考。

4.14　Simplify Contours（简化轮廓）

SketchUp 对于模型的线面数量比较敏感，建模时若是对线面数量不加控制，模型的规模就会变得很大，电脑运行也会出现卡顿。对线面进行控制时，要注意对各种曲面的线面数量加以控制。我们知道，面的数量决定于线，所以这是一个用简化线的方法从根本上控制线面数量的工具。

在本节附件中有一个名为 su_simplify_contours_111 的 rbz 文件，经测试可放心用【窗口→扩展程序管理器】命令进行安装。安装完成后没有工具图标，要用的时候，单击【扩展程序菜单→ Simplify Contours】命令调用该工具。

（1）如图 4.14.1 所示，①是从一个工程图中切割出来的一小块等高线。

（2）用【窗口→模型信息面板→统计信息】命令查看，线段数量3470，如图4.14..1②所示。

（3）全选后，选择【扩展程序→ Simplify Contours 】命令。

（4）如图4.14.2所示，在弹出的对话框（图4.14.2②）里填写允许曲线的弯曲角度（默认10度）。

（5）保留图4.14.2②默认的10不动，单击"好"按钮，结果如图4.14.2③所示，变成1442。可见线的数量减少到原来的42%，曲线的精度并无明显的变差。改变图4.14.2②的角度值，如"12"或"15"，还可以获得更多精简。

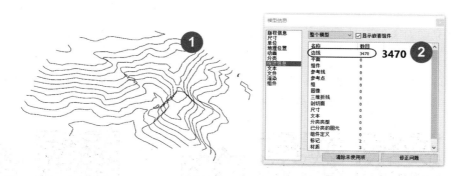

图 4.14.1　原始的线段数

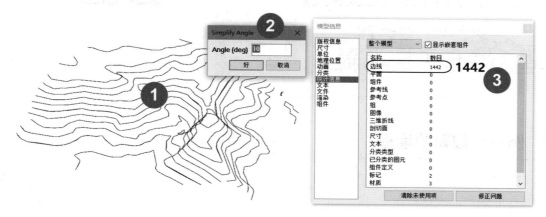

图图 4.14.2　调整后的线段数

4.15　Curic Face Knife（库里克面刀）

在本章3.5节介绍过一个2D Boolean（2D布尔）插件，可以用选定的面修剪或减去2D的组或组件。它还能够在修剪、减去运算之后，推拉相关的面。

这一节要介绍的是一个类似的工具，也是用一个面去切割出组或组件中需要的部分，但是功能比较单一（只有修剪功能），跟 2D Boolean（2D 布尔）相比，略逊一筹。可以选择【扩展程序→ Extension Warehouse】命令以 Curic Face Knife 为关键词搜索和安装。在本节附件里保存有一个 2022 年的版本，可以通过【扩展程序管理器】安装。

1. 两个类似插件的比较

为了公平，我们还是先用 3.5 节相同的条件对它进行测试，图 4.15.1 就是相同条件下的比较结果：垂直线左侧是 2D Boolean（2D 布尔）的工具条与其表现，右侧是本节 Curic Face Knife（库里克面刀）的工具条与表现。后者除了功能单一，切割表现也欠佳，有部分没有准确完成切割，

但是这个 Curic Face Knife 插件也并非一无是处，否则也不会把它收录进来，下面就用两个例子介绍它的优点。虽然用的机会不会很频繁，但你需要的时候一定会想到它。

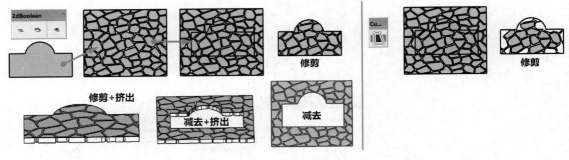

图 4.15.1　两个类似插件的比较

2. 例一：敷贴护墙板

（1）如图 4.15.2 所示，①是待敷贴护墙板的墙体（带有门洞与窗洞），②是准备好的护墙板（非图片的实体群组），③是把①②二者叠在一起的效果。注意，这个插件的优点来了：优点一，不贴合在一起也可以。优点二，单击待修剪的墙板群组③，插件可自动识别与其平行的墙体①，并在②上以红线标示出后面墙体①的边缘、门洞、窗洞的位置，以便检查。

（2）稍微移动光标还能见到即将进行切割的面，如图④所示。按回车键确定后，结果如⑤所示。

图 4.15.2　敷贴护墙板

3.　例二：裁切屋面瓦片

（1）如图 4.15.3 所示，①是准备好的瓦片群组与屋顶的斜面，瓦片群组可以略大于屋顶斜面。

（2）调用工具后单击瓦片群组，工具自动识别出后面的屋顶斜坡，并如②所示给出预览。若无问题，按回车键即可完成切割。

（3）对屋面的另一侧做同样的操作，如③④⑤所示。

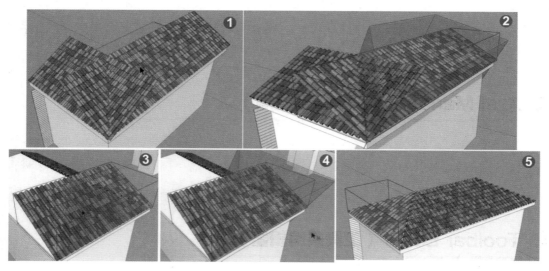

图 4.15.3　裁切屋面瓦片

4.16　偶尔用的其他插件

插件的数量之多，众所周知。除了本章前面较详细介绍过的"最常用""次常用"和"偶尔用"的几十种之外，还有另外一些插件在撰写书稿过程中也进行过测试，最后终因各种各样的原因而落选：或者太过边缘，或者功能重复，或者收费太高，抑或年代太久，不能用于新版的 SketchUp……既然它们存在过，作者也曾费心测试研究过，有些甚至现在还要人在用，不如把它们集中到一起，供读者自行选择要不要去研究应用。

如果你对下列插件中的某些有兴趣，或有志于 Ruby 脚本的研究开发，可用列出的中英文名称搜索，很容易就能搜索到最新的版本、汉化的版本甚至相关的教程。

1. Layers Panel（图层面板）

新图层面板的界面类似 Photoshop 的图层管理器，可以很便捷地对图层进行编组，使管理模型更方便。控制图层的排序 / 嵌套方式很简单，只要抓住了图层左侧的手柄，并将其放在你想要的嵌套深度就可以了。插件在本节附件里。

2. Cleanup（废线清理）

该插件为 SU 必备插件，可以一键将场景中多余的废线、废面、无效图元、无效材质等进行清除，优化模型的体积；并可以根据自己的需要选择清理或不清理哪些种类。插件在本节附件里。

3. Xref Manager（外部参照管理）

Xref Manager（外部参照管理器）由 TIG 开发，该插件可以将 skp、dwg、dxf 格式的文件插入 SketchUp 中作为参照（类似 CAD 参照）。修改原始文件后，可在 SketchUp 中进行更新同步。插件在本节附件里。

4. Toolbar Editor（工具条编辑器）

用于重新定义插件的工具图标，形成新的工具条。单击左侧的"+"按钮可以拖曳常使用的插件图标重新排列并创建为自定义工具栏，还能编辑工具条名称和删除工具条。注意：更改后需单击 Apply 按钮才能创建成功；并非所有的插件命令更改后就能立即应用，一些插件需在下次启动 SketchUp 才能应用。插件在本节附件里。

5. Ghost Comp（组件替身）

这个插件用简单 BOX 代理复杂模型，是高精渲染的必备工具。Ghost Comp（组件替身）由 Fredo6 开发，该插件可以将一个复杂的组件用简单的组件代替，用户可以根据自身的需求随时切换组件状态，并且这些操作并不会影响组件的位移操作。插件在本节附件里。

6. UCS Manager（坐标管理器）

在 SketchUp 中，使用坐标轴工具定义了自己的坐标系统之后，再建立新的坐标系就会清除之前的坐标设置。这个插件就专门解决了以上问题，它可以保存、恢复、删除和列表用户定义的坐标系。插件在本节附件里。

7. Axis Comp 5（自动轴心）

它能快速重设组件的轴心，内置多种对齐方式。单击图标可以将所选择组件轴的轴心自动对齐到组件底面中心。在该插件的 Plugins 菜单下还有更多选项能自动对齐组件轴心到常用位置。插件在本节附件里。

8. Layer Zero Fixup Tools（图层归零）

它能快速把表面和边线都分配到 0 图层上。我在做模型的时候，习惯将所有线面原始元素都放在 0 层上，然后把组或者组件放在不同的图层上，这样方便管理。但是有的时候常常做着做着就忘记了，把线面也放到了某个自定义的图层，这时候想修改就会比较麻烦。这个插件就是专门解决这个问题的，它在组及组件的右键菜单增加了两个选项，一个是炸开到 0 层（Explode to layer0），可以直接炸开组或组件，并将所有线面物体归入到 0 层中，另一个是 Primitives to layer0，可以保持组和组件的图层属性不动，只是将其内部的图元转入到 0 层。插件在本节附件里。

9. Projections（参考线工具）

这是个功能强大的参考线绘制工具，就像轴网工具。该插件由 5 个小工具组成，旨在简化建模过程，可以投影各种类型的对象（辅助线、边、面等），并可在源对象和投影对象之间创建辅助线。插件在本节附件里。

10. Additional Plugin Folders（附加插件路径）

Additional Plugin Folders 插件可以自由定义需要加载插件的目录位置，不再局限于 SketchUp 默认的 Plugins 目录。插件在本节附件里。

11. Scale Rotate Multiple（多重比例旋转）

它可以将所有对象在设定范围内做随机的旋转和缩放。插件在本节附件里。

12. Smart Copy（超级阵列）

它沿路径阵列，同时产生线形或者随机变型效果。插件在本节附件里。

13. Mirror（镜像插件）

它可以在任意轴向对所选模型镜像复制（JHS 里有这个工具）。

14. Smart Drop（智能落置）

它让很多模型自动"落"在曲面上（JHS 里有这个工具）。

15. Eclate Deplace（爆炸图）

制作家具组装图时，可以用它拆分组件。插件在本节附件里。见《SketchUp 建模思路与技巧》第 2 章 22 节。

16. Copy Along Curve（沿线复制）

它能沿曲线阵列复制组件，支持 3D 空间曲线（JHS 里有这个工具）。

17. Optimal Path Array（增强路径阵列）

此工具比 Path Copy 插件更强大，能够使多个组件一起阵列，制作随机比例的围栏。

第5章

曲线曲面相关插件

　　SketchUp 的插件很多，其中跟曲面有关的插件数量尤其可观。剔除不太实用的、过时的、有问题的插件以后，还有上百个（组）。作者挑选出几十个（组）最为常用的，并在本章中对其中 30 种做了较深入的介绍，还对其他十多种作了简单介绍。

　　曲线曲面建模用的插件中，有一些比较难掌握，用起来也会比其他插件更加复杂和麻烦，很多插件都需要使用者掌握一点高等数学与微分几何学的知识，了解一点曲线与曲面方面的基础理论；建议读者阅读《SketchUp 曲面建模思路与技巧》的第一章"SketchUp 曲面基础"。

　　本章选录的插件都能在 SketchUp 2022 中安装使用。本章除了介绍每种插件的来源、安装、调用、基本使用要领等内容外，还尽可能配以视频教程，以帮助读者掌握它们的用法。

5.1　Extrude Tools（曲线放样工具包，TIG 常用工具）

　　这是一个重要的曲面建模工具，在本节的附件里，提供了它的英文原版与汉化版。用 SketchUp 的【扩展程序管理器】安装好工具包后，选择【视图→工具栏→ TIG 常用工具】命令，调出如图 5.1.1 所示的工具条。也可以选择【扩展程序→ TIG 常用工具】命令调用其中的各工具。

　　这个插件的 5.0 版工具条上一共有十个工具，如图 5.1.1 所示。下面分别介绍其操作要领并用一些实例说明其用法用途。

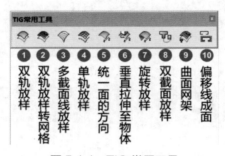

图 5.1.1　TIG 常用工具

1.　Extrude Edges by Rails（双轨放样）

　　工具的名字叫双轨放样，但不要以为只有两条线就可以放样。双轨放样需要四条线，所以要提前准备四条曲线，如图 5.1.2 所示，其中两条线①④代表放样路径（即所谓的"双轨"），另两条线②③就可以看成是放样轮廓线了。

　　操作要领如下。

　　（1）调用双轨放样工具，先单击放样轮廓线①，再单击两条放样路径②③，最后单击另一条放样轮廓线④（或倒序），放样结果基本形成。

　　（2）回答一系列问题，如⑤⑥⑦⑧并作出选择后，放样完成，如⑨所示。

　　（3）如放样路径和轮廓线由多个线段组成，需要预先将线段"焊接"在一起。

　　（4）在回答问题⑦时推荐选择 Quad Faces，四边形的线面数量减少近半。

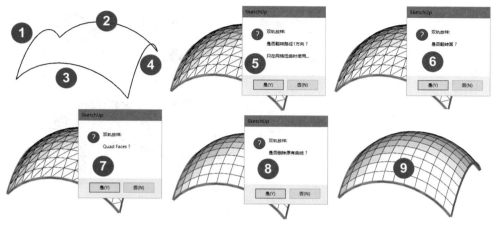

图 5.1.2 双轨放样实例

2. 双轨放样转网格

这个工具是在"双轨放样"的基础上改变而来——去除了网格之间的面，只留下网格，方便后续再加工，如网架结构的屋面。

操作要领如下。

（1）如图 5.1.3 所示，准备好两条路径和两条轮廓线，调用双轨放样转网格工具，先单击放样轮廓线①，再单击两条放样路径②③，最后单击另一条放样轮廓线④，放样结果是一组结构点，如⑤所示。

（2）先在弹出的对话框⑤里选择"路径""路径/轮廓""轮廓""对角线"，它们的含义分别是：只生成平行于路径的网格，同时生成平行于路径和轮廓线的网格（十字形），只生成平行于轮廓线的网格，或者只生成对角线网格。

（3）第二个对话框⑥只有两种选择"直线"或"3D"，⑦就是选择了"直线"的结果。

（4）如果在⑧中选择了"3D"，就会生成一大堆"构造点"。

（5）单击"好"按钮，会弹出一个数值面板⑨，填写如图数据后得到网格⑩。

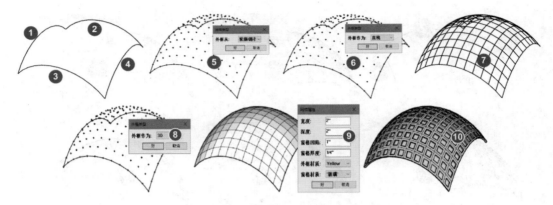

图 5.1.3　双轨放样转网格实例

3. Extrude Edges by Loft（多截面线放样）

用这个工具可以做出非常复杂的曲面，条件是先画得出放样截面的曲线，如图 5.1.4 所示。操作要领如下。

（1）画出两条以上放样截面曲线，如①②③④⑤⑥所示。如果曲线不止一个线段，要用其他工具把它们连接在一起，如③④是由 3 条曲线组成的，预先做了"焊接"。

（2）调用多截面线放样工具，根据放样要求，按编号顺序单击放样曲线。

（3）选择好所有曲线后回车，在弹出的对话框里输入生成曲面的片段数；稍待片刻，曲面基本生成后，要根据提示作出选择，建议全部选择"否"。

（4）曲面生成后，全选，适度柔化后如⑨所示。

注意，选择放样曲线的顺序跟结果密切相关，顺序不同，结果将完全不同。轮廓线片段数和放样精度不要设置得太高，否则线面数量会急剧增加。多条线段形成的轮廓线，要提前"焊接"（JHS 工具条上有焊接用的工具）。

图 5.1.4　多截面线放样实例

4. Extrude Edges By Edges（单轨放样）

名称是"单轨放样"，但并不是只需要一条曲线。这是一个只靠两条曲线就可以做出曲面的工具，其中有一条放样路径（即所谓"单轨"），还有一条轮廓线。

操作要领如下。

（1）如图 5.1.5 所示，准备两条不同方向的曲线，每条曲线必须是单独的群组（必须是群组）。

（2）全选这两个群组，单击单轨放样工具，再回答一系列问题后，曲面就创建成功了。

注意，在回答问题时如无把握可回答"否"，理由在讨论其他工具的时候再解释。

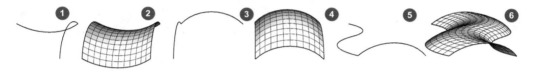

图 5.1.5　单轨放样实例

5. Extrude Edges By Vector（统一面的方向，应改为拉伸边线或矢量边线）

这个工具不知是谁翻译成"统一面的方向"的，看名称它像是"翻面"用的工具，其实跟翻面毫无关系。它其实是一种改良了的"拉线升墙"，准确的名称应是"拉伸边线"。

操作实例请看图 5.1.6。

（1）①是一条原始的波浪线。预选波浪线后调用拉伸边线工具，单击波浪线，并沿蓝轴向上移动，单击确认，如②所示；工具继续沿红轴移动，单击确认，如③所示；再次沿蓝轴向下移动，单击确认，如④所示；最后沿红轴向左移动，单击确认，如⑤所示。

（2）预选半球体的部分线面⑥，调用拉伸边线工具，单击任一顶点，往上移动，再次单击确认如⑦所示。预选部分线面如⑧所示，向上移动后单击，如⑨所示。

（3）移动边线后，可输入尺寸得到精确的形状。

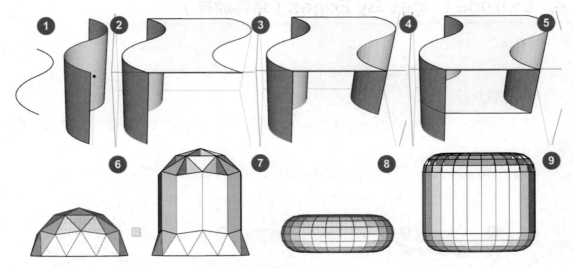

图 5.1.6 拉伸边线实例

6. Extrude Edges By Vector（**垂直拉伸至物体**）

这个工具类似于传统的"拉线升墙"工具，但功能更强，推荐使用。实例如图 5.1.7 和图 5.1.8 所示，操作要领如下。

（1）如图 5.1.7 所示，①②③④模拟屋顶与墙、柱；⑤⑥⑦⑧是已经完成垂直拉伸的效果。操作方法是：选择需要垂直拉伸的线面（仅线也可，可预选多个线段而不用预先连接）；调用垂直拉伸至物体工具，在任一线段上单击，将光标往拉伸的方向移动，可以见到虚线形状，也可以用箭头键配合移动；让虚线形状超过目标最高处，单击确认；或输入拉伸距离后回车；回答一些问题后作出选择，拉伸过程完成。

（2）另一组测试对象如图 5.1.8 所示，其中①②③④是准备好的拉伸线面与拉伸目标，⑤⑥⑦⑧是完成拉伸的效果。

注意，①拉伸的目标面，可以是平直的面也可以是曲面，可以是单层也可以是双层。②移动光标的时候，可以用键盘的箭头键锁定移动方向。③如有特殊要求，也可不垂直移动，而是做出倾斜的立面，但效果不太好控制。

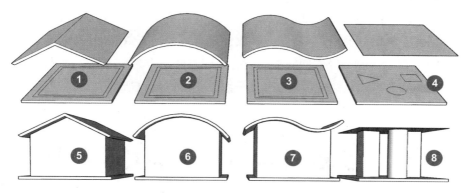

图 5.1.7　垂直拉伸至物体实例一

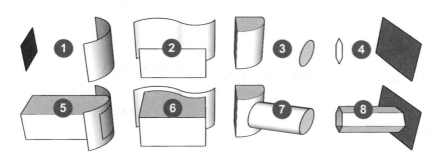

图 5.1.8　垂直拉伸至物体实例二

7.　Extrude Edges By Lathe（旋转放样）

这是用一条曲线或一个面做旋转放样的工具，非常好用。如图 5.1.9 所示。

操作要领如下。

（1）①②③是准备好的一条曲线和一条中心线。

（2）预选曲线①，调用旋转放样工具，顺序单击②③；输入旋转角度 45 后回车；双击，稍待片刻，放样成功，如④所示。

（3）⑤⑥⑦是分别输入 180、270、360 后的结果。

其中⑦所示的放样精度很低，按屏幕左下角的提示，可以输入新的片段数改变精度。但是这个版本尝试不成功，一直是默认的 9（以前的版本成功过）。

注意，①若放样曲线由多个线段组成，要预先"焊接"成一个整体。②输入旋转放样角度和放样片段数两个数据的顺序不分先后，放样角度只要输入数字即可，放样片段数的后面要加一个字母 S，以示区别。③在回答提示时务必注意"是否光滑边界"，建议选择"否"，因为它的自动柔化程度太高，该留下的边线全部柔化了，导致严重失真，建议用手工调整柔化角度。

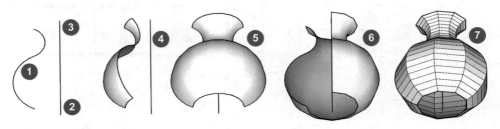

图 5.1.9　旋转放样实例

8.　Extrude Edges By Faces（双截面放样）

这是一个曾经非常好用的工具，可惜随着 SketchUp 与 Ruby 的不断升级，因很多没有及时更新而不能用了。

如图 5.1.10 所示，①③⑤是典型的测试用标本：路径的两端各有一个不同的截面。在老版本的 SketchUp 里可以完成"双截面放样"，②④⑥是在 SketchUp 2020 和 2021 中的表现，虽然工具找到了路径，却不能成面。好在还有个替代品，请查阅本书 5.3 节的"面路径成实体工具"。

下面的操作过程提供给老版 SketchUp 用户参考。

（1）准备一条连续的放样路径，注意必须是连续的。

（2）在放样路径的两端各准备一个放样截面。两个截面的形状可以不同，这是这个工具的特色。

（3）调用双截面放样工具，单击截面一，再单击放样路径，最后再单击截面二。

（4）回答对话框里的每一个问题后，左下角有数字进度，复杂的形状可能需要点时间。

注意，①如路径由多个线段组成，需要提前"焊接"成一条。②放样截面不必是群组，也不必跟路径放在一起。③放样结果的长度，决定于路径的长度。④放样截面与路径的位置将直接影响双面放样的结果。⑤有轴对称要求的放样，放样的截面中点应当与路径的端部一致。

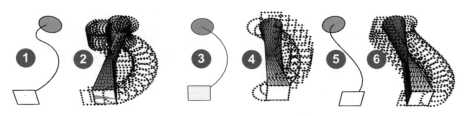

图 5.1.10　双截面放样实例

9. Extrude Edges By Rails ByFace（曲面网架）

这是用来创建网架结构的工具，如图 5.1.11 所示，需要预先设置两条路径②⑤，两条放样轮廓线③④（或互换）和一个画在地面上的材料截面①。

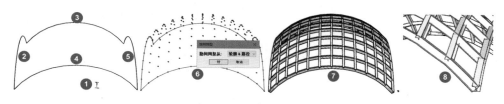

图 5.1.11　曲面网架

操作要领如下。

预选网架截面①，调用工具后按②③④⑤的顺序单击；在弹出对话框⑥里选择"轮廓 & 路径"，结果如⑦所示。

局部放大后效果如⑧所示，其细节上的毛病很多，所以不建议在重要设计中使用这个功能。

网格密度由路径和轮廓线的片段数决定，在实现大跨度的网格时，需要预先计算好，再设置曲线的片段数，也可以画出曲线后再等分。

如果这些曲线是贝兹、样条或多段线，需要等分；或者用本书第 5 章第 5 节介绍的贝兹曲线工具条的"等距划分多段线"工具，设定好间隔后描绘一遍。

10. Extrude Edges By Offset（偏移线成面）

这个工具相当于 SketchUp 的线偏移加补线成面。操作要领是：选择需要偏移的线段（线段可以不止一条），调用偏移线成面工具，输入偏移距离后回车，回答问题后，操作完成。

如图 5.1.12 所示，具体效果如下。

（1）①是一条圆弧，②是选择工具后输入 5000 回车，③是输入 –3000 后回车。

（2）④是两条圆弧相接，⑤是输入 *3000 后回车，⑥是输入 5000 后回车。

（3）⑦是一条贝兹曲线，⑧是输入 –3000 后回车，⑨是输入 5000 后回车。

（4）⑩是直线工具绘制的折线，⑪是输入 –3000 后回车，⑫是输入 5000 后回车。

注意，①只有单条圆弧可获得预期的偏移成面效果。②多条圆弧，即使预先连接起来，也无法完成完美的偏移成面。③贝兹曲线、样条曲线、多段线等整体曲线可以使用，但都不完美。④输入偏移距离的时候，前面加个负号，偏移方向往左。

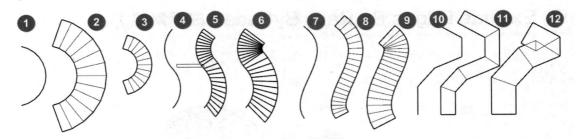

图 5.1.12　偏移线成面实例

5.2　Tools On Surface（曲面绘图工具）

这是一个可以在曲面上作图的工具集合。如图 5.2.1 所示，它有十四个工具，能比较完美地解决 SketchUp 不能在曲面上绘图的短板，是个不错的插件集合。

如果想显示中文，除了安装 Tools On Surface 以外，还需要安装 LibFredo6 多国语言编译库，选择【窗口→ LibFredo6 运行库→ Set Preferred Languages】命令，在弹出对话框的第一行选择 Chinese，重新启动 SketchUp 后设置生效。

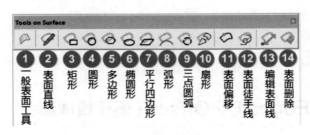

图 5.2.1　曲面绘图工具条

1.　一般表面工具

单击图 5.2.1 ①后可以看到如图 5.2.2 所示的操作界面，工作区的左边出现了一个工具条

②，内容与主工具条完全一样。顶部横向的是信息和额外控制条，其内容随当前工具的不同
而变化，它还提供一些附带的可选择项，进一步扩展了工具的功能。

在后面的讨论中，为了节省版面，截图仅限③或④所示的部分。

图 5.2.2 中打开了一个用来做试验的小模型，包括一个圆锥体、一个球体、一个半球体，
全都是典型的曲面对象。下面的演示就是分别用这些工具在曲面上绘出各种图形。

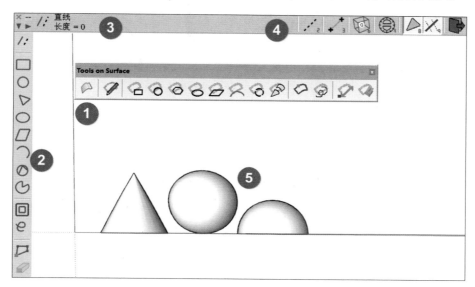

图 5.2.2　曲面绘图工具的操作界面

2. 表面直线

如图 5.2.3 所示，单击该工具①后，可以在顶部的选项条②③④⑤⑥⑦预先做一些设置，
以扩展这个工具的功能。要点如下。

（1）按下②后，可以画虚线，弹出这个按钮就回到画直线的状态。

（2）按下③后，在直线或虚线上产生构造点，为后续的操作提供依据。

（3）按下④后，画出的线条自动创建群组。

（4）按下⑤后，在画线时提供一个角度规，方便绘制有精确角度需求的线。

（5）按下⑥后，当所画的线首尾相接时自动生成平面。

（6）按下⑦后，自动把轮廓线生成为曲线，否则画出来的是一小截一小截的线段。

其余十多个工具使用中也会出现上述几个按钮，功能相同不再复述。

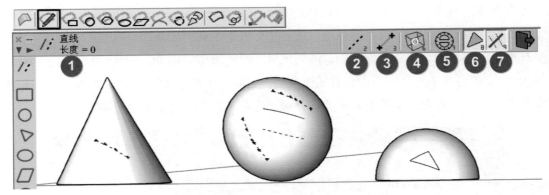

图 5.2.3　直线工具实例

还有一些小功能也介绍一下（后面介绍其他工具时不再重复）：

（1）左上角的红叉不是关闭工具，单击它可以最小化信息区，少占作图空间，再次单击恢复。

（2）红叉右边的一小横，用于隐藏信息区，少占用绘图空间。

（3）两个绿色的箭头，可以把水平和垂直的工具条调整到不影响作图的位置。

（4）中间的灰色部分是信息区，对当前的操作提供数据和提示。

（5）在操作时，屏幕左下角还会出现一些文字提示，有助于操作。

（6）最后提醒一下，使用直线工具在曲面上画的线，其实都不是直线，而是曲线。画线的时候可以输入长度，但这是曲线的长度而不是直线的长度。这个提示对工具条上的其他工具都有效。

3. 曲面矩形工具

如图 5.2.4 所示，有些选项跟刚才讲的直线工具是一样的，①用于虚线和直线的切换，⑥用于确定是否产生构造点，⑦用于确定是否自动创建群组，⑧用于确定是否自动成面，⑨用于确定是否连接线段为曲线。

不同的是，图中新出现了四个浅蓝色的图标，它们代表的意思看图标就知道了。我们先从按钮④开始介绍。它的名称是"长度乘以宽度"，意思是画矩形的时候，输入的数据是长度和宽度，这和 SketchUp 里的矩形工具是一样的。

那么，为什么还需要另外三种不同的尺寸输入方法②③⑤呢？

这是为了适应曲面上绘图的特殊性而设置的：在曲面上绘制矩形，找到一个参考点或中心点并不难，想准确定位其他点却不容易。有了这三种输入尺寸的方法，就可以从已知的点向两边或四边延伸，形成准确的矩形。明白了这个道理，你不得不赞叹插件作者思路的慎密和周到、体贴。

使用这个工具，在曲面上绘制矩形的方法是：确定起始点，移动光标确定矩形一条边的方向，输入这条边的长度；光标再向另一个方向稍微移动，确定矩形的方向，输入另外一个长度；回车后，矩形就完成了。或者在矩形的中心单击，移动光标确定第一个方向，输入长度的一半；再移动光标确定矩形的另外一个方向，输入另一个尺寸的一半；回车后，矩形就完成了。

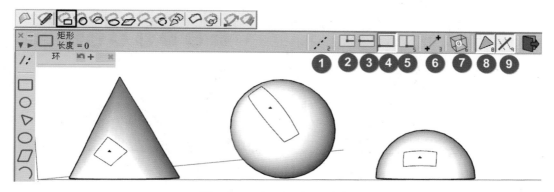

图 5.2.4　曲面矩形工具实例

4. 曲面圆形工具

如图 5.2.5 所示，圆形工具就没有那么复杂了，其中①④⑤⑥⑦的功能如前所述，只多了两个附加选项②③。

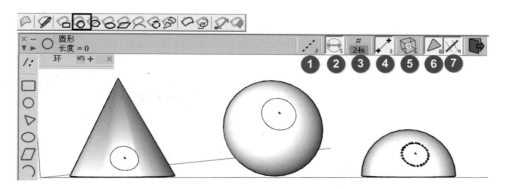

图 5.2.5　曲面圆形工具实例

（1）按下或弹出②，切换以半径还是直径画圆。

（2）单击③，可以在弹出的数值框里输入圆的片段数，也就是圆的精度。

（3）在曲面上画圆形的方法是：单击圆心，移动光标，输入半径或直径。

5. 曲面多边形工具

多边形工具用于在曲面上画多边形，跟上面讲的圆形工具一样，如图 5.2.6 所示，不再赘述。

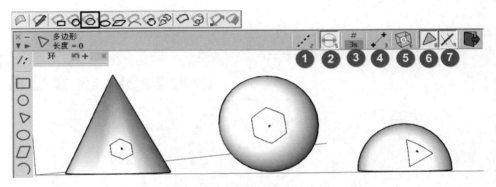

图 5.2.6　曲面多边形工具实例

6. 曲面椭圆形工具

在曲面上画椭圆形，用法跟前面讲的矩形工具差不多，如图 5.2.7 所示，其中的①⑥⑦⑧⑨⑩与前述相同。

（1）按下②，确定中心点后，分别输入长短轴的半径。

（2）按下③，确定一点后，先输入轴一的直径，再输入轴二的半径。

（3）按下④，确定一点后，分别输入长短轴的直径。

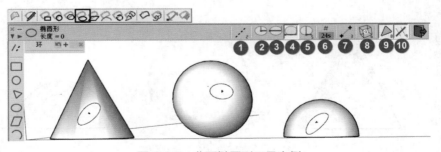

图 5.2.7　曲面椭圆形工具实例

（4）按下⑤，确定一点后，分别输入轴一的半径和轴二的直径。

7. 曲面平行四边形工具

平行四边形工具的用法跟矩形工具基本是一样的，区别就是在确定第二个方向的时候，可以旋转你需要的角度，如图 5.2.8 所示。

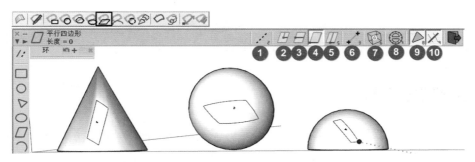

图 5.2.8　曲面平行四边形工具实例

8. 曲面圆弧工具

弧形工具在曲面上绘制弧形的方法，跟 SketchUp 基本工具的用法类似，如图 5.2.9 所示。

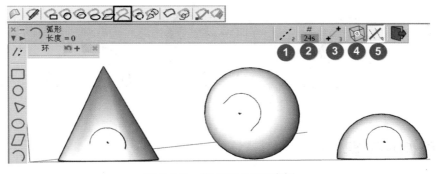

图 5.2.9　曲面弧形工具实例

9. 曲面三点圆弧工具

这个工具以三点定圆弧，跟 AutoCAD 的三点圆弧工具用法相同。如图 5.2.10 所示，①②③④⑤⑥⑦用法如前。

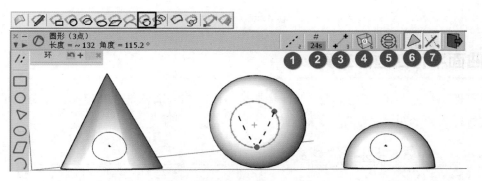

图 5.2.10　曲面三点圆弧工具实例

10. 曲面扇形工具

选择工具，单击确定圆心的位置，移动光标确定半径的方向，这也是扇形一条直线边的方向，输入半径尺寸回车后，出现一个红色的角度规。微微移动光标，输入角度后，再次单击鼠标确定，扇形绘制完成，如图 5.2.11 所示。

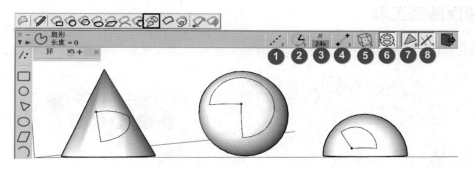

图 5.2.11　曲面扇形工具实例

11. 曲面偏移工具

这个工具可绘制偏移线，用法类似于 SketchUp 基本工具中的偏移工具。

（1）如图 5.2.12 所示，①⑦⑧⑨⑩的用法同前。

（2）②③④三项为选择偏移方向。

（3）按下⑤，可自动把偏移时候产生的折叠线段删除，免除了后续的删除操作。

（4）按下⑥，可偏移出独立于对象的轮廓线。

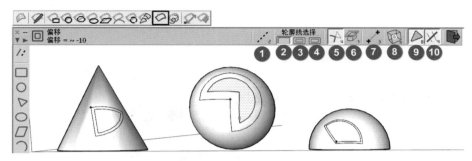

图 5.2.12　曲面偏移工具实例

12.　曲面徒手线工具

如图 5.2.13 所示，表面徒手线工具的用法有两种，一种是把按钮③弹出来，用法跟 SketchUp 里的徒手线工具完全相同。还可以在⑤处调整采样像素的值，数值越小，产生的徒手线就越圆滑。

如果按下按钮③，再画线时就跟 SketchUp 的徒手线工具完全不同了，它更像是画多段线，鼠标单击一次只能产生一个线段；移动光标且连续单击，便可产生一条徒手的多段线。

按钮①用于撤销操作，按钮④用于切换是否用"参照模式"，其余按钮功能同前。

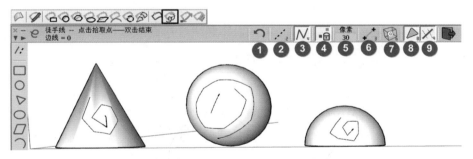

图 5.2.13　曲面徒手线工具实例

13.　曲面轮廓线编辑工具

这个工具用来做辅助的曲线编辑，对现有曲线不满意的时候，可以用它来进行修改。如图 5.2.14 所示，移动工具到需要修改编辑的曲线附近，曲线上出现很多红色和绿色的小方点，这些小方点叫作"锚点"。红色的小方点出现在曲线拐弯的关键点上，如果删除会改变曲线的形状；绿色的小方点通常可以删除而不会改变曲线形状。把工具移动到红色或绿色的锚点上，按住鼠标并移动，就可以对曲线进行编辑。

当觉得现有锚点不够的时候，可以在线段上双击增加一个锚点，可以选中某个锚点后双击删除，在右键菜单里也可以增加和删除锚点。

编辑完成后，用右键菜单里的"完成并退出"命令退出。

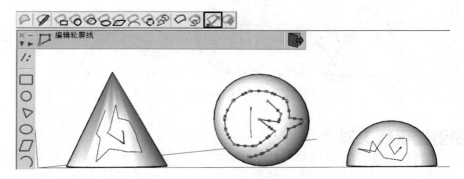

图 5.2.14　曲面轮廓线编辑工具实例

14. 曲面删除工具

如图 5.2.15 所示，这个工具的用法跟 SketchUp 基本工具中橡皮擦工具的用法是一样的，区别是曲面上的线段不是都可以删除的，有些关键的线段删除后会破面。这个工具有判断的能力，能删除的就删除，对删除了以后会破面的关键线段会拒绝删除。碰到这种情况，只能换用 SketchUp 的橡皮擦工具，按住 Ctrl 键做柔化操作，或者按住 Shift 键进行隐藏。

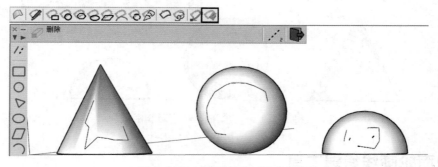

图 5.2.15　曲面删除工具实例

Tools On Surface 曲面绘图工具的内容就介绍这些了。这一组工具虽然主要是为曲面绘图设计的，但同时也可以在平面上绘图，其中的很多功能可以弥补 SketchUp 基本工具的不足，是一组非常好的工具。

另外，插件的作者时常会更新作品，修改和增加功能，平时可多注意专业网站与论坛上发布的信息。

5.3 Curviloft（曲线放样）

这是一组非常重要和好用的曲线放样工具集合，如图5.3.1所示。其中虽然只有三个工具，但功能非常强大，用法也丰富多样，这款插件与5.1节介绍的Extrude Tools（曲线放样工具包，TIG常用工具）部分功能类似，专门用于生成曲面。Curviloft遵循了Fredo6插件的一贯作风，界面操作详细周到。Curviloft的优势还在于可以对曲面的生成结果进行预览，同时还能对曲面的UV（顶点）实时修改，效率比Extrude Tools高很多。另外，它也附带了Libfredo的语言平台，方便汉化。

这组工具从本质上可以理解为"以线为基础的曲面造型工具"，三个工具就是三种不同的曲面生成方式。当彻底理解并且熟练掌握这组工具的所有诀窍后，它在实战中可以解决大部分曲面造型方面的问题。限于篇幅，这一节先分别介绍它们的基本用途和用法，在《SketchUp曲面建模思路与技巧》一书中还将多次结合应用实例做深入讨论。

①曲线封面

（说是基于样条曲线，其实折线、直线都可以）

②面路径成实体

（一或多条路径加一到多个面，"面"指的是面的边线）

③轮廓封面

（一组描绘轮廓的曲线生成实体的表皮）

图 5.3.1 工具条

1. 曲线封面工具（基于样条曲线）

样条曲线是连接一系列给定点的光滑曲线。SketchUp里的样条曲线，可以用AutoCAD创建好以后导入SketchUp，也可以用贝兹曲线等工具直接在SketchUp里面绘制（见5.5节）。这个插件的界面上有一些数学和几何学术语，在下文的介绍中尽可能按我国工程技术人员的习惯译成中文。有兴趣的朋友可以查阅相关的文献资料。

这个工具的功能是"创建基于样条曲线的封面"。在下面的测试中你会发现，其实用它来生成曲面不一定用样条曲线，一般的折线甚至直线都可以成为生成曲面的依据，这也是它区别于其他类似工具的特点之一。

1）曲线封面工具的基本用法

（1）如图 5.3.2 所示，准备好一组曲线①（不一定非要曲线，折线、直线都可以）。

（2）选择全部曲线①，单击工具条上的②按钮。

（3）生成初始曲面③，在弹出的附加选项⑤⑥⑦⑧⑨中作调整（后面有详述）。

（4）用以下三种方法中的任一种确认（其余工具相同或类似，不再重复）。

● 单击附加选项右边的绿色钩形按钮，见图 5.3.2 右上角。

● 右键菜单里选择"完成并生成几何体"命令。

● 单击屏幕的空白处。

最后生成曲面④。注意，刚生成时原始曲线与曲面重叠，可移出曲面把曲线留在原地，以便修改后生成新的曲面。⑨的用途是"闭合成环"，后面有专门介绍。

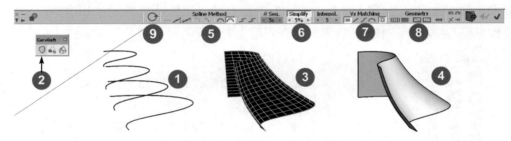

图 5.3.2　曲线封面工具基本用法

2）曲线封面工具的附加选项简介

在上述操作步骤中需要重点注意的是第（3）步：在附加选项中作调整，如图 5.3.3 所示。

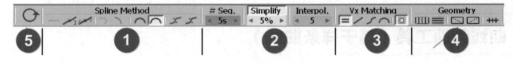

图 5.3.3　曲线封面的附加选项

（1）图 5.3.3 ①中样条样式（曲线函数编辑）有 9 个选项。

● 连接线。

● 贝兹曲线 - 轮廓线直接到轮廓线（方法一）。

● 贝兹曲线 - 相切（方法二）。

● 正交贝兹曲线的函数连接。

● 正交椭圆曲线的交点。

● 通过单一卡特莫尔曲线平滑。

● 通过一个三次贝兹曲线平滑连接。

- 通过一条 F 样条曲线光滑地全局连接。
- 通过一条 B 样条曲线平滑地全局连接。

如不能确定用什么函数最适合，可以逐个单击，看看放样结果，选择最适合的函数。选择原则是：在放样结果符合设计要求的条件下，线框越简单越好。

（2）图 5.3.3 ②中有三个选项，即段数、简化、插值，可对曲面的片段数、简化程度、运算的插值等作出调整和选择。这部分调整较直观，总的原则还是：在放样结果符合设计要求的条件下，线框越简单越好。

（3）图 5.3.3 ③ Vx 匹配中用于 Vx 坐标的匹配（也可理解为调整 UV 网格坐标），自左往右有以下 5 种方式。

- 顶点到顶点（如果可能的话）。
- 曲线顶点匹配。
- 非线性顶点匹配（样条类型）。
- 非线性顶点匹配（贝兹曲线类）。
- 定位轮廓到最适合的位置。

（4）图 5.3.3 ④中，几何体这一组按钮有五个选择项，单击前四个可以获得不同的线框。单击最右边一个，可以获得曲线的交点，方便后续编辑。五个选项如下。

- 生成连接边（无面）。
- 生成中间边（无面）。
- 使用伪四边形（Pseudo Quads）生成曲面（方向1）。
- 使用伪四边形（Pseudo Quads）生成曲面（方向2）。
- 生成节点为 SU 曲线（用于交互变形，可能要花较长时间）。

（5）图 5.3.3 ⑤中是"闭合成环"，实例如图 5.3.4 所示。

- 全选①所示的四个旋转分布的矩形，单击"曲线封面"工具②。
- 得到初始图形③，单击"闭合成环状"按钮④。
- 得到闭合的初始图形⑤，还可以进行片段数等调整，最终图形如⑥所示。

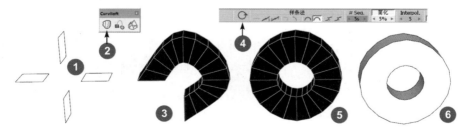

图 5.3.4　闭合成环状实例

3）曲线封面工具的更多应用实例（见图 5.3.5）

（1）①说明参与曲线封面的不一定要曲线，折线也可以。

（2）②进一步展示只要三条（甚至两条）直线照样可以生成曲面。

（3）③中一个椭圆形偏离矩形的中心，生成一个偏向一边的曲面。

（4）④中有一个六边形和一个矩形，生成一个同心的曲面。

（5）⑤中有两个椭圆形（不一定一样大）和一个矩形，生成一个"歪脖子形"。

（6）⑥是由一组曲线生成曲面，线条多些，生成的曲面精度更高。

（7）⑦有一组复杂的曲线；也可以分多次成面，生成多个群组后炸开再合并。

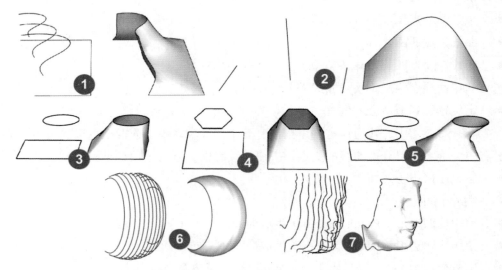

图 5.3.5　曲线封面的更多应用实例

4）曲线封面工具的节点编辑实例

曲线封面工具还有一个非常重要的功能——编辑节点（顶点），如图 5.3.6 所示。

（1）准备好两条独立的线①，全选后单击曲线封面工具，生成初始曲面②。

（2）单击大箭头所指处的点或线（变成红色），往小箭头方向移动，如③所示。

（3）③柔化后如④所示。

（4）编辑节点的时候，自动弹出⑤中的顶点属性编辑面板，上面部分是所有可以调整的参数，参数的项目视对象不同而异；下面部分是节点编辑的简略图示。

注意，Curviloft（曲线放样）的工具条的三个工具生成的所有黑色初始曲面都可进行"顶点编辑"。方法是：黑色的初始曲面形成后，将光标移动到曲面上，单击便会出现图 5.3.6⑤所示的顶点属性编辑面板，在此可进行顶点编辑。

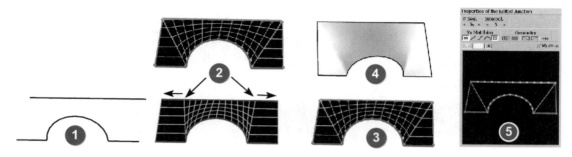

图 5.3.6　编辑节点属性

5）用曲线封面工具提取线框

（1）如图 5.3.7 所示，准备好一大一小、一高一低两个圆，如①所示。

（2）全选①以后，单击曲线封面工具②，得到初始曲面③。

（3）再单击"生成连接边"按钮⑨，得到连接边线框群组④。

（4）此时生成的线框群组与两个原始圆①重叠，移开后得到连接边群组⑤。

（5）重新选择两个原始圆形，重新单击曲线封面工具。

（6）看到初始曲面后，单击"生成中间边"工具⑩，并将⑧"片段数"调到 10。

（7）得到如⑥所示的重叠群组，移开后得到如⑦所示的线框群组。

图 5.3.7 ⑤⑨所示的"连接边（junction edges）"全称应是"顶点连接边（线）"，是连接上下两个圆上节点（顶点）的边线。至于⑦⑩的"中间边（intermediate edges）"，可以理解为"介于上下两个原始圆形中间的分段边线"。

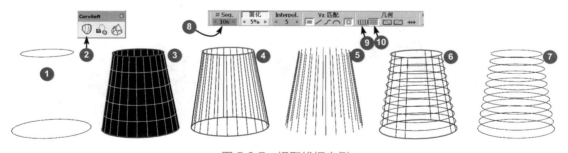

图 5.3.7　提取线框实例

2. 面路径成体工具

这是另一个重要的曲面生成工具，它生成曲面的依据是一条或多条路径加一个或多个面（或面的边线）。

1）面路径成体工具的基本用法

（1）如图 5.3.8 所示，绘制如②所示路径，以及两端的平面④和⑤。

（2）单击工具①，然后用工具单击路径②，选中后单击屏幕空白处③确认。

（3）移动工具到面④处单击，再移动到面⑤处单击，然后单击屏幕空白处③确认。

（4）用以下三种方法之一确认生成实体。

- 单击右上角的绿色钩形按钮，如图 5.3.9 ⑤所示。
- 在右键菜单里选择"完成并生成"命令，生成初始几何体，如⑥所示（此时可做节点编辑）。
- 单击光标附近屏幕上的绿色钩形按钮。

（5）此时，屏幕上部出现如图 5.3.9 所示的附加选项（后文还有详细讨论）。假设已在附加选项中做好了所有设置，再次确认，得到图 5.3.8 ⑦所示的实体。

（6）⑧是另一个例子中的路径与面，⑨是结果。

如果遇到类似图 5.3.8 所示的面与路径的简单组合，也可全选后直接单击面路径成实体工具直接成体，在附加选项中做好设置后确认。

"面"是简称，删除面，仅留下"边线"也同样有效。所以说这组插件是"以线为基础的曲面造型工具"，理解并记住这点非常重要。

"面"或者"没有面的边线"可以是或不是群组，选择的时候注意一下，不要仅选择到部分边线（选到的对象，边线呈现绿色），没有成组的边线可连续选择，直到选择完全部边线再确认。

图 5.3.8　面路径成实体

2）面路径成体工具附加选项的说明

虽然图 5.3.9 所示的附加选项有很多，但②③④⑤几项在前面已经详细介绍过，就不再重复了，只有① Method（方法）是新出现的，这里有三种不同实体创建方法。

- ①左：沿路径偏移轮廓（Offset contours along the rail，常用）
- ①中：轮廓之间扫描轨道（Sweep rail between contours）
- ①右：轮廓之间的拉伸（Stretch rail between contours，次常用）

上述三个方法适用于不同的路径与平面搭配，如果不能确定用哪一种方法，可以分别单击，仔细观察其中的细微区别，然后选择一种最合适的。

图 5.3.9　面路径成体的附加选项

3）面路径成体工具的更多实例

（1）如图 5.3.10 所示，调用工具①，单击路径②后再单击屏幕空白处③确认，分别单击三个平面④⑤⑥后再次单击屏幕空白处③确认，形成初始形态⑦，在附加选项中做好设置后，回车确认得到最终形态⑧。

（2）另一个路径与面的组合如⑨所示，按"路径→屏幕空白处→所有的面→屏幕空白处"的顺序生成初始形态⑩，做好附加选项设置，回车后获得最终形态⑪。

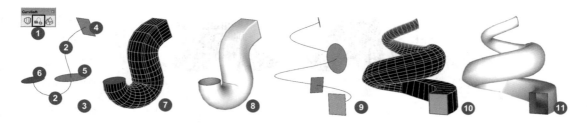

图 5.3.10　面路径成体的另一些实例

4）面路径成体工具的以线成体

（1）如图 5.3.11 所示，②③④⑤是一组曲线，其中②将当作路径，③④⑤要当作放样母线。

（2）调用面路径成体工具①，单击路径②，再单击屏幕空白处确认；顺序单击③④⑤三条曲线，再次单击屏幕空白处确认，生成初始曲面⑥；若有需要，可在附加选项中做设置，第三次单击屏幕空白处确认，生成曲面⑦。

（3）这个工具的"以线成体"功能跟 SketchUp 原生的路径跟随工具一样，有"放样扭转"问题，不能做到"直立放样"，如⑧所示。

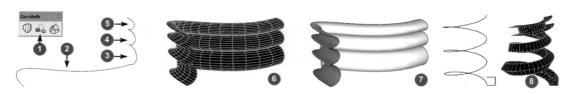

图 5.3.11　面路径成体以线成体实例

5）面路径成体工具的其他功能

面路径成体工具在创建曲面后，同样可以进行"节点编辑"，具体细节见上文。

面路径成体工具在创建曲面后，同样可以进行"提取线框"，具体细节见上文。

3. 轮廓封面

这是一种能够把线框、轮廓线自动封面形成实体的工具，换句话讲就是只要画出设计对象的关键轮廓线，它就可以把这些线条形成实体，如图 5.3.12 所示。

（1）准备好一组轮廓线，可以是直线，也可以是曲线，如①所示。

（2）选择所有要参加封面的线段①所示。

（3）单击轮廓封面工具②，初始实体基本形成，如③所示。

（4）在弹出的附加选项中进行调整和选择，或进行顶点编辑如④所示。

（5）没有问题后，在工作区的空白处单击，确认实体完成，如⑤所示。

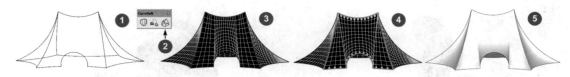

图 5.3.12　轮廓封面工具实例

轮廓封面工具的用法也很多，将在《SketchUp 曲面建模思路与技巧》一书细述。

5.4　Curvizard Launcher（曲线优化工具）

这个插件是 Fredo6 在 2014 年发布的。当第一次见到它时，首先想到的是，类似功能的插件已经有了很多，为什么 Fredo6 还要重新发布一个？想必多少有点与众不同之处吧。经过测试，这个工具条所提供的基本功能，在其他插件里几乎都可以找到，不过它们分散在不同的插件里；所以这个工具的一个特点，就是把处理曲线的大部分功能集中到了一起，调用起来比较方便，这是把这个工具条收录进本书的唯一理由。也因为同样的理由，本书中就尽量避免重复收录具有这些类似功能的插件。

需要指出的是，Fredo6 编写的大量插件，多数都提供了选择参数的面板。这是优点，也是缺点；优点有了多种可能的选择；但正是这些参数需要选择和调整，也就把本来极为简单的事情变得烦琐和麻烦。

在图 5.4.1 所示的工具条和菜单上，除了"简化曲线"和"光滑曲线"需要对曲线段的转折角度进行调整外,像"炸开曲线"这么简单的操作,搞一个参数化面板就好像多余了。要搞懂这些参数的含意和结果,需要做很多试验性质的操作,但下次用的时候可能忘记了,又要从头开始研究。在建模过程中,时常停下来研究插件,就要打断建模思路,这是个大大的忌讳。所以,除非不得已,尽量用它的默认功能吧。希望你在使用这种类型插件的时候,注意扬长避短,不要避简就繁,钻进牛角尖,陷入"参数陷阱"里去。

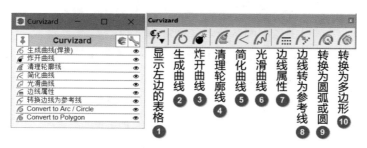

图 5.4.1 工具条与菜单

参数设置面板如图 5.4.2 所示。

图 5.4.2 参数设置面板

单击图 5.4.2 ①,会弹出一个如图 5.4.3 所示的"参数设置"对话框。在这里可以调整图 5.4.1 工具条上工具的数量和右键菜单里的选项数量;取消勾选某些选项,对应的工具图标就从工具条或右键菜单上消失。

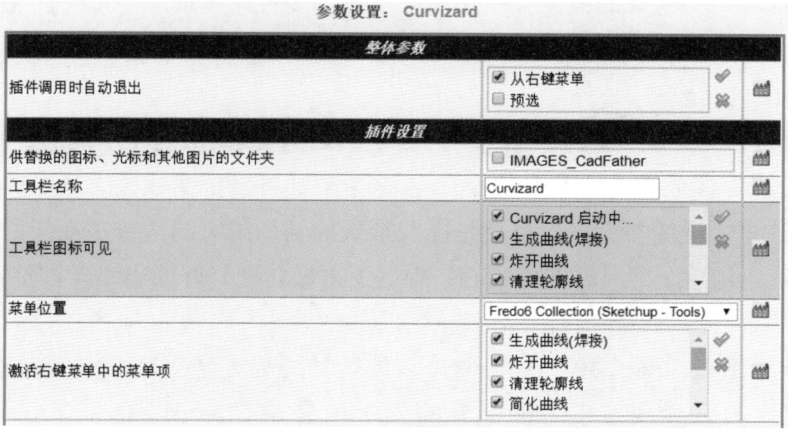

图 5.4.3 "参数设置"对话框

下面我们回到工具条，介绍几个工具的默认功能。

（1）工具条左侧第一个工具（见图 5.4.1 ①）唯一的功能就是调出文字表格形式的界面。

（2）生成曲线（见图 5.4.1 ②），也就是把首尾相接的若干个小线段焊接成一条连续的曲线，这个功能 JHS 等工具条上都有。

（3）炸开曲线（见图 5.4.1 ③），它的功能跟 SketchUp 右键菜单的"分解曲线"是一样的。

上面两个工具"炸开曲线"和"生成曲线"是一对冤家，也互为帮凶：你炸开，我就把它焊接起来；无论你焊接得多么牢固，我还是能炸成一段一段。

炸开曲线和生成曲线这两个工具有个优点：不必进入群组或组件，就可以对群组或组件内的对象进行操作；而这个优点在某种条件下也许会成为缺点：创建群组最大的目的，就是为了隔离和保护群组内的几何体，现在有了这种有违 SketchUp 底层逻辑、能穿透隔离约束的工具，群组或组件内的几何体就有可能遭受误操作并受损。

（4）清理轮廓线（见图 5.4.1 ④），这个工具能够清理轮廓线以外的面，仅留下边线，同时显示边线的顶点和线段数量。

（5）简化曲线（见图 5.4.1 ⑤），该工具能简化片段数太高的曲线，调整方法是改变图 5.4.2 ③处的"角度"。

（6）平滑曲线（见图 5.4.1 ⑥），这个工具能平滑片段数太少的曲线，调整方法是改变图 5.4.2 ③处的"角度"。

简化曲线和平滑曲线这两个工具是另一对冤家。简单的折线，可以用平滑曲线工具把它变成光滑的曲线，光滑的程度还可以调整。而简化曲线工具则可以反过来，把一条本来光滑的曲线，简化成若干折线段。

这里再次提醒一个重要的概念：一条曲线，通过多种后续加工，都可能变成千千万万的线和面，所以，在满足基本功能的前提下初始曲线越简单越好；千万不要等到线面数量多到令 SketchUp 崩溃的时候再后悔。

（7）边线属性（见图 5.4.1 ⑦），这个工具可以把实线改成疏密不同的虚线。

（8）边线转为参考线（见图 5.4.1 ⑧），这个工具可以把实线（无论是曲线或是直线）变成参考线。这里所说的参考线，也就是虚线形式的辅助线（结构线）在线段的端点和连接处自动产生顶点。用这个工具时定要当心，想好了再做：把好好的边线弄去整容变成大麻子，再想回到当年的小白脸可就没有那么容易了。

（9）转换为圆弧或圆（见图 5.4.1 ⑨），该工具的英文名称是 Curvizard-Convert to Arc/Circl（曲线转换为圆弧或圆），该工具的提示信息是 Convert edges to Arc or Circle when applicable（如果适用，将边线转换为圆弧或圆）。

（10）转换为多边形（见图 5.4.1 ⑩），该工具的中英文名称是 Curvizard - Convert to

Polygor（曲线转换为多边形），该工具的提示信息是 Convert Edges to Polygon when applicable（在适用时将边线转为多边形）。

以上两个工具的执行结果非常容易造成用户的困惑，例如，图 5.4.4 中，用 SketchUp 的画圆工具绘制一个 24 个片段数的圆①，再用多边形工具画一个 24 片段数的多边形②，它们看起来是一样的。③④看起来是完全一样的圆弧，但是把它们变成"体"⑤⑥与"面"⑦⑧之后，区别就很清楚了。结论是："圆形"与"多边形"是不同的，"圆弧"与"多段线"也是不同的。

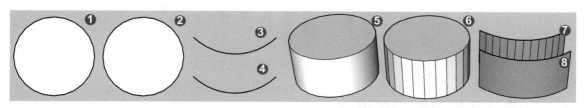

图 5.4.4　圆形、多边形、曲线、多段线的区别

5.5　Bezier Spline（贝兹曲线）

相信很多同学都听说过"贝塞尔曲线"或"贝兹曲线"这个词，但是并不是每个人都很了解这种曲线。

贝塞尔曲线，也叫贝兹曲线，它的数学基础是早在 1912 年就广为人知的伯恩斯坦多项式。但直到 1959 年，出现了一种"de Casteljau 算法"，才有了其在图形化应用中的尝试。贝塞尔曲线由线段与节点组成，节点是可拖动的支点，线段像可伸缩的橡皮筋；这种只需要很少的控制点就能够生成复杂平滑曲线的方法广泛应用于工业设计。正是因为控制简便却具有极强的描述能力，贝塞尔曲线才如此盛名。今天我们最常见的一些矢量绘图软件，如 Flash、Illustrator、CorelDraw 等，无一例外地提供了绘制贝塞尔曲线的功能。甚至像 Photoshop 这样的位图编辑软件，也把贝塞尔曲线包含在内。

用 SketchUp 创建模型，往往是从绘制线面开始的；而衡量 SketchUp 驾驭能力的曲面建模，几乎都是从绘制曲线开始的，所以我们应该对曲线和创建曲线的工具有一定的了解和掌握。限于篇幅，这里并不展开做复杂的数学分析，而是只对这组工具的使用方面做一些介绍，对贝塞尔曲线的数学原理有兴趣深入研究的朋友可自行搜索。

这个工具条有十八个工具，如图 5.5.1 所示，左边十三个工具可以分别绘制十三种不同的曲线，右边的五个工具还可以对曲线进行编辑。它们构造出了强大的曲线功能，弥补了 SketchUp 在曲线绘制功能上的短板。

想要调用这些工具，除了在工具条上单击工具图标以外，还可以在"绘图"菜单里调用命令；绝大多数 SketchUp 用户不会每天都要画各种稀奇古怪的曲线，所以没有必要把这个工具条调出来占用作图空间，偶尔需要时可以在"绘图"菜单里调用。

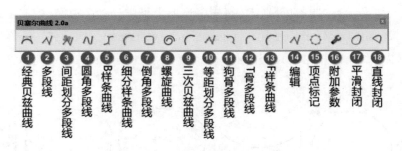

图 5.5.1　贝兹（贝塞尔）曲线工具条

1.　一些共同规律与相关操作

这十三个工具有一些共同的规律，现在集中说明，后面介绍每个工具的时候就不再重复了。

每一个工具在使用的时候，都会在屏幕左下角出现一些信息，还会根据当时的实际情况出现特别的提示，这些信息与提示包括：控制点的数量上限，曲线的片段数，圆角的大小，等等。提示内容还包括了最简单的操作方法，使用的时候务必注意屏幕的左下角。

提示信息里规定的控制点上限数量足够多，一般不用改变；如果一定要改变控制点的数量，可在单击工具后立即输入一个数据，回车确认。

大多数时候，我们都需要改变曲线的片段数（即曲线的精度），可以在曲线完成后立即输入新的片段数，但要在数字后面加一个字母 S；回车后，曲线的片段数马上改变。不过要注意：大多数曲线会在后续的操作中成为曲面，线面数量会因此成几何级数增加，所以改变片段数量（尤其是增加片段数）的操作必须十分谨慎。

2.　贝塞尔曲线的编辑与技巧

工具条上的所有工具画完曲线以后，都会自动进入编辑模式。线的起端有一个蓝色的十字，曲线的尾端是一个绿色的十字，曲线的中间至少会有一个红色的十字。红色十字的多少，与所使用的工具和所画曲线的复杂程度有关。所有的这些十字都叫作控制点，相邻控制点之间还有一条橙色的控制线相连。

在编辑模式下，光标变成小方框，可以把光标移动到任何一个控制点上，按住左键并且移动它们以编辑曲线。移动相邻控制点之间的橙色控制线，同样可以对曲线进行编辑。控制线的移动范围比控制点大得多，所以可以先移动控制线作为粗调整，然后移动控制点进行细调。

用移动控制点或控制线方式对曲线进行编辑，要当心曲线离开了原来的平面跑到你不需要的三维空间里去，这样平面上的曲线就变成了空间曲线。据英文说明和 SketchUp 的常规使用经验可知，在移动的时候，可以用向左箭头键锁定移动方向在绿轴，向右箭头键锁定方向在红轴，向上箭头键锁定方向在蓝轴，向下箭头键松开锁定；但是，插件的作者也提出了警告，原文如下：if you want accuracy, I suggest you first build your own guides with construction lines and points. Axis lock won't always make it.（如果你想要准确，我建议首先建立你自己的引导线和点。锁定轴并不总是成功。）

作者本人的使用经验是，在 SketchUp 里绘制曲线之前，甚至绘制轮廓线之前，最好先创建一个临时的平面。这个临时的平面就像一张纸，在纸上作图，总比在不知是谁的空间作图更靠谱，也更容易操作。在使用圆弧工具、手绘线工具和贝塞尔曲线工具作图的时候，线条特别容易跑到指定的平面之外去。有了个辅助平面，即使偶尔发生这种情况，只要旋转辅助面看一下，就能及时发现问题并修改。

编辑曲线的时候，在原来没有控制点的橙色控制线上双击，可以增加一个控制点；在已有的控制点上双击，则可以删除一个控制点。在能满足曲线精度的前提下，控制点的数量越少，操作起来就越容易。

在编辑模式下，单击鼠标右键，在出现的关联菜单里，还有一些选项。

（1）完成：相当于双击鼠标左键，表示已经完成曲线的创建和编辑，现在要离开。

（2）撤销所有更改 / 撤销上次更改：这两项谁都懂，就不多说了。

（3）标记顶点：相当于工具条第十五个工具。它的作用是临时显示所有相邻线段之间的节点，目的是观察当前曲线的精度，以便决定要不要增加或减少片段数。此时显示出来的顶点不能编辑，如果需要对顶点进行编辑，要用另外的插件来实现。

（4）用曲线闭合曲线：它是用一条曲线来连接两个端点，新产生的曲线与原有曲线的起点和端点相切，平滑过渡。相当于工具条第十七个工具。

（5）用直线闭合曲线：常用在画一个面时做最后的连接。相当于工具条最后一个工具。

（6）不闭合曲线：就是取消先前的闭合操作。

如已经离开编辑模式后又想编辑，可以选中曲线对象后单击"编辑"工具；如果没有调出工具条，也可以在右键关联菜单里选择"编辑"命令再次回到编辑模式。

在右键菜单里，还有一些选项是工具条上所没有的，限于篇幅，这里不再讨论。你可以去试验一下，体会各种曲线的特点和区别。

另外，还有一些快捷键需要交代一下。

（1）按 Esc 键可以撤销工具的调用。

（2）Ctrl + Z，等于退后一步。

（3）Ctrl + Y，等于前进一步。

（4）在绘制线条的任何时候，可以用 Tab 键调出参数面板；继续用 Tab 键，可以在不同参数框之间切换。

3. 十三个绘制曲线工具

（1）经典贝塞尔曲线工具。

就像它的名字一样，这是一个最经典、最常用的曲线工具（见图 5.5.1 ①）；十多年前，还没有这种大型的绘制曲线的工具栏，只有一个孤零零的曲线工具，它就是经典贝塞尔曲线工具。在图 5.5.1 的工具条上，作者用得最多的工具就是它，相信其他 SketchUp 用户用得最多的工具也是它。

使用方法是：调用工具后，在曲线起始点单击；移动工具到曲线的终点，单击；再移动工具，看到曲线完成时，单击。如果只要一个最简单的贝塞尔曲线，现在就双击左键结束绘制，进入编辑状态。然后移动任何控制点（包括起点和终点），都可以对曲线进行编辑；当然，移动控制线也可以编辑曲线。

如果这条曲线还不能满足要求，可以用增加控制点的方法；增加控制点可以在绘制阶段，也可以在编辑阶段。

绘制阶段增加控制点的方法是：调用工具，单击起点，单击终点；光标向起点的方向移动，再次单击；现在有了三个控制点，这是最简单的贝塞尔曲线；光标再向终点方向移动，第四次单击左键，现在出现的就是有四个控制点的经典贝塞尔曲线。如果需要更多的控制点，还可以连续单击。控制点的数量上限可以更改，但是，在能实现既定目标的前提下，控制点越多，说明你驾驭这个工具的能力就越差。

根据作者十多年使用同类工具的经验，包括在《园林花窗库 2000》一书中创建 2000 余幅园林花窗的模型，用这个工具绘制的贝塞尔曲线，通过适当的编辑，几乎可以满足建模过程中平滑曲线创建方面的所有需求。但是，如果你想对某一个曲线对象进行精确的描绘复制，如描摹照片上的曲线，除非你非常熟悉并且能自如操控它们的控制点，否则会感觉不是那么容易。

说实话，如果你真正掌握了第一个工具，能够自如运用好它，后面的十二个工具用起来就不会有难度。

（2）多段线。

这个工具（见图 5.5.1 ②）没有什么可介绍的，连续单击，形成一条用直线段拟合的曲线。这种绘制方式叫作无限制方式，也叫作开放式。需要注意的是，如果绘制的地方没有预置的平面，很可能会一下子戳到天边去。这个工具常用来描摹已有的图像。

（3）间距划分多段线。

这个工具（见图 5.5.1 ③）也是一种开放式的使用方法。调用工具后，要在弹出的对话框里选择间距划分方式（一共有六种不同的步距变化方式），还要输入步距数据。设置好以后，就可以开始绘制曲线。用这种工具绘制的多段线跟普通多段线的区别是：在这种多段线上，根据刚才的设置，产生了很多标记点（不是节点）。

（4）圆角多段线。

这个工具（见图 5.5.1 ④）的使用方法也是开放的无限制方式。调用工具后，输入圆角的偏移值，然后就可以开始绘制曲线了。用这个工具绘制的曲线，在转折的地方都有一个圆角。需要提醒的是，输入的是"偏移值"并不是半径，务必注意。

（5）B 样条曲线（均匀贝塞尔样条曲线）。

这是另外一种绘制贝塞尔曲线的工具见图 5.5.1 ⑤，它跟经典贝塞尔曲线工具的区别是产生贝塞尔曲线的计算机算法不同。调用此工具后，建议不要更改预设的参数 0。预设为 0，等于由工具自动调整参数。如果自动产生的参数不合适，也可以在后续的编辑过程中修改。

确定参数后，就可以绘制曲线了。这个工具跟第一个工具不同，需要按照起点、中间点和结束点的顺序来单击。用这个工具来描摹一幅照片边线，比经典贝塞尔曲线工具更容易绘制出对象的精确轮廓线，但是可能需要更多的控制点。

（6）细分样条曲线。

这也是一种无限制的开放式画线方式（见图 5.5.1 ⑥）。调用该工具，根据画线的顺序连续单击左键，绘制出的基本曲线节点很少，这是它的特点。还可以用控制点大致完成编辑，最后输入片段数；这样就可以在最小节点数量的条件下编辑曲线，在绘制复杂曲线的情况下可大大减少计算机的运算任务，缩短编辑时间。而最后增加节点的过程，又可以保证曲线有足够的平滑度。当然，如果需要，还可以做补充编辑。

（7）倒角多段线。

一种无限制的开放式画线方式（见图 5.5.1 ⑦）。调用该工具后，输入切角的尺寸，然后就可以绘制了，根据画线的顺序连续单击左键即可。注意设置时输入"偏移值"的意义。

（8）螺旋曲线。

注意这个工具的名称不是很贴切（见图 5.5.1 ⑧），它的用法是，分别单击起点、中间点和结束点。绘制的曲线不管多大，只有三个控制点，且这三个点的编辑功能是不同的。

（9）三次贝塞尔曲线。

这个工具（见图 5.5.1 ⑨）的用法也是单击起点、中间点、结束点。刚完成的曲线，节点较少。进入编辑模式后，可以在控制线上双击，在增加控制点的同时节点数量也增加了；当然，还可以用输入片段数量的方式改变曲线的平滑程度。

（10）等距划分多段线。

这个工具使用开放的无限制画线方式（见图 5.5.1 ⑩）。调用该工具后，输入等距数据就可以开始画线，所绘制的线条上按照刚才设置的尺寸添加节点。

（11）狗骨多段线。

所谓狗骨式多段线，就是在曲线转折的部位附有一个圆弧的曲线。它的用法也是开放的无限制画线方式（见图 5.5.1⑪）。调用该工具后，输入端部圆形半径，然后就可以连续绘制曲线了。

（12）T 骨多段线。

这个工具跟狗骨式多段线差不多，区别只是把折线圆弧变成了半圆。工具的用法也差不多，调用工具（见图 5.5.1⑫）后，输入圆角的半径，就可以连续画线了。

（13）F 样条曲线。

它的用法仍然是单击起点、中间点、结束点（见图 5.5.1⑬）。编辑方法也跟其他工具一样。

（14）固定段数多段线。

这个工具条上有十三种不同的曲线，其实还有第十四种，藏在了菜单里：有一个把其他曲线转换成"固定段数多段线"的选项，而它是没有工具图标的。

在大多数用户看来，这个工具条上有四个工具画出来的曲线是差不多的，它们是：经典贝兹曲线，均匀贝兹样条曲线，三次贝兹曲线和 F 样条曲线。如果你对曲线产生的数学原理没有深入研究的兴趣，且没有特别的要求，只是想要有一个工具，作者建议你还是多研究、熟悉左边第一个工具"经典贝兹曲线"（或选择【绘图→ Bezier Spline curves → Classic Bezier curve】）。用好了它，可以解决你 90% 以上的平滑曲线问题。当然，如果你在曲线精度等方面有特殊的要求，也可以选择另外三个工具作为你的常用曲线工具。至于其他九个工具，在作者看来，除非对曲线有特别的要求，并非有必要学习。

4. 五个编辑曲线工具

上面介绍的是贝塞尔曲线工具条左边的十三个曲线绘制工具。除此之外，右边还有5个用来对已有的贝塞曲线进行编辑的工具，简单介绍如下。

（1）编辑。

当你用左侧的工具绘制完成了一段曲线，已经结束编辑后还想要返回对该曲线进行编辑，单击这个工具（见图5.5.1⑭）就可返回该曲线的编辑状态。可编辑的项目与编辑的方法视该曲线的性质而异。注意，使用右侧四个工具之前必须先单击这个工具按钮，这样它们才能进入可用状态。

（2）顶点标记。

单击该工具（见图5.5.1⑮）后，标记出贝塞尔曲线每个线段的顶点，注意仅仅是"标记"，并未"打断"。

（3）附加参数。

单击该工具（见图5.5.1⑯）后，可以用键盘输入该曲线的关键参数，如片段数、偏移量、半径。该参数根据当前曲线的性质不同而异。

（4）平滑封闭。

单击该工具（见图5.5.1⑰）后，将用一条平滑过渡的曲线连接当前贝塞尔曲线的两端。

（5）直线封闭。

单击该工具（见图5.5.1⑱）后，将用一条直线连接当前贝塞尔曲线的两端。

5.6 线生螺旋工具与球状螺旋工具

这一节要介绍两个独立的插件，一个叫作Helix along curve，也就是沿曲线生成螺旋线（见图5.6.1左），简称"线生螺旋"。另一个是Spherical Helix（Loxodrome），斜航线球状螺旋（见图5.6.1右），简称"球状螺旋"。

图5.6.1 工具条

此外还有一个 Spherical Spiral（Archimedes），即阿基米德球状螺旋，此处略过不讲。

这三个插件都可以在 https://sketchucation.com/ 中免费下载，国内也有汉化的版本。

1. 沿曲线生成螺旋线工具（简称"线生螺旋"）

这个工具可以按给定的路径生成螺旋线，路径可以是直线或曲线，见图 5.6.2 和图 5.6.3。在调用这个工具之前，需要提前绘制好螺旋线的路径。

工具用法是：预选好一条路径后，单击线生螺旋工具。这是一个参数化的工具，调用工具后，可以看到如图 5.6.4 所示的参数对话框，这里可以输入 12 种数据。其中"半径 1""半径 2""圈数""每圈段数"这四个参数比较重要。

（1）上面四个参数。

- "半径 1"就是靠近地面这一端的半径；有的版本称为"起始半径"。
- "半径 2"是远离地面的那一端；有的版本称为"终止半径"。
- "圈数"就是这些螺旋线的层数。
- "每圈段数"值越高，螺旋线的精度就越高。绘制螺旋线往往在建模的开始，此时要考虑生成曲面后以几何级数增加的线面数量，大多数时候，每圈段数可以在 12 ～ 18 之间，没有必要超过 24。要做一个上下一样大的螺旋线，只要把起始半径与终止半径设置得一样大即可。生成的螺旋线自成群组；路径留在原处，方便修改。

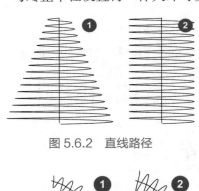

图 5.6.2　直线路径

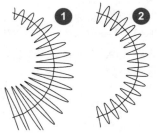

图 5.6.3　曲线路径

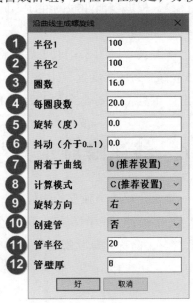

图 5.6.4　参数对话框

（2）"旋转（度）"参数。

如图 5.6.4 ⑤所示，在操作之前，请记住这个参数的默认值是 0.0，也就是默认的螺旋线相位角是 0 度。如图 5.6.5 ①所示，此时螺旋线的起点在绿轴上。

现在改变一下螺旋线的起点。图 5.6.5 ②③④就是把螺旋线的起点分别改变成"30 度""60 度"和"90 度"的效果。用改变螺旋线角度的办法生成一组同心的螺旋线是一种重要的技巧，在《SketchUp 曲面建模思路与技巧》一书中会有实例说明。该参数改变后务必及时恢复成 0。

（3）"抖动"参数。

如图 5.6.4 ⑥所示，也有人译为"波动"：同样的，在操作之前，请记住这个参数的默认值是 0.0，换句话说，参数 0 就是螺旋线默认不产生抖动（该参数改变后务必及时恢复成 0）。

这个参数变化的范围是 0 ~ 1。如图 5.6.5 里的所有螺旋线，抖动参数都是 0，螺旋线的每一圈半径相同。现在我们输入一个极限值 1，结果就如图 5.6.6 ①所示；图 5.6.6 ②是把抖动参数修改成 0.5 后的结果。两相比较，可知参数值越接近 1，螺旋线的波动变化就越大。这个特征对我们不一定有确定的用途，但不可否认，它是唯一可以绘制这种螺旋线的工具。

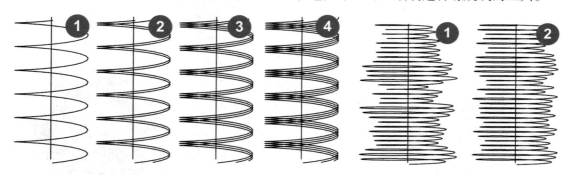

图 5.6.5　旋转一个角度的螺旋线　　　　图 5.6.6　不同的抖动

（4）最下面的四个参数。

- 图 5.6.4 ⑨处的"旋转方向"默认是右旋，也可以改成左旋。
- 图 5.6.4 ⑩ 确定是否要创建"螺旋管"。
- 如确定要创建螺旋管，在图 5.6.4 ⑪输入螺旋管的半径（外径）。
- 如确定要创建螺旋管，在图 5.6.4 是指"管边数"输入螺旋管的壁厚。

（5）关于图 5.6.4 ⑦⑧两个参数。

这两个参数很难用简单的图文来说清楚，请浏览附件里的原版视频。作者已经增加了背景音乐和中文提示，很容易看懂的。

2. 球状螺旋插件

还有一个跟螺旋线有关的小插件是 Spherical Helix（Loxodrome），译为球状螺旋。单击工具图标后，会弹出如图 5.6.7 所示的参数对话框。图 5.6.8 ①②就是用这个插件产生的球状螺旋线，二者的区别仅仅是"转数"不同而已。

这种工具的英文名称是 Spherical Helix（Loxodrome），其中括号里面的 Loxodrome 是航海专用术语，译成中文是"斜驶航线"或"恒向线"，它的意思是：船舶从地球的一极始终沿着一定的角度，不改变方向航行到另一极形成的轨迹，如图 5.6.9 和图 5.6.10 所示。

满足 Loxodrome 制作规律的球形螺旋线，是设计界的一个重要课题，可以轻易找到很多相关的设计案例，如图 5.6.11 ~ 图 5.6.14 所示。

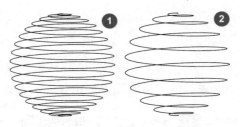

图 5.6.7　球状螺旋参数对话框　　　　　　图 5.6.8　球状螺旋线

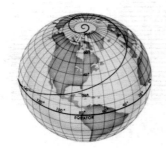

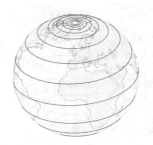

图 5.6.9　斜驶航线一　　　　图 5.6.10　斜驶航线二　　　　图 5.6.11　球状螺旋实例一

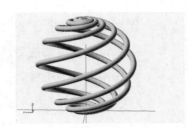

图 5.6.12　球状螺旋实例二　　　　图 5.6.13　球状螺旋实例三　　　　图 5.6.14　球状螺旋实例四

5.7 Draw Ring（拉伸环，莫比乌斯环）

1. 插件作者的说明（意译）

　　这个插件的功能是创建具有一个或多个环形的条带，横截面可以是内置的矩形、圆或椭圆；可以由用户自定义几何图形，也可以生成扭曲的延伸环形体。这些扭曲可以是内部的（围绕横截面的中心旋转），也可以是外部的（围绕从横截面中心偏移的点旋转）。这个工具可以产生著名的莫比乌斯环和许多类似、相关的变体。

　　使用默认的设置即可生成莫比乌斯环。如果想要定义自己的剖面，要预先把剖面绘制到XY平面（地面）上，并选取它；在参数对话框中，将"环带类型"设置为"选定面"，以将其用作横截面。为了获得更光滑的表面，可将长的直线分成更小的线段。生成模型的时间因"循环"数和所选"细节"级别而异。可先将"细节"设置为"粗略"，在设计正常后再转到更精细的级别。

2. 本书作者的说明与测试

　　这个插件可以在 SketchUp 里的 Extension Warehouse 用关键词 Draw Ring 搜索安装，也可以访问官方插件库 extensions.sketchup.com 用关键词 Draw Ring 搜索安装。注意，从官方插件库下载的英文版没有工具图标，只能选择【扩展程序→ Draw Ring】命令调用。

　　测试中发现国内添加了图标的汉化版问题太多、不可靠，不推荐使用。

　　选择【扩展程序→ Draw Ring】命令即可调出该插件的参数对话框，如图 5.7.1 所示。上面的 12 个参数（右侧为汉译）就是这个插件所有可调整的项目。

　　图 5.7.2 中有 10 个实例，都是用这种插件创建的。需要澄清一下：有人把 Draw Ring 译为"莫比乌斯环"其实不十分合理，因为它能做的远不止"莫比乌斯环"那么简单，所以插件作者对插件的命名并未与"莫比乌斯环（Mobius ring）"挂钩，而用了 Draw Ring，建议译为"拉伸环"。

　　这一类形状的图形涉及一种重要的拓扑学理论，它在国内外的 SketchUp 应用界都是一个非常常见的话题，网上有大量相关文章，但是大多仅把这个"莫比乌斯环"工具在 SketchUp里用来玩玩，很少有深入研究的。本系列教材的《SketchUp 曲面建模思路与技巧》一书里有较为详细的讨论。

图 5.7.1　参数面板

图 5.7.2　生成的拉伸环

5.8　Superellipse（张力椭圆）

所有用户都知道，SketchUp 没有直接绘制椭圆的工具。想要得到一个椭圆，要先用长径或短径画一个正圆，再用缩放工具（输入倍率或者"尺寸＋单位"）压缩或者放大到想要的椭圆。且不说这样画的椭圆并不符合标准椭圆方程，椭圆的参数无法更改编辑，就是绘制的过程也太过麻烦，因此有人就写了一些专门绘制椭圆的工具，本节要介绍其中的两个。

在本节的附件里有两个绘制椭圆的插件（见图 5.8.1）：Ellipse（参数椭圆）和 Superellipse（张力椭圆）。作者已经测试过，它们都可以在 2015 ～ 2022 版的 SketchUp 里正常使用，用 SketchUp 的【窗口→扩展程序管理器】命令直接安装即可。

这两个插件安装完成后，没有工具图标，选择【绘图→ Superellipse 或 Ellipse】调出参数对话框。经过测试，这两个不同名称插件的功能甚至操作界面基本一样，所以只要安装其中的一个就可以了，但 Superellipse 的版本更新一些。

选择【绘图→ Superellipse 或 Ellipse】命令后，会弹出图 5.8.2 所示的对话框，其中一共有四个可变的参数：上面两个是椭圆的长轴与短轴长度，没有必要介绍；需要特别注意的是第三和第四两项，尤其是第三项的 Squareness 可以译为"矩形系数"，用来确定所绘制的椭圆接近矩形的程度。图 5.8.3 中列出了输入不同"矩形系数"后得到的结果（矩形系数范围是 –99 ～ 99）。

该插件的操作方法如下：在图 5.8.2 所示的对话框里输入椭圆的长轴与短轴。如果想要画一个标准的椭圆，就要把 Squareness 设置为 0，不同参数的结果如图 5.8.3 和图 5.8.4 所示。

最后一个参数 Edge Count 是指定用多少条边拟合一个椭圆，建议在 24 ~ 48 之间选用。

图 5.8.1　菜单调用

图 5.8.2　参数对话框

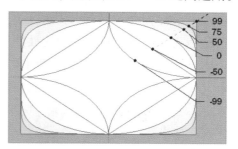

图 5.8.3　不同参数比较一

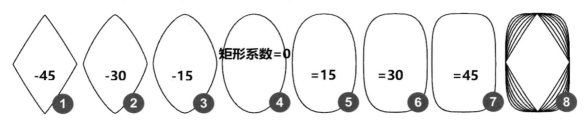

图 5.8.4　不同参数比较二

5.9　Soap Skin & Bubble（肥皂泡）

在展开介绍这个插件之前，有必要让读者们知道这个插件的特点与问题。

简而言之，如果今天有替代品的话，就不会把这个插件收录到这本书里来。原因很简单：这个插件的作者不知出于什么原因（估计是为了增加单击率提高热度），明明是免费的插件，却不厌其烦地设置有效期，每次只让你用几个月。因为它不是常用插件，在有效期内，也许一次使用的机会都没有，真正要用的时候却已经过期，弹出如图 5.9.1 的提示，逼得你不断去找新版文件。

虽然国内网站上有汉化版，还有号称永不过期的版本，经过测试，都有不同的、大大小小的问题，有些则根本不能用。本书作者知道可以用改变系统时间的方法来延长它的有效期，不过很多人都不愿意那么做。

在此之前，曾有个替代品，叫作"法拉利张拉膜工具"。本书作者是第一个把它引入到国内、给予中文命名并且撰写教程供网络共享的，这个插件一直到 SketchUp 2013 版的时候还可以正常使用，非常遗憾的是：从 SketchUp 2013 以后它就不再更新，从 SketchUp 2015 版就不能再用了。无奈之际只能回到"肥皂泡"，只能忍受它变态的有效期。本书的读者可以在本节附件里找到 2023 年 4 月 10 日失效的版本，可选择【扩展程序→Extension Warehouse】命令，用 Soap Skin & Bubble 搜索更新。

　　Soap Skin & Bubble（肥皂泡插件）也有人称为"起泡泡"，它的主要功能是用来做张拉膜一类的曲面，也可以做像席梦思上的"拉扣凸包"一类的曲面。图 5.9.2 是肥皂泡插件的工具条，其中有 6 个按钮，最常用的只有①和③两个。

图 5.9.1　提示

图 5.9.2　工具条

　　这个插件的常见用法如下。

　　（1）绘制四条首尾相接的线段，如图 5.9.3 ①所示（必须是首尾相接的三条以上的曲线或直线）。

　　（2）预选这组线段，单击工具条上"产生皮肤"按钮，得到初始皮肤，如图 5.9.3 ②所示。

　　（3）初始皮肤是 10×10 细分平面，细分数量决定曲面精度。若接受默认 10×10，可回车。也可以输入新的数字改变细分程度，假设现在输入 15 后回车，结果如图 5.9.3 ③所示。若仍不满意，可再次输入新的数字后回车，再次按回车确认，得到初始膜，如图 5.9.3 ④所示。

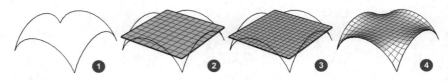

图 5.9.3　获得初始膜

　　（4）在初始膜被选中的情况下，单击工具条上的"改变张力"按钮，输入一个"张力值"如 20 后回车，结果如图 5.9.4 ⑤所示。

　　（5）如嫌膜的鼓出程度不够，可以继续输入新的"张力值"如 30 后回车，结果如图 5.9.4 ⑥所示。

　　（6）第三次输入 50 后回车，结果如图 5.9.4 ⑦所示。

　　（7）若输入负值，结果将改"鼓起"为"塌陷"，如输入 –20 后回车，结果如图 5.9.4 ⑧所示。

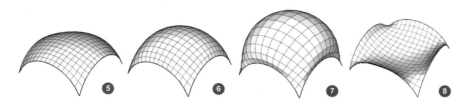

图 5.9.4　编辑初始膜

图 5.9.5 ~ 图 5.9.7 是另一些实例，操作过程如前。

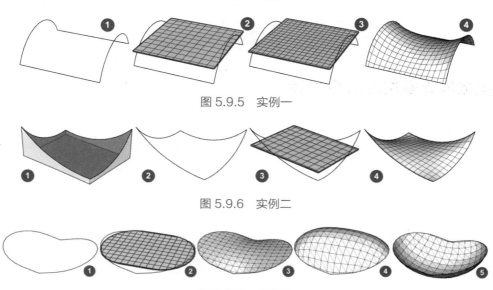

图 5.9.5　实例一

图 5.9.6　实例二

图 5.9.7　实例三

5.10　Voronoi+Conic Curve（泰森多边形和圆锥曲线）

有一个单独的插件叫作 Voronoi XY（泰森多边形），它只能绘制泰森多边形。而这一节要介绍的是一个有完整功能的插件 Voronoi + Conic Curve（泰森多边形和圆锥曲线）。这个插件一共有三个工具，如图 5.10.1 所示。这组插件安装好以后，可以在【视图→工具栏】里调出；也可以在【扩展程序】菜单直接调用这三个功能。这组插件没有完整的汉化版，但用词简单，如果你认真看完下面的演示，即使完全不懂英文也不会影响使用。

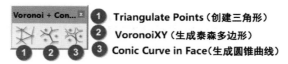

1　Triangulate Points（创建三角形）
2　VoronoiXY（生成泰森多边形）
3　Conic Curve in Face（生成圆锥曲线）

图 5.10.1　工具条中英文对照

第一个工具是 Triangulate Points（创建三角形），它的功能是用一系列预先绘制好的构造点生成三角形并且自动成面。

第二个工具是 VoronoiXY（生成泰森多边形），虽然它的英文名称跟那个独立的"泰森多边形"工具一样，但是它们的使用方法有很大的不同。

最右边的工具是 Conic Curve in Face（生成圆锥曲线），它可以在泰森多边形的基础上，生成一种叫作圆锥曲线的几何体。所谓圆锥曲线，就是用一个平面去截一个圆锥面，得到的交线就称为圆锥曲线（conic sections）。通常提到的圆锥曲线包括椭圆、双曲线和抛物线，但严格来讲，它还包括一些退化的曲线，所以圆锥曲线是非圆二次曲线的统称。

1. 生成泰森多边形操作要领

（1）如图 5.10.2 所示，创建一个平面，然后用 JHS 的构造点工具随机画出若干构造点，如图①所示。

（2）全选所有构造点，单击第一个工具 Triangulate Points（生成三角形），如②所示。注意，三角形完成后，图层（标记）管理器里多了个叫作 Triangulated_Points 的图层。

（3）全选后，单击第二个工具 VoronoiXY，生成泰森多边形③，与三角形重叠。

（4）为了后续操作不被干扰，可隐藏或删除 Triangulated_Points 图层，剩下的就是泰森多边形，如④所示，此时每个泰森多边形都是一个小群组。

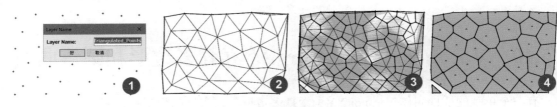

图 5.10.2　生成泰森多边形

2. 生成圆锥曲线

（1）如图 5.10.3 所示，全选图 5.10.2 中的这些小群组④，炸开后如图 5.10.3 ①所示，让它们合并成一个大平面。

（2）为了得到更好的结果，还可以用移动工具移动顶点，对已有的泰森多边形进行必要的修整。对于离得太近的两个节点，可合并在一起或者干脆分开；位置不合适的顶点也可移动一下，把边缘加工得更整齐。

（3）满意后，就可以开始在泰森多边形的基础上生成圆锥曲线，此处有两种方法。第一种方法是调用最右边的工具 Conic Curve in Face（生成圆锥曲线），在每个泰森多边形上单击；如果觉得相邻两个圆锥曲线之间的距离不合适，可以按 Tab 键进行参数调整。如图 5.10.3 ②所示，一共有三个可以调整的参数。

- 第一项是 offset in min，这个参数调整圆锥曲线离泰森多边形的偏移距离。
- 第二项是 number of points（点的数量），也就是每一段圆弧的片段数量。这个数值不必增加，大多数时候还可以降低到 5 或 6。
- 第三项是 weight，这个参数可以理解为圆锥曲线内部向外的压力。这个值越小，形成的圆锥曲线就越接近圆形；反过来，这个值越大，形成的圆锥曲线就越接近泰森多边形。大多数时候，不必修改这个值。

（4）如果嫌一个个单击太麻烦，有人做了个汉化版 ConicCurveInFace，其用法是：全选好泰森多边形，到【扩展程序】里找"生成圆锥曲线"；在弹出的参数对话框里做好设置，就可以一次生成所有圆锥曲线，如图 5.10.3 ③所示。

（5）用这个办法还有一个附带的好处：趁着泰森多边形还在选中状态，按 Delete 键删除它们，可以获得全部圆锥曲线而不用一点点去清理泰森多边形，结果如图 5.10.3 ④所示。

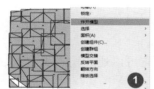 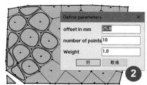  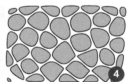

图 5.10.3　生成圆锥曲线

3. 后续加工

有了这些圆锥曲线，就可以考虑如何在设计中应用它们了。下面给出几种可能的应用供参考（见图 5.10.4）。

（1）全选所有圆锥曲线，调用"联合推拉"工具，拉出体量①。

（2）用"细分平滑"工具对①再次加工后，成为如②所示的"鹅卵石"。

（3）只要在圆锥曲线上画个矩形③，然后删除中间的"孔"，可得到如④所示的相反面。

（4）拉出厚度后如⑤所示，上色后如⑥所示，弯曲后如⑦⑧所示。

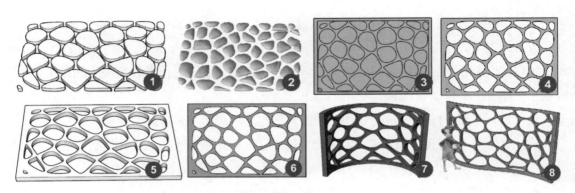

图 5.10.4　后续加工

上文中提到的 ConicCurveInFace 汉化版只有一个 rb 文件，需要直接拷贝到以下目录：

C:\Users\ 用户名 \AppData\Roaming\SketchUp\SketchUp 2021\SketchUp\Plugins

它没有工具图标，只能选择【扩展程序→生成圆锥曲线】命令来调用。

这组工具有个致命的缺点，就是能生成的泰森多边形和圆锥曲线的数量有限，上限近似于图 5.10.4。想要获得更多、更复杂的泰森多边形和圆锥曲线，就要有系统崩溃的思想准备。为了解决这个缺陷，本书作者经过努力已有突破，请查阅《SketchUp 曲面建模思路与技巧》9.5 节。

5.11　SurfaceGen（参数曲面）

SurfaceGen 是一款方便易用、功能强大的方程曲面生成插件。它可以通过输入函数或数学公式来生成曲面图形，并可随时修改公式数据以获得满意的结果。

访问 sketchucation.com，可用关键词 SurfaceGen 搜索下载，该插件是免费的。

1.　概述

SurfaceGen 支持两种输入参数的方式。

（1）函数模式：往表格中输入数据生成曲面。

（2）公式模式：须输入 X，Y 和 Z 相关的方程，此模式可绘制能以公式表达的任何 3D 曲面，但运算时间可能较长。

SurfaceGen 安装非常简单，可放心用【窗口→扩展程序管理器】命令安装，然后在【视图→工具栏→ SurfaceGen】命令调出工具图标即可（见图 5.11.1 ①）。

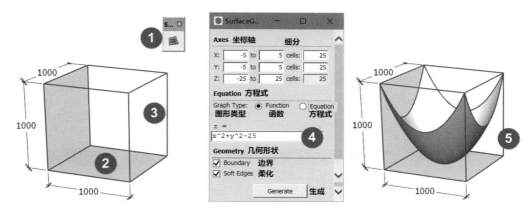

图 5.11.1　默认的初始函数与对应的曲面

2. 实例

例一：默认初始函数与对应的曲面

（1）单击工具图标，光标变成铅笔和一个小立方体线框，我们要用这个工具绘制需要的边界框。为了简化方程式与验算，建议创建长、宽、高都是 1000mm 的矩形。

（2）绘制方法跟 SketchUp 自带工具的不太一样，请注意以下介绍的操作方法。

如图 5.11.1 所示，选择工具图标①后，单击确定立方体的左下角，松开左键，向矩形的对角线稍微移动，矩形初步形成后输入矩形的两个尺寸，中间用逗号隔开数据，如（1000,1000），回车确认，生成如②所示的平面；然后光标再向高度方向稍微移动，立方体初步形成后输入立方体的高度 1000 回车确认，立方体形成，如③所示。

（3）这个立方体可以称为边界框，有 12 条边线，无论你如何旋转它都只能见到三个面，为的就是能够让你看清楚发生在边界框里的事情，这边界框就是你给出的第一组数据。

（4）在边界框（立方体）形成的同时，会弹出如④所示的参数对话框。对话框有三个部分，最上面的部分就是用来创建曲面的第 1 种方式（给定函数生成曲面），在这里可以给定 X、Y、Z 三个方向的数值范围，现在的数据是默认的，暂时不做改动。右边的"细分"就是生成曲面后边线的片段数，不要盲目追求高精度。如果你确定要用输入函数的方式来生成曲面，那么就要在 Graph Type（图形类型）右边选中 Function（函数）。

（5）这时候看到的方程式是（z=x^2+y^2-25），Z 轴坐标被指定为 X 和 Y 的函数，而 X、Y、Z 的范围由第一部分的数值确定。现在数据已经形成，可以单击 Generate（生成）按钮，稍待片刻，曲面生成，如⑤所示。你可以任意旋转、缩放这个曲面，还可以修改公式或函数来改变这个曲面。下面我们尝试用改变函数或公式的方法来改变曲面。

例二：改动 x、y 上限与取消边界框，见图 5.11.2 和图 5.11.3

图 5.11.2 是把 X、Y 的上限从 5 改成 2 的结果。

图 5.11.3 是取消了 Boundary（边界）的勾选，只留下了曲面的结果。

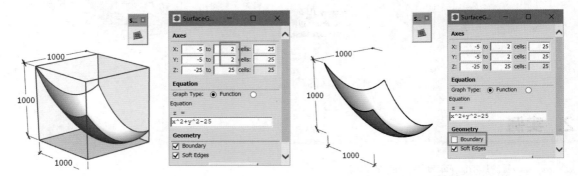

图 5.11.2 改动 X、Y 上限　　　　　　　　图 5.11.3 取消边界框后

例三：取消柔化与修改方程式，见图 5.11.4 和图 5.11.5

图 5.11.4 中取消了 Soft Edges（柔化）的勾选，暴露出所有边线。

图 5.11.5 中选择了以 Equation（方程式）生成曲面，方程式变成 0=x^2+y^2-25。

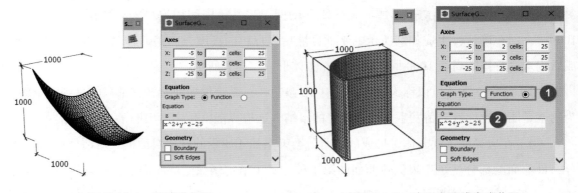

图 5.11.4 取消柔化后　　　　　　　　图 5.11.5 改用方程式生成曲面

例四：改变上限与柔化，见图 5.11.6 和图 5.11.7

在图 5.11.5 方程基础上，改动 X、Y 上限的结果如图 5.11.6 所示。

图 5.11.7 是勾选 Soft Edges（柔化）后的结果。

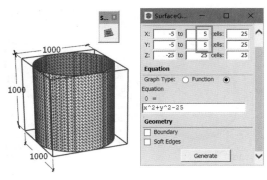

图 5.11.6 改动 X、Y 上限

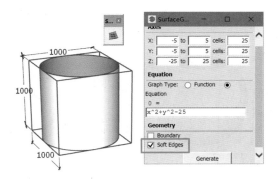

图 5.11.7 柔化后

例五：改变方程式，见图 5.11.8 和图 5.11.9

图 5.11.8 是改变公式为 0=x^2+y^2-10 后的结果。

图 5.11.8 是改变方程式为 0=x^2+y^2+z^2-1.8 的结果。

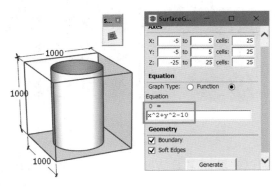

图 5.11.8 改变方程式 1

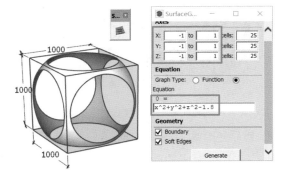

图 5.11.9 改变方程式 2

例六：改变方程式，见图 5.11.10 和图 5.11.11

图 5.11.10 是改变公式为 0=x^2+y^2+z^2-1.4 后的结果。

图 5.11.11 是改变公式为 0=x^2+y^2+z^2-1 后的结果。

例七：改变方程式，见图 5.11.12 和图 5.11.13

图 5.11.12 是改公式为 sin（x）+sin（y）+sin（z）以后的结果。

图 5.11.13 为图 5.11.12 不同方向的两个视图（无法用传统方法创建的复杂模型）。

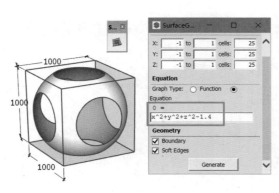

图 5.11.10 改变方程式 3

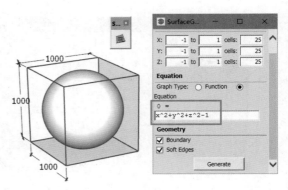

图 5.11.11 改变方程式 4

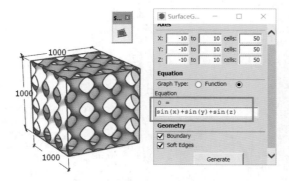

图 5.11.12 改变方程式 5

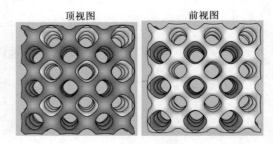

图 5.11.13 两个视图

最后还有两点需要注意。

（1）新生成的曲面是一种特殊的群组，即使已经关闭了对话框，它仍然跟 SurfaceGen 对话框保持关联。在此后的某个时刻再单击它，都会自动弹出 SurfaceGen 对话框，以便修改已经生成的曲面。

（2）以下操作将解除该曲面与 SurfaceGen 对话框的关联。

- 保存包含有这个曲面的模型，即表示已认可这个曲面，它与 SurfaceGen 对话框的关联就自动失效，再次单击它就不会再弹出 SurfaceGen 对话框。

- 双击这个曲面群组 SurfaceGen 认为你将对这个曲面进行编辑，弹出如图 5.11.14 所示的提示："警告：此操作将对象转换为常规组。继续吗？"如果单击"是"按钮，这个曲面与 SurfaceGen 对话框的关联属性取消。

- 炸开这个曲面群组，它与 SurfaceGen 对话框的关联自动失效。

（3）曾发现包含 SurfaceGen 曲面的模型打开后不能再次使用 SurfaceGen 插件的情况，此时需重新启动 SketchUp。

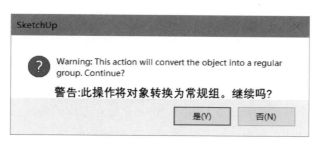

图 5.11.14　警告提示

5.12　Scale By Tools（参数干扰工具）

这一节要介绍的插件名称 Scale By Tools 很难翻译成合适的中文，有人把它译成"参数缩放"或"比例缩放"，但是"缩放"仅为这组工具的一部分（还有旋转和移动），所以不太合理。之前曾有过一个叫作"曲线干扰工具"的插件，除了"干扰"的依据是曲线外，功能跟这个插件类同。考虑到这组插件用于"干扰"的依据是"参数"（包括图形性质的），所以把它命名为"参数干扰工具"或简称"干扰工具"更为合理。

1.　基本说明

Scale By Tools（参数干扰工具）工具条如图 5.12.1，可以通过加载图像或数学公式（幂或正弦/余弦）来缩放、移动和旋转多个对象、面或顶点。我们可以用这个工具来生成各种有规律的模型。为了方便这个插件不同版本的用户使用，下面列出功能项的中英文对照。

① Transform Objects by Image，通过图像变换对象。

② Transform Objects by Attractors，通过热点干扰变换对象。

③ Transform Objects by Power Equation，通过幂方程式变换对象。

④ Transform Objects by Sine/Cosine Equation，通过正弦/余弦方程变换对象。

⑤ Push/Pull Faces by Image，按图像推/拉面。

⑥ Move Vertices by Image，按图像移动点。

注意：有些汉化版本的插件中没有工具②，运行不可靠，功能不全，强烈建议安装英文原版。

图 5.12.1　工具条

2. 测试（使用）前的准备

本节用于演示的对象如图 5.12.2 和图 5.12.3 所示，请注意以下的提示。

（1）用于测试的对象是一个红轴方向 30 个、绿轴方向 25 个的阵列，并且成组。

（2）阵列中的每个单元都是 200×200×200mm 的立方体组件。

（3）每个立方体组件要把坐标轴设置在立方体底面的中心，如图 5.12.3 所示。

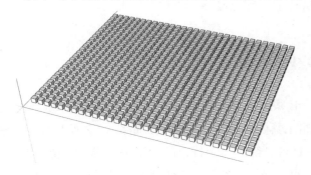
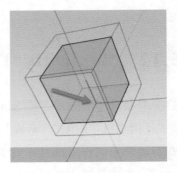

图 5.12.2　测试用阵列　　　　　　　　图 5.12.3　组件的坐标轴

（4）使用工具条中三个工具"通过图像变换对象""按图像推/拉面""按图像移动点"的时候，是以"高程图（灰度图）"的形式提供"干扰"的依据，所以还需要预先准备好"高程图"（见图 5.12.4）。关于高程图，还有以下提示。

● 调整高程图的对比度和亮度，可以控制缩放干扰的幅度。

● 如果要获得最大缩放干扰值，可将图像更改为仅有黑白两色（无灰度）。

● 如果要控制其缩放干扰方向，可反转图像（黑白互换）。

● 提前对图像应用高斯模糊，可获得更平滑的干扰效果过渡。

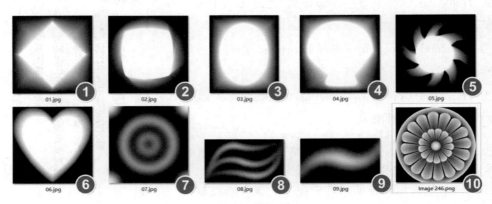

图 5.12.4　高程图（灰度图）

3. 基本操作要领

由于这六种工具分别对不同的对象进行操作，目的也不同，因此在启动工具之前必须至少选择以下的一项。如果操作前没有选择或选择错误，会弹出提示信息。

（1）通过图像变换对象：先选择多个对象（组或组件），会提示再选择一个图像。

（2）通过热点干扰变换对象：首先选择多个对象（组或组件）以及一个或多个名为A的组件。

（3）通过幂方程变换对象：首先选择多个对象（组或组件）。

（4）通过正弦/余弦方程式变换对象：首先选择多个对象（组或组件）。

（5）按图像推/拉面：首先选择一些面，会提示再选择一个图像。

（6）按图像移动点：首先选择一些边和连接的面，会提示再选择一个图像。

完成以上规定的"选择"后，通常还要在一个对话框中指定（或输入）所需的参数。

下面是一些常用功能的测试演示。

4. 通过图像变换对象

例一：均匀缩放实例（见图5.12.5）

（1）预选阵列中的所有立方体组件①，单击第一个工具"通过图像变换对象"。

（2）在弹出的对话框②里指定"均匀缩放"，图像应用于"红绿轴"，输入倍数为"4"，确认后提示选择一幅图片。

（3）导航到保存有图片的文件夹，选择图5.12.4⑥，结果如图5.12.5③所示。

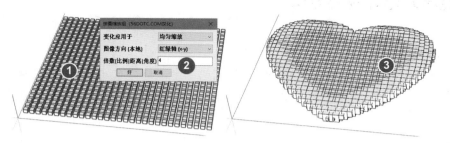

图5.12.5　均匀缩放实例

（4）在弹出的对话框里可供选择的项目还有很多，如图5.12.6所示，①定义变化应用的方向，②定义高程图的方向，③输入的数据可能是倍数、距离、角度（视条件不同而异）。

其中汉化版插图仅供参考。因汉化版问题较多，后面演示用英文版。

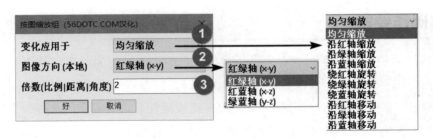

图 5.12.6　可供选择的项目

例二：见图 5.12.7

（1）预选阵列中的所有立方体组件①，单击第一个工具"通过图像变换对象"。

（2）在弹出的对话框②里选择"沿红轴旋转"。

（3）指定"图像在红绿平面（x-y）"

（4）输入旋转角度为"90"，确认后提示选择一幅图片。

（5）导航到图片文件夹，选择图 5.12.4 ⑨，结果如图 5.12.7 ③④所示。

图 5.12.7　沿红轴旋转实例

5.　通过幂方程式变换对象

例一：见图 5.12.8

（1）预选阵列中的所有立方体组件①，单击第三个工具"通过幂方程式变换对象"。

（2）弹出的对话框②看起来比较复杂，其实有规律可循，很容易掌握。对话框从上到下介绍如下。

- 第 1 行：要应用的变换（对象坐标），下拉菜单里有 10 个选项，见后述。
- 第 2、3、4 行：红轴倍增，红轴功率因子，红轴的幂。
- 第 5、6、7 行：绿轴倍增，绿轴功率因子，绿轴的幂。
- 第 8、9、10 行：蓝轴倍增，蓝轴功率因子，蓝轴的幂。
- 第 11 行：偏移量。

在第一行的下拉菜单里，除了第一个选项是"统一比例"之外，也是三行一组，分别是"沿红绿蓝轴缩放""沿红绿蓝轴旋转""沿红绿蓝轴移动"。

（3）在第一行选择"统一比例"，其余的 10 行从上往下分别设置为：2、1、1、2、1、1、0、0、0、0，如②所示。单击"好"按钮确认后，得到的结果如③所示。

（4）改变最后一行的"偏移量"为"1"后，得到的结果如④所示。

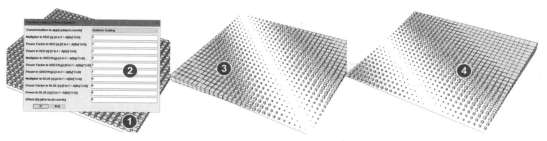

图 5.12.8　通过幂方程式变换对象实例一

例二：见图 5.12.9

（1）预选阵列中的所有立方体组件①，单击第三个工具"通过幂方程式变换对象"。

（2）在对话框②第一行选择"统一比例"，其余的 10 行从上往下分别设置为 4、1、2、4、1、2、0、0、0、0，如②所示。单击"好"按钮确认后，得到的结果如③所示。

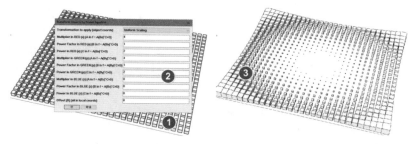

图 5.12.9　通过幂方程式变换对象实例二

例三：见图 5.12.10

（1）预选阵列中的所有立方体组件①，单击第三个工具"通过幂方程式变换对象"。

（2）在对话框②第一行选择"沿蓝轴移动"，其余的 10 行从上往下分别设置为 25、2、2、25、2、2、0、0、0、0，如②所示。单击"好"按钮确认后，得到的结果如③所示。

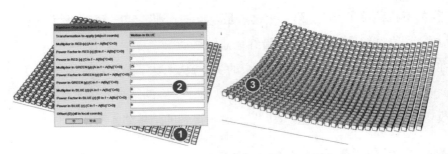

图 5.12.10　通过幂方程式变换对象实例三

6. 通过正弦 / 余弦方程变换对象

例一：见图 5.12.11

（1）这个实例和下面的两个例子改用 15 × 15 阵列，阵列元素中的小立方体同上。

（2）预选所有矩形①后，单击第四个工具，弹出对话框②

● 第一行的内容没有变，仍然是"要应用的变换（对象坐标）"，下拉菜单
除了第一个选项"统一比例"之外，也是三个一组，分别是"沿红绿蓝轴缩放""沿
红绿蓝轴旋转""沿红绿蓝轴移动"。

● 第二行是新增的选项，可以在使用"正弦"还是"余弦"中做选择。

● 下面六行分别是红绿蓝三轴的"振幅"和"周期"。

● 最后一行仍然是"偏移量"。

（3）如②所示，先选择"统一比例"，再选择 Cosine（余弦），下面 7 行分别输入数据 0.5、
1、0.5、1、0、0、0；单击"好"按钮确认后得到的结果如③所示。

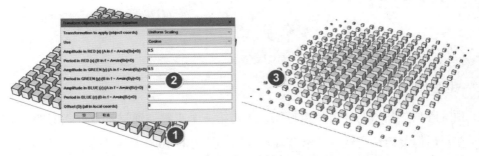

图 5.12.11　通过正弦 / 余弦方程变换对象实例一

例二：见图 5.12.12

第一行仍然选择"统一比例"，第二行改选 Sine（正弦），下面 7 行分别输入数据 0.5、2、0.5、2、0、0、0，单击"好"按钮确认后得到的结果如③所示。

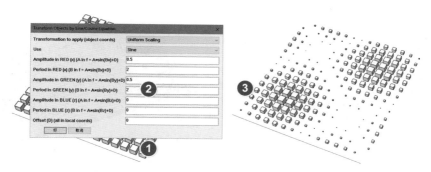

图 5.12.12　通过正弦 / 余弦方程变换对象实例二

例三：见图 5.12.13

在①中第一行改选 Motion in BLUE（沿蓝轴移动），第二行保持 Sine（正弦），下面 7 行分别输入数据 15、2、15、2、0、0、0，单击"好"按钮确认后得到的结果如②③所示。

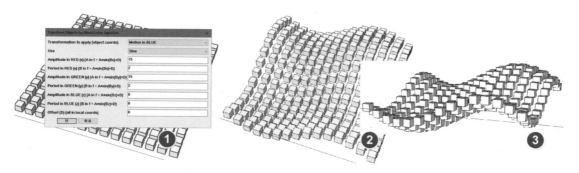

图 5.12.13　通过正弦 / 余弦方程变换对象实例三

7. 按图像推 / 拉面

（1）如图 5.12.14 所示，实例所用的测试对象不再是小立方体组件形成的阵列，而是改成了平面矩阵（即网格）。测试用的平面矩阵可以用"沙盒"工具绘制。网格单元为 200mm×200mm，网格矩阵红轴方向 60，绿轴方向 48（也可根据需要增减）。

（2）全选网格①，单击第 5 个工具"按图像推 / 拉面"，弹出如②所示的对话框。

- 第一、第二两行指定最小和最大推拉距离。
- 第三行指定推拉后要不要形成新的面。

● 第四行指定"图像的方向"，可以在三个平面中选择。

（3）这次的设置如②所示，推拉范围在 5 ~ 1000 之间，不产生额外的平面（即推拉后的底面是空心的），图像方向为红绿平面（x-y 面），结果如③所示。

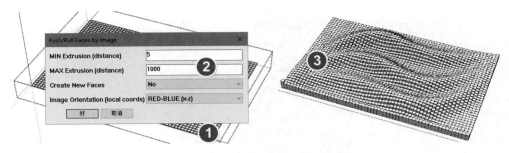

图 5.12.14　按图像推 / 拉面实例

8. 按图像移动点

例一：见图 5.12.15

（1）全选网格①，单击第 6 个工具"按图像移动点"（即顶点），弹出如②所示的对话框。

● 上面三行分别指定红、绿、蓝轴的移动距离。

● 第四行指定"图像的方向"，可以在三个平面中选择。

（2）设置如②所示，红绿轴方向不移动，所以设置为"0"；蓝轴方向移动 1000mm，图像方向为红绿平面（x-y 面）。

（3）指定用图 5.12.4 ⑥的心型，结果如③所示。柔化后效果如④所示。

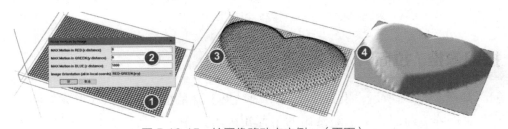

图 5.12.15　按图像移动点实例一（平面）

例二：见图 5.12.16

这次所用的网格不是连续平铺的网格，改用 200mm × 200mm 的单元格，复制成 1 × 25 的条状，然后做外部阵列 30 条，相邻两条之间空 100mm，如①所示。

（1）全选网格条①，单击第 6 个工具"按图像移动点"，弹出如②所示的对话框。

（2）设置如②所示，红、绿轴方向不移动，所以设置为"0"；蓝轴方向移动 1000mm，图像方向为红绿平面（x-y 面）。

（3）指定用图 5.12.4 ⑤的风车，结果如③④所示。

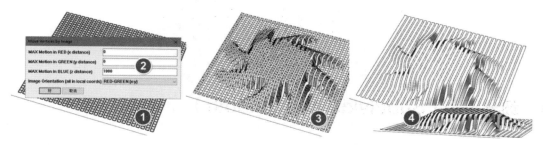

图 5.12.16　按图像移动点例二（条状网格）

以上演示测试仅为最常见的几种用法，更多应用请浏览本节附件里的视频。

5.13　Artisan Organic Toolset（细分平滑雕塑工具集一）

这个插件的历史可以追溯到 2008 年，当年有一个重要的曲面造型工具叫作 Subdivide and Smooth，可翻译成"细分和平滑"，被誉为"史上最牛插件"。本书作者曾于 2010 年在《SketchUp 插件与曲面建模》视频教程集第 131 号视频中以半小时的大篇幅对其做过详细讨论。当年作为免费插件的它，功能相当于图 5.13.1 的①～⑥。本节的内容是把当年的视频教程文稿改成了现在的图文形式。

后来插件的作者又在原来免费的 Subdivide and Smooth 基础上增加了雕塑造型的功能，把"细分平滑"和"雕塑造型"两个部分合起来做成一个新的收费插件，叫作 Artisan Organic Toolset，直接翻译就是"工匠有机工具集"，简称"Artisan 工匠"，工具条如图 5.13.1 所示。按其功能特征，应译为"细分平滑雕塑工具集"为妥。这个新插件作者主要是把它当作雕塑造型工具来推出的。

这组插件现在收费 29 美元，不过有免费的 15 天全功能试用版本，有包含繁体中文在内的 10 种语言。只要在 SketchUp 中选择【窗口→ Extension Warehouse】命令，用 Artisan 搜索即可免费下载安装，插件但必须从 Artisan 网站 https://artisan4sketchup.com 订购免费试用或付费许可。单击图 5.13.1 ⑯，在弹出对话框的最下面一行选择 Chinses 后重启电脑，可获中文界面。

因这个工具集功能强大，内容多并且比较重要，全部内容将分成三个小节来介绍和讨论。这一节将讨论 Artisan 里细分平滑方面的内容，也就是工具条上①~⑥这六个工具。

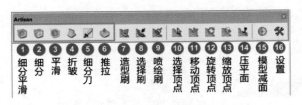

图 5.13.1　细分平滑雕塑工具集

1. 细分平滑（Subdivide and Smooth）

这是整个工具栏上最有特色的工具，以至于曾经连整个工具集都用它的名称来命名。图 5.13.2 中，上面一排是细分平滑前的毛坯，下面一排是细分平滑后的结果，中间一排是取消柔化后的边线。毛坯全是方方正正、有棱有角的，细分平滑后就变成了光头滑脑的。同样的毛坯，有的变成了圆形或圆角，有的却仍然接近方形。在后面的篇幅中会详细介绍其中的区别与原因。

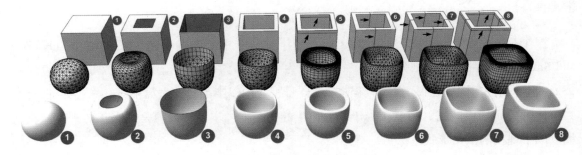

图 5.13.2　细分平滑（毛坯与效果）

（1）细分平滑工具的操作要领。

① 如图 5.13.3 所示，立方体①中间"抠"掉了一块，成了一个"容器"（群组）。

② 选中①后，再单击"细分平滑"工具，得到②（即默认的"一次迭代"）。

③ 双击②，弹出"迭代次数"对话框④，选择"三次迭代"结果，如③所示。

④ "迭代次数"对话框仅在双击"一次迭代"时才会出现，可在 1 ~ 4 间选择。

⑤ 选择了"3 次迭代"的结果是⑤，炸开后可看到模型对象被红色的包围框"锁定"，外面是一个半透明的"变形框"（后面还会提到），变形框可删除。

⑥ 删除半透明的变形框后，剩下被锁定的对象⑥，"解锁"后才能移动或编辑。

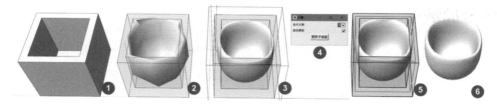

图 5.13.3　"细分平滑"工具操作要领

（2）"迭代"的次数与线面数量。

如图 5.13.4 所示，原始几何体如⑤所示，用"细分平滑"工具加工的结果如下。

- "一次迭代"的结果如①所示，虽有了很大的变化，但仍然有棱有角。
- "二次迭代"的结果如②所示，光滑了很多，线面的数量也多了 3 ～ 4 倍。
- "三次迭代"的结果如③所示，结果更加圆滑，线面的数量又增加了很多倍，运算的时间也变得更久。
- "四次迭代"的结果如④所示，外形与③相比看不出太多变化，但线面数量是一次迭代的 60 倍左右，是二次迭代的十多倍，较大或复杂的对象可能会因此死机或崩溃。

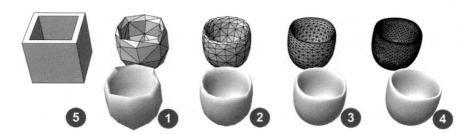

图 5.13.4　不同"迭代"次数的效果

综上所述，在选择"迭代"次数的时候，对于不重要的配角对象，可采用二次迭代；重要位置或有特写要求的对象，可选用三次迭代；要避免选用四次迭代。表 5.13.1 是迭代次数与线面数量比较。

表 5.13.1　迭代次数与线面数量比较

	一次迭代	二次迭代	三次迭代	四次迭代
边线数量	168	572	2682	10167
平面数量	112	448	1786	6583

2. 细分加迭代

图 5.13.5 和图 5.13.6 的原始几何体相同，都是一个中空的长方形Ⓐ，但结果却相差很大：图 5.13.5 的例子仅用了"细分平滑"，结果趋向变圆形；而图 5.13.6 因为提前用了"细分"再做"迭代"，结果就更接近原先的矩形。

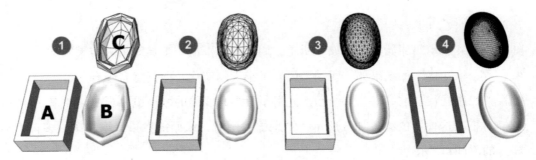

图 5.13.5 仅细分平滑（1 ～ 4 次迭代）

细分加迭代的操作要领如下。

（1）如图 5.13.6 所示，双击进入群组Ⓐ，全选所有几何体后单击工具条第二个工具"细分"，得到一次细分，结果如Ⓑ所示（注意必须进入群组内操作）。

（2）选择Ⓑ后，再单击第一个工具"细分平滑"，得到"一次迭代"，结果如Ⓒ所示，柔化后如Ⓓ所示。

（3）图 5.13.6 ②是一次细分加二次迭代的结果。

（4）图 5.13.6 ③是一次细分加三次迭代的结果。

（5）图 5.13.6 ④是两次细分（单击"细分"工具两次）加两次迭代的结果。

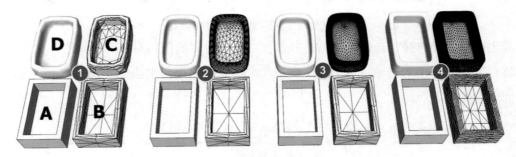

图 5.13.6 细分加迭代效果

归纳一下：仅用第一个工具，无论迭代多少次，结果都是从矩形趋于圆形（如图 5.13.5 所示）。而提前做一次额外的细分后再做迭代，结果就更接近毛坯的原始形态，提前做了两次细分的结果就非常接近毛坯的原始形态了。这样做的代价是线面数量变多，耗费的时间也久。使用这个插件的时候，请根据对象在模型中的重要程度，慎重选择细分和迭代的次数。通常选择二次迭代（最多三次迭代）或者一次细分再加二次迭代就可以满足大多数的应用要求。

打开本节附件里的文件，其中经过细分平滑后的成品，开口的部分变形太大。如图 5.13.7 ③所示的剖面，小箭头所指的位置变成了尖的，如果还想接近原始形态，开口部分要保持带点方形，就像⑦那样。

在图 5.13.7 ④⑤小箭头所指的位置增加了一圈线条（强调一下，关键词是"线条"）。此时如果简单地把整个平面复制一个，在几何体内部就多了一层看不见的平面，而结果会完全不同。正确的操作是：双击顶部平面，按住 Shift 键做减选，减掉面只留下线，然后再移动复制。此时再做"迭代"的结果就像⑥⑦那样，开口的部位更接近毛坯。

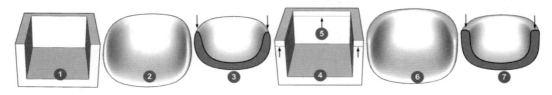

图 5.13.7　减少变形

现在再回去看图 5.13.2 中的八个实例，概念就更加清楚了，请特别注意⑤⑥⑦⑧中小箭头所指处的线条是如何影响结果的。

3. 平滑

上面介绍了这个工具集上最重要的两个工具。第三个工具的功能很简单，就是"平滑"。测试中发现它能够平滑的对象很有限，似乎只有对地形做平滑操作才比较靠谱，对其他几何体的平滑效果都不够满意。

它的用法也很简单，如图 5.13.8 所示，双击进入群组内，全选对象①后，单击工具条上的第三个工具，就可以完成平滑。如果一次效果不满意，还可以继续单击第二下，第三下，一直到满意为止。②是单击 5 次后的结果。

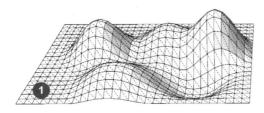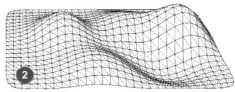

图 5.13.8　平滑效果

4. 折缝

这是一个配合细分平滑用的工具。在细分平滑前，可以用这个工具指定不参与细分平滑的节点、边线与面；在细分平滑后，可以取消已经过细分平滑的点线面。

图5.13.9是用折缝工具取消已平滑的点线面：①是已经三次迭代的对象，双击①进入群组，用工具条第四个工具（折缝）单击一个顶点后（如②所示），再单击另一个顶点后（如③所示），单击一条边线后（如④所示），单击整个顶面后（如⑤所示）。

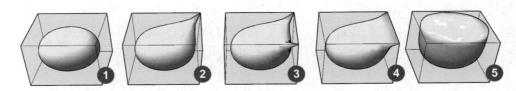

图5.13.9　折缝工具取消已平滑的点线面

图5.13.10是在做迭代之前，预先设置不参与的点线面：将立方体创建组，进入组后调用折缝工具单击①或③箭头所指处。再做三次迭代，结果如②或④所示；单击⑤的两个端点和一条边线，做三次迭代后，结果如⑥所示。

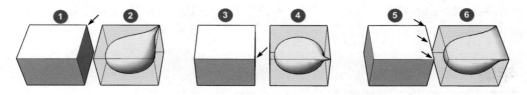

图5.13.10　折缝工具预选点线后再做三次迭代

5. 细分刀

第五个工具是"细分刀"。它的第一个功能也是主要的功能，跟折缝工具类似，是对细分平滑后的对象进行编辑。特点如下。

（1）这个工具跟折缝工具一样，可以在细分平滑前使用，也可以在细分平滑后使用。

（2）细分刀和折缝工具造成的结果是不一样的，参见图5.13.11上排的②③④⑤。

（3）细分结果跟细分刀画线的位置有关，参见图5.13.11②③与④⑤之间画线与变形的关系。

（4）细分刀还有一个更了不起的功能，与另外一个叫作"佐罗刀"的插件相似，它可以根据画线的位置把模型剖开，参见图5.13.11下排。这样在编辑SketchUp模型的时候又多了一个功能非常强大的工具。

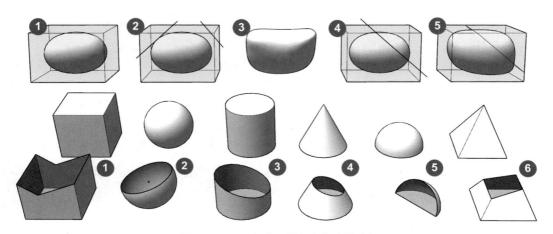

图 5.13.11 细分刀编辑与切割实例

工具使用的方法是在画线的起点按住鼠标左键不放，移动工具到终点释放鼠标。切割之前，应提前把对象调整到合适的视图方向，并调整到"平行投影"视图中再操作。

6. 推拉（挤压工具）

这个"推拉"与 SketchUp 原生的推拉工具功能有点类似，但绝不能互换替代。图 5.13.12 是一个例子，操作过程如下。

（1）①是一个立方体用"细分平滑"工具做三次迭代后的结果（群组）。

（2）双击进入群组，用直线工具在顶部画一条线②，注意内部产生了变化。

（3）用工具条上的第六个工具（或调用 SketchUp 的推拉工具）拉出结果，如③所示。

（4）选择相关面，用第六个工具（或调用 SketchUp 的推拉工具）拉出结果，如④所示。

（5）选择相关面，用第六个工具（或调用 SketchUp 的推拉工具）拉出结果，如⑤⑥所示。

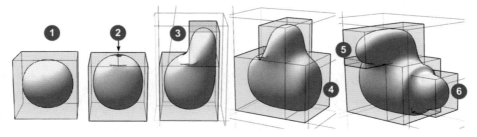

图 5.13.12 推拉工具实例

最后再给出一点提示。

操作上述的六个工具，第一个工具（细分平滑）必须在群组外操作，其他工具必须双击进入群组内操作。如果想要留着半透明的"变形框"以便后续修改，可以设置一个图层（标记），把所有"变形框"归到这个图层，然后隐藏起来。

5.14 Artisan Organic Toolset（细分平滑雕塑工具集二）

上一节中已经介绍了 Artisan 工具条里细分平滑方面的内容，就是工具条上①~⑥六个工具，所以这一节和下一节就只介绍图 5.14.1 右边十个工具，它们统称为"雕塑工具"。

这些工具可以概括为"三把刷子、五个顶点和两个配合"。

- 三把刷子⑦⑧⑨，指的是"造型刷、选择刷、喷绘刷"。
- 五个顶点⑩⑪⑫⑬⑭，指的是"选择顶点、移动顶点、旋转顶点、缩放顶点、设定工作平面"。
- 两个配合⑮⑯，指的是"减少多边形"和"全局设置"。

这一节先介绍"三把刷子"，其余的工具留待下一节再介绍。

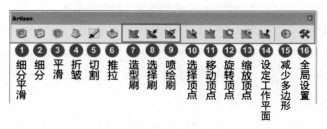

图 5.14.1 三把刷子

1. 设置与工作环境

（1）设置。

展开这一节的内容前，先简单介绍一下工具条上的⑯"全局设置"。

Artisan 本身就是有九种不同语言的国际通用版本，默认是英文版。单击这个按钮后，将弹出对话框的最下面一项设置成 Chinese，重新启动 SketchUp 后将显示中文版。

请注意"全局设置"对话框中的其他七个选项，如没有十足的把握和必要，最好不要去改动。实践证明，有些选项改变后可能会影响插件的正常运行；如果忍不住好奇心要尝试改变，请记下它们的默认状态，以便随时恢复到初始状态。

（2）工作环境。

在正式介绍这组工具之前，还要介绍一下它的正常运行所需的环境。

- 雕塑工具可以在立体的对象上操作，也可以在平面上操作。无论立体或平面，都要有带网格的表面，网格可以是四边形，也可以是三边形等多边形。

- 对于立体的对象，可以用上一节介绍的细分工具进行细分后获得网格。

- 平面的对象，可用沙盒工具创建网格并与对象重叠后炸开合并，删除多余线面。

- 对于已有网格，若精度不够，还可以用工具条上的第二个工具再次实施细分，也可以用沙盒工具的"添加细部"进行精细化。

- 雕塑工具的操作是"认面"的，对于浅色的正面与深色的反面，作用方向相反。

（3）演示用环境。

- 演示用平面：用沙盒工具绘制一个 20×30 的网格（单位任意），如图 5.14.2 ①所示。注意要翻个面，把浅色的正面朝上或朝外。

- 演示用立体：绘制一个 20×30 的矩形，拉出 20 高度（单位任意），正面朝外。用上一节介绍的"细分刀"在三个方向各画个十字，如图 5.14.2 ②所示；再用上一节介绍的"细分"工具细分两次，如图 5.14.2 ③所示。若嫌精度不够，全选后单击沙盒工具中的"添加细部"工具增加精度如④所示。

- 上述演示用的平面与立体，也可以用 JHS 工具栏的网格生成、平面细分、分割平面工具配合完成。

上述创建演示用环境的操作方法可供实战时参考。

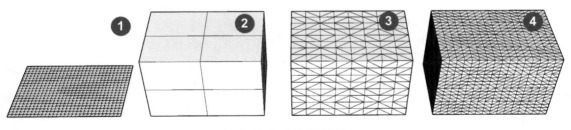

图 5.14.2　演示用环境

2. 造型刷

现在我们来讨论这三把刷子的第一把：造型刷。这个工具是这组雕塑工具中功能最丰富、最重要的一个。调用工具后在网格上单击，出现图 5.14.3 ①所示的黑色圆圈和圆心处的红线与箭头。黑色的圆圈指示出工具的作用范围（③和④就是大小不同的作用范围），红色箭头指出作用的方向，红线的长度指出作用的力度。

单击鼠标右键，可见图 5.14.3 ②所示的关联菜单，上面的五个选项都是它的功能，分别是塑形、平滑、捏、膨胀、压平。想要用这五个功能，可以在鼠标右键菜单里选择，也可以用 Tab 键来循环切换调用。按 Tab 键时，屏幕左下角会显示当前的功能与提示。等一会儿再为你展示这五个功能，在此之前我们还要学习一点专门技能。

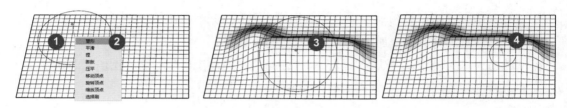

图 5.14.3　作用性质、范围方向与力度

黑色的圆圈，可以输入半径来改变，还可以用左右箭头键来随时调整。按向右的箭头键，作用范围不断变大；按向左的箭头键，就会缩小选择范围。还有一种无级调整的方法：按住向左或向右箭头键，同时将鼠标（注意移动时不要按鼠标左键或右键）向中心或向外移动，作用范围就可以缩小或扩大。

中间的红色箭头和红色线是一种矢量表示法。红色箭头向上时，平面做成凸出的形状；箭头向下就是要把平面凹下去；至于凸出来或凹下去的力度，则由红色线条的长度来决定。不断按向上或向下的箭头键，可以调整红色线条的长短，也就是作用力度的大小；线条到最短的时候，继续按上下箭头键，就可以在凸出和凹下之间转换；在按上下箭头键的同时移动鼠标，就可以连续改变作用力度，甚至还可以在向上和向下之间转换。掌握了上面这些操作要领，现在就可以开始做测试了。

（1）塑形：所谓"塑形"，就是在原有的网格上做出凸起或凹陷的形状。调用造型刷工具，移动到目标上，在右键菜单里选择"塑形"命令，用上面介绍的方法调整作用范围、作用方向与强度，移动光标，刷出造型。

在图 5.14.4 中，①是刷出凸起，②是刷出凹陷，③是缩小作用范围与强度刷出的凸起，④是用③同样的作用范围改变作用方向的结果。

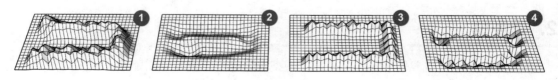

图 5.14.4　"塑形"工具实例

（2）平滑：图 5.14.5 ①圈出的位置高低不平，调用造型刷工具，移动到目标上，在右键菜单里选择"平滑"命令，到目标位置刷一下，结果如②所示，高低不平处得到较平整的效果。

（3）捏：所谓"捏"，就是把工具刷到的顶点"捏"在一起。操作要领是：调用造型刷工具，移动到目标上，在右键菜单里选择"捏"命令，把作用方向调到向上，到目标位置刷一下，结果如③所示，刷到的位置顶点缩在一起。如把作用方向调到向下，再刷一下，结果④所示，之前紧缩的顶点松开。

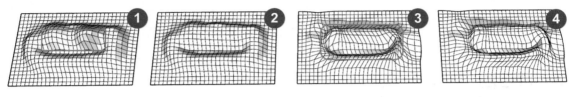

图 5.14.5　"平滑"与"捏"实例

（4）膨胀：可以理解为"吹泡泡"，图 5.14.6 ①是对象的原始状态，调用造型刷工具，移动到目标上，在右键菜单里选择"膨胀"命令，到目标位置来回移动或单击就可以刷出个泡泡来，如②所示。

（5）压平：调用造型刷工具，移动到目标上，在右键菜单里选择"压平"，到目标位置来回移动，原先高低不平的地方即被找平。这个工具可以平整场地，平整后的场地保留原有的地形特点（如原先西高东低，崎岖不平，"压平"的是崎岖不平，最终仍保留西高东低的地形特征，变成平滑的坡度）。

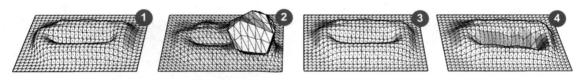

图 5.14.6　"膨胀"与"压平"实例

3.　选择刷

这个工具使用比较简单。如图 5.14.7 所示，调用工具后，在网格上移动光标，所到之处都被选中，出现蓝色的密集小点，如①所示。调整工具作用范围大小的方法跟第一个工具造型刷相同，可以输入半径尺寸，可以用左右箭头键，也可以按住左右箭头键移动鼠标做精细的调整。后面还有很多工具调整作用范围的方法都是这样，就不再重复了。

按住 Shift 键移动鼠标，就是对已经选中的部分做反向的操作（取消选择），如②所示。

用选择刷所做的事情，要经过后续操作才有意义；比如，我们可以用 SketchUp 的移动工具对已经选择的部分向上做移动折叠操作，如③所示，当然也可以用右边的顶点移动工具向上做类似的操作，如④所示。

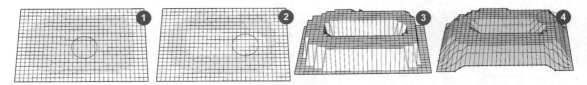

图 5.14.7　"选择刷"实例

4. 喷绘刷

这是三把刷子的最后一把，功能很厉害，其功能类似 UV 贴图。

（1）如图 5.14.8 所示，准备了一个凹陷的曲面①，还有三种不同的材质②。

（2）调用喷绘刷，按住 Alt 键，喷绘刷变成了吸管，可以吸取一种材质。

（3）将工具移动到高低不平的曲面上，按住左键移动刷涂，得到结果③。

（4）再按住 Alt 键吸取另一种材质，再回去喷涂，得到结果④。

（5）第三次按住 Alt 键，吸取第三种材质，刷涂后的结果如⑤所示。

（6）调整喷涂范围的方法如前。

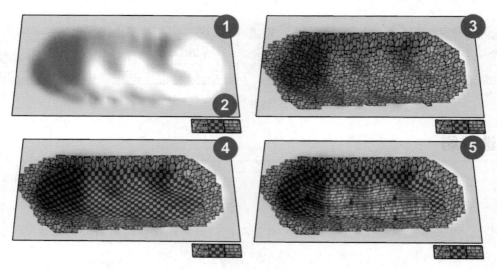

图 5.14.8　"喷绘刷"实例

5.15　Artisan Organic Toolset（细分平滑雕塑工具集三）

上一节讨论了 Artisan 的三把刷子，这一节我们再来看看 Artisan 的"五个顶点"和"两个配合"。五个顶点指的是"选择顶点、移动顶点、旋转顶点、缩放顶点、设定工作平面"，两个配合指的是"减少多边形、全局设置"。

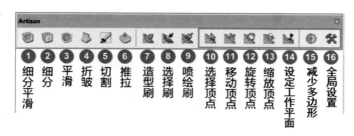

图 5.15.1　工具条（五个顶点和两个配合）

1.　选择顶点

这个工具只能对顶点做选择，建模过程中必须与其他工具配合起来才能发挥作用。工具名称里的所谓"顶点"，并非指几何体最突出的那一点。"顶点"译自英语的"Vertex"，是几何学里的名词，有制高点的意思，但在这里应理解为"节点"，是指线条交叉的那些点，而不一定是最高或凸出的点。在本节的叙述中会混用二者。

Artisan 的选择顶点工具有两种不同的选择方式，分别叫作硬选择和软选择。所谓硬选择，就是类似于 SketchUp 自带的选择工具，只有"选中"和"未选中"两种状态；而软选择则要复杂得多了：从中心的完全被选中到边缘的完全未选中，分成很多层次（就像是 PS 里的渐变），各层次在建模中的表现也各不相同。有两种方法可在软选择与硬选择之间做切换：一是在选择状态下，从右键菜单里选择第一行，如图 5.15.2 ①所示；二是用 Tab 键在二者之间循环切换。当前状态究竟是软选择还是硬选择，可以看屏幕左下角的提示。也可以看光标的形态：软选择时一定有个表示选择范围的圆圈，硬选择的时候就没有这个圈。

在硬选择方式下，它跟 SketchUp 的选择工具用法相似：选择顶点工具可以做左、右方向的框选，可以跟 Ctrl 键或 Shift 键配合做加选、反选和减选，也可仅选点或线。在软选择状态下，调用选择工具移动到网格上，如图 5.15.2 ①所示，有个黑色的圆圈，它代表了工具的作用范围。调整作用范围大小的三种方法在上一节里已多次提过，这里不再重复。

把选择顶点工具移动到网格上单击一下，如图 5.15.2 ②所示，从红色到蓝色过渡的整个范围里都是已经被选择的顶点。移动工具画一个方框，结果如③所示。

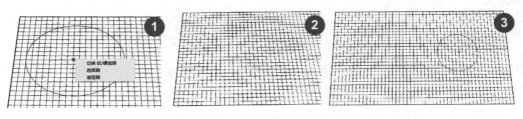

图 5.15.2　软选择

2. 移动顶点

移动顶点工具有两种用法。一种用法是移动已经被选中的节点，如图 5.15.3 所示。移动已经选中的节点，还可以用 SketchUp 的移动工具。移动的时候，可以用箭头键指定或锁定移动的方向：右箭头锁定红轴，左箭头锁定绿轴，上箭头锁定蓝轴，Shift 锁定当前轴。

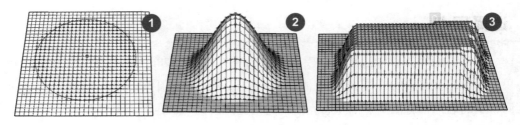

图 5.15.3　软选择与节点移动

第二种用法不必预先做顶点选择，直接调用移动顶点工具做顶点移动。调用移动顶点工具，网格上也有一个圆圈指定工具的作用范围，如图 5.15.4 ①所示；按住鼠标左键往上移动，可以看到作用范围内的网格跟着移动，如②所示。网格移动的规律跟软选择是一样的，我们称②所示的变形叫作软变形。调用移动顶点工具后的操作虽然看不到从红色到蓝色的提示，但是它和选择顶点工具一样，也可以在右键菜单里或者用 Tab 键切换软、硬选择。

这一组顶点编辑工具与 5.22 节介绍的"顶点工具箱"相比，还有一个显著优点，就是在对立体对象进行顶点选择与移动等操作的时候，不会选择和误动到对面的几何体，如（图 5.15.4 ③④所示），所以它比其他同类插件更为优秀。

移动顶点工具在硬选择状态下，还可以对顶点、线或者面作移动编辑。如图 5.15.5 ①是顶点移动工具移动顶点，②是移动水平与垂直边线，③是移动三角面斜线，④是对已经选择好的对象做大范围的移动编辑。

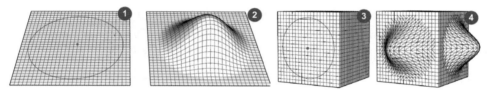

图 5.15.4　顶点移动工具实例

工具移动顶点的时候，可以用 Shift 键锁定移动方向，用方向键限制移动的轴向。

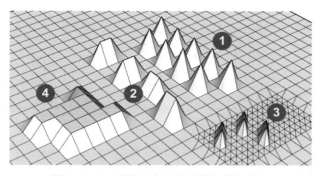

图 5.15.5　移动顶点工具对点与线的操作

3.　旋转顶点

旋转顶点工具最不常用，它要跟选择顶点工具或 SketchUp 自带选择工具配合起来使用。图 5.15.6 ①所示为用选择顶点工具做好的选择，调用旋转顶点工具，移动到已选区域的中心，单击指定旋转中心，工具向半径方向移动，再次单击确认，如②所示，接着工具向③的箭头方向移动，输入移动的角度（如 90）回车，顶点旋转完成，如④所示。

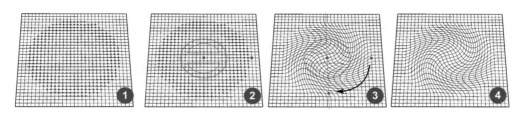

图 5.15.6　旋转顶点工具实例

4.　缩放顶点

缩放顶点工具也不是常用的工具，它的操作相对简单。

调用缩放顶点工具后，也有用来表示作用范围的黑色圆圈，如 5.15.7 ①所示。正式操作前，有时需要对它的大小做一点调整。完成一次缩放顶点的操作，需要单击鼠标左键三次，移动鼠标一次：第一次单击缩放的中心②，第二次在缩放范围的半径方向③再单击一次，两次单击之间的距离与缩放的范围和程度都有关系，有时候需要测试多次才能确定。然后向第一次单击的位置移动光标（见箭头方向），网格开始向第一次单击的位置收缩，效果满意后，第三次单击鼠标，操作完成，如④所示。若把工具向相反的方向移动，如⑤所示；所选顶点将放大，如⑥所示。

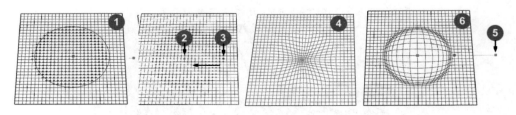

图 5.15.7　顶点缩放工具

5. 设定工作平面

　　这个工具的主要作用是在高低不平的山地（曲面）上清理出一片平地，该填的填，该挖的挖。如果你是规划或建筑专业，不妨把这个工具看成"填挖平整"工具。

　　工具用起来非常简单。图 5.15.8 ①模拟一个山地，想要平整出一片平地，先用选择顶点工具在高低不平的区域圈出平整的范围，如②所示；然后调用这个工具，在弹出的对话框③里选择平整的方式。这里要注意：所谓"最好的"，是说填挖工作量最小的，也就是平整后的场地平面最接近原始地形，但通常留有一个接近原始地形的坡度，如④所示。

　　如果想要做得很平整，场地平面水平，就要选择 XY 平面，结果如⑥所示。如果一次平整后对结果不太满意，可以再操作一次。

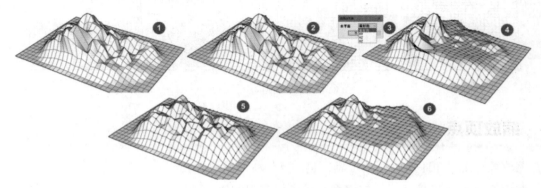

图 5.15.8　设定工作平面实例

6. 减少多边形

这个工具通过大量测试，工作得似乎不能令人满意。

如图 5.15.9 所示，准备一个球体①，用工具条第二个工具细分两次，如②所示；选择其中的一半线面③（留下一些用来比较），选择减少多边形工具后弹出如④所示的对话框，指定要减少多少线面，选择 50%，得到减少线面后的结果如⑤所示。

经过多轮测试，问题如下。

● 减少的线面集中在几个区域，不是整体平均减面。

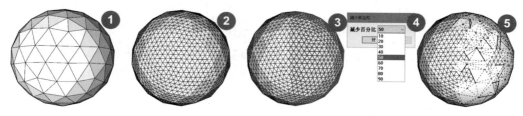

图 5.15.9　减少多边形实例

● 每一次减面操作后都会产生若干破洞。

所以，这组插件的减面功能基本没有使用价值。若有减面的需求，可参考本书 3.6 节介绍的"模型转换减面工具 Skimp"。

7. 全局设置

选择这个工具后，弹出的对话框中有八个选项，如图 5.15.10 所示。除了最下面一个要改成"Chinese"以外，如没有十足的把握和必须，其余七个选项最好不要去改动。实践证明，有些选项改变后可能会影响插件的正常运行，如果忍不住好奇心要尝试，万一弄到不可收拾时，请回来查看图 5.15.10 所示的初始默认状态。

图 5.15.10　全局设置的默认状态

5.16 Flowify（曲面裱贴，曲面流动）

十多年前曾经有一个叫作 Lss Toolbar 的插件工具条，专攻曲面，非常好用，其中有一个工具叫作"群组匹配粘贴"，与这一节要介绍的 Flowify（曲面流动）相似，但功能更强，更容易用，更可靠，可惜在 SketchUp 8.0 版后就不能正常使用了。后来又出现过一个 Stick groups to mesh（曲面粘合）插件，功能类似，也因长期不更新不能再用了（也许网络上还能搜索到汉化改良后的版本，据说不可靠）。

这一节要介绍的 Flowify（曲面流动）插件跟上述两个比较，限制较多，比较难用，表现也远不如 Lss Toolbar 的"群组匹配粘贴"优秀，但部分功能相仿，在没有其他选择时可尝试替代。如果用中文来描述其功能的话，可以介绍为这是"把对象群组裱贴到曲面上去的工具"，这里的所谓"对象"，可以是类似窗框那样的扁平状几何体，也可以是圆柱体、球体，甚至是整幢楼房那样的物体。所以这个工具也可称为"曲面裱贴"。

这个插件是免费的，可以在 SketchUp 的 Extension Warehouse（扩展库）中用 Flowify 作为关键词搜索下载它的 rbz 文件（英文），还可找到插件作者制作的简单视频（未述及下述菜单项）。本节的讨论将用附件里的汉化版。rbz 文件安装成功后，可以选择【视图→工具栏→ Flowify（曲面流动）】命令。

此外，除了执行这个插件的主要功能之外，还有一些附加的辅助功能需要在【扩展程序①→ Flowify- 曲面流动②】里找到图 5.16.1 所示的菜单项，其中还包括二级菜单③和三级菜单④。本节仅介绍该插件的主要功能"曲面流动"。

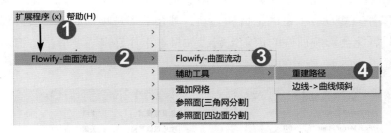

图 5.16.1　曲面流动插件的中英文菜单

1. 工作环境与各部分名称

图 5.16.2 给出了一个典型的工作环境。

①②是用来测试的曲面，后文将称呼为"目标面"（须群组）。③是与"目标面"尺寸相关并平行的"网格面"（须群组）。④是连接"目标面"与"网格面"角点的"连接线"

（须群组）。⑤是将"目标面""网格面""连接线"三个群组再次合并成的一个"大群组"。⑥是即将投射到"目标面"的"裱贴对象"（须群组）。⑦是已经投射到"目标面"上的"裱贴对象"（自动成组）。

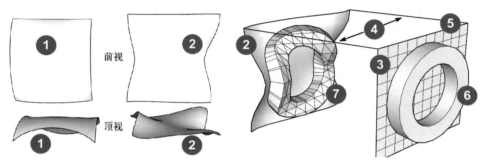

图 5.16.2　工作环境准备与各部分名称

2.　重点说明

下面列出的几项是"曲面裱贴"能否成功的主要因素，务必注意。

（1）"网格面"与"目标面"都必须由四条边组成。

（2）注意检查"网格面"与"目标面"边缘是否有废线面。

（3）网格中的每一行必须具有相同数量的单元格，单元格必须是四边形。

（4）"连接线"必须连接到"网格面"与"目标面"对应的两个相邻角（不能是对角）。

3.　理想状态实例

（1）准备工作。

如图 5.16.3 所示，①是"目标面"（已群组）。为实施"裱贴"还需要一个"网格面"与连接二者的"连接线"，为了把网格面做得尽可能跟目标面匹配，可以在目标面的对角上先引两条辅助线，如①所示。然后利用这两条辅助线画出"网格面"的矩形并群组，再在相邻角画出两条"连接线"（相邻角的位置不限，但不能是对角），把两条连接线成组，最后把"目标面""网格面""连接线"三个群组再整合成一个"大群组"，如④所示，准备工作完成。

下面的几个例子都要做同样的或类似的准备工作，相同的操作就不再复述。

（2）放置"裱贴对象"。

用 3D 文字工具做两个立体字（下文称"裱贴对象"，应是群组）。移动立体字到网格面上，调整好大小与位置，如⑤所示。这里要注意的是，"裱贴对象"在网格面的位置就是裱贴后的位置；如现在"裱贴对象"紧贴网格面，执行裱贴后，它同样紧贴"目标面"。如果想要在裱贴后对象离开"目标面"有一定距离，如100mm，那么在摆放"裱贴对象"的时候就要离开网格面100mm。反过来，如果"裱贴对象"有100mm陷进了网格面，裱贴完成后的结果也会有100mm陷入"目标面"内。

（3）执行裱贴。

以上的工作准备完后，全选"大群组"和"裱贴对象"，如⑦所示；或者按住Ctrl键加选二者，再去单击Flowify（曲面流动）工具按钮⑦，裱贴完成。适度柔化后，效果如⑧所示。

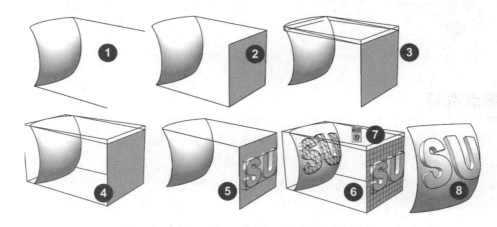

图 5.16.3　理想状态裱贴实例

4. 改变裱贴对象与位置

这个例子想要表达的是在同样的条件下，改变"裱贴对象"的大小、多少、形状后的结果，如图 5.16.4 所示。比较简单，可以对照上例操作。

图 5.16.4　改变裱贴对象与位置实例

5. 改变投影目标的形状

这个例子就有点不同了，区别是"目标面"有改变。虽然它仍然是四边形，但一侧经过压缩后，"网格面"也要跟着改变，不然就无法把"裱贴对象"定位到准确的位置。所以在绘制"网格面"时，在"目标面"的四角引出了四条线，用来生成"网格面"，如图 5.16.5 所示。

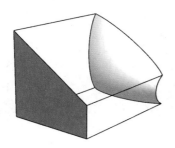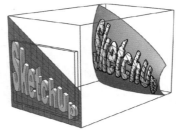

图 5.16.5　改变目标面实例

6. 复杂形状目标一（柱面）

如图 5.16.6 所示，这个例子与前面几个例子的区别有三点：一是"裱贴对象"不再是扁平的形状，换成了圆柱形。二是"裱贴对象"在"目标面"上的位置不再在表面。三是连接"目标面"与"网格面"的"连接线"换了位置，效果一样。其他没有什么要补充的。

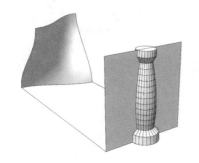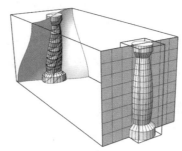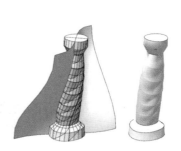

图 5.16.6　柱形裱贴对象实例

7. 复杂形状目标二（球面）

如图 5.16.7 所示，这个例子情况比较复杂，需要详细讨论。

前面我们强调过，这个插件要求"目标面"和"网格面"必须是"四边面"（这个要求是该插件比较难用的根源之一）；而现在裱贴的目标①是球体，离要求的"四边面"相去甚远，用下面的办法可以把半个球体改造成"四边面"。

（1）从当中把球体分成两个半球体，在虚显的网格南北极两端，用直线工具沿三边面与四边面分界处边缘画线，如②所示。为明确概念，把②移出到外面，如③所示。此时上下左右四条圆弧形成了一个四边面（群组），实战时不用移出。

（2）如④所示，创建一个与球体投影面尺寸相近的矩形，群组后充当"网格面"；再从圆弧的两端，也就是两个相邻角引出两条线到"网格面"的对应角，群组后成为"连接线"。最后把"目标面""网格面""连接线"三个小群组合并创建成"大群组"。

（3）在"网格面"上安排好"裱贴对象"，全选后单击工具按钮，裱贴完成，如⑥所示。

（4）如果需要球体前后两面有同样的内容，可复制出来后经过两次镜像再拼在一起，最后做柔化，结果如⑦所示。

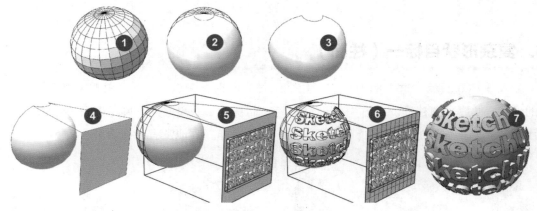

图 5.16.7　球形目标面实例

该插件的问题如下。

- "流动"到曲面上的对象，将曲面的"法线"作为依据，所以变形量较大。
- "目标面"与"网格面"必须是"四边面"，这大大降低了成功率，限制了适用范围，

5.17　Bezier Surface（贝兹曲面）

在 SketchUp 里创建和编辑曲面，时常会遇到有"贝兹""贝塞尔"一类名词的插件。在 5.5节，我们已经介绍过一组名称为 Bezier Spline（贝兹曲线）的插件。其实名称中没有"贝兹"的插件，有一些是以"贝兹方程"为基础的。

如果用 Bezier 作为关键词到 SketchUp 的"扩展程序库"中搜索（不要用 Bessel 贝兹），至少能发现有 17 个相关插件，其中有 14 个是 Jacob S.（雅各布）一人的作品，里面有五个是收费的（均为 $3.99）。经过比较，本节从 17 个插件中挑选出两个做重点介绍，其中之一是本节要介绍的 Bezier Surface（贝兹曲面），还有一个 Bezier Surfaces from Curves（曲线生成贝兹曲面）放在下一节介绍。

在 SketchUp 的【窗口→ Extension Warehouse】中搜索 Bezier Surface 并安装这个插件。安装完成后，可以用【视图→工具栏→ Bezier Surface】命令调出如图 5.17.1 ①所示的工具条，或者选择【绘图→ Bezier Surface（贝兹曲面）→ Create Quadpatch（创建四边面）】命令使用插件。

1. 操作要领

（1）如图 5.17.2 所示，单击工具图标（或选择上述菜单项），单击贝兹四边面的起点①，沿对角线移动工具到四边面的终点②，再次单击确认，生成如图 5.17.2 所示的四边面（自动成组）。

（2）双击进入四边面群组，可以看到如图 5.17.3 所示的带有虚线网格的四边面，默认网格密度是 8×8 矩阵（初始值不能改变）。下文中对未变形的称为"四边面"，变形后的面称为"曲面"。

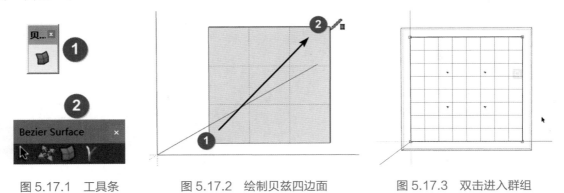

图 5.17.1　工具条　　　图 5.17.2　绘制贝兹四边面　　　图 5.17.3　双击进入群组

（3）单击四边面，可看到图 5.17.4 中间出现一个顶点变形器（Gizmo）。它跟 5.22 节的"顶点工具箱"相似，四个角上各有一个红色的小空心正方形，那是"角控制点"，选中后变成实心矩形。四边面的中间还有四个小黑点，必要时也可以变成控制点（后有详述）。

（4）顶点变形器（Gizmo）的用法有"角变形""边变形"或"中间点变形"等。用工具单击角控制点、边线、中间点中的任一个，都会出现一个如图5.17.5所示的"变形器"和图5.17.1②所示的二级工具条（将在后文介绍）。移动变形器上的箭头状图标，即可移动该顶点，如图5.17.6和图5.17.7所示。移动弧线可旋转选中的控制点。

（5）除单击四角上的"角控制点"外，还可单击四边面的任一边，同样会出现"变形器"待用。如图5.17.8所示，若移动红色的箭头，四边面将在红轴方向缩放四边面。如图5.17.9所示，移动绿色的箭头，四边面将在绿轴方向变形。移动蓝色的箭头，将移动当前选中的整条边线。如果当前既没有选中"角控制点"又没有选中"边线"，就像图5.17.4那样，只能对四边面做整体移动。

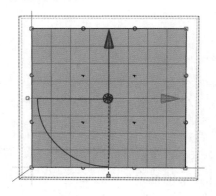

图 5.17.4　顶点变形器

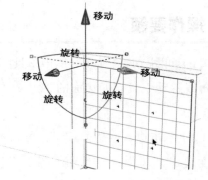

图 5.17.5　变形器

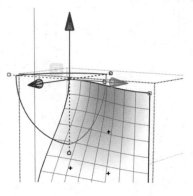

图 5.17.6　角变形实例一

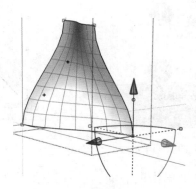

图 5.17.7　角变形实例二

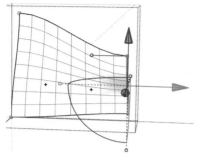

图 5.17.8　边变形实例一

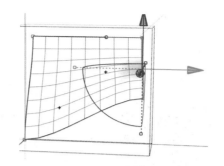

图 5.17.9　边变形实例二

2. 右键菜单

用鼠标右键单击四边面（或曲面），关联菜单如图 5.17.10 所示。

- Automatic Interior：按字面翻译是"自动内部"，应理解为"默认内部"。勾选后，四边面内部的四个点不可选择。若需选择内部的四个点，应取消选项的勾选。
- Select All（选择所有）：选中四个角点，包括四条边线和面中间的控制点。
- Select None（取消选择）：上一条的逆操作，取消所有已经作出的选择。
- Invert Selection（逆选择）：当前选择的反向选择。
- Entity Properties（实体属性）：单击后弹出图 5.17.11 ②所示的"Bezier Surface Properties（贝兹表面属性）"面板。全选对象后会列出"顶点数、面上的点数、边的数量、块的数量，边线长度"的信息。
- Close Instance（关闭实例）：退出当前正在操作的群组。

图 5.17.10　右键菜单

3. 操作注意点

- 右键菜单里的第一项是最重要的。当"四边面"或"曲面"（如图 5.17.11 ①所示）呈蓝灰色时，右键菜单里才会出现 Automatic Interior。取消勾选后，原先四边面中间的四个小黑点变成红色的小方框并允许编辑，单击其中的任一个都会出现"变形器"。如图 5.17.12 所示中间左上角的控制点被选中生效。

● 为了能把四边面绘制在正确的坐标面上，绘制四边面之前需调整好视图，必要时还要调整成平行投影。

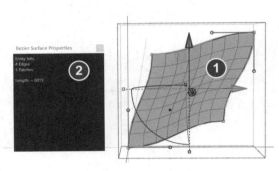

图 5.17.11　实体属性

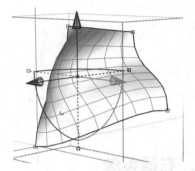

图 5.17.12　内部控制点

4.　二级工具条及应用

● 见图 5.17.13 所示，工具只要单击"四边面"或任意"角控制点"或"边线"，都会出现一个"变形器"，如①所示的"屏幕信息"，以及如②③④⑤所示的二级工具条。

● 二级工具条有四个默认工具。其中②"选择"用来选择控制点或边线，③"移动"可以用来移动包括内部控制点在内的所有控制点。

● 二级工具条中最重要的是④"新四边面"工具，用法为：选择好图 5.17.14 的任意两条边线（如①②），单击二级工具条上的③"新四边面"工具，便能如图 5.17.15 所示，在选中的边线上生成两个新的四边面。如果再选择图 5.17.15 ①②两条边线，单击"新四边面"工具，又生成一个新的四边面，如图 5.17.16 所示。可以用这样的办法逐步扩展出整个曲面。

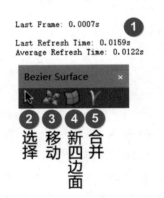

图 5.17.13　二级工具条与屏幕信息

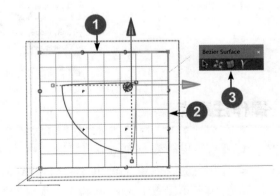

图 5.17.14　新增四边面一

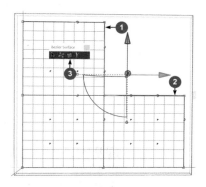

图 5.17.15　新增四边面二

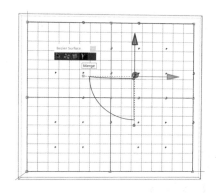

图 5.17.16　新增四边面三

● 　　"合并"工具用法见图 5.17.17。要把②③两条边线合并，结果成为⑤所示的四边面，操作顺序是：单击"合并"工具①，再分别单击②和③，最后再次单击"合并"工具④，合并后的结果如⑤所示。

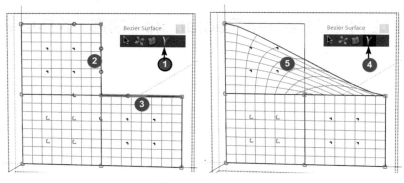

图 5.17.17　合并

5.18　Bezier Surfaces from Curves（曲线生成贝兹曲面）

　　这是一组以贝兹曲线、圆弧、圆和直线等线段创建和编辑各种贝兹曲面的工具。

　　这是一组收费的插件（\$3.99），但有免费的 30 天试用版（国内还有汉化版）。选择【窗口→Extension Warehouse】命令，以 Bezier Surfaces from Curves 为关键词搜索，在 download 项下选择 Install Trial（安装试用）即可安装。

　　安装完成后，勾选【视图→工具栏→Bezier Surfaces from Curves】命令，可调出图 5.18.1 ①

所示的工具条。若不想调出工具条占用操作空间，还可选择【绘图→ Bezier Surfaces from Curves】命令，打开图 5.18.1 ②所示的二级菜单，内容跟工具条完全对应。图 5.18.1 ①上六个工具分别以两条、三条或四条曲线（直线）为条件，生成可编辑的贝兹曲面。生成后的曲面还可通过拖动控制点、控制线或修改控制点的权重值等方式来调整曲面形状，同时支持二次编辑。该插件配合贝兹曲线工具，使用更方便。

下面分别介绍六个工具的功能与用法。

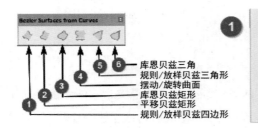

图 5.18.1　工具条与菜单中文名称

1. Ruled / Lofted Bezier Rectangle（规则 / 放样贝兹四边形）

如图 5.18.2 所示，绘制一条圆弧①和与圆弧平行的贝兹曲线②。全选①②后，工具条③变成彩色，提示生成曲面的条件已经具备。现在单击工具③，生成初始贝兹曲面，如④所示，上面有若干"控制线"与"控制点"，单击和移动任一线或点，可以改变贝兹曲面的形状。光标悬停在任一控制点上，输入新的"权重"回车后可改变曲面形状。在右键菜单里选择 Done（完成）命令，得到如⑤所示的曲面成品。

请注意，绘制两条曲线时，始末端方向要一致。如从左到右先画了圆弧①，换个方向再画贝兹曲线②时就要自右向左绘制，这样两线段的始点才在同一方向。发现曲线方向不对，可把方向不对的曲线群组合做镜像，然后炸开。

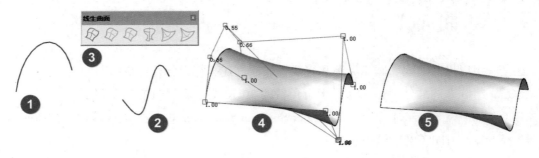

图 5.18.2　规则 / 放样贝兹四边形工具实例

2. Translational Bezier Rectangle（平移贝兹矩形）

如图 5.18.3 所示，同样是一条圆弧①和一条贝兹曲线②，但它们现在不再平行，而是有一个公共端点。全选①②后，工具条上的③④两个工具变成彩色，提示两种工具都可用。选择工具③后生成初始曲面⑤，移动控制点或控制线可改变曲面的形状。光标悬停在任一控制点上，输入新的"权重"回车后可改变曲面形状。在右键菜单里选择 Done（完成）命令，得到⑥所示的曲面成品。

请注意，两条曲线中，先画的①当作路径，后画的②作为轮廓截面，②沿路径①平移形成"平移贝兹曲面"。

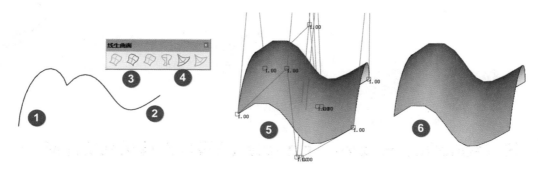

图 5.18.3　平移贝兹矩形

3. Coons Bezier Rectangle（库恩贝兹矩形工具）

如图 5.18.4 所示，这个例子用了首尾相连的四条线，其中有两条圆弧、一条贝兹曲线和一条直线，它们形成闭环。全选它们后，工具②变成彩色，单击它后，初始曲面形成如③所示，移动控制线或点可改变曲面。光标悬停在任一控制点上，输入新的"权重"回车后可改变曲面形状。在右键菜单里选择 Done（完成）命令，得到④所示的曲面成品。

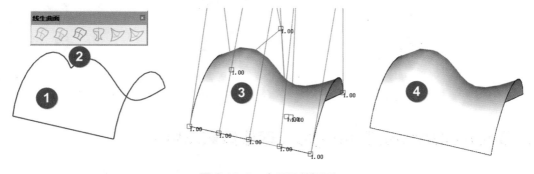

图 5.18.4　库恩贝兹矩形

4. Swung / Surface of Revolution（摆动 / 旋转曲面）

如图 5.18.5 所示，这个实例需要两条曲线，在红绿平面上画一条圆弧①，它将成为放样的路径；再在红蓝面上绘制一条贝兹曲线②当作轮廓截面；全选后工具③④变成彩色，现在单击③，形成初始曲面⑤，移动控制线与点可以改变曲面形状。光标悬停在任一控制点上，输入新的"权重"回车后改变曲面形状。在右键菜单里选择 Done（完成）命令，得到⑥所示的曲面成品。

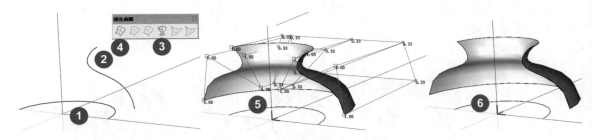

图 5.18.5　摆动 / 旋转曲面实例

5. Ruled/lofted Bezier Triangle（规则 / 放样贝兹三角形）

如图 5.18.6 所示，这个例子的条件是两条曲线①和②有一个共同的端点。全选两条曲线后，工具③④同时变成彩色。选择工具③，生成初始曲面⑤，移动控制线或点可改变曲面的形状。光标悬停在任一控制点上，输入新的"权重"回车后可改变曲面形状。在右键菜单里选择 Done（完成）命令，得到⑥所示的曲面成品。

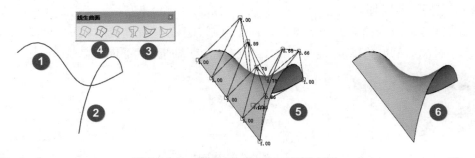

图 5.18.6　规则 / 放样贝兹三角形实例

6. Coons Bezier Triangle（库恩贝兹三角）

如图 5.18.7 所示，这个工具需要三条形成闭环的边界曲线。全选①②③这三条线后，再选择工具④，形成初始曲面⑤，移动控制线或点可改变曲面的形状。光标悬停在任一控制点上，输入新的"权重"回车后可改变曲面形状。在右键菜单里选择 Done（完成）命令，得到⑥所示的曲面成品。

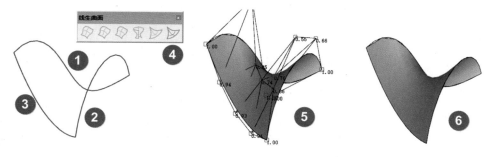

图 5.18.7　库恩贝兹三角

7. 注意

（1）绘制曲线时的始末端方向要一致。换个方向画线时要注意检查，发现曲线方向不对，可把方向不对的曲线群组后做镜像然后炸开。

（2）参与生成曲面的元素限于原始的贝兹曲线、圆弧、圆和直线。所谓"原始的"，就是不能经过曲线精度调整、炸开、焊接等加工。

（3）所生成的曲面都是"四边面网格"。

（4）参与创建曲面的弧线片段数最好是偶数，以便得到四边面。

（5）一旦创建了初始曲面，将自动进入曲面编辑状态。如果需要，可以通过移动控制网的点或线或者调整控制点的"权重"，将曲面编辑成想要的样子。

（6）在移动控制点或线时，可以使用箭头键锁定方向，也可以用 Shift 键锁定当前方向。在移动过程中按 Esc 键会将曲面重置为移动开始前的状态。

（7）为了改变一个控制点的权重，将光标悬停在想改变的控制点上，使其以绿色高亮显示，输入新权重，按回车键会影响曲面的形状。

5.19　Follow and Rotate（跟随变形）

这是国内 Ruby 作者 wikii 于 2013 年编写的脚本，在 http://sketchucation.com/ 上的名称是 Follow me and Rotate 或 Follow and Rotate。原脚本是一个 rb 文件，没有工具图标，只能选择

【扩展程序→Follow and Rotate】命令执行。因为作者本人长期没有更新，大约从 SketchUp 2015 版开始，就不能继续使用了。后来有人改写了脚本，甚至添加了工具图标，形成了很多版本。中文名称有"跟随变形"等。

这个插件的功能是对选中的截面沿路径进行参数变形跟随（旋转＋缩放），路径可以是曲线、直线（要转换成曲线，后有详述）、空间曲线等。需要注意，它的旋转和缩放只发生在曲线片段相接的节点处。需要控制的参数有截面尺寸、曲线路径的片段数量、变形旋转的曲率、缩放的比例，等等。与 SketchUp 原生的路径跟随一样，使用它时也要注意放样截面与路径必须垂直。

插件的使用相对简单：根据上述要求安排好放样截面与路径，全选路径与截面后选择【扩展程序→Follow and Rotate（跟随变形）】命令，弹出对话框，填写旋转角度与序列缩放的值，确认后生成曲面。图 5.19.1 所示有六个对象，其中①是右边五个对象的条件，完全相同；②的旋转角度为 0，序列缩放为 1（也就是不旋转也不缩放）；③的旋转角度为 0，序列缩放为 0.95；④的旋转角度为 5，序列缩放为 0.95；⑤的旋转角度为 10，序列缩放为 0.9；⑥的旋转角度为 15，序列缩放为 0.8。

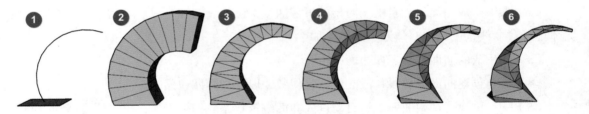

图 5.19.1　跟随变形插件实例一

这个插件只接受曲线为路径，但直线段经适当处理后也能成为路径，处理方法如下。

（1）右击一条直线，选择【拆分】命令，移动光标将直线拆分成所需的段数。

（2）选择已经拆分的所有线段，焊接成一个整体（用 JHS 超级工具条或 Curvizard 曲线优化工具等都可以）。

（3）这样就可以"欺骗"Follow and Rotate，让它把这条焊接的直线当作曲线完成跟随变形。

图 5.19.2 ①中有一个放样截面（正方形），与其垂直的直线先拆分成 30 段又重新焊接成整体，充当路径；图 5.19.2 ②的旋转角度为 0，序列缩放为 0.95；③的旋转角度为 3，序列缩放为 0.95；④的旋转角度为 5，序列缩放为 0.90。

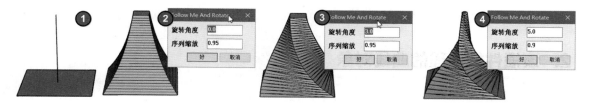

图 5.19.2　跟随变形插件实例二

5.20　NURBS Curve Manager（曲线编辑器）

插件的数量很多，但能够方便、有效、称心地对曲线，特别是三维曲线进行编辑的工具却并不多；有位雅各布先生（Jacob S.）似乎对此情有独钟，他在 extensions.sketchup.com 上发布了 13 个插件，几乎全部是绘制与编辑各种曲线曲面的工具。这一节介绍的是最有特色、某些功能目前无替代品的 NURBS Curve Manager。

下面的文字说明大多译自雅各布的原始说明，但本书作者有较多补充并按国内术语进行了改动。本节附件里还有一些 GIF 动画，也是雅各布在发布插件时提供的，可配合学习过程中对各工具操作方法的理解。

1.　下载与安装、调用（以 SketchUp 2021 版为例）

（1）安装一：选择【窗口→ Extension Warehouse】命令，以 NURBS Curve Manager 为关键词搜索，选择【Install or Purchase（安装或购买）→ free trial（免费试用）】命令并安装。

（2）安装二：在【扩展程序管理器】中导航到本节附件安装（试用）。

（3）调用一：选择【视图→工具栏→ NURBS Curve Manager】命令，工具条见图 5.20.1。

（4）调用二：选择【工具→ NURBS Curve Manager】命令。

图 5.20.1　工具条

（5）调用三：选择可处理的曲线，右击，选择 NURBS Curve Manager，再选择各工具。

2. 该插件能处理的曲线对象

（1）非均匀有理样条（NURBS）曲线。

（2）均匀有理 B 样条曲线。

（3）贝兹曲线（非有理或有理，最多 20 段）。

（4）SketchUp 原生工具绘制的圆弧、圆、焊接的折线、手绘曲线，等等。

3. 操作方向推理与锁定

（1）移动曲线上的控制点、线时，所有工具都可以使用推理以及有关推理的工具提示。

（2）使用 Shift 键可对运动进行轴约束：按 Shift 键一次，锁定；再按 Shift 键，解锁。按住 Shift 键超过半秒，也可解除约束。

（3）操作中显示锁定方向的推断线索（按轴的颜色）。

（4）在移动过程中按 Esc 键，会将曲线重置为移动开始前的状态。

4. 五个工具的操作概要

下述操作均为调用工具并单击曲线或控制点与线后。

（1）操纵曲线。

- 除了通过移动控制点或控制线来编辑选定曲线之外，还可在曲线上抓取一个点并为其指定一个新位置，以更改曲线位置。这个方法对于不喜欢用控制点和线来调整曲线，而是希望直接调整曲线的设计人员很有用。

- 还可以通过更改控制点的权重来影响曲线的形状。要输入新的权重，先将光标悬停在要更改权重的非结束控制点（端点）上，使其以绿色突出显示，输入所需的新权重，不要将光标移开，然后按回车。

- 抓取一个以三角形标记的权重点，并将其作为形状参数沿其控制线移动，可以重新计算权重。设计师最好使用几何句柄，而不是输入权重。

- 更改权重的效果与移动控制点的效果不同。

（2）操纵结（插入／删除结）。

● 要添加结或增加现有结点的多样性，调用工具，单击要编辑的曲线，输入所需的结值并按回车。

● 还可以通过单击所选曲线上的位置来添加结。要删除结，单击即可。

（3）更改曲线度数。

● 所选曲线的当前度数显示在数值框（VCB）中。要更改度数，输入新的值，然后按回车。

● 度数增加：在多次修改控制多边形、曲线和权重后，可能会发现曲线不具备足够的灵活性来模拟所需的形状。该工具允许用户增加所选曲线的阶数，但保持曲线形状不变。

● 度数减少：减少曲线的度数将导致曲线转换为具有给定控制点和指定度数的统一有理基础样条曲线。

（4）更改曲线段数。

所选曲线的段数显示在数值框（VCB）中。要对其进行调整，请输入新的值，然后按回车。

（5）细分。

通过选择要细分的点来细分所选曲线。还可以输入要细分的参数值，然后按回车。使用它可生成对于单个曲线来说过于复杂而无法处理的形状或修剪不再需要的曲线部分。

5.21　Vertex Tools^2（顶点工具箱^2）

很多 SketchUp 用户在建模全过程几乎都局限于线和面，很少会对各种各样的"点"进行调整编辑。其实 SketchUp 自身就带有一些"点编辑"的功能：比如在本系列教材最基础的《SketchUp 要点精讲》与《SketchUp 建模思路与技巧》等书里都有用移动工具加上或不加上 Alt 键做"折叠"的操作，如果你曾做过相关的练习，一定会发现这样的"折叠"不容易成功，即使成功也只能完成一些比较简单的小任务。从某种角度来讲：初学者与建模高手间，其中一个很重要的分界线就是驾驭"点"的能力，而这一节所要介绍的工具就是专攻"点编辑"的宝贝。

大约十年前，ThomThom（简称 TT）写了一个 Vertex Tools（见图 5.21.1）即"顶点工具箱"，情况就有了很大的不同。2020 年，TT 又改写了这个插件，Vertex Tools^2（注意多了个上角标^2，也有人写成 Vertex Tools 2）增加了一些新功能，如图 5.21.2 所示，工具条也变成了三个——

变换、编辑、网格；可以根据需要，只调出三者中的部分。其中最重要的工具条是"变换"，最重要的工具是其上的"点编辑①"。这组工具条的内容较多，很难用有限的篇幅说得面面俱到，所以本节主要是介绍操作要领，更多细节请浏览视频。在《SketchUp 曲面建模思路与技巧》一书中还会多次运用这些工具。这是一组重要的曲面造型工具，内容也较丰富，值得多花点时间熟悉与练习。

图 5.21.1　老版工具条

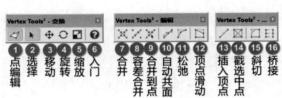

图 5.21.2　新版工具条

1. 下载、安装与调用

Vertex Tools^2 是一个收费插件，但我们从"扩展程序库"搜索下载的版本有 30 天的全功能试用期。下载的 rbz 文件可放心用 SketchUp 的"扩展程序管理器"安装。

（1）重新启动 SketchUp 后，可以在【视图→工具栏】菜单里找到"Vertex Tools^2- Edit""Vertex Tools^2-Mesh"和"Vertex Tools^2-Transform"，它们分别对应于图 5.21.2 的三个工具条，可以调用其中的部分或全部。

（2）也可以在【工具→ Vertex Tools^2】菜单里直接调用它的全部工具和更多功能项。

（3）经设置后，还可以在右键菜单里调用【Edit Vertices（点编辑）】命令直接进入顶点编辑。

以上三种调用方式中，"菜单调用"里的项目最多最全，有些还是唯一的。右键菜单最为方便，甚至不用把工具条调出来。三个工具条中只有"点编辑"工具最为常用。

2. 首选项设置

刚刚安装好的 Vertex Tools^2 默认为英文显示，但可以设置为中文，操作为：

选择【工具→ Vertex Tools^2 → Preferences（首选项）→ Language（语言）→中文简体】。如果你实在不懂英文，面板上其他的设置项目暂时不必管它，在重新启动 SketchUp 后再回来设置。选择好"中文简体"后，不要忘记单击左下角的 Save（保存）按钮，否则设置不会生效。关闭 SketchUp，再重新启动就能见到中文的界面了。

选择【工具→ Vertex Tools →首选项】命令，会弹出一个硕大的设置面板，为节约版面，下面用文字说明。

（1）第一行是语言：刚才已经选择了"中文简体"。

（2）第二行是一个提示："更改语言需要重新启动 SketchUp 后才能生效"，不用设置。

（3）初始设置：是指启动该插件后的状态，建议保留默认的"最后使用"。

（4）点尺寸（px）：是指显示"顶点"的大小，建议保留默认的 6px（像素）。

（5）法线尺寸：当需要的时候，该插件可显示垂直于面的法线，建议保留默认的 20px（像素）。

（6）最后一个选项是"右键菜单"，勾选后可在右键菜单里选择 Edit Vertices 或者【点编辑】直接进入顶点编辑，不用把工具条调出来占用作图空间，这样更为方便快捷。

（7）全部设置完成后不要忘记单击"保存"按钮，否则设置无效。

（8）下文中与本书其他章节如见到 VCB，即指 SketchUp 右下角的数值框（Value Control Box）。

3. 侧边栏

单击任一工具按钮，会弹出一组称为"侧边栏"的面板，如图 5.21.3 ~ 图 5.21.6 所示。其中包含各种可用工具的信息和选项，单击左侧按钮，可打开或折叠对应的面板。侧边栏及其面板可以停靠在 SketchUp 视口的左侧或右侧，但它不能被分离和移动到其他地方。当找不到"侧边栏"时，建议先单击图 5.21.2 ②的箭头状按钮。按空格键可退出。

图 5.21.3 "信息"面板

图 5.21.4 "选区"面板

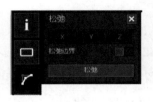

图 5.21.5   "松弛"面板

图 5.21.6   Gizmo（变形器）面板

（1）"信息"面板如图 5.21.3 所示，显示顶点总数和已选定顶点的概况。

（2）"选区"面板如图 5.21.4 所示，是最大也是最重要的面板，可以指定当前的选择模式和选择参数。整个面板还可分成三个区域。

- 选区方式：允许在矩形、圆形、多边形和徒手线之间进行选择，如图 5.21.7 所示。
- 软选区形状：用线性或余弦曲线确定软选区范围内的衰减规律，如图 5.21.8 所示。
- 软选择半径：输入一个尺寸，设置软选区的半径，如图 5.21.9 所示。

图 5.21.7   选区方式

图 5.21.8   软选区形状

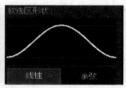

图 5.21.9   软选择半径

（3）"松弛"面板如图 5.21.5 所示，提供用于松弛的工具。

选择松弛操作，移动顶点的轴，可在 X、Y、Z 轴间选择。"松弛边界"用于切换网格边界处的顶点是否受"松弛"操作的影响。

（4）Gizmo 面板如图 5.21.6 所示，Gizmo 可以译为"变形器"。面板上有一些选项，这些选项也可以在 Gizmo 的右键菜单中找到。

- 对齐方式：可以在"世界坐标系""本地坐标系"和"自定义"之间选择。
- 方向锁定：切换使用旋转 Gizmo 时 Gizmo 是否应重新定向。
- 可见：切换变形器 Gizmo 的可见性。

4. 顶点选择工具

除如图 5.21.7 所示的顶点选择工具外,还有一些工具一并介绍。

(1)矩形选择:按住鼠标左键可创建矩形选择区域,或单击顶点以添加单个顶点。

(2)圆形选择:按住鼠标左键可创建圆形选择区域,或单击顶点以添加单个顶点。

(3)多边形选择:连续移动单击可形成多边形选区。双击完成多边形。

(4)徒手线选择:按住鼠标左键同时移动光标可以创建徒手线的选区形状。

(5)软选择:当选择工具处于活动状态时,通过在数值框(VCB)中输入距离来设置软选择范围,通过顶点的颜色变化来说明软选区范围顶点的颜色有红色、橙色、黄色、绿色和蓝色,如图 5.21.10 所示,其中红色为 100%,蓝色为 0%,橙、黄、绿色为过渡衰减。

(6)软选择衰减:线性衰减(linear falloff)的影响与顶点和选定对象的距离成正比,图 5.21.11 为线性衰减,如图 5.21.12 为余弦衰减。

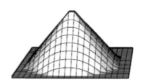

图 5.21.11　线性软选择

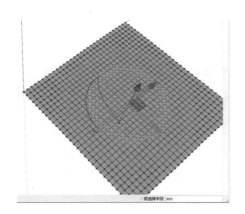

图 5.21.10　软选择范围

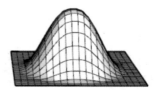

图 5.21.12　余弦软选择

(7)连接:在图 5.21.4 底部。默认情况下,软选择会影响当前选择中的所有几何体。如果选择的半径足够大,可以覆盖到旁边的网格;若要限制软选择不影响周围的网格,请切换此选项。

(8)按边长连接:在图 5.21.4 底部。若要限制软选择遵守更严格的规则,例如选择 U 形网格的一端,但不想影响 U 形网格的另一端,可切换此选项。

(9)忽略背面:做选择的时候有一种情况需要避免,那就是用矩形、圆形、多边形或徒手选择工具选择一些顶点时,垂直于相机的几何体其他部分也会同时被选中(如实体对面的顶点)。遇到这种情况时,可以选择"忽略背面",操作方法是:

● 选择【工具→顶点工具²】选择"忽略背面"。

● 右键菜单中选择"忽略背面"。

为避免练习或实战时造成麻烦，请现在就设置成"忽略背面"，下面不再重复提醒。

5. 移动、旋转与缩放

（1）移动工具：如图 5.21.2 ③所示，其用法如下。

① 选择一个点或一些点，调用该移动工具。

② 移动光标以移动选定顶点，移动距离显示在数值框（VCB）中。

③ 要完成移动，再次单击或在 VCB 中输入距离以获得精确的位移。也可以输入绝对坐标 [x,y,z] 或相对坐标 <x,y,z>。

④ "移动工具"同样具有推理和轴锁定功能。

⑤ 如果在激活"移动工具"之前没有预选任何内容，它将自动选择悬停在其上的顶点，这样就可以快速移动顶点。

（2）旋转工具：如图 5.21.2 ④所示，用法如下。

① 选择一个点作为旋转原点，与 SketchUp 原生旋转工具一样，用"单击 - 拖动"的方式定义旋转平面。也可以按住箭头键来推断和锁定旋转平面。

② 拾取第二个点以定义参考轴。

③ 移动光标进行旋转，旋转角度显示在 VCB 中。

④ 要完成旋转，进行第三次单击或在 VCB 中输入一个角度（以进行精确旋转）。

用箭头键锁定旋转平面的提示如下。

● 右箭头键锁定到 X（红色）轴。

● 左箭头键锁定到 Y（绿色）轴。

● 上箭头键锁定到 Z（蓝色）轴。

● 下箭头键锁定到已拾取的轴，例如面的法线。

再次按键可以解锁旋转平面。

（3）缩放工具用法如下。

① 选择要缩放的中心点。

② 拾取第二个点以定义参考长度。

③ 移动光标，缩放比例显示在 VCB 中。

④要完成缩放，进行第三次单击或输入缩放比率。

6. Gizmo（变形器）

Gizmo 允许快速操纵而不必切换到选择模式，用 VCB（VCB 即 Value Control Box 数值框，余同）可对其所有动作进行精确调整。用 Gizmo 的控制器做了一个动作后，还可以通过按 Esc 键恢复到用 VCB 控制软选择。如图 5.21.13 所示，一个 Gizmo（变形器）有四种不同的控件，分别介绍如下。

（1）移动：在红绿蓝三轴的实线端，分别有三个圆锥形的箭头，如图 5.22.13 ①所示。它们是 Gizmo 的变形器，用法如下。

● 鼠标左键按住其中一个箭头，沿这个轴的方向移动。

● 通过捕捉 Gizmo 原点处的一个平面，如图 5.21.13 ④所示，可以在两个维度中移动。

● 图 5.22.13 ①处的箭头状控件，还可以做类似"拉线生墙"的操作。

（2）旋转：在图 5.21.13 ②处有红绿蓝三条弧线，分别垂直于红绿蓝三轴，这是 Gizmo 的旋转工具，用法如下。

● 鼠标左键按住其中一个旋转弧，移动光标即可旋转。

● 在视口中可以执行的旋转范围为 -180 度到 180 度。若超出此范围，应用 VCB 输入旋转角度进行精确调整。

（3）缩放：在红绿蓝三轴的虚线端有三个小方格，如图 5.21.13 ③所示，这是 Gizmo 的缩放控制柄，用法如下。

● 鼠标左键按住其中一个缩放控制柄。

● 将缩放控制柄移向 Gizmo 原点时，缩放将捕捉到零。

● 向远离 Gizmo 原点方向移动时，进行放大。

● 缩放控制柄，还可以做类似"拉线生墙"的操作。

（4）Gizmo（变形器）：是这组插件中用得最多的工具（很多三维建模软件都有类似工具），大多数顶点编辑作业仅用这一个工具就够了。最简单的应用如图 5.21.14 所示，最快捷调用它的方法是用 SketchUp 的选择工具选定一些点、线或面，在右键菜单里找到"点编辑"命令，Gizmo（变形器）就会出现在选定的位置，侧边栏同时出现。

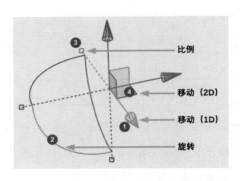

图 5.21.13　Gizmo（变形器）控件

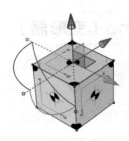

图 5.21.14　Gizmo（变形器）应用

7.　"编辑"工具条

　　"编辑"工具条提供了一套工具来操纵和编辑现有的顶点，包括合并，容差合并，合并到点，自动共面，松弛，顶点滑动。

　　（1）合并：将所有选定的顶点收拢到其平均位置的单个点，实例如图 5.21.15 所示。

　　① 选择插件选择工具，侧边栏出现后调用画圆工具，在网格上画圆，如①所示。

　　② 单击"合并"工具按钮，选定的顶点集中于中心点，如②所示。

　　③ 在侧边栏调用画圆工具，在球体上画圆，如③所示。

　　④ 单击"合并"工具按钮，选定的顶点集中于中心点，如④所示。

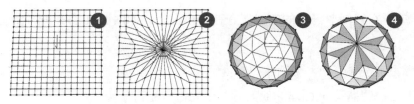

图 5.21.15　合并顶点实例

　　（2）容差合并：合并指定距离内的选定顶点，实例如图 5.21.16 所示。

　　① 选择插件选择工具，侧边栏出现后调用画圆工具，在网格上画圆，如①所示。

　　② 单击"容差合并"工具按钮，在弹出的数值框里输入"容差距离"，如②所示。

　　③ 单击"好"按钮，指定容差距离内的顶点集中于各中心点，如③所示。

　　④ 在侧边栏调用画圆工具，在球体上画圆，如④所示。

　　⑤ 单击"容差合并"工具按钮，在弹出的数值框里输入"容差距离"，如②所示。

　　⑥ 单击"好"按钮，指定容差距离内的顶点集中于各中心点，如⑤所示。

该工具与上述"合并"工具的区别是："合并"工具合并到中心点，该工具合并到给定容差的中心点。

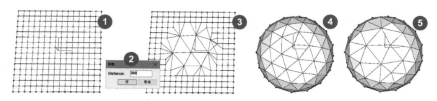

图 5.21.16　容差合并实例

（3）合并到点：将所有选定顶点合并到模型中拾取的点，实例如图 5.21.17 所示。

① 选择插件选择工具，侧边栏出现后调用画圆工具，在网格上画圆，如①所示。

② 单击"合并到点"工具，单击网格中一个点，选定的顶点合并于该点，如②所示。

③ 在侧边栏调用画圆工具，在球体上画圆，如③所示。

④ 单击"合并到点"工具，单击网格中一个点，选定的顶点合并于该点，如④所示。

该工具与上述"合并"工具的区别是："合并"工具合并到中心点，该工具合并到指定的中心点。

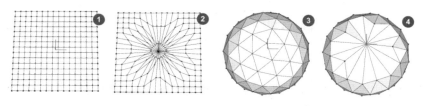

图 5.21.17　合并到点实例

（4）自动共面：选定的顶点将投影到最佳拟合平面。软选择顶点会受到影响，但不会影响平面的计算。实例如图 5.21.18 所示。

① 选择插件的选择工具，在侧边栏调用矩形工具，在网格上选择一区域，如①所示。

② 单击"自动共面"工具，选定的顶点共面，如②所示。

③ 在侧边栏调用画圆工具，在球体上做矩形选择，如③所示。

④ 单击"自动共面"工具，选定的顶点共面，如④⑤所示。

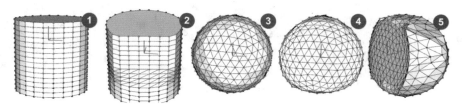

图 5.21.18　自动共面实例

（5）松弛：这个工具可以使顶点之间的距离变均匀，用于清理彼此之间距离不均匀的循环边。重复该操作最终将使网格沉降到平坦。"松弛"可以约束为仅在指定的一组轴上执行。默认情况下，网格边界处的顶点将保持固定。实例如图 5.21.19 所示。

① 对象的原始状态见①，顶部中间有一处拱起。

② 调用工具条的选择工具，选中最高的两行顶点，如②所示。

③ 侧边栏指定"X 轴"，单击"松弛"按钮一次后，如③所示；单击"松弛"六次后，如④所示。

④ 扩大选择范围，再单击"松弛"八次后，如⑤所示。

⑤ 经过很多次选择和单击"松弛"按钮，最终结果如⑥所示，张力完全消除。

这个实例仅为说明"松弛"工具的作用而设计，并非正常建模必须。

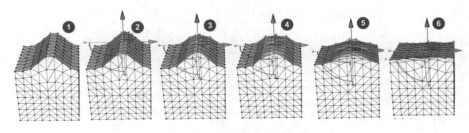

图 5.21.19　松弛工具实例

（6）顶点滑动：顶点滑动指顶点沿着其连接的边移动，这允许对顶点进行精细调整，同时保留现有拓扑。方向由模型中的拾取点引导，顶点不能超出其连接边的长度。实例如图 5.21.20 所示。

① 用来测试的对象如①所示，是一个立方体。

② 用 SketchUp 的选择工具选择一条边线②（不要用插件的选择工具）。

③ 单击"顶点滑动"工具，单击一顶点，向下滑动，对象变形后如③所示。

④ 选定另外的边线做"顶点滑动"后的结果如④⑤所示。

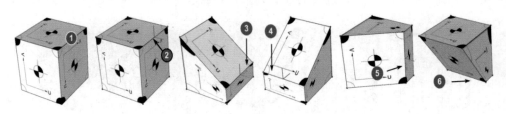

图 5.21.20　顶点滑动实例

8. "网格"工具条

"网格"工具条提供了创建新顶点和几何体的工具，包括插入顶点，戳，斜切，桥接四个工具。

（1）插入顶点：在边或面上选取一个点，将在拾取的点处分割。当拾取的点位于面上时，将从面的每个顶点向该点创建新边，前提是这些边不与任何现有边交叉。按 Ctrl 键可在软边、平滑边和硬边之间切换。实例如图 5.21.21 所示。

① 测试用原型如①和⑤所示。

② 调用"插入顶点"工具，第一次单击，如②所示。

③ 第二次单击，如③所示。

④ 第三次单击，如④所示。

⑤ 如⑥所示是单击八边形的效果，八边形被平均分成 8 份。

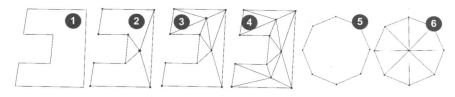

图 5.21.21　插入顶点实例

（2）戳：可在面中心插入新的顶点，然后向外或向内形成锥体。实例如图 5.21.22 所示。

① 图中①②③是测试用的原型。

② 用 SketchUp 原生的选择工具全选①②③。

③ 单击"戳"工具，原型上自动产生新的顶点。

④ 工具移动到任一新顶点，上下移动或输入尺寸后回车，结果如④⑤⑥所示。

图 5.21.22　戳工具实例

（3）斜切：按给定的距离或百分比斜切选定顶点。实例如图 5.21.23 所示。

① 测试用原型如①所示，选择顶面后单击"斜切"工具，如②所示。

② 用"斜切"工具单击任意顶点，向下移动或输入距离，如③所示。

③ 用"斜切"工具再次单击任一顶点，沿轴移动或输入距离，如④所示。

④ 用同样的方式对八边形的上下端面进行"斜切"，结果如⑤和⑥所示。

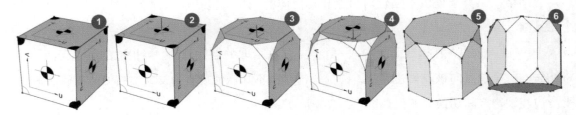

图 5.21.23　斜切实例

（4）桥接：选择两组顶点，每组顶点数目相同，它们之间将生成四边面。实例如图 5.21.24 所示。

① 测试用原样如①②③所示。

② 全选①②③或分别选择其中的一两个。

③ 单击"桥接"工具后，原先分离的几何体被四边面"桥接"，如④⑤⑥所示。

注意：参与桥接的两个几何体的节点数量必须相同。

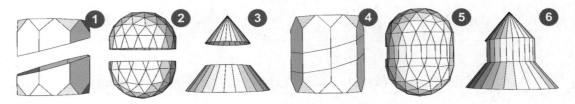

图 5.21.24　桥接实例

在顶点模式下，调用选择、移动、旋转或缩放的快捷方式将激活这些插件的顶点工具，而不是 Sketchup 工具。

9. 设置自动平滑、锁定 UV、显示法线与快捷键

（1）自动平滑：当面变形到顶点不再共面时，Sketchup 会通过添加新边自动折叠该面，如图 5.21.25 ①所示。这些边通常不柔软或光滑，因此会产生一个镶嵌面，如②所示。

设置方法：在菜单栏中选择【工具→顶点工具²→编辑→自动平滑】命令，或在顶点编辑模式下的右键菜单中选择【自动平滑】命令。

如上启用"自动平滑"后，这些新边将被软化和平滑，以确保曲面连续，如③所示。

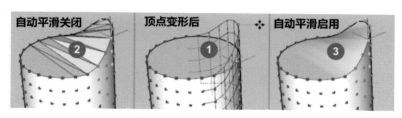

图 5.21.25　自动平滑

（2）锁定 UV 坐标：启用"锁定 UV 坐标"后，在操纵顶点时会锁定纹理贴图的 UV 坐标，如图 5.21.26 所示。

设置方法：在菜单栏中选择【工具→顶点工具 ²→编辑→锁定贴图坐标】命令，或在顶点模式下的右键菜单中选择【锁定贴图坐标】命令。

图 5.21.26　锁定 UV 坐标

（3）显示法线：启用此选项可获得表示连接到顶点的曲面的法线的视觉线索，法线指向与连接面正面相同的方向，如图 5.21.27 所示。

设置方法：在菜单栏中选择【工具→顶点工具 ²→编辑→显示法线】命令，或在顶点模式下的右键菜单中选择【显示法线】命令。

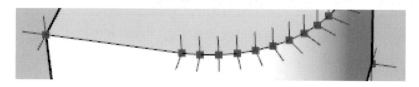

图 5.21.27　顶点与法线

（4）快捷键：顶点工具 ² 有大约 61 个功能，可以对其中常用的功能设置快捷键，方法与设置 SketchUp 常用功能快捷键一样。

设置方法：在菜单栏中选择【窗口→系统设置→快捷方式】命令，在顶部的"过滤器"中输入 Vertex 即可查阅顶点工具 ² 的所有功能，可挑选其中常用的功能设置快捷键。在"添加快捷方式"框内输入快捷键，再单击"+"号即可。

5.22　Bitmap to Mesh（灰度图转网格）

很多软件都可以用一种所谓的灰度图来生成 3D 的浮雕模型，以便用于 CNC 雕刻或 3D 打印。借助于这一节要介绍的 Bitmap to Mesh（灰度图转网格）插件，现在的 SketchUp 也有类似功能了。

1.　什么是灰度图

灰度图又称灰阶图或高程图（Heightmap），是把白色与黑色之间按线性或对数关系分为若干称为灰度的等级。通常灰度可分为 256 级（2^8）。图 5.22.1 里的位图①只有黑白两色，②③④⑤⑥是用①加工转化而来的灰度图。下面将用这些灰度图来介绍和测试 Bitmap to Mesh 插件。

至于绘制和加工灰度图的方法技巧将在《SketchUp 曲面建模思路与技巧》中专门介绍。

图 5.22.1　灰度图

2.　Bitmap to Mesh 插件的安装与调用

这个插件是免费的，SketchUp 用户可以选择【窗口→扩展程序库】命令，用 Bitmap to Mesh 作为关键词搜索并安装。安装完成后的 Bitmap to Mesh 没有工具图标，所以不要费心去寻找。有三种方法可以调用这个插件。

- 【绘图→ Mesh From Heightmap 】。
- 在右键菜单中选择 Mesh From Heightmap。
- 在右键菜单中选择 Mesh From Bitmap。

3.　灰度图转浮雕实例一

选择【绘图→ Mesh From Heightmap 】命令，在弹出的资源管理器中导航到保存有灰度图的目录，选择一个灰度图并打开，此时光标上什么都没有。现在把光标移动到窗口中，单击第一点，如图 5.22.2 ①，确定灰度图的左下角；光标往远离①的方向移动，此时请注意右下角数值框的读数，在看到 1000 后再次单击左键，确定灰度图的右上角②。此时灰度图自动变成像③那样的线框图，上下移动光标，数值框里的数字代表生成浮雕后的"深度（高度）"；假设看到数字是 65，第三次单击左键确认，图形变成如④所示。经过大约一两分钟的运算，得到 3D 浮雕⑤，它的尺寸大致是 1000mm²，65mm 高差。

注意③与④上面有一些很小的字（4K 显示器可能看不清楚），两条边上标注的是该方向的像素数量，左下角标注的是将要生成面的数量。

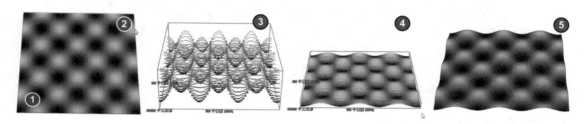

图 5.22.2　灰度图转浮雕实例一

4．灰度图转浮雕实例二

用上例的方法操作至少有两个缺点：一是难以控制灰度图也就是浮雕的精确尺寸，二是如果想要修改尺寸，就要从头开始重新导入灰度图。本例的方法可完美解决这两个问题，操作如下。

如图 5.22.3 所示，在 SketchUp 坐标原点预置一个网格，如①所示（假设 2000mm²，坐标原点在中心，并锁定）。把一幅灰度图拉到窗口中来，如②所示；把灰度图的一角对齐坐标原点，再用缩放工具缩放到合适的尺寸，如③所示；然后移出网格，如④所示；右键单击灰度图④，在关联菜单里找到 Mesh From Heightmap 并选中，灰度图变成⑤的样子（上面标注有像素数量与生成网格的数量）。此时上下移动光标，获得精确的"深度（高度）"，如见到 65 后单击左键确认，如⑥所示；大约一两分钟后，3D 浮雕生成，但跟原灰度图重叠在一起；把二者分开后，如⑦⑧所示，其中⑦是原灰度图，可以用来改变参数以生成新的 3D 浮雕。

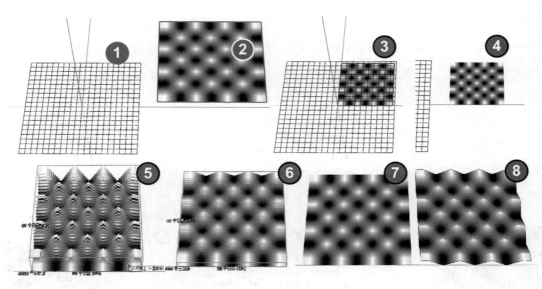

图 5.22.3　灰度图转浮雕实例二

5. 灰度图转浮雕实例三

如图 5.22.4，这个实例要把一个传统"如意花"图案的灰度图①做成浮雕，操作是：把这幅灰度图拉到 SketchUp 窗口中，用缩放工具调整到准确的尺寸，右击它，在关联菜单中选择 Mesh From Heightmap，灰度图上出现如②所示的虚显线框，缓慢上下移动鼠标，看到合适的"深度（高度）"后单击左键，插件进入运算过程，如③所示；稍待片刻浮雕生成，如⑤所示，此时原图④还在浮雕⑤的下面。

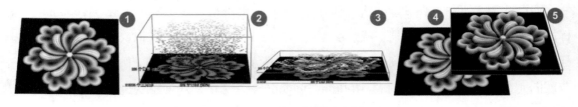

图 5.22.4　灰度图转浮雕实例三

6. Mesh From Bitmap 位图网格化实例

右键菜单里的 Mesh From Bitmap 是对位图网格化（像素化）的工具。网格化的目的可能是用于艺术表达，也可能是为后续进一步编辑（如推拉）做准备。

这个工具的使用非常简单：把一幅位图拉到 SketchUp 窗口中，右键单击后在关联菜单中选择 Mesh From Bitmap 命令位图即可完成网格化。如图 5.22.5 所示，①是一幅 30 像素 ×30 像素的位图，完成网格化后如②所示，③是对一幅 100 像素 ×100 像素位图网格化后的结果。

测试中发现，若试图对 250 像素 ×250 像素以上的位图使用该工具，反应非常迟缓。

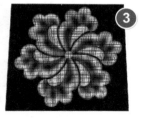

图 5.22.5　Mesh From Bitmap 工具实例

7.　工具使用注意点

（1）工具对灰度图上的每个像素将生成两个三边面，如 250 像素 ×250 像素的灰度图将生成 125,000 面的网格，即 250 像素 ×250 像素 ×2"；600 像素 ×600 像素的灰度图将生成 600 像素 ×600 像素 ×2=720,000 个面，所以要严格限制灰度图的像素值，每一次操作的灰度图像素最好不要超过 50 万个面，否则要等待很久。特别大的灰度图可以分成多次生成后再拼接。

（2）导入或直接拉入 SketchUp 的灰度图看起来像是群组，其实不是，一定不要炸开，否则不能进行后续的操作。

（3）用【绘图→ Mesh From Heightmap 】命令导入灰度图时，不能用输入数据的方式确定其长度宽度尺寸，只能在移动光标时根据数值框显示的数值确定。浮雕深度（高度）也不能用输入数据的方式设置，只能在缓慢上下移动光标时根据数值框中显示的数值来确定。

5.23　SUbD 细分平滑（参数化细分）

SUbD 是英文 Subdivisions（细分）的缩写。这是一种可在 SketchUp 中对模型进行细分，并以四边面为基础优化处理模型的工具。这些处理若被称为"参数化"则有点勉强（关于 SketchUp 与四边面方面的问题请查阅 2.15 节）。

SUbD 的很多概念与操作跟 5.13 节 ~ 5.15 节介绍的 Artisan 类似，而 Artisan 的前身 Subdivide and Smooth 早在 2008 年已经有了很多跟 SUbD 相同或类似的功能，读者们可以回到 5.13 节 ~ 5.15 节复习。后面的讨论中，凡与 Artisan 类似的功能只提示、不赘述。

SUbD 作为 ThomThom（TT）开发的系列插件之一，在建模实践中如能把 SUbD 与他开发的另外一些插件，如 QuadFaceTools（四边面工具，见 2.15 节）、Vertex Tools[2]（顶点工具箱，见 5.21 节）等联合起来使用，可大大扩展其功能。

图 5.23.1 和图 5.23.2 就是在插件主页上的白模与渲染后的截图。SketchUp 有了这一系列插件的配合，制作比较复杂的曲面模型已经不再是很难的事情了，甚至比大多数三维建模工具实现起来更加容易；在本系列教材的《SketchUp 曲面建模思路与技巧》一书里，我们会以很多实例来说明。

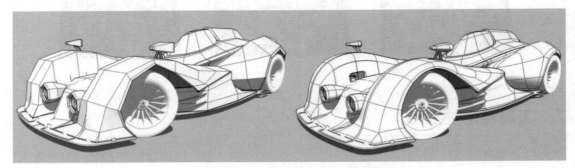

图 5.23.1 白模与经 SUbD 处理后的效果

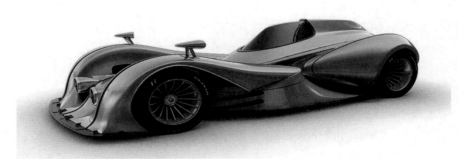

图 5.23.2 渲染后

本节下面篇幅的介绍基本参考插件作者 ThomThom（TT）提供的用户手册，源文件可查阅 https://evilsoftwareempire.com/subd/manual。为适应我国读者的学习与应用，本书作者对其做了较大幅度的充实、增删与修改。

1. 插件的取得、安装与调用

（1）SUbD 的获得与安装。

- 在 SketchUp 中选择【窗口→扩展程序库】命令，输入关键词 SUbD 搜索安装。该插件是收费的（40 美元），但常有 50% 的折扣。另有 30 天的试用期。

- 如搜索到汉化版，下载后通过 SketchUp 的【窗口→扩展程序管理器】命令安装。

（2）SUbD 的调用。

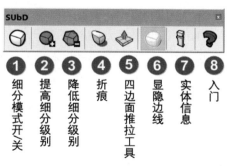

图 5.23.3　SUbD 工具条

- 在 SketchUp 中选择【视图→工具栏→ SUbD】命令，可调出如图 5.23.3 所示的工具条。
- 可以在 SketchUp 中选择【扩展程序菜单 → SUbD】命令，调用各项功能选项。
- 在某些条件满足后，可以在右键菜单中选择 SUbD，再选择对应功能。

2. 细分的概念、SUbD 的要求与限制

（1）细分的概念。所谓"细分"，就是把模型中每个多边形分割成更小的多边形，如图 5.23.4 ①由 3 个四边面和中间的一个三边面组成，经过细分后，3 个四边面分成更多小四边面，中间的三边面也被分成 3 个小四边面。这样做的目的是为了使网格平滑。

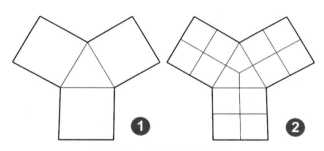

图 5.23.4　细分与四边面

经过足够次数的迭代，一个立方体最终会变成一个球体。原始网格称为"控制网格"，细分后的结果称为"最终网格"。SUbD 允许单击图 5.23.3 中的①按钮在这两种网格状态之间切换，并随时可以单击①回到原始的"控制网格"并进入编辑状态。

（2）SUbD 细分的特点。SUbD 使用一种叫作 Opensubdiv 的技术进行细分计算。Opensubdiv 是 Open subdivision surface（开源细分表面）的缩写，这是一种开源的网格细分技术。它由大名鼎鼎的皮克斯动画公司和微软联合开发，相较于传统建模方式或者 NURBS（有理 B 样条）建模方式，Opensubdiv 更能充分利用 GPU 加速平滑的高效计算过程。

（3）细分操作要求。要细分一个网格，其必须包含在组或组件中。它只能包含边线和面（包括已经成组的面），嵌套的组或组件会阻止网格被细分。

（4）细分操作限制。如果网格包含的面太小，可能会导致细分失败。解决这个问题的唯

一方法就是暂时把网格（模型）放大若干倍（比如 10 或 100 倍），细分完成后再缩小到原来的大小（0.1 或 0.01 倍）。

此外，如果细分的网格不只是由三角形或四边形组成的，它们会在细分前自动三角化，这会产生大量非常小的三角形，导致细分失败。

（5）不常用的菜单操作方法。可以选择【扩展程序 → SUbD → All Meshes（所有网格）→ Subdivision On / Off（细分开 / 关）】命令，来打开或关闭细分，这将影响先前细分模型中的所有实例，但所有其他几何图形将不受影响。

3. 细分工具

（1）细分模式开关。细分是在迭代中完成的。单击图 5.23.5 中 a 处的切换细分模式开关时，默认的迭代是 1，如②所示。如时原立方体①中的每个四边形将被分成四个更小的四边形，每个三角形将被分成三个更小的四边形，正如图 5.23.4 ②所示的那样。

请注意，经过细分的一个"四边形"看起来是四边形，其实都是由两个三边形与一个柔软和光滑的对角线分开的。即本书的 2.15 节详细介绍过的"非平面四边面"，这些"非平面四边面"与 QuadFaceTools（四边面工具）兼容。

（2）提高细分级别。单击图 5.23.5 中 b 处的"提高细分级别"按钮，可以快速增加多边形的数量。SUbD 最多允许 4 次迭代。实践证明，超过 3 次迭代后，很难产生肉眼可见的视觉差异。过高的细分级别未必能获得更好的模型外观，却会大大增加模型的线面数量，所以建议模型在最终展示或呈现之前使用低级的迭代（如 1 ~ 2 级），定稿前再增加迭代次数（3级已经足够，请避免使用最高的 4 级）。

（3）降低细分级别。单击图 5.23.5 中的按钮 c，可降低细分的级别。如果发现模型的反应变得缓慢，可以单击这个按钮减少细分的迭代次数。

（4）细分开关应用实例。

① 图 5.23.5 ①是原始立方体，X、Y、Z 三个方向均为 1000mm。

② 选中①后，单击工具 a，立方体①细分为②（即默认的 1 级细分）。

③ 单击一次工具 b，得到如③所示的 2 级细分。

④ 再次单击工具 b，得到如④所示的 3 级细分。

（5）②③④细分后形成的"类球体"是无法用取消柔化的方法暴露网格的。若要显示网格，必须作如下操作：右键单击③，在右键菜单中选择【SUbD →转换为普通网格对象】命令，结果如⑤所示（2 级细分）。如对 3 级细分后的④做同样操作，将见到无数边线。

（6）请注意：绝大多数应用场合，3 级细分已经足够，用 3 级以上级别可能是自找麻烦。

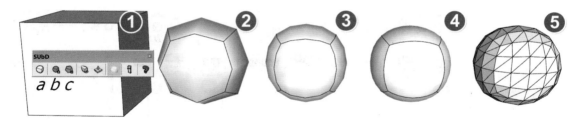

图 5.23.5 细分级别效果

4. 折痕

（1）"折痕"的概念：对于"折痕"的概念与操作方法，同样可追溯到 2008 年面世的 Subdivide and Smooth，即现在的 Artisan。读者也可以参考本书 5.13 节 ~ 5.15 节的"折缝工具"。按本书作者对该插件的理解，SUbD 里的所谓"折痕"（Artisan 也一样）可以理解为"有计划、有目地阻止或限制某些部分参与细分"（阻止是完全不参与细分，限制是规定其细分的程度）。我们可以用折痕工具有选择地对某些边或顶点进行"折痕"操作。折痕值越高，被折痕操作的实体就越锐利。折痕工具可应用于上面提到过的"控制网格"或"最终网格"（即未经细分的原始网格与已经细分过的网格）。

（2）"折痕"的基本应用实例一。

① 如图 5.23.6 所示，①为原始几何体（长、宽、高各 1m），它必须是组或群组。

② 双击进入组内，选择顶部不参与细分的边线，单击折痕工具 a，被选的边线呈蓝色并在标签上显示当前折痕的程度 0.0，如②所示。

③ 用折痕工具单击一个标签并拖动鼠标上下移动，出现如③右侧所示的"标尺"。调整折痕程度，可在值 0.0 ~ 1.0 之间变化。③中已调到 1.0（见标签），即被选中的边线将完全不参与细分。

④ 拖动鼠标左键时按住 Shift 键，可将折痕值调成 0.3、0.4、0.5 等整数。也可以直接输入 0.0 ~ 1.0 之间的值指定细分程度（1 代表不参与细分）。如果输入的折痕值等于或大于细分迭代次数，折痕将非常清晰，相当于没有参与细分。如选定的实体不止一个，可以在输入细分值的后面加一个字母 s。

⑤ 图④即为已经调整好的折痕（显示红色并有折痕参数的标签）。

⑥ 此时单击工具 b，立方体进行细分，结果如⑤所示，可见之前被指定折痕的部分没有参与细分，仍然保留锐利的边角。

⑦ 如在原始立方体的某个部位添加额外的边线，将会影响细分的结果，通常用这种方法来限制细分后的变形（这点很重要，可参阅 5.13 节 ~ 5.15 节）。

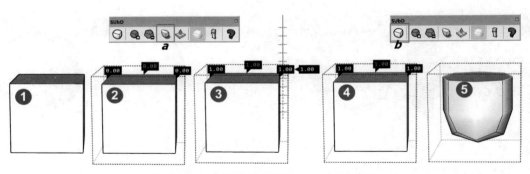

图 5.23.6 "折痕"的用法一（一圈边线）

（3）仅对一条线或一个顶点的折痕。

① 如图 5.23.7 所示，①是选中了右边的一条边线，调用折痕工具，把折痕程度调到 1。

② 单击"细分开关"按钮，获得默认的 1 级细分，如②所示。此时先前被指定的边线仍然保持平直。

③ 调用折痕工具，选择一个顶点，键盘输入 1，回车确认，如③所示。

④ 单击"细分开关"按钮，获得如④所示的 1 级细分。此时被选中的顶点没有参与细分。

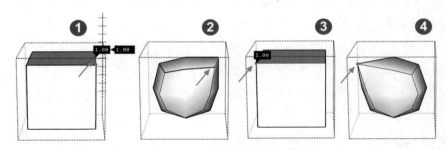

图 5.23.7 对一条线或一个顶点的折痕

（4）对已经细分后的对象做折痕（这是 Atisan 没有的功能）。

① 如图 5.23.8 所示，①是一个已经 3 级细分的立方体，我们选中了箭头所指的线面。

② 调用 SUbD 的折痕工具，出现如②所示的标签，上面显示 0.0。

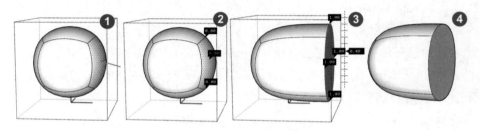

图 5.23.8 对已细分的对象做折痕

③ 用折痕工具单击任一标签，移动鼠标，见到如③所示的标尺，可上下移动确定折痕的程度（也可输入 0 ~ 1 之间的小数，按住 Shift 键可指定整数）。

④ 如果在③中把折痕调到最大的 1.0，结果就如④所示。

5. 实体信息

单击图 5.23.9 右上角框出的"实体信息"工具，在弹出的面板上可以完成 SUbD 工具条上的大多数功能，所以它是一个重要的工具。这个面板可分成六个部分，下面介绍这六个部分的功能。

- A 部分相当于工具条左边的三个工具，可切换细分与否，移动滑块可调整细分程度。
- B 部分是网格平滑与否的开关（平滑的程度由 A 部分确定）。
- C 部分是用于切换边界角是否参与细分的开关。
- D 部分用于确定 UV 插值的形式，建议大多数场合选择①全部光滑。
- E 部分用来切换边线的可见性，其中②与③可方便建模过程操作，定稿后再用①。
- F 部分是两个高级选项，建议全部勾选。

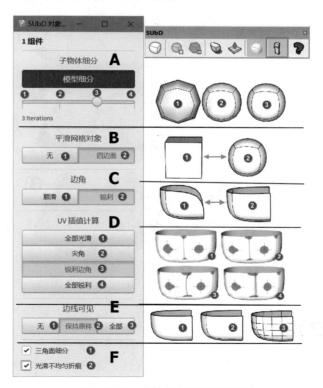

图 5.23.9　实体信息面板与样例

6. 四边面推拉工具

（1）SketchUp 原生推拉工具的特点与问题。

- SketchUp 原生的推拉工具有两种用法：第一种用法是直接推拉；另一种用法是按住 Ctrl 键做"复制推拉"。二者的区别在于按住 Ctrl 键的推拉会保留原来的面，额外复制出一个新的面。

- 如图 5.23.10 所示，①⑤⑨是三个相同的几何体，②是用原生工具做普通推拉，⑥是按住 Ctrl 键做复制推拉。从③和⑦可见二者的区别，后者⑦的中间多了两个面，所以经过 SUbD 细分后在箭头所指处存在瑕疵，如⑧所示。

（2）SUbD 的推拉工具的特点。

图⑩是用 SUbD 工具条上的推拉工具做的推拉，特点是推拉的位置如⑪所示，内部没有额外的平面，所以能够得到如⑫所示的最好的细分平滑效果。

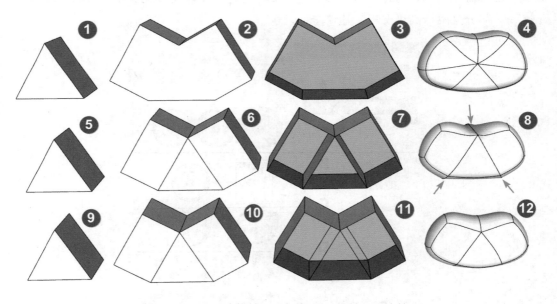

图 5.23.10　原生推拉工具与 SUbD 推拉工具比较

7. 转换为普通网格

凡是经过 SUbD 细分平滑的几何体都有个特殊性，即它们都不能用取消柔化的方法显示其边线，如图 5.23.11 ①所示的几何体就拒绝被取消柔化。这个特性可能会影响对模型的继续编辑，如果因为后续编辑或其他操作需要暴露其边线，那就必须把这些特殊的几何体恢复成普通的几何体，此时按如下操作。

右击经 SUbD 细分的几何体①，在右键菜单中选择【SUbD →转换为普通的网格对象】命令，然后进入群组（或炸开），三击全选，把 SketchUp 柔化面板的滑块拉到最左边，就可以看到如图 5.23.11 ②所示的全部边线了。

8. 显隐边线

单击 SUbD 工具条上的"显隐边线"按钮，可隐藏模型中所有几何体的边线，效果相当于在菜单【视图→边线类型】中取消全部边线的勾选。注意上述关键词"所有几何体的边线"，因为在绝大多数情况下，我们不会也不允许隐藏模型中所有几何体的边线。

在真实的世界里，我们看到的所有物体都有其轮廓线，初学者或者因为没有经过美术方面的严格训练，或者为了隐藏模型的缺陷，最容易把本该留下的边线全部柔化掉，如像图 5.23.11 ⑤那样，把六棱柱本该存在的轮廓线全部取消。而"显隐边线"按钮的功能就是隐藏模型中的全部边线，所以务必慎用。

不过，如果真的需要隐藏模型中部分对象的边线，还有一个办法，即在选择对象后，调出图 5.23.9 中的面板，在 E 部分单击①"无"，即可隐藏所选对象的边线（限制条件是只对已被 SUbD 细分过的对象有效）。

图 5.23.11　普通网格与取消边线

9. 参数设置

选择 SketchUp 中的【扩展程序→ SUbD →首选项】命令，便能调出图 5.23.12 左侧的"SUbD 首选项"面板，上面有三栏五个选项，说明见图右侧，常规设置建议为：①勾选；②与③不建议勾选；④可不予理会；⑤随便你选什么。

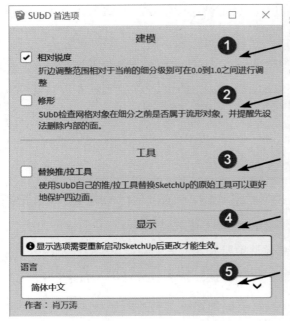

SUbD允许将锐度设置为0.0到1.0之间的值。锐度基于细分水平，如细分了2次，并将折痕设置为1.0，那么它会产生50%的折痕。如果细分增加到3倍，锐度保持在1.0，锐度即为33.3%

通过启用这个选项，SUbD将检查是否有网格，是否有内部的面。如果是，那么它将在删除内部的面以后再细分

这个选项允许用SUbD的自定义工具替换原生的SketchUp推/拉工具。如没有特殊需要，避免勾选

此设置仅适用于较老的SketchUp版本。如果你使用的是高DPI显示器，需要启用该选项。重新启动SketchUp，才能使此设置完全生效

SUbD被翻译成多种语言。

图 5.23.12　参数设置

5.24　SDM FloorGenerator WD（铺装生成器）

这个插件是建筑、景观、室内设计师都用得着的宝贝，集中了 17 种常见的铺装形式，再加上可以指定各种尺寸、拼贴起始点、任选材质等众多功能，应该能够满足上述行业的设计建模需求。

访问 eketchucation.com，输入关键词 FloorGenerator 搜索并下载（适用老版 SU）。本节附件里保存有这个插件的汉化修整后的 rbz 文件，可用于 SketchUp 2022。

选择【扩展程序→扩展程序管理器】命令，重新启动 SketchUp 后生效。选择【视图→工具栏→ FlrGen 】命令调出如图 5.24.1 ①所示的工具条。

（1）准备好需要铺贴的平面（不要预选），如图 5.24.1 所示，单击工具图标①，会弹出如②所示的面板。上面的项目会根据在③中选择的铺装形式，提供常用的默认值。

（2）设置完成后，直接单击需要铺装的平面，即可完成铺装。

（3）图③的下拉菜单里列出了所有的铺装样式，选择最下面的"复位"选项可恢复到默认值。

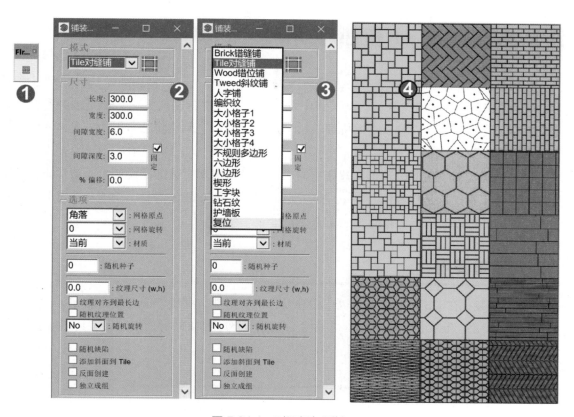

图 5.24.1　对话框与测试

（4）图④所示是做出的一些样品。注意"选项"的"材质"有"当前"与"随机"两个选项。所谓"当前"，就是在 SketchUp 材质模板上所选择的材质，可以是颜色也可以是图像（如木纹石纹）；如果选择了"随机"，生成的结果就由不得你了，如图 5.24.2 所示。如果甲方选中了其中之一，你要想清楚能不能提供相同颜色的铺装材料让甲方满意。

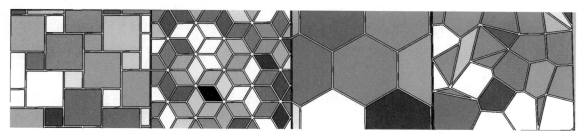

图 5.24.2　随机材质

5.25 Torus（扭曲环）

在前面，曾经介绍过一个"莫比乌斯环（Mobius ring）"，想用那个插件生成一个环形，要设置 12 种不同的参数。教学实践中发现，虽然插件的功能强大，但是因为参数多，定义复杂，运行速度慢，测试费时麻烦；很多用户只是拿它玩玩而已，很少有人愿意深入研究它。

如果你确实对"扭曲的环形"建模有需求（如城市雕塑，装饰品设计），请注意这一节为你介绍的工具。这是作者保存了 12 年的宝贝，只有 6.32KB 的身材，功能却非常强大，12 年后居然仍然可以运行于最新的 SketchUp 2022。

1. 安装与调用

（1）安装：在【扩展程序管理器】中导航到本节附件，找到"torus 扭曲环 .rbz"并安装。

（2）调用：选择【绘图→ Torus】命令，弹出如图 5.25.1 的对话框（无工具图标）。

2. 对话框设置提要

（1）内半径与外半径：这两个参数非常好理解，不过还是用图介绍一下，见图 5.25.2。

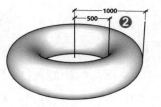

图 5.25.1　对话框　　　　　　　　　图 5.25.2　内半径与外半径

（2）纬度线与经度线：严格讲应该是"纬度线数量"与"经度线数量"，截图说明如下。

- 纬度线的数量改变环的截面形状，最低为 3。图 5.25.3 所示为 4，所以截面呈 4 边形。

- 经度线的数量决定环的俯视投影形状（环都生成在 xy 平面）。图 5.25.4 所示为把经度线的数量改成 8，得到的是正 8 角形的环。

（3）Twists（扭曲或转折）：对于截面为四边面的环，转折一次是 90°。图 5.25.5 中的转折为 0 ~ 7，可见变化规律。为保证转折后不破面并平滑，经线数量要增加。

图 5.25.3　纬度线数量改为 4　　　　　　　图 5.25.4　经度线数量改为 8

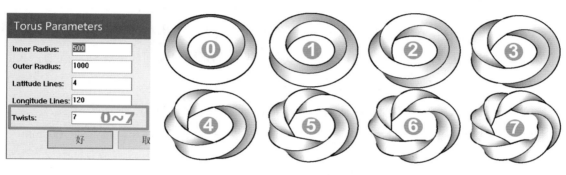

图 5.25.5　不同转折数量的对照

5.26　TrueBend（真实弯曲）

这是一个能把将对象弯曲（或折弯）到给定的角度（或尺寸）而保持原有长度不变的工具。

1.　工具安装与调用方式

- 安装一：【扩展程序管理器】，输入 TrueBend 后搜索，再下载安装。
- 安装二：【扩展程序管理器】，导航到本节附件，找到 TrueBend 安装。
- 调用一：【工具→ TrueBend】，汉化版为 "TrueBend 真实弯曲"。
- 调用二：右键菜单中选择 TrueBend，汉化版为 "TrueBend 真实弯曲"。
- 调用三：工具条单击 TrueBend，汉化版为 "真实弯曲"，工具条见图 5.26.1 ①。

2. 基本操作要领

（1）如图 5.26.1 所示，预选需要弯曲的对象②（必须是组或组件）。

（2）单击工具图标①，光标移动到需要弯曲的面②附近，对象上会出现 25 个红色顶点（即已把对象细分成 24 份）；还有一条垂直于待弯曲面的短红线，这是用来实施弯曲的手柄。

（3）按住手柄不要松开，拉或推一点确定弯曲方向，如③所示。

（4）输入弯曲角度或弯曲距离后回车，或在右键菜单④里选择【提交】命令。

（5）对象弯曲后的"内侧尺寸"等于原来的长度，外侧尺寸因拉伸变得更长。

（6）工具默认只能对几何体的红轴方向实施弯曲。如果要对几何体的绿轴、蓝轴、其他轴执行弯曲，须预先用坐标轴工具进入组或组件内部设置用户坐标系。

（7）工具默认是输入角度，如输入"180"后回车就是弯曲 180 度。

（8）工具也可以按输入的尺寸完成弯曲，如输入"1000mm"后回车就是弯曲 1000mm。

（9）刚刚按尺寸弯曲后再改成按角度弯曲，须在输入数字后加"deg"。

（10）在形成弯曲后再输入一个数字加后缀"s"，可完成折弯。

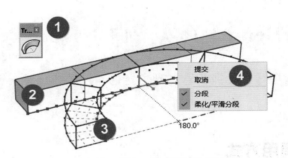

图 5.26.1　工具图标与操作过程

3. 输入角度值的弯曲实例

（1）如图 5.26.2 所示，预选①后单击工具图标，移到对象拟弯曲面，按住手柄拉出一点确定弯曲方向，输入"180"后回车确认弯曲角度，如②所示；再次回车完成弯曲，如③所示。

（2）④是输入"360"后回车确认，再回车完成弯曲后的结果。

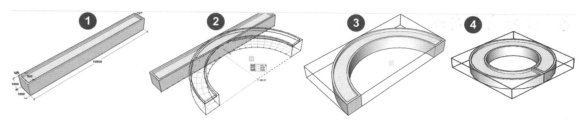

图 5.26.2　输入弯曲角度后的结果

4. 输入距离值后的弯曲实例

（1）如图 5.26.3 所示，预选①后单击工具图标，移到对象拟弯曲面，按住手柄拉出一点确定弯曲方向，输入"1000mm"后回车，确认弯曲距离，如②所示；再次回车完成弯曲，如③所示。

（2）④是输入"3000mm"后回车确认，再回车完成弯曲后的结果。

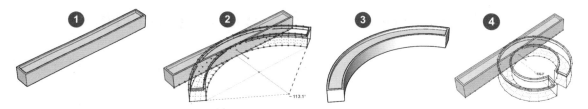

图 5.26.3　输入弯曲尺寸后的结果

5. 输入弯曲角度和分段的实例

（1）如图 5.26.4 所示，预选①后单击工具图标，移到对象拟弯曲面，按住手柄拉出一点确定弯曲方向，输入"180"后回车，确认弯曲角度，如②所示。

（2）输入"2s"后回车，如③所示，得到的结果是弯曲 180 度后分成 2 段。

（3）再次输入"4s"，如④所示，即弯曲 180 度后折成 4 段。

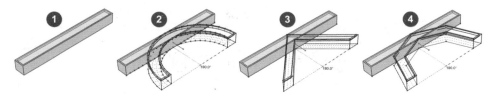

图 5.26.4　输入分段后的结果

6. 改变弯曲方向

（1）如图 5.26.5 所示，默认的弯曲方向如①（待弯曲面平行于红轴）所示。

（2）用坐标轴工具把红轴改变到右侧后，如②（待弯曲面平行于绿轴）所示。

（3）用坐标轴工具把红轴改变到左侧后，如③（待弯曲面平行于绿轴）所示。

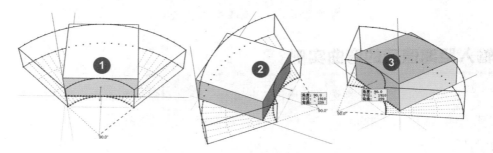

图 5.26.5　用改变坐标系来改变弯曲方向

5.27　Shape Bender（形体弯曲，按需弯曲）

你一定会奇怪，上一节刚刚介绍了一个"真实弯曲"插件，为什么接着又来了一个"按需弯曲"？它们二者间有什么区别？

上一节介绍的 TrueBend（真实弯曲）插件虽然能得到准确的弯曲，但有个局限，就是只能"两端往中心弯曲"，得到的结果一定是"正圆""正半圆"或"正圆弧"，碰到图 5.28.1 所示的特殊情况（弧形坡道）就无能为力了。这一节要介绍的 Shape Bender（形体弯曲）插件就不同了，它可以完成符合设计要求的"按需弯曲"。下面就介绍如何完成图 5.27.1 ①②那样的弧形坡道，这是很多楼堂馆所的标配。

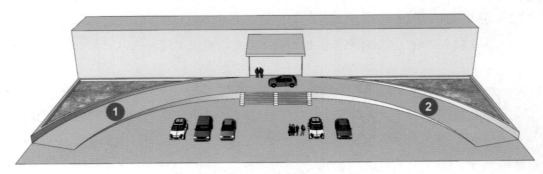

图 5.27.1　弧形坡道

如图 5.27.2 所示，复制①到②，拉出长度（不限），画条斜线，推出斜坡，创建群组③，在③靠近目标的方向画直线④，再把⑤复制出来为⑥，准备完成。

预选群组③，单击工具图标⑦，工具移动到直线④附近时，直线被选中呈蓝色；鼠标单击，直线上出现开始和结束方向的提示（若方向不对，可用上下箭头键切换改变）；把光标移动到曲线⑥附近，弧线被选中呈蓝色；再次单击鼠标，出现红色和绿色的虚线框（若方向不对，可用上下箭头键改变方向）；符合要求后按回车键，成型弯曲完成；移动模型到左侧并对齐，复制一个后做镜像，再移动到右侧对齐；炸开合并；删除废线面。

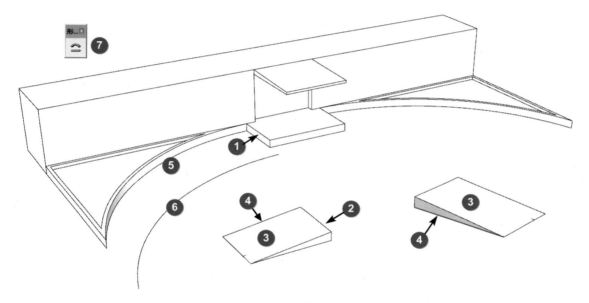

图 5.27.2　准备工作

被弯曲对象③必须是群组或组件，被弯曲的方向必须要与红轴平行。

弯曲变形时必须有一条直线和一条弯曲路径，直线的长度必须跟被弯曲对象③相同，还必须跟红轴平行。

弯曲路径⑥不能利用模型中的某条边线（如⑤），必须把它复制出来，单独放在红绿平面上。它的形状决定了弯曲变形后的形状。

直线④与被弯曲对象③的相对位置决定了弯曲的大小和弯曲中心位置，直线③一定要在图④所示的位置；改变直线③的位置将影响结果的准确性。

要对线面数量很多的复杂形状进行弯曲，可能造成 SketchUp 崩溃。

另外几个实例见图 5.27.3。注意在准备阶段，所绘制的路径不但在 XY 平面是弯曲的，从前视图得知，它在 XZ 平面也不是平整的。

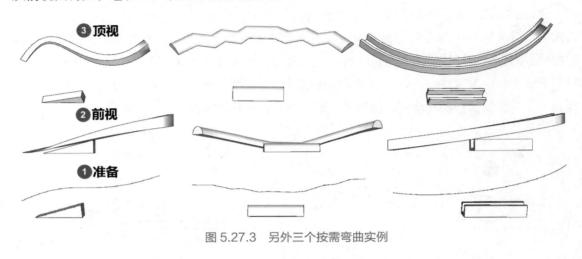

图 5.27.3　另外三个按需弯曲实例

5.28　Curve Maker（铁艺曲线）

这个插件是一组两个铁艺工具中先发布的，叫作 Curve Maker（曲线制作），工具条如图 5.28.1 所示。它是一个叫作 Drawmeta 的金属制品公司开发的，用来设计和创建铁艺制品模型的曲线（另一个工具依曲线成体，将在下一节介绍）。其实，除了铁艺，在建筑、景观、室内外装饰等领域都能看到各色各样的曲线，所以这组工具并非铁艺专用。这些曲线大多以西方名人来命名，如阿基米德、伯努利、考纽、尤拉、费马，等等。每一种曲线还有一个或一组数学方程式。如果你在百度或 Google 中输入 Mathematical Curves（数学曲线）进行搜索，都可以获得八位数的结果，可见"数学曲线"是一个大大的课题。如果你对曲线和它们的方程式有进一步研究的兴趣，本节附件里的一些文字和图片资料可供参考。

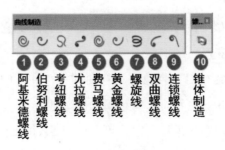

图 5.28.1　铁艺曲线工具条

为方便查找相关方程式与应用资料，下面列出这组工具的中英文对照名称。

① Archimedes spiral，阿基米德螺旋线。

② Bernoulli（logarithmic or equiangular）spiral，伯努利（对数或等角）螺旋。

③ Catenary，考纽螺线。

④ Cornu spline，尤拉螺线。

⑤ Fermat spiral，费马螺旋。

⑥ Golden spiral，黄金螺旋。

⑦ Helix，螺旋线。

⑧ Hyperbolic spiral，双曲螺旋。

⑨ lituus mathematics，连锁螺线。

除此之外，用上述曲线还可以组合出更多曲线，如双曲余切螺旋，双曲正切螺旋，离子蜗壳，Lituus（牧羊人杖或主教杖），抛物线，正弦和余弦，超椭圆（松鼠，矩形，圆，正方形，矩形，椭圆，钻石，压扁钻石）……上面各种曲线的方程式大多已收录在本教程的附件里。

Curve Maker 插件提供了三种绘制曲线的方法。

（1）鼠标单击，移动，根据数值框显示确定。

（2）根据数值框提示输入相关尺寸，确定。

（3）根据数值框提示输入相关数学方程中的参数值（不需要精通任何数学公式）。

这组工具与我们平时在 SketchUp 里的操作习惯有很大不同；用这九个工具绘制曲线，它们各自也有不同的操作方法，所以请注意下面对操作方法的介绍。

1. 阿基米德螺线与伯努利螺线

用这两种工具创建曲线也有三种不同的操作方法，下面以绘制阿基米德螺线为例进行介绍。

（1）用鼠标比较随意地绘制曲线。

如图 5.28.2 左所示，调用工具，第一次单击确定曲线的中心，光标向大半径（第一半径）方向移动一点，单击确认，光标返回，向小半径（第二半径）方向稍微移动；满意后单击确认，曲线生成。

这种操作方法虽然简单，但还是有很多人会因不适应而操作失败。请记住，先单击中心①，移动光标指定大半径②（第一半径），再反方向移动指定小半径③（第二半径），如图 5.28.2 右所示。

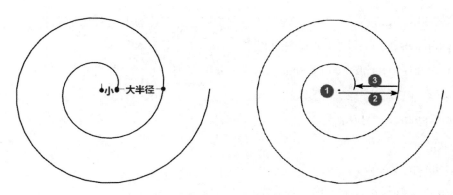

图 5.28.2　鼠标操作要领

（2）以输入数据的方式会制曲线，特点是比较精确。

调用工具，第一次单击曲线的中心，光标向大半径方向移动一点，输入大半径数据 2000 后回车确认；光标返回向小半径方向稍微移动，输入小半径数据 500；回车后，曲线生成。

这种方法比第一种精确了许多，但是还不能对所画螺线的旋转方向、起始点角度、宝塔螺旋线的高度、每一圈的片段数、螺线终点的角度等做参数改变。

（3）输入一系列方程中指定参数的值来确定螺线的形态。

虽然插件的作者声称 You do not need to know any mathematical formulas（你不需要知道任何数学公式），然而还是要提醒你以下事项。

第一，数学公式你可以不懂，但是你至少要知道什么时候应该输入什么数据。如果吃不准这个参数到底是什么意思、要输入什么数据，最聪明的方法是先保留默认值；如果你想要尝试改变某个参数，最好提前把默认值记下来，以便需要时可以恢复原状。这叫作"留后路原则"，这种方法对所有的插件和软件都有效。

第二，这组插件的每个工具都有"记忆功能"。有人认为这是优点，但本书作者认为也可能是它的缺点：一旦你更改了某个默认值，它就记住了，哪怕你输入了一个错误的参数，它也全盘接受，除非给它一个新的参数。更麻烦的是，刚接触这个插件的大多数人糊里糊涂改了数据后，会因为没有记下默认参数或者记下了默认参数却不知道如何恢复到正常状态而感到一筹莫展。

记住了上面对你的提醒，现在就可以尝试了。

（1）调用工具，第一次单击曲线的中心；光标向大半径方向移动一点，输入大半径数据 2000；光标向小半径方向稍微移动，输入小半径数据 500；回车后，曲线生成。这一部分跟前面的方法是相同的。但接下来的操作，你要注意了。

（2）曲线生成了且还没有离开阿基米德螺线工具，此时可以根据右下角数值框上的提示继续操作：现在数值框提示当前曲线的始点角度是 0 度，建议不要改动。如果角度不对，可以用 SketchUp 自带的旋转工具去调整。

（3）回车后，现在数值框提示当前曲线的终点角度是 2 度。这个数据在明白它的含义前也建议不要改动，如果角度不对，可以用其他办法调整。

（4）第三次回车后，显示第一半径等于 2000；这是我们刚才输入的，不用改动。

（5）第四次回车，显示第二半径等于 500，这也是我们刚刚输入的。如果现在把它改成 0 会怎么样？答案是曲线的起始点与曲线的中心点重叠在一起。

（6）再次回车，这个参数是片段数，默认的片段数是每圈由 36 段直线拟合而成。大多数情况下，这个片段数已经显得偏高，一般的应用可以改成 24 或更低。这样做不会明显降低模型的外观，但是线面总数会有明显的改善。

（7）第六个参数是高度。只有在需要一个宝塔状螺旋的时候才有必要改变它，默认的 0 就是将螺旋线画在二维平面上。假设输入一个数据 1000 回车，平面的螺旋线就成了宝塔螺旋线了，宝塔的高度是 1000。

（8）最后一个参数是螺旋线旋转的方向，默认的 0 是逆时针方向；如果要把它变成顺时针，输入数字 1 回车即可。

（9）如果你还不太放心，在做其他操作之前，还可以不断按回车键来检查各项数据是否需要再做更改。

跟这个工具操作相同的，还有伯努利螺线。跟阿基米德螺线工具一样，它也是设置始点角度、终点角度、第一半径和第二半径、片段数、宝塔高度、顺时针还是逆时针等参数。

2. 考纽螺线

（1）调用工具后，左下角提示绘制考纽螺线；单击创建第一点，括号里还专门提示至少需要三个点才能得到一条考纽曲线。单击三个点，想要让它形成曲线，麻烦来了：不管双击鼠标左键、右键，还是按回车键，都不能让它停下来，而屏幕左下角提示"按 Esc 放弃添加"，这时候按 Esc 键能让它停下来，并且同时完成了曲线的创建。所以请你记住，要获得考纽曲线工具创建的曲线，不能用双击，不能指望右键菜单，也不能用回车，居然要用取消键 Esc。

（2）这个工具也是三种用法。前两种就不重复了，用第三种方法只有三个参数可以改变，即边长（或片段数）、迭代次数和关闭。

"片段数"就不说了。"迭代次数"是指用迭代运算逐次逼近的算法，迭代次数越高，运算所需要的时间就越长，建议不要改变默认值 50。最后一个参数是"关闭"，英文是 Close，这里应该翻译为"闭合"而不是"关闭"，默认数字 0 代表曲线不闭合，输入数字 1 曲线就闭合了。

3. 尤拉螺线

调用工具，单击一下，确定螺线的起点；移动光标，右下角数值框提示输入半径；假设输入 3000，螺线初步形成（因为知道可以通过输入数据做事后调整，所以就让它随便生成一个螺线）；看右下角，第一个参数是"到 t"，而英文为 to t，所以应译为"达成 t"或"创建 t"（t 表示圈数）；第二个参数是半径，曲线上两个黑点之间的距离定义为半径；第三个参数是"边 /t"，意思是每圈多少片段数（t 表示圈数）；第四个参数是"高度 /t"，意思是每圈的高度（看来这种曲线也可以做成宝塔型的）；最后的参数是要不要把螺线改成顺时针方向，0 是保持逆时针，1 是改成顺时针。

4. 费马螺线

调用工具，第一次单击确定螺线的中心；移动光标，输入半径数据后回车，螺线基本形成，在数值框提示输入"曲线起始点角度"，默认值是 0 度，建议保留，再次按回车键，提示输入"曲线终点角度"，默认为 2 度，建议保留。

请一定记住，默认的"起始点 0 度"和"终点 2 度"可以尝试改变，结果一定令你大吃一惊，限于篇幅就不赘述和截图了。记得尝试后请一定恢复到上述的默认值。

5. 黄金螺线

调用工具，第一次单击确定螺线的中心，移动光标，输入半径数据后回车，螺线基本形成，在数值框提示输入"曲线起始点角度"，默认值是 0 度，建议保留，再次按回车键，提示输入"曲线终点角度"，默认为 2 度，建议保留。

测试这个工具的时候，发生过一些莫名其妙的情况，所以强烈建议你不要改变"起始角度"和"终点角度"。如果一定要尝试，请记住用以下"杀进程"的方法退出 SketchUp：按 Ctrl+Alt+Delete 组合键，在弹出的 Windows"任务管理器"的"进程"里找到 SketchUp，单击右键选择"结束任务"。

6. 螺旋线

调用工具，数值框显示"曲线起始点角度"（有误，应为"曲线起始点"），单击确定；数值框提示"半径"，假设输入 500 回车；数值框显示"曲线始点角度"，默认值是 0（建议不要更改，若此时输入一个值可能出错），直接按回车；再出现"曲线终点角度"（这个翻译也不对），此时应输入螺旋线的圈数，假设输入 20，回车；接着提示"每圈的段数"，默认值为 36，建议改成 24，回车；接着提示"每圈的高度"；假设输入 100，回车；最后设置螺旋线的方向，默认值 0 即逆时针方向，若输入 1 就改成顺时针。

此工具有记忆功能，做完上述操作后，下一次再调用该工具就继承了上次的参数（除了半径），可以用不断按回车键的方法来检查与修改参数。

绘制螺旋线建议你还是使用本书 5.6 节介绍的线生螺旋工具。

7. 双曲螺旋

调用工具，数值框提示"曲线始点角度"（显然错了，多了"角度"二字）；单击曲线始点，提示输入"半径"，假设输入 500，回车；又提示"曲线始点角度"，默认值 0.125，建议先不要改动，再次回车；提示"曲线终点角度"，默认值 2.0，也不要改动，回车；又提示"半径"，显示 500，这是刚刚输入的，不改动回车；提示"每段的圈数"，默认值是 72，根据需要改动后回车；现在提示输入"高度"，默认值是 0，也就是平面螺旋线，假设现在输入 300，回车；得到的是一条高度 300 的"宝塔线"，回车；最后确定螺线旋转的方向，默认值 0 是逆时针，若输入 1 即改成顺时针。

继续按回车键，可以检查与修改上述这些参数。

8. 连锁螺线

调用工具，数值框提示"曲线始点角度"（显然错了，多了"角度"二字）；单击曲线始点，提示输入"半径"，假设输入 500，回车；又提示"曲线始点角度"，默认值是 0.015625，建议先不要改动，再次回车；提示"曲线终点角度"，默认值 2.0，也不要改动，回车；又提示"半径"，显示 500，这是刚刚输入的，不改动回车；提示"每段的圈数"，默认值是 72，根据需要改动后回车；提示输入"高度"，默认值是 0 也就是平面螺旋线，假设现在输入 300，回车；得到的是一条高度 300 的"宝塔线"，回车；最后确定螺线旋转的方向，默认值 0 是逆时针，若输入 1 即改成顺时针。

继续按回车键，可以检查与修改上述这些参数。

使用这组工具时，大多数人会疏忽它的一个重要功能。某一种曲线形成后，用鼠标右键单击这条曲线，会找到如图 5.28.3 所示的"编辑 XX 螺线"选项，选中它以后，还可以对这条螺线进行编辑。

只要是用这九个工具绘制的不同螺线，哪怕是很久前绘制的，都可以在右键菜单里找到编辑选项；编辑的方式，有的可以用鼠标实现，大多数螺线都可以通过改变参数来实现。

右键菜单里，除了可以选择重新编辑以外，还可以调出一个包含有所有数据的汇总面板；可以将把这些数据复制到曲线图样上，以便查考。

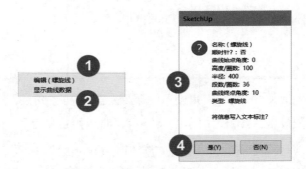

图 5.28.3　右键菜单

以上就是对 Curve Maker（铁艺曲线）插件的介绍，希望你能在设计中用得着它。

5.29　Taper Maker（锥体制造）

作为一套工具中的另一个，Taper Maker（锥体制造，见图 5.29.1 ⑩）的表现相当出色；它基本上是以人机对话方式完成铁艺部件的创建。Taper Maker 插件除了可以跟 Curve Maker（铁艺曲线）工具配合创建铁艺部件以外，也可以单独作为一个非常好用的曲面放样工具。根据这个工具的实际功能，应译为"锥体制造"，也有人把它译为"镶嵌孔制作"或"铁艺镶嵌""原料制作"等（似乎都不大正确）。

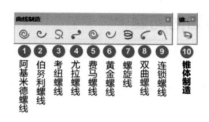

图 5.29.1　一套铁艺工具

1. 基本操作要领

先按要求画出路径（或线），然后执行以下三个步骤。

（1）选择好路径。

（2）输入数据，描述截面形状与锥度始末尺寸、路径与截面的相对位置等。

（3）验证锥形截面起始方向。

2. 测试

基本参数见图 5.29.2，先用上一节介绍的 Curve Maker（铁艺曲线）工具绘制一条曲线①。选定这条曲线①，调用锥体制作工具，在弹出的对话框②里可以看到这个插件可以生成 9 种不同截面的铁艺部件。现在选中六边形，弹出另一个对话框③，可在这里确定锥体的截面尺寸。在表格中确定了锥体大头直径为 12mm，小头直径为 6mm，单击"好"按钮，曲线的两端各生成了一个六边形见④，弹出对话框⑤，询问大头与小头的方向是否正确。单击"是"按钮保留原状，生成锥体⑥；如方向不对，单击"否"按钮会自动更换方向后生成锥体。

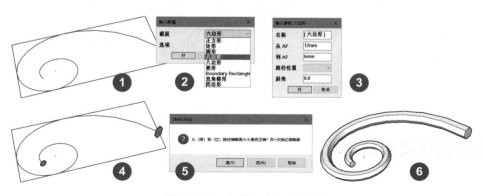

图 5.29.2　制作一个铁艺部件

3. 操作要点与可能遇到的问题

下面介绍这个插件生成 9 种截面的要点与问题。在图 5.29.3 中，①是一条伯努利曲线，②是这个插件可自动生成的 9 种截面，其中"正方形""矩形""圆形""六边形""八边形"和"菱形"这 6 种只需要一条路径，效果如③④⑤⑥⑦⑧所示。

（1）正方形③：需要注意的是，对话框里的"厚度"应理解为边长（英文的 thick 应指成品锥体的总厚度）。

（2）矩形④：每个截面有两个参数，对话框中显示的截面参数"T 乘 W"即截面厚度乘宽度；注意，目前输入的是两端的矩形截面，并无厚度，所以应为截面的"高度乘以宽度"（即 H 乘 W）。这个插件的其他工具也有同样的问题，应用的时候请注意一下。

此外，路径与截面的相对位置有 9 种不同的选择，每种选择生成的成品在尺寸和形状上会有一些差距，比较保险的方法是将曲线路径对齐截面的中心。

（3）圆形⑤：参数比较简单，两个不同的直径。路径位置仍然放在截面的中心，圆形截面的片段数量用默认的 12 也比较合适，柔化后看不出棱角。

（4）六边形⑥：也是两个直径，注意这是内切圆的直径。六角形如果不倒角的话，就用默认的 0。

（5）八边形⑦：通过参数设置，结果可能是正八边形，也可能像倒了角后的矩形。

（6）菱形⑧：它只能产生正方形旋转 45 度形式的菱形，并且不能修改。

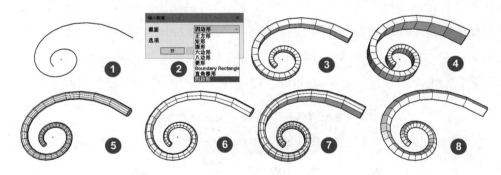

图 5.29.3 仅需单路径的 6 种锥体

4. 需要两条路径的工具

另外三种放样截面"Boundary Rectangle（边界矩形）""直角梯形"和"四边形"都需要两条路径（边界）和两个截面才能够完成。在图 5.29.4 中，现在把原来的路径缩小一点，再把两个路径的中心点重合在一起，如①所示。注意，两条路径（边界）的大小、各自的形状，都会直接影响最终的结果。

（1）Boundary Rectangle（边界矩形）②：这是一种由两条路径之间的距离来决定放样截面宽度的方式，两条路径也叫作"边界"。这种放样方式只需输入两个截面高度，而截面的宽度就是两条路径之间的距离。

（2）直角梯形③：操作时可改变的只有高度，因为是梯形，所以大小两个截面有两个不同的高度；至于截面的宽度，仍然是由两条路径之间的距离来决定的。

（3）四边形④：跟上面的直角梯形差不多，截面的宽度由两条路径之间的距离决定，只是每个截面多了两个角度。

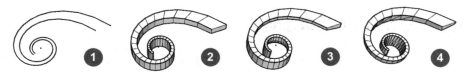

图 5.29.4　三种双路径（边界）的锥体

5. 宝塔形与特殊锥体

上面介绍了用 Taper Maker（锥体制造）插件创建 9 种不同截面部件的操作要领，还对其中的参数作了简单介绍，也提示了插件汉化中的一些错误。图 5.29.5 左侧是两种宝塔状锥体和特殊锥体的示例。请用前面介绍过的方法创建图 5.29.5 中右侧的锥体，这是留给你的思考题。

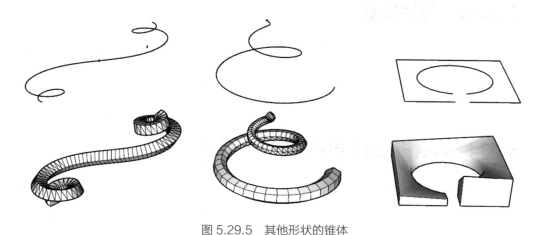

图 5.29.5　其他形状的锥体

5.30 曲线曲面建模用其他插件

有关曲线曲面建模方面的插件，除了本章前面较详细介绍过的 30 多种之外，还有另外一些插件已集中在本节，供读者自行选择要不要去研究应用。

1. Split Tools（分割工具）

该插件是将之前发布的三个插件 SplitUp（四边面分割）、TIG.splitdonut（环形面分割）和 TIG.splitsausage（自动分割面）功能进行了整合，并制作了功能图标。插件在附件里。

2. Super Drape（超级悬置）

该插件可以将目标组物体直接悬置到下方的组表面上，并且可保留原来物体的材质。注意参与超级悬置的两个物体必须是组物体。插件在附件里。

3. Edge Tools（边界工具）

Edge Tools 是款专业的 SketchUp 边界工具，功能涵盖清理废线、分割面、闭合线框、查找线头、简化线等，能够帮助用户清理未闭合的线，还能把没有闭合的线框进行闭合。插件在附件里。

4. Zorro2（佐罗切割）

该插件可以将模型进行快速切割。单击插件按钮后，可以用线将模型的可编辑部分进行切割。按住 Ctrl 键画线，可以穿透组件或者群组。使用截面工具后，可以快速删除截面工具隐去的部分模型。

5. S4U Make Face（自动封面）

类似功能的插件有很多，因为收费所以舍弃。

6. Resizer（重设比例）

参数化重设模型的大小，没有必要使用插件。

7. Shell（壳）

对选定的组或组件一键生成有厚度的实体。插件在附件里。

8. Slicer（切片）

非常适合做异型曲面造型，对象必须是实体，适用面受限。插件在附件里。

9. SketchyFFD（自由变形）

类似 3DS Max 的 FFD 修改器，通过影响控制点改变模型，JHS 超级工具上有类似工具，但是这一个有细分功能，可惜不能在新版 SketchUp 里应用。插件在附件里。

10. Poly Checker（四边面检测）

多边形建模复制工具，专门标记非四边面。

11. Component Stringer（组件链条）

像项链上的珠子一样把零件串在一起。插件在附件里。

12. Component onto Faces（组件附着面）

这个插件可以将组件自动复制到所选择表面的中心。插件在附件里。

第6章

建筑业插件

　　看本章的名称，似乎这里收录的是针对建筑专业性的插件。其实收录的这些插件只是较多地被建筑设计业运用而已，里面也有很多是其他行业可用的重要工具，比如 1001bit Tools（1001 建筑工具集），Curic Section Curic（剖面填充工具），DIBAC for SketchUp（建筑绘图工具），Medeek Wall Medeek（墙结构），Skalp（斯卡普截面工具），SU2XL（模型与表格互导），这些插件也常被室内设计业所利用；而 Solar North（太阳北极）是景观业设计师的所爱。

　　建议你先浏览一遍图文内容，看看有没有适合你所在行业的插件，然后择优安装测试。

6.1　1001bit（建筑工具条）

这套工具是以建筑设计为主的扩展工具，用这套工具可以快速制作各种建筑元素，如门、窗、楼梯、屋顶等。工具条里还包括了一些常用的绘图和编辑工具，如倒圆角、倒直角、延伸等。插件的使用非常简单，大多数 SketchUp 用户不经过学习便能掌握。本节只是想用具体测试的结果找出插件的不足，提醒用户注意。因这一节需要介绍的工具有 49 个之多，如果全部用截图说明操作要领会占用大量篇幅，所以本节仅提供文字提示，若要查看详细操作要领，请浏览相关视频教程。请注意：该插件有如图 6.1.1 ①所示的 1001bit-tools 和图 6.1.1 ②③所示的 1001bit-Pro 两种不同的版本，后者为专业版，另分 48 个和 49 个工具的两个版本，分别比 1001bit-tools 多了 8 或 9 个工具。本节以图 6.1.1 ③所示 49 个工具的版本为例，分别介绍其用法。

1. 第一组

有七个工具（见图 6.1.1 ③），它们是：两点间综合信息，定义面上的点，寻找圆心，线段放置构造点，对齐所选实体，设置当前实体所在图层为工作图层，把当前选择对象放入新图层。

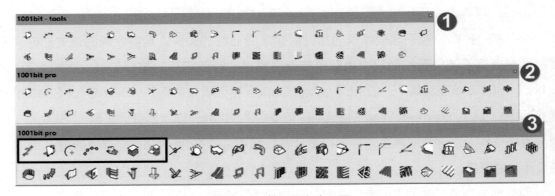

图 6.1.1　第一组七个工具

（1）第一组第一个工具是两点间综合信息。经过大量测试，这是一个不十分可靠的工具，所以有些版本就根本没有它。如果你有幸安装到一个带有这个工具的版本，并能正常使用，操作如下：单击该工具，光标变成一个小十字形，单击第一点，再单击第二点，会弹出一个数据面板，上面显示信息"起始点：（0，0，0）；结束点：（x，y，z）；3D 空间中的距离：xx.xxx；XY 平面距离：~ nnn；X 轴差值：~ n.nn；Y 轴差异：n.nn；Z 轴差异：n.nn；平面方位（从北顺时针方向）：nn.n 度；与 XY 平面的夹角：n.n 度（~提示有误差正负 1 当量内）"。

（2）第一组第二个工具是定义面上的点。这个工具可以在指定的面上通过输入偏移尺寸添加构造点，其特点是可以在斜面上操作。操作要领为：首先选择一个面，这个面可以是水平的、垂直的，也可以是倾斜的；然后调用工具，拾取第一个参考点；拖动十字准心，输入距离；再次移动十字准心，输入距离；回车后，构造点生成。

（3）第一组第三个工具是寻找圆或圆弧的圆心。操作方法为：调用工具，移动到圆弧的一个点（这个点可以是圆弧的端部，也可以是圆弧的一个节点）；再移动工具，单击圆弧上的第二个点；此时出现一个红色的圆形，移动光标到圆弧上的其他端点，红色的圆形跟圆弧对齐后，单击鼠标，圆弧的中心点产生。寻找圆形的圆心，也是一样的操作。

在其他几本书里，我们讲过一种办法，不需要任何插件也可以寻找圆心方法是用直线工具、移动工具或画圆工具在圆弧上或圆的边线上停留一会儿，再慢慢向圆心的位置移动，到接近圆心时，光标会自动吸附到圆心上。

（4）第一组第四个工具是线段放置构造点。这个工具可以在选定的线段上放置一系列构造点，并且有多种方法可供选择。操作要领为：选择线段，调用工具，在弹出对话框里选定分割方案并输入数据；单击"分割线段"按钮，对话框自动关闭，线段分割完成。请注意，线段被分割后仍然是一条整体的线，放置的仅仅是构造点而没有打断线段。这个工具只对直线、圆弧和圆有效，对焊接的直线和圆弧以及徒手线无效。

（5）第一组第五个工具是对齐所选实体。这个工具通过 3 点对齐放置所选组件或群组，特别适合在斜面上放置对象，比如在坡道上放置汽车，或者在斜屋面上放置窗框。操作要领为：首先选择需要放置的组件或群组，单击放置对象的第一点；然后沿红轴移动，单击对象的第二点；再沿绿轴移动，单击对象的第三点；接着把光标移动到目标位置上，单击第一点（单击的位置要跟对象上的第一点对应）；沿红轴移动光标，单击第二点；再沿绿轴方向移动，会出现一个蓝色的提示框；确定无误后，单击第三点，操作完成。该工具与 JHS 超级工具条上的对齐工具的功能与操作方法相同。

（6）第一组的第六、第七两个工具分别是设置当前实体所在图层为工作图层、把当前选择对象放入新图层。这两个工具都是有关图层操作，基本就是用"图元信息"面板和"图层"面板配合操作，如对此还有不懂的地方，可以回到《SketchUp 要点精讲》6.6 节进行复习。

2. 第二组

有八个工具（见图 6.1.2），它们是：画垂直线，三点画面，创建最佳适合面，沿路径放样，沿路径和截面放样，锥形推拉，推拉已选面到目标平面，由已知边创建旋转面。

图 6.1.2　第二组八个工具

（1）第二组第一个工具是画垂直线。这个工具可以在三维空间里绘制垂直于线段或者垂直于面的直线。使用方法为：调用工具，拾取一个开始点；把光标分别移动到线上或面上。如果目标是线段，开始点附近出现垂直于该线段的直线；如果目标是面，就出现垂直于这个平面的垂直线。

（2）第二组第二个工具是三点画面。这个工具先通过三个点定义要绘制的面，然后在其他位置画出图形。这个功能在对特定面进行截面投影的时候尤为有用。使用方法为：调用工具，用三个点定义要绘画的面；然后移动光标绘画，在定义的面上出现对应的画面。按理说，画完后双击确定，图像就固定下来了；不过要当心，双击可能会造成 SketchUp 崩溃退出。

（3）第二组第三个工具是创建最佳适合面。这个工具号称可以根据一系列非共面的点生成面。如果是真的，今后修补模型的时候，就可以将不共面的点形成面了。

试用过程为：用 JHS 的画点工具随便画几个点，然后用移动工具移动其中的点，破坏它们的共面关系。调用该工具连接这些点，最后双击左键，平面形成了，不过仅是个折中的结果（不精确）。

（4）第二组第四个工具是沿路径放样。说实话，具备这种功能的插件很多，都是为了解决 SketchUp 路径跟随工具的毛病而编写的；既然有了这个插件不妨测试一下，题目是，做一个旋转楼梯的扶手，一条螺旋线是放样路径，还有一个放样截面。

先用 SketchUp 自带的路径跟随工具试一下，看过第 1 章内容的朋友猜得到有怎样的结果。改用这个"沿路径放样"插件来试验一下：选择放样路径，然后调用这个工具，光标上附着一个小红色正方形，移动到放样截面上单击，确认这就是放样截面；光标变成了十字，单击放样截面上的放样基点；然后回车或双击鼠标，放样完成。可以看到，这个结果跟 SketchUp 自带的路径跟随一样不靠谱，区别就是放样截面可以躺在地面上，减少了一点工作量。不推荐使用。

（5）第二组第五个工具是沿路径和截面放样。叫什么名字不重要，重要的是结果。同样是选择放样路径，单击工具，弹出选择框，问要不要保持垂直面；选择"是"，出现小红方框，选择放样截面；接着出现十字光标，确认放样的基点；再把光标移动到放样路径上单击；稍待片刻，放样完成。结果不错，端部是垂直的。如果想要克服 SketchUp 自带的路径跟随工具的毛病，请选择这一个。

（6）第二组第六个工具是锥形推拉。它可以解决 SketchUp 的推拉工具不能做锥形推拉的毛病。选择一个面，调用锥形推拉插件，在弹出的对话框中选择推拉以后是不是保留原来的面，选择好后移动光标即可完成在锥形上的推拉。当然，不是锥形的对象，这个插件也可以完成推拉。

（7）第二组第七个工具是推拉已选面到目标平面。准备好要推拉的面 1 和目标面 2，选中面 1，调用该工具，在弹出对话框选择是否要保留面 1，再把面 1 移动到面 2 上。

（8）第二组第八个工具是由已知边创建旋转面。这个工具可根据参考曲线和轴来创建旋转表面，此外还可以缩放形式形成螺旋状的几何体。画一条轮廓曲线和一条中心线，然后选择旋转曲线，调用工具，在弹出的对话框里做必要的设置；用十字光标单击垂线的一端，移动光标再单击垂线的另一端，旋转放样完成。改变垂线与曲线的距离，可以改变旋转体的半径；改变其他参数，可以得到完全不同的结果。

3. 第三组

有八个工具（见图 6.1.3），它们是：移动端点，倒圆角，倒切角，延伸线段，偏移线段，分割水平面，创建斜坡，多重缩放。

图 6.1.3 第三组八个工具

（1）第三组第一个工具是移动端点。这个插件可以实现对模型单一端点的灵活编辑。其实，这是在 SketchUp 里一种叫作折叠的常规操作，用移动工具也可以完成。使用方法为：单击工具，拾取一个端点，移动鼠标确定方向，再次单击折叠完成。也可以用输入数据的方式进行精确的折叠变形。如果移动光标的时候不能确定方向，可以用方向键配合操作：按向左箭头锁定绿轴，按向右箭头锁定红轴，按向上箭头锁定蓝轴，按向下箭头恢复自由。

（2）第三组第二个工具是倒圆角。用这个工具可对两条边倒圆角，这两条线必须连接或交叉。操作方法为：单击工具，光标变成三角形；分别选择要做倒圆角的两条边，在弹出的数值框里输入倒角半径和圆弧的片段数；单击"确定"按钮后，圆弧形成。

（3）第三组第三个工具是倒切角。这个工具的使用方法与倒圆角类似，区别是要在弹出的数值框里填写切角的两个尺寸。

（4）第三组第四个工具是延伸线段。它用于将同一平面上可能相交的线段延伸后相交。操作方法为：单击该工具，单击要延伸的线段，再单击目标线段，两线段相交。

（5）第三组第五个工具是偏移线段。这个工具可以对线段进行精确的偏移，方法是调用工具，输入偏移距离，光标变成三角形；移动光标到需要偏移的线条上，单击鼠标；向目标方向移动，红色的线段出现；如果没有问题，再次单击鼠标确认，线段偏移完成。

（6）第三组第六个工具是分割水平面。这个工具可以将复杂形状的对象在水平方向上进行分割。操作方法为：选中对象，调用工具，确定一个点以定义基本面，确定目标面或输入距离，一个新的水平面出现，完成分割。

（7）第三组第七个工具是创建斜坡。它可以用一条线来创建连续的坡道。使用方法是：画出坡道基线（基线可以是直线，也可以是复杂的曲线，还可能不在红绿平面上）；选择这些线（它们必须是连续的），再单击工具，在弹出的参数面板上输入参数（可以是角度、高度或者是坡度）；假设输入高度 5 米，可以看到，角度和坡度已经完毕并显示出来。

请注意，参数面板的下面还有一些预设的参数可供选择，有 Handicapped ramp（无障碍坡道），Car Pack ramp（停车场坡道），甚至还可以选择排水坡度（1：200 或 1：100），可以将常用参数保存。

设置完成后，单击创建斜坡，光标变成十字形；移动光标到坡道的起点位置，单击确认；再移动光标，指定一个平面（假设指定地面），单击确认；曲线有了变化，即刚才指定为起始点的一头没有动，另外一端已经按照要求有了变化。测量一下，从地面算起的高度正好是 5 米。

这个插件的任务已经完成，但只有一条代表坡度的基线。要利用这条基线创建出真正的坡道，还可以用 JHS 超级工具条中的一个工具——拉线成面。

（8）第三组第八个工具是多重缩放。换了几个版本，都没有任何反应，希望你有好运气。

4. 第四组

包括四个工具（见图 6.1.4），它们是：线形阵列，矩形阵列，螺旋阵列和路径阵列。

图 6.1.4　第四组四个工具

（1）第四组第一个工具是线形阵列。这个工具可以对组件或群组进行线形阵列，准备工作是一个需要阵列的组或组件1，还有一条代表阵列长度的线段2。线段可以是画在地面上的，也可以是倾斜的直线。操作步骤是：选择需要阵列的对象1，调用该工具；在弹出对话框中输入和选择参数（假设要复制出十个副本）；单击工具按钮，再次选择对象1；单击阵列线段2的起点，再单击阵列线段2的终点，阵列完成。该插件只能做直线方向的阵列，不能对曲线路径做阵列，这是它的缺点。

（2）第四组第二个工具是矩形阵列。望文生义，这一定是能够复制出一大堆副本的工具。使用方法是：选择需要阵列的对象（必须是组件或群组），调用工具；在弹出对话框中输入和选择参数（如要复制出九乘以九的阵列），单击工具，再次选择对象；单击阵列的起点，再单击红轴方向和绿轴方向，九乘九的矩阵完成。请注意，这个工具在做复制的时候，是把对象的中点作为复制的基点。

（3）第四组第三个工具是螺旋阵列，也可以叫作极轴阵列。我们曾经在《SketchUp 建模思路与技巧》的两个视频里讲了弧形楼梯和旋转楼梯的做法。这个插件的测试结论是：这个插件功能非常有限，请谨慎使用，即使要用，也必须反复核对阵列的结果。详细过程见视频。

（4）第四组第三个工具是路径阵列。具备这种功能的插件，至少有七八种，差不多每种综合性的插件工具条都有它的一席之地。该工具的操作方法为：首先选定路径和需要阵列的对象（对象必须是群组或组件），然后单击工具做设置（假设在路径总长度上平均分布 10 棵树）；然后单击 Build Array 按钮创建阵列，单击对象的基准点，再单击路径的起点；操作完成，结果正常。现在换成在坡道上种树，用同样的方法操作：选定路径和对象，调用工具，用同样的设置平均分布 10 棵树，确认创建，确定对象基准点，再确认路径起点，阵列完成，结果也正常。

这四个阵列工具，只有路径阵列经得起测试，前面三个工具都有点问题，请你在使用的时候注意避免发生同样的问题。

5. 第五组

有三个工具（见图 6.1.5），它们是：垂直墙体，墙体开洞和水平凹槽。

图 6.1.5　第五组三个工具

（1）第五组第一个工具是垂直墙体。单击这个工具后，有三种不同类型的墙可供选择，但它们都是北美地区常用的墙体形式，在我国未必都适用。好在这个插件有个突出的功能，就是允许定义自己的墙，现在我们就来验证一下这个功能。

若绘制我国南方常见的中式围墙（包括墙帽、墙体和基础），全部用标准砖块堆砌；把围墙的截面放平在红绿平面（地面）上备用；请注意，还要画一个小黑点来代表墙的地平线和墙在水平方向的中心；当然还需要绘制好生成墙体的路径。下面就可以开始建墙了。

单击创建墙体工具，在弹出的参数面板上设置截面，接着单击地面上的截面，再单击小黑点，就可以沿着路径创建墙体了；单击路径起点和每个转角点，双击左键，墙体生成。这个插件的优点是它能够顺着斜坡创建围墙，端部还能保持垂直；缺点是不管试多少次，生成的墙总是要少一点点。

（2）第五组第二个工具是墙体开洞。说实话，墙体开洞没有什么特别复杂的技巧，墙面上画个形状，推出墙体厚度就是一个洞，而且能做墙体开洞的插件也不止这一个。但这个工具可以保存设置并直接调出，不用重新绘制墙洞。它的另一个优点是可以预先把墙洞截面画在地面上，选中后单击"创建墙洞"按钮，这个截面就附着在光标上，左下角还有一个十字；移动光标到墙面的参考点，单击确认；沿红轴移动光标，输入洞口在红轴上的偏移距离；再往上移动光标，输入蓝轴上的偏移距离，单击创建洞口。

（3）第五组第三个工具是水平凹槽。这个插件的功能还不错，使用方式也很简单。选定要做凹槽的面（可以是平面，也可以是曲面），调用工具，在对话框里设置后，只要把光标移动到平面上的基点单击一下，凹槽就完成了。不过在真实的设计中最好别使用这个技巧，墙上的很多凹槽正好给小偷攀爬提供了条件。

6. 第六组

有三个工具（见图 6.1.6），它们是：创建柱子，创建基础和创建框架。

图 6.1.6　第六组三个工具

（1）第六组第一个工具是创建柱子。这是个非常好用的工具。单击工具图标，然后选择柱子的形状（一共有五种不同的柱子可供选择），单击"创建柱子"按钮，输入具体尺寸。如果今后还要用这种柱子，可以保存；当然，也可以在这里删除原来保存的样式。注意有个选择：是否要在顶部和底部中心放置构造点，为了后续的建模和检查方便，最好勾选。创建柱子后，柱子就在光标上了；移动光标到构造点上，单击左键确定放置柱子；也可以输入数据，确定柱子旋转的角度后再放置。

（2）第六组第二个工具是创建基础。这个工具的用法跟创建墙体基本是一样的，只是墙体在地面上，创建后的基础在地面下。这个工具能够创建的基础只有两种，第一种是标准桩基础，第二种是标准活动基础。这个工具不能按照自己的要求来设定基础截面，这是它的缺点。不过，它可以通过参数调节产生很多种不同的基础形式。创建方法是：单击"创建基础"按钮，把十字光标移动到需要创建基础的位置，单击左键确认；移动光标到下一构造点，再单击左键……最后双击左键，生成基础。

（3）第六组第三个工具是创建框架。这个工具可以方便地将画好的网架线条转换成实体。使用方法是：选定需要转成网架的线条，单击工具图标；在弹出的对话框里选择截面的类型。一共有四种不同的截面，分别是圆形、带圆角的矩形、工字钢、槽钢。选定了一种截面后，可以输入两个主要尺寸，也可以选择现成的型材规格。不过这些都是 AMTS 标准的型材。AMTS 是 American Material Test Society（美国材料检测协会）的缩写，尺寸是英制的，也可以按 1 英寸等于 25.4 毫米换算成公制的尺寸。注意还有个选项 Match joints（joints with 2 edges only），指接头的地方是否需要自动适应匹配的接缝。

选择完成后，就可以单击"创建实体"按钮了；如果你的结构比较复杂，这个过程可能要等待一会儿。

中国的结构设计师是用 GB 标准的型材来生成网架，这就需要提前按照材料手册画出 GB 标准的型材截面，将其平躺在地面上，然后单击工具图标；在对话框上单击"设置截面"按钮，然后在截面上单击确认，网架就生成了。当然，它们是符合 GB 标准的。

7. 第七组

有两个工具（见图 6.1.7），它们是：创建楼梯和创建自动扶梯。

图 6.1.7　第七组两个工具

（1）第七组第一个工具是创建楼梯。调用工具后，在设置面板里可以看到十二种不同的楼梯，其中有六种板式梯，两种螺旋梯，两种直梯，两种剪式梯。选定楼梯形式后，单击"创建楼梯"按钮，在弹出面板里，按设计要求填写更详细的数据（数据可以保存）。

单击"创建楼梯"按钮以后，把十字光标移动到合适的位置，单击左键，楼梯投影就在光标上了；再次单击左键，楼梯创建完成。这个工具可以创建两种不同的螺旋楼梯。

（2）第七组第二个工具是创建自动扶梯。自动扶梯已经高度标准化，除了踏步宽度和楼层高度，没有太多可供选择的项目。单击按钮后，还要用十字光标指定自动扶梯的起点高度和终点高度。

如果说在 SketchUp 里建模的时候使用插件是为了降低建模难度、减少工作量、加快建模速度的话，创建螺旋楼梯和创建自动扶梯这两个功能确实比较出色。

8. 第八组

有六个工具（见图 6.1.8），它们是：创建窗框，创建门框，选预置门框窗框，分隔已选面，穿孔板，创建百叶窗。

图 6.1.8　第八组六个工具

（1）第八组第一个工具是创建窗框。单击工具图标，可以看到能创建的窗框有矩形、倒角和凹凸边三种形式；当然，我们还可以通过改变各部分的参数派生出众多的形式。

使用方法为：预先在墙上画出窗框的位置；选中这个平面，单击工具，选择窗框类型，再输入窗框参数，就可以创建窗框了；单击工具，窗框创建完成。中间的平面可以删除，也可以做成玻璃。如果能够活用这个工具，可以做出几乎真实的、完整的滑动窗；只要肯动脑筋，还可以做出更多种窗户。

（2）第八组第二个工具是创建门框。此工具和窗框工具相似，唯一的区别就是门框没有底部框架，也不保留中间可以作为玻璃的平面。

（3）第八组第三个工具是选预置门框窗框。不知什么原因，这个工具一点反应都没有。

（4）第八组第四个工具是分隔已选面。用它可以做幕墙，也可以做室内的隔断。

（5）第八组第五个工具是穿孔板。它主要用来创建多孔板，创建过程中的厚度、角度、开口大小等参数都可以自由设定。也可以将自定义的形状作为开孔的截面。

（6）第八组第六个工具是创建百叶窗。它有七种不同的样式可选择，还可以设置自己的截面。

9. 第九组

有五个工具（见图6.1.9），它们是：路径成体，创建椽条，创建檩条、创建坡屋顶，创建金属屋面板。

图6.1.9　第九组五个工具

（1）第九组的第一个工具是路径成体。用法是选择路径，单击该工具，参数面板上有五种截面可选，也可以把自创的截面画在地面上；单击该截面，所有路径自动成体。

（2）第九组第二个工具创建椽条。根据测试，这个工具主要是用来在已选面上创建托梁。这个工具创建椽条很不擅长，所以这个工具最贴切的名字应该是"在已选面上创建托梁"。

这个工具的使用非常简单：选定需要布置托梁的平面，调用工具，在七种托梁形式中选择一种，然后输入详细数据，指定托梁布置的方式，接着就可以创建托梁了；用十字光标指定托梁的起点，再指定托梁的方向，托梁就生成了。

（3）第九组第三个工具是创建椽条和檩条。选择好所有要布置椽条和檩条的面，单击工具，在设置面板里有四种截面可供选择。这些数据不难理解，我们就不详细讨论了。

下面有两个选项，如果都取消勾选，默认创建椽条。勾选这两个选项，就可以在创建椽条的同时也完成檩条的创建，还包括了四周的挡板。单击"创建"按钮，稍待片刻，椽条和檩条同时完成。

（4）第九组第四个工具是创建坡屋顶。

创建坡屋顶工具使用起来很简单。只要选择所有需要创建屋面的平面，单击工具稍等片刻坡屋顶就创建成功。

（5）第九组第五个工具是创建金属屋面板。金属屋面板（甚至墙面板）用于很多仓库、车间、工地临时用房、抗震救灾用房中，有施工快、造价低等优点。这个工具使用起来很简单：选择好平面，单击工具，有三种形式可选，这些尺寸几乎都是标准的，没有什么可设置的；单击"创建"按钮，用十字光标指定生成的方向，稍待片刻，屋面板生成。

10. 第十组

有三个工具（见图 6.1.10），它们是：贴印水平面，垂直投影边线，创建等高线。

图 6.1.10　第十组三个工具

（1）第十组第一个工具是贴印水平面。这相当于 SketchUp 自带的沙盒工具中的曲面平整，但它的表现不如沙盒工具。

（2）第十组第二个工具是垂直投影边线。这相当于 SketchUp 自带的沙盒工具中的曲面投射。两者的结果没有根本区别，但沙盒工具可以对群组进行加工，略胜一等。

（3）第十组第三个工具是创建等高线。这个功能是 SketchUp 没有的，但是它的运行速度太慢了。

6.2　3skeng（暖通机电工程 BIM 插件集）

本节开头要先说一下 3skeng 的含义与读法，3skeng 官网的解释："3"代表 3D 中的数字 3，"sk"代表 SketchUp 的前两个字母，"eng"是 Engineering 的第一个音节。"3skeng"的正规读法应该是："three skeng"，"洋泾浜"的读法是"三斯肯"，随你选一个。官网解释的名称含义是"3D 工程扩展"或"3D 工程插件"。

3skeng 是在 SketchUp 里对机电和三维管道、钢结构的设计与文档编制的延伸，主要用于建筑、环保、电子、石油、半导体、太阳能、光电、能源、化学、生命科学、石化、水处理、食品、生化、制药、造船等行业的钢结构、电气托盘、通风或排气系统的设计和 BIM 建模。

1. 3skeng（暖通机电工程 BIM 插件集）的功能

如图 6.2.1 所示，3skeng 是一整套主要用于暖通、水电、管道机电工程设计和 BIM 建模的工具，包括以下主要功能。

① 3skeng AR Tool：虚拟现实工具（要额外的 AR 硬件配套）。

② 3skeng List Tool：清单工具（统计与分析报表）。

③ 3skeng Pipe Tool：管道与管道库工具（圆形管道）。

④ 3skeng Mount Tool：支承工具与支承件库（管道的支承固定件）。

⑤ 3skeng Steelwork Tool：钢构工具（型材管道支架结构）。

⑥ 3skeng Channel Tool：通道工具（矩形风管）。

图 6.2.1　3skeng 工具集与下载链接

2. 插件的获取、安装与学习

（1）选择【扩展程序→ Extended Warehouse】命令用 3skeng 搜索，可看到图 6.2.1 中除①以外的 5 个工具图标。单击任一个工具，都可查看该工具的功能说明并引导到 3skeng 官网下载。

（2）访问 extensions.sketchup.com，用 3skeng 搜索，也可看到图 6.2.1 中除①以外的 5 个工具图标。单击任一个工具，都可查看该工具的功能说明并引导到 3skeng 官网下载。

（3）用浏览器直接访问 https://www.3skeng.com，单击图 6.2.1 ⑦所示的按钮下载。

（4）本节附件里已有一个 3skeng 2022 版的 rbz 文件，可用【扩展程序管理器】安装。

（5）安装完成后可调出如图 6.2.2 所示的工具条。工具的详细应用若用图文形式来表达，将占用大量版面，请观看本节所附的 7 节视频教程（中文解说）并查阅所附 PDF 文件。

图 6.2.2　3skeng 2022 工具条

3. 3skeng（暖通机电工程 BIM 插件集）应用案例

图 6.2.3 ～图 6.2.6 这四幅图摘录自 3skeng 官方公布的几个应用案例。如果这些案例正好在你的业务范围之内，那么你不妨多花点时间研究一下这组工具。本节附件里除了上述的 7 节视频之外，还有官方发布的 3 个 PDF 文件与 10 个应用实例模型和对应的 PDF 图文教程，都可以供你研究学习之用。

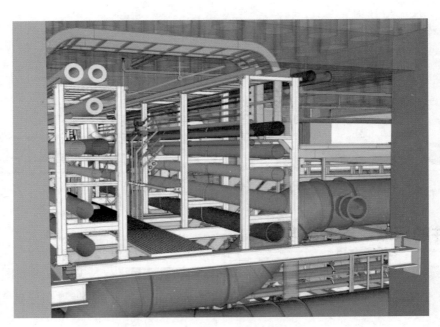

图 6.2.3　3skeng 应用案例一

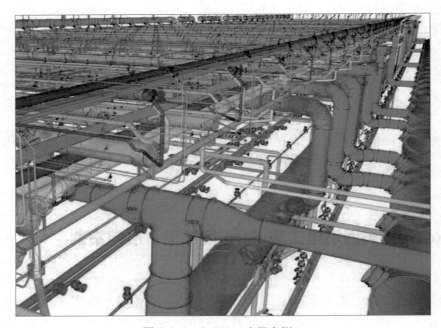

图 6.2.4　3skeng 应用案例二

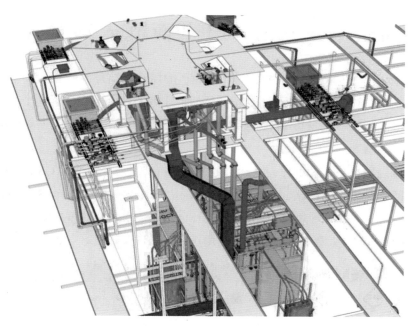

图 6.2.5　3skeng 应用案例三

图 6.2.6　3skeng 应用案例四

6.3　Curic Section lite（截面填充工具）

SketchUp 有一些长期缺失的功能，对"截面"的填充与纹理编辑就是其中之一。后来有了一组叫作 Curic Section 的收费插件（Curic 是插件作者的名字）提供了这个功能，其安装后的工具条如图 6.3.1 ②所示。这一节要介绍的 Curic Section lite 是其功能缩减后的免费版，安装后的工具图标如图 6.3.1 ①所示。

这个插件可以选择【扩展程序→ Extended Warehouse】命令，搜索 Curic Section lite 后安装，也可以访问插件作者的网站 https://curic4su.com/ 去下载免费的 Curic Section lite 或购买收费的 Curic Section。本节附件里有一个名为 curic_section_lite_v1.0.3 的 rbz 文件，这是可用于 SketchUp 2020 版以上的免费版本，经测试可用于 SketchUp 2022。

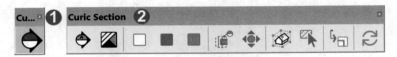

图 6.3.1　Curic Section 的收费与免费版本

免费的 Curic Section lite 虽然经过了大幅的功能删减，但还是保留了最重要的对截面的填充、管理与纹理编辑功能，具体如下。

（1）Create/Manager Section by Scene：按场景创建与管理截面填充。

（2）Object section fill by Tag/Material：按标签（图层）进行材质填充。

（3）Tag/Material Manager：按标签（图层）对材质（填充图案）进行管理。

（4）Pattern Scale：填充图案比例调整。

详细的使用方法请浏览本节附件里的视频教程。请注意，我国各行业都有各自的制图标准，并且都有专门的章节对"图例"（即截面填充）进行具体的规定。建筑、规划、景观、室内等与建筑有关的行业，使用图例（填充图案）时务必按 GB/T 50001《房屋建筑制图标准》中第 9.2 节的规定，限制在制图标准列出的 28 个图例（填充图案）范围内。本书第 6.12 节有一些相关的介绍，更详细的讨论与资料请查阅本系列教材的《LayOut 制图基础》一书的相关章节。

6.4　Solar North（太阳北极）

SketchUp 有一些引以为傲的功能，根据工程所在经纬度、日期与时间数据生成真实而精确的"日照阴影"便是其中之一，这是绝大多数 3D 建模工具所没有的。它为城乡规划和建筑设计专业，乃至室内环艺专业的设计师们提供了真实、精确、可靠的日照阴影研究工具，因而能令所做的设计符合国家建设部颁布的《工程建设标准强制性条文》中对于日照光影的严格要求。相关内容请查阅本系列教材的《SketchUp 要点精讲》一书的第 7.5 节。

完全使用 SketchUp 生成的日照阴影，虽然真实而精确，却时常被追求所谓"艺术表现效果"的用户所嫌弃（通常是用于渲染的模型）。他们希望自己法力无边，能主宰宇宙，也能随便移动太阳的位置，所以就出现了这个 Solar North（太阳北极）插件。说穿了，这其实就是一个"阴影造假"工具，如果你的专业（如规划、建筑、室内等）的国家设计标准里有对"日照光影"的规定，请谨慎使用这个插件。

这个插件可以选择【扩展程序→ Extended Warehouse】命令，搜索 Solar North 后安装，也可以访问 extensions.sketchup.com，搜索 Solar North 并下载。

本节附件里有这个插件的 2.0 版，且有中英文两个版本，经测试可在 SketchUp 2022 里使用。

工具的使用非常简单，如图 6.4.1 所示。

- ①②是这个插件的工具，①是显示 / 隐藏当前北方，②用来创造一个假的北方。

- ③是 SketchUp 根据当前经纬度与时间给出的准确日照光影。

- 单击④会以橙色线条显示当前的北方，如⑤所示，它与 SketchUp 红轴重合。再次单击④则线条隐藏。

- 单击"设置北方"工具⑥，如⑦所示，工具移动到坐标原点（或任意位置），移动光标即可旋转代表当前北方的橙色线条⑧，日照与阴影跟随改变。

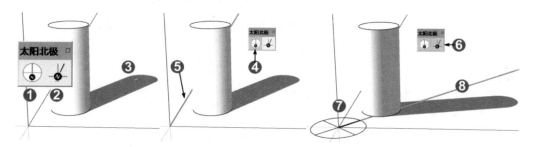

图 6.4.1 Solar North（太阳北极）工具与使用

6.5 Dibac（建筑绘图工具）

这是一个对建筑和室内设计师都非常有用的插件，绘制墙体、楼梯等建筑结构，添加门窗、家具等组件，全部能在这一个插件中完成，所以值得多花点笔墨。

插件的获取、安装与调用方法如下。

（1）访问插件作者的网站 http://www.dibac.com，下载试用版后进行安装（免费试用 16小时）。

（2）本节附件里有个 2019 版，可以在 SketchUp 2017—2022 版中使用。

（3）该插件自带中文界面，安装完成后选择【扩展程序→ Dibac → Settings → Select language】命令，在弹出的对话框中选择，CN 即可显示中文。

（4）选择【视图→工具栏→ Dibac】命令，调出如图 6.5.1 所示的工具条。

（5）选择【绘图→ Dibac】命令，调出如图 6.5.2 所示的菜单。

（6）在使用这组插件之前，请务必在【窗口→模型信息→单位】中设置成 mm，再把精度设置为 0。如果精度设置为小数，Dibac 插件的部分功能不能正常工作。

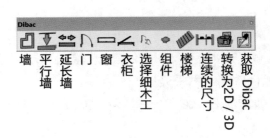

图 6.5.1　Dibac 工具条　　　　　　　图 6.5.2　Dibac 菜单

下面按工具条上工具的排列顺序简单介绍各工具的功能、应用要领与技巧，此外，本节附件里还有该插件的相关视频，所有英文提示都改成了中文，很容易看懂，可配合学习。

1. 墙

第一个工具是体，主要用于绘制外墙，也可以绘制内墙。

操作要领是：调用工具，在弹出的对话框里输入墙体厚度后按 Enter 键确定；然后就可以开始绘制墙体了，绘制过程中可以直接输入墙的长度尺寸，连续绘制墙体。

注意：Dibac 的这个工具可以按照内墙线、外墙线或中心线为对齐的依据绘制墙体，可用 Tab 键在三者之间切换。但是测试中发现，似乎没有明显的提示，告诉我们当前是三种对齐方式中的哪一种（只能在绘制过程中注意）。国内建筑行业画墙体时通常以墙体中心线为依据，室内设计又习惯依内墙线画墙，所以请提前调试。

2. 平行墙

第二个工具是平行墙，它将已有的墙边线作为基准，平移绘制新墙。

该功能主要用于绘制内墙，操作要领是：调用工具，在弹出的对话框里输入墙体的厚度，然后就可以开始操作。把工具移动到一面已经存在的墙上，将红色箭头对准墙的边线，看到边线变成粉红色后开始移动复制，单击左键确定。移动的时候，可以用输入尺寸的方式进行定位，也可以借助原有的边线、角点等元素来定位；如果发现墙体位置不对，可以用 Tab 键（在外墙线或墙中心线间）调整。

3. 延长墙

第三个工具是延长墙，用来修改已经绘制好的墙。

操作要领是：调用工具，把工具移动到墙体需要打断的位置，看到红色边线后，单击左键，移动工具，墙体即被打断并缩拢。

当需要删除某些墙体的时候，不用直接使用删除工具；在使用 SketchUp 的橡皮擦工具的同时按住 Alt 键，即可擦除 Dibac 创建的墙体，

4. 门

第四个工具是门，这个工具专门在墙上放置门。

操作要领为：调用工具，如图 6.5.3 ①所示，在对话框里填写门的参数。注意，此处是门板的宽度而不是门的总宽度，如①a所示，若门板的宽度是 720 毫米，加上两边门框的尺寸才是总宽度。左右两侧门框通常有 80 毫米，这样总宽度就是 800 毫米了。单开的门，如图 6.5.3 ①所示，只设置门板 1，门板 2 填写 0。

图 6.5.3　门尺寸的设置

双开门需要分别填写门板 1、门板 2 的宽度，如图 6.5.3 ②所示，两扇门板的宽度可以不同。

双开的门，如果两扇门一样大，如图 6.5.3 ③所示，只要填写一个，另一个填尺寸或者输入一个等号来代替。

图 6.5.3 ① c 所示的对齐，保持默认的 0%，门框将插入在光标单击的位置。

图 6.5.3 ① d 所示的门楣，表示门框的高度。

设置完成后，就可以安置门了。把工具移动到墙的边线上，可以看到红色的门，如果门要往室内开，就把工具移动到内墙线；若是往外开的门，就把工具移动到外墙线。

按 Tab 键，可以调整门的方向。按住 Ctrl 键，可强制把门安置在合适的位置。注意门扇靠墙的安全距离为 100mm 以上。这个工具可以连续使用，直到按空格键离开。

5. 窗

第五个工具是窗，这个工具专门在墙上放置窗。

操作要领是：调用工具，在对话框里填写参数。图 6.5.4 中分别列出中英文两个版本。

a 处的 Length（长度）即窗的长度，按中国人习惯，应称呼为宽度，也就是横向的尺寸。

b 处的 Heigth（窗楣）即窗的高度。

c 处的 Align（对齐）即对齐的方式，保持默认的 0%，窗框将出现在光标单击的位置。

d 处的 Sashes（窗档）即垂直拉窗的窗扇，中国几乎没有人用这种窗，可以不用管它。

e 处的 Sash max 即垂直拉窗的窗扇最大尺寸，也可以不用管它。

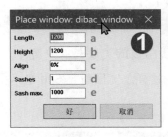

图 6.5.4　窗尺寸设置

确定条数后就可以安置窗了。把工具移动到窗的边线上，可以看到红色的图标。如果想要窗框靠室内，就把工具移动到内墙线；若窗框靠室外，就把工具移到外墙线。

按 Tab 键可以选择在中心定位还是终点定位；按住 Ctrl 键，会强制把窗放置在当前最合适的位置，通常是居中。按住 Shift 键，窗户自动扩大到当前可能的最大宽度。这个工具可以连续使用，直到按空格键离开。

6. 衣柜

第六个工具是衣柜，这个工具专门在墙上放置衣柜。

如图 6.5.5 所示，Slab（门板）指单扇门板的宽度，Height（窗楣）指门离地的高度。

图 6.5.5　衣柜尺寸设置

确定参数后就可以安放衣柜了。把工具移动到墙的边线上，可以看到红色的图标；按住 Shift 键，柜体自动扩大到当前可能的最大宽度。这个工具可以连续使用，直到按空格键离开。

7. 选择细木工

第七个工具是 Choose joinery，直译为"选择细木工"，也可以理解为"墙面木工"。这是专门用来指定墙面细木工组件的工具，北美地区的建筑常要用到。

选择相关的墙面，单击工具，自动打开 Dibac 的材料库，选择所需要的组件。可惜材料库里面的组件太少，经常需要自行下载或创建相关的库。建议墙面用贴图代替。

8. 组件

第八个工具是组件。这是专门往模型里放置家具的工具，单击它就可打开 Dibac 自带的仓库，可惜里面东西太少，需要自行下载或创建相关的库。

这里要提醒一下，Dibac 仓库里面的门窗家具不是一般的组件，而是从 3D 仓库下载的组件。它们是不能直接用的，是一种经过专门加工的动态组件，我们称其为 Dibac 组件。这种组件在 2D 平面中的表现为顶视图，生成 3D 以后就是 3D 的模型，而且可以相互变换。

在本节所附的英文原版视频里，有一些制作这种 Dibac 组件的方法和窍门。如果你对 SketchUp 的动态组件比较熟悉，又有时间，可以自制或将现有的模型加工成 Dibac 组件。

9. 楼梯

第九个工具是楼梯。单击这个工具,在对话框里输入楼梯参数。因为中文版翻译有点问题,所以图 6.5.6 把中英文对话框并列对照。

① a Width（② a 宽度）,这不难理解,绘制面向楼梯时,指楼梯左右两侧的尺寸。

① b Height（② b 窗楣）,这里有问题,应该是楼梯的总高度,也就是两层楼之间的高度差。

① c Going（② c 起跑方向）,这个词也有点问题,英文是 Going,从反复测试的结果看,用中国的工程术语应该称"踏面宽度",就是踏步的进深方向的尺寸。

① d Rise（② d 踏步）,这也有问题,英文的 Rise 用中国工程术语应该称为"踢面高度",也就是单个梯级的高度。

① e Slope（② 斜度）,这也有问题,英文单词 Slope 译成"斜度"或"斜率"都不能算错,但在这个场合就不能算对;斜度一般是数学用词,是夹角的正切,单位是度;因为施工中很难用"角度"的方式测量放样,工程上很少用角度,一般应该用"坡度",所以这里的 Slope 应译为"坡度",它是铅直高度与水平距离之比,坡度的表示方法有百分比法、密位法和分数法,其中以百分比法较为常用。

请注意中文版② e 所示的"斜度",后面的括号里还有个公式"（G+2R）",其中 G 代表踏面宽度 Going,R 代表踢面高度 Rise,默认的 G+2R 等于或大于 630mm,这是室内楼梯设计的经验公式;如果是室外景观设计,G+2R 要大于 700mm,才能让大多数人不觉得太累。

图 6.5.6　楼梯参数设置

图 6.5.6 中的 c、d、e 这三个默认数据比较重要,对于合理设计楼梯有参考价值。万一你对默认数据做了修改,Dibac 将保存修改后的数据,默认的经验数据就丢失了。下面列出楼梯的经验值,方便查阅:踏面宽度 G 应大于 270mm,踢面高度 R 小于 200mm,坡度（G+2R）等于大于 630mm。

坡度（G+2R）的预设值可根据工程性质进行小幅修正。

此外,《SketchUp 建模思路与技巧》第三章有 4 节的大篇幅讨论创建楼梯模型的课题。

　　下面就用 Dibac 楼梯工具自带的默认参数绘制楼梯。单击楼梯的起点，移动工具，可以看到拉出的梯级，每拉出一级，工具旁边就有梯级的序号和当前的标高。如果是做直梯，这个工具相当方便，一直拉到够尺寸就好，可惜大多数的楼梯都不是直梯。

　　用这个工具做90度的折梯也问题不大；但是要用它做中间有个休息平台的剪式双跑楼梯，作者试了二三十次，似乎很难操作，还不如用 6.1 节介绍的 1001bit。

10. 连续的尺寸

　　第十个工具是连续的尺寸。这个工具也不太好用，做出来的尺寸也不好看，没有找到在什么地方设置；所以，还是用 SketchUp 自带的工具或者其他的插件做标注吧。

11. 转换为 2D/3D

　　第十一个工具是转换为 2D/3D。这个工具能把画好的平面图连同家具组件，一瞬间变成 3D 的模型。附件里的原版视频已经在必要的地方做了中文标注，不难看懂。

　　前面已经介绍过，Dibac 的组件不是普通的组件，甚至不是普通的动态组件，它们是一种经过专门加工的动态组件，我们称它们为 Dibac 组件。这种组件，在 2D 平面中的表现是顶视的线框图，生成 3D 以后就是 3D 的模型。

　　本书作者到 3dwarehouse 以 Dibac 为关键词搜索到有几十个相关模型，下载了几个并保存在本节附件里。图 6.5.7 就是两个例子，其中①④是两个完整的 Dibac 组件，它由两个部分组成，一个顶视的 2D 线框图③⑥和一个 3D 的模型②⑤。它在用 Dibac 创建的 2D 平面图中只显示顶视线框图；但生成 3D 模型后，线框图消失（也可指定保留）转而显示三维模型。

　　创建门、窗、柜子等能自动调整数量和尺寸的 Dibac 组件，需要对 SketchUp 动态组件的各种函数相当熟悉，这部分内容可查阅本系列教材《SketchUp 要点精讲》的 6.4 节与所带的附件。

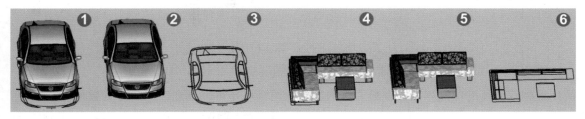

图 6.5.7　Dibac 组件实例

12. 获取 Dibac

这是一个吸管工具，功能类似于 SketchUp 材质面板上的吸管，用来获取（复制）Dibac 组件，然后在其他位置粘贴。

6.6 Flex Tools（建筑动态组件工具）

这是一套专门针对建筑设计师的，增强的专业动态组件及插件工具集合，它可以极大地改变你的工作效率与建模方法。

其官方网站是 flextools.cc。这是一组收费的插件，可以申请免费使用其中的 Component Finder（组件探测器）部分。输入姓名与真实的电子信箱、SketchUp 版本等简单信息后，单击"确定"按钮，就能在电子信箱里收到来自 Flex Tools 团队的电子邮件。邮件内容包含了 Component Finder（组件探测器）插件的许可密钥，插件下载链接，简单的安装注册方法与视频说明链接（需 vpn 连接）。安装完成的 Component Finder（组件探测器）工具条如图 6.6.1 左下角所示。实际安装操作中曾经出现过一些莫名其妙的问题，如你是初学者，不建议尝试申请安装。

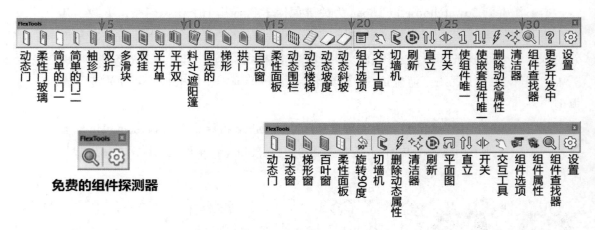

图 6.6.1 三个不同版本的工具条

Flex Tools 自带中文界面，单击工具条最右侧的齿轮状图标，即可在弹出的对话框里选择使用繁体或简体的中文界面。在最右侧的齿轮状图标里还可以找到详尽的使用教程。

图 6.6.1 所示是新旧两个版本的工具栏，上面的是新版本，下面的是老版本。新版本除了

可以调用更多的动态组件外，还增加了一些一看就明白的功能。从工具条上就可以看出14种门窗组件，5种斜坡、楼梯等动态组件，还有各种管理修改与编辑工具。

本节附件里有一个带中文解说的视频文件，请在浏览后再确定是否要购买本插件。如果已购买了这个插件，你也会收到包含许可密钥的电子邮件。如对插件不满意的话，在30天内用该邮件提出退款（不需要任何理由）即可无条件全额退款。

6.7　FrameModeler（结构建模）

这是一个能按预先设置的参数根据建筑的CAD框架进行快速建模的工具，运行插件就能直接创建出建筑的梁、柱、墙壁、楼板、窗户、尺寸标注、辅助网格等，还能根据建好的建筑计算出面积和体积（不包括相交的面和边）。该插件是免费的。

1. 插件的获取、安装与调用

（1）选择【扩展程序→Extension Warehouse】命令，输入FrameModeler搜索，直接安装。

（2）访问extensions.sketchup.com，输入FrameModeler搜索，下载后安装。

（3）本节附件里保存有这个插件的1.5.9版，可用【扩展程序→扩展程序管理器】命令安装。

（4）选择【视图→工具栏→FrameModeler】命令，调出如图6.7.1的工具条。

（5）选择【扩展程序→FrameModeler】命令，调出图6.7.2所示的菜单。

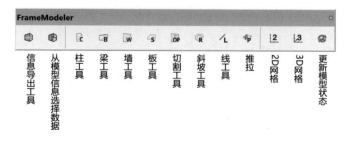

图 6.7.1　结构建模工具条

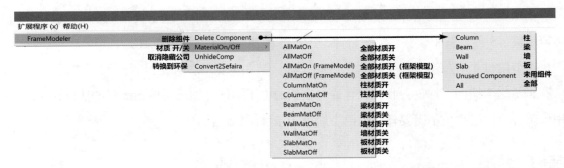

图 6.7.2　结构建模菜单

2. 功能介绍

如图 6.7.1 所示，"FrameModeler 插件支持最基本的建筑架构元素，用户可以用鼠标简单放置梁、柱、墙壁、楼板、窗户、尺寸标注、辅助网格等主要建筑元素，也可计算不包括相交面和边的材料面积与体积。

该插件的作者是韩国人，他以 Building Point Korea（韩国建筑点）的网名发布了这个插件。搜遍全世界，作者发布的视频教程都是以 Hogun Company（Hogun 公司）名义发布的，几乎全部以韩语解说或韩文附注；好不容易找到一个出自作者的有英文标注的视频，看起来英文表达水平还不错，估计这位韩国大佬掌握的也是能写不能说的"哑巴英语"。本书作者通过漫长的翻译与重新加工编辑，终于把作者的英文标注全部改成了中文。你现在可以在本节的附件里找到这个十多分钟的视频，只要是已经入门的 SketchUp 用户都能看得懂。图 6.7.3 ～图 6.7.6 是插件作者提供的四幅示意图。

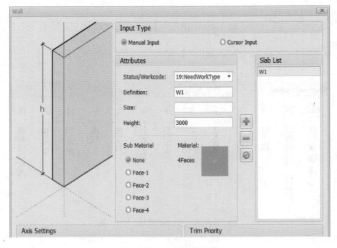

图 6.7.3　墙对话框

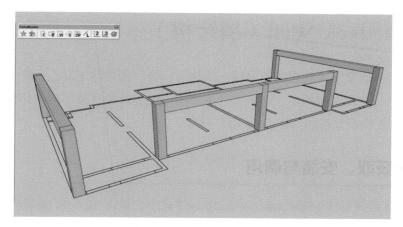

图 6.7.4　柱与梁工具应用

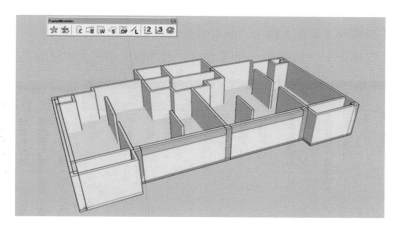

图 6.7.5　墙工具应用

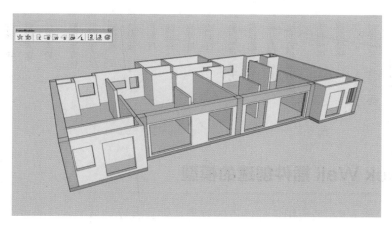

图 6.7.6　开洞工具应用

6.8 Medeek Wall（墙结构）

这是一个用来创建钢木结构建筑梁柱、墙体、门窗、楼梯的工具；目前，它对个人和商业应用没有限制。需要说明的是，这个插件主要用来创建北美常见的钢木结构建筑，其功能未必适合我国，仅供有兴趣的 SketchUp 用户参考。

1. 插件的获取、安装与调用

（1）选择【扩展程序→ Extension Warehouse】命令，输入 Medeek Wall 搜索，直接安装。

（2）访问 extensions.sketchup.com，输入 Medeek Wall 搜索，下载后安装。

（3）本节附件里保存有这个插件的全功能版，可用【扩展程序管理器】安装。

（4）选择【视图→工具栏】命令，调出如图 6.8.1 所示的 8 个工具条。

（5）选择【扩展程序→ Medeek Wall】命令，调出内容不完全相同的菜单（截图略）。

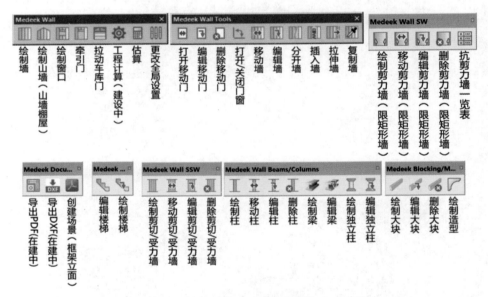

图 6.8.1 Medeek Wall（墙结构）的 8 个工具条

2. Medeek Wall 插件创建的模型

如图 6.8.2 ~ 图 6.8.5 是使用该插件后的效果。供读者评估该插件是否符合自己的需要。

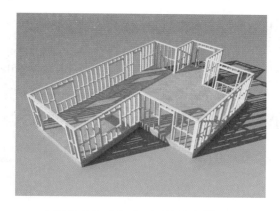

图 6.8.2 Medeek Wall 实例一

图 6.8.3 Medeek Wall 实例二

图 6.8.4 Medeek Wall 实例三

图 6.8.5 Medeek Wall 实例四

3. 继续研究学习用的链接

（1）该插件有详细的学习用视频教程，考虑到这个插件在国内未必普遍适用且视频篇幅庞大，故只在附件里列出视频的播放链接，有兴趣的读者可单击播放（需 VPN 连接）。

（2）插件应用的视频教程有 31 个，共约 470 分钟，在本节附件里保存有它们的链接。

（3）附件里还保存有用这个插件完成 BIM 设计的 3 个教程，共 125 分钟。

（4）该插件有大量培训与学习用的模型，链接也在附件里。

6.9 Quantifier Pro（计量器）

Quantifier Pro 是 Profile Builder（见 8.1 节）的最佳伴侣。如果你已经在用 Profile Builder，那么这个计量器插件会让你如虎添翼。当然，作为一款独立的计量插件，它不仅针对 Profile Builder 的模型进行计量，事实上对任何模型，它都可以进行计数、算量，生成成本预算表。

1. 插件的获取、安装与调用

（1）选择【扩展程序→Extension Warehouse】命令，输入 Quantifier Pro 搜索，直接安装。

（2）访问 extensions.sketchup.com，输入 Quantifier Pro 搜索，下载后安装。

（3）本节附件里有这个插件的 30 天试用版，可用【扩展程序→扩展程序管理器】安装。

（4）选择【视图→工具栏→Quantifier Pro】命令，调出如图 6.9.1 所示的工具条。

（5）选择【扩展程序→Quantifier Pro】命令，调出如图 6.9.2 所示的菜单。

（6）插件默认是英文，英文菜单如图 6.9.2 ②所示。选择【扩展程序→Quantifier Pro→Language→Chinese】命令，重新启动 SketchUp 即可得到中文的工具条与如图 6.9.2 ①所示的中文菜单。

（7）官方主页 https://mindsightstudios.com/quantifier-pro/ 中有更多说明与教程，可惜不大容易登录到这个网站。本节附件里有 4 段中文解说发视频，可配合学习。

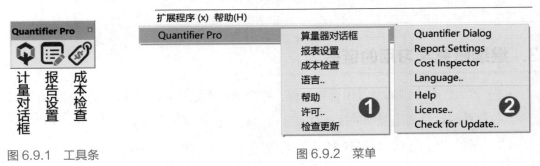

图 6.9.1 工具条　　　　图 6.9.2 菜单

2. 功能简介

（1）只需选择模型中的对象，即可即时看到总长度、面积、体积、重量和成本。

（2）所有报告都是由模型驱动，并随模型更改实时自动更新。

（3）可自由定制报告内容，可显示长度、宽度、高度、投影面积、表面积、体积、重量、成本以及更多可定义内容。

（4）可生成详细成本报告。

（5）即时材料报告可以显示模型中所有材料的表面积。

（6）可以通过层、材料、物体对象或整个模型分配可用的成本规则。

（7）成本检测工具可对选定的对象进行完整的成本计算，以验证其准确性。

（8）可以利用微软 Excel（仅 Windows 版）在多个 SketchUp 模型中共享统一的成本数据。

（9）支持多国语言（含简体中文）和多种国际货币。

（10）可以控制报表的完整性和显示精度。

（11）结合 Profile Builder 使用将威力更加强大。

6.10　Skalp（斯卡普截面工具）

作者在长期教学实践中发现，SketchUp 用户（包括一些老设计师）对于"截面"与"剖面"的区别普遍认识不清。甚至 SketchUp 中文版的官方译者同样犯糊涂：SketchUp 里有一组工具，在 7.0 版之前曾称为"剖面工具"（是准确的）；在 8.0 版中被莫名其妙地改成了"截平面工具"，后来又变成了"截面工具"；一直到 2020 版、2021 版、2022 版的 SketchUp，这组工具一直被命名为"截面工具"。需要严肃指出的是，无论从什么角度解释，把这一组工具命名为"截面工具"都是错误的。在本系列教材的《SketchUp 要点精讲》一书的 5.9 节，曾经详细讨论过这个问题。在展开介绍这个插件之前，有必要再次简单普及一下"截面"与"剖面"的区别，下面的知识是所有掌握正规制图理论的工程技术人员都应该知道的。

● "截面图"只有所截开部分的投影，其形状只表示被截开的部分（截面），如被截开的墙体楼板等；至于没有被截到的部分，如楼梯家具等就不必画出来。

● "剖面图"就不同了，是把对象剖开后向剖开方向的投影（剖面），朝这个方向看去，能看到的所有部分都要画出来，如剖开的墙体楼板要画出来；没有被剖切到的楼梯和家具，只要剖开后能看到的都要画出来。剖面图包含了上面的截面图，而截面图只是剖面图的一个部分。

我们用 SketchUp 的"截面工具"对模型进行所谓的"截面"后所看到的现象符合上述对于"剖面图"的描述，所以这组工具却被长期命名为"截面工具"显然是错误的，至少是不严谨的。这个问题与其他大量翻译错误已向 SketchUp 官方反映过，等待纠正。

至于本节要介绍的 Skalp 建议读为"斯卡普截面工具"。它的功能是专门的上述"截面"的，所以命名为"截面工具"。SketchUp 有一些长期缺失的功能，对"截面"的填充与纹理编辑就是其中之一。Skalp 是一个易于使用且功能强大的实时截面工具，它较好地补充与完善了 SketchUp 所需的关键缺失功能。下面摘要译出 Skalp 官网的特性介绍。

（1）Skalp 截面。

● 自动填充图案剖面。

● 实时更新，所有模型更改都会被动态跟踪。

● 使用样式重新映射每个场景中的外观。

● 完全支持嵌套组和组件。

● 在一个模型中支持多个绘图比例。

● 简洁的用户界面集中了相关功能。

（2）Skalp 风格。

● 同一部分可以多种方式表示。

● 每个场景都可有自己的横截面样式。

● 直观而强大的映射查询。

● 风格按图层、材料、剖面线或标记进行分配。

● 图案适应绘图比例。

（3）Skalp 填充图案设计。

● 在截面上制作截面的无缝纹理。

● 用创造性的方式对模型赋予纹理。

● 可导入无数个标准 CAD 图案。

● 从头开始建立自己的填充图案。

● 支持不同的比例、透明度、颜色和线宽。

（4）Skalp 导出。

● 导出到 LayOut，同步更新所有场景中的 Skalp 填充截面。

● 导出到 DXF 时，包括真实的 CAD 填充图案。

● 批量导出场景到 DXF。

选择【扩展程序→Extended Warehouse】命令，用 Skalp 为关键词搜索，只能找到支持 SketchUp 2017、2018、2019、2020 的版本，更高的版本需直接到 http://www.skalp4sketchup. com 下载。本节附件里已保存有多个版本的 Skalp for SketchUp，可用【扩展程序→扩展程序管理器】命令安装。

安装完成后，可调出图 6.10.1 所示的工具条。第一次运行插件必须是在联网状态下，单击工具条左边两个工具中的任一个，会弹出如图 6.10.2 所示的注册界面，在 6.10.2 ①处输入注册码才能运行（需购买或申请试用），注册界面的中间是大篇的"许可协议"（截图略）。

注册界面的下面，如图 6.10.2 ②所指处，有 4 个链接，可分别下载用户手册（PDF 文件 62 页）、播放视频教程（共 28 集）、访问 Skalp 网站与获得支持。

本节附件里已经保存有上述"用户手册（英文）"与所有视频教程的合集（28 集合并成 9 集）；视频中的英文标注也已尽可能译成了中文，SketchUp 熟手应该完全能看得懂，所以也不再占用篇幅举例说明了。

图 6.10.1　Skalp 工具条　　　　　图 6.10.2　Skalp 注册界面（部分）

最重要的事情放在最后说：在本节附件里还有一个 skp 文件，包含了 120 个 Skalp 推荐的剖面填充图案，不过其中大多数不符合我国制图标准对剖面填充（图例）的规定。

我国各行业都有各自的制图标准，并且都有专门的章节对"图例"做出具体的规定，具体如下。

- GB/T 50001《房屋建筑制图标准》中的 9.2 节，常用建筑材料图例中列出了 28 个图例（填充图案）。虽然图例数量不多，却被其他相关行业制图标准所引用，可见其具有的普遍意义和权威性。

- JGJ/T 244《房屋建筑室内装饰装修制图标准》第四章中，全部引用了上述 GB/T 50001 的 28 种图例。

- CJJ/T 67《风景园林制图标准》4.4 节图例中，虽没有全文列出 GB/T 50001 的图例，但在条文一开始就强调了"设计图纸常用图例应符合……GB/T 50001 中的相关规定"。

更详细的资料都能在本系列教材的《LayOut 制图基础》中查到。如果你是一位认真严谨的工程技术人员，请自觉按照你所在行业的制图标准进行截面填充，千万不要因为误用（或自作聪明）不符合制图标准的填充图案（图例）而遭受专业声誉或业务损失。

6.11　Undet（点云逆向建模）

在本系列教材的《SketchUp 曲面建模思路与技巧》一书第 17 章，我们详细介绍过三种专业的"图像逆向建模软件"与两个基于互联网云服务器的"图像逆向建模站点"；在系列教材的《SketchUp 材质系统精讲》第 8 章，我们还介绍过多种以扫描数据逆向建模的方法。但是以上的方法全部是运用外部软件完成逆向重建后再将相关文件导入 SketchUp 的方式。

这一节要介绍的 Undet for SketchUp（简称 Undet）则完全不同——它作为 SketchUp 的一组插件，可以直接在 SketchUp 里导入各种点云数据并加工编辑成模型。

Undet 是收费的，但是有 14 天的试用期（有官方中文版）。访问 Undet 的中文网站 http://www.undet.cn/，简单登记申请试用后即可下载安装（本节附件里有个副本可尝试安装）。下载的是一个 exe 文件，需双击后单独安装（安装过程略）。

也可以选择 SketchUp 的【扩展程序→Extend the Warehouse】命令，用 Undet 搜索，它会跳转到 Undet 的英文网站，在这里也可以简单登记申请试用后下载安装。

Undet 有支持 SketchUp、Revit 和 AutoCAD 的三种不同版本。SketchUp 2020 之前的版本不能使用该插件，且目前只有 Windows 版本。安装完 Undet for SketchUp 后，重新启动 SketchUp，即会出现如图 6.11.1 所示的 8 组工具条，因为截取图片时刚刚安装好软件，所以大多数工具是灰色的不可用状态。

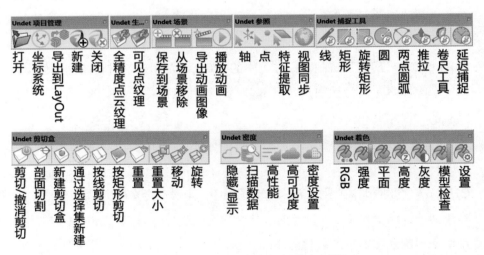

图 6.11.1　Undet for SketchUp 工具条

从图中工具条应该不难猜到，虽然它在形式上只是 SketchUp 的一组插件，但是可以完成从读入各种来源的扫描数据（点云）到创建三维模型的整个过程。如果想要完整地介绍其全部操作要领并用几个实例来说明其应用，恐怕至少要七八十个页面。鉴于本书的读者并非都对"三维重建技术"有需求或兴趣，所以下面仅摘译改写 Undet 英文官网的部分介绍供读者参考。这个插件有中文网站，看完本节内容后，仍觉得确有需要的读者，可继续学习研究。

Undet 插件使得将 3D 扫描转换为 CAD 模型变得比以前更加容易和快速，这是因为 Undet for Sketchup 可以使用任何三维激光扫描仪、UAV 或摄影测量软件，支持大量不同类型的文件（本书作者注：包括《SketchUp 曲面建模思路与技巧》第 17 章介绍过的"照片建模"生成的点云数据）。这意味着能够导入点云文件到 Sketchup，且没有任何兼容性问题。这是 Sketchup 点云扩展的 Undet 带来的好处，它提供了自己的点云引擎，可以有效地处理非常大的文件，加速点云处理。同时，也可以保留对每个导入文件的控制权，以获得尽可能清晰的点云视图，并快速理解对象的结构。插件包含了一系列的特性，这些特性可以帮助你改正错误并提高精确度。

这些特性包括对纹理和 3D 模型的检查和自动特征提取工具，它们能更准确地比较点云 3D 模型和准确提取建筑数据。所有这一切使得在 Sketchup 里进行 3D 建模比以往任何时候都更加精确，节省了昂贵的费用，为了更快地获得使用 Undet for Sketchup 插件的好处。下面分别列出这些特性。

1. 使用 Undet 将点云导入 SketchUp

Undet 的 SketchUp 插件提供了一个直观的工作流程，易于学习和掌握。使用功能丰富的界面，能够快速和准确地建模复杂的内部和外部，从点云提取对象，并显著减少处理时间。

2. 快速轻松地将点云数据导入 SketchUp

Undet 可与任何 3D 激光扫描仪、无人机或摄影测量软件配合使用。支持的点云格式有：*.E57，*.FLS，*.RCP/RCS，*.PTX，*.ZFS，*.LAS，*.LAZ，*.PTS，*.PLY，*.DP，*.FPR，*.LSPROJ，*.FWS，*.CL3，*.CLR，*.RSP，ASCII / NEZ（X，Y，Z/i/RGB）and custom ASCII / TXT 文件格式。（本书作者注：如用《SketchUp 曲面建模思路与技巧》第 17 章介绍过的"照片建模"生成的点云数据，只要以上述任一格式导入 SketchUp 都可以完成三维重建。）

3. 智能捕捉工具

这些工具能通过捕捉到的点云点来绘制 SketchUp 对象。它会自动识别正在绘制的平面的方向（无论是垂直平面还是水平平面），并且不仅允许捕捉到点云的点，还允许捕捉现有几何图形。

4. 纹理和 3D 模型检测工具

将 3D 模型与点云进行比较以检查准确性，通过添加点云视图生成的纹理来丰富模型。

5. 自动特征提取工具

提取、拉伸和拟合 SketchUp 平面，以实现高度精确的建筑几何图形或地面建模。

6. 高级可视性管理工具

使用剪切框裁剪和切片 3D 点云，轻松控制在模型视图中能看到的信息。

7. 在 CAD 模型中集成 Undet 浏览器

Undet 浏览器是一个点云查看器，为 Undet 用户提供了真正独特的功能。只需在 CAD 软件中单击一个不清楚的点，就可以自动在点云查看器中看到相同的位置（上述 CAD 是泛指计算机辅助设计（Computer Aided Design）而不是单指 AutoCAD）。

8. Uudet 插件的优势

可从任何激光扫描仪、摄影测量或 3D 无人机传感器快速方便地导入点云数据。精心设计的工具，可改进和加快基于点云的二维 / 三维建模，可通过全分辨率点云视图快速查看最佳细节，同时可为每个导入的文件或创建的组保留可见性和颜色管理。使用点云剪裁、点云切片、点云分割和地理参照等工具，可以轻松控制在模型视图中看到的点云信息。即使读取大量的点云数据集，也能保证较高的电脑和软件性能。通过检查工具，可将三维模型与点云进行比较，以检查模型精度。

6.12 SU2XL（模型与表格互导）

SU2XL 是 SketchUp 和电子表格 Excel 之间的数据交换工具。它与 SketchUp 原生的"生成报告"功能相比，可以提供更多的功能。

1. 插件的获取、安装与调用

选择【扩展程序→Extension Warehouse】命令，输入 SU2XL 搜索，直接安装。

访问 extensions.sketchup.com，输入关键词 SU2XL 搜索，下载后安装。

本节附件里保存有这个插件的普通版，可用【扩展程序→扩展程序管理器】命令安装。

选择【视图→工具栏】命令，调出如图 6.12.1 所示的工具条。

选择【扩展程序→Wisext】命令，调出图 6.12.2 内容的菜单。

图 6.12.1　工具条

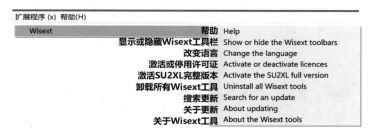

图 6.12.2　菜单

2. 大致的功能描述

Wisext 的 SU2XL 项目旨在促进 SketchUp 中对 3D 数据的处理，它适用于所有在 SketchUp 中设计 3D 对象的人，包括设计师、工程师、建筑师、木工等。

该项目与 BIM（建筑信息建模）和 CAD（计算机辅助设计）有关，并为 3D 建模软件 SketchUp 开发了数据处理工具：SU2XL 使用电子表格与 SketchUp 模型交换数据。这是一种将材物料清单从 SketchUp 导出到 Excel 的最佳方式，它能对 3D 元素进行分类，并使用属性管理器轻松管理和查找元素。

SU2XL 可以导出模型的所有元素，包括边、曲面、组，而不仅仅是组件。它允许添加自定义属性，以精确描述导出的元素。用户可以指定 *.csv 文件的确切导出格式。在 Windows 下，插件可以直接打开 Excel 文件。数据交换是双向的，电子表格中的数据更改也可以反映在 SketchUp 中。除了上述介绍的功能之外，SU2XL 还有计算热功率并且列表显示的功能。

本节附件里带有两个视频，分别简述了 SketchUp 模型和电子表格 Excel 之间的数据交换方式与根据 SketchUp 模型参数计算"热功率"功能。

6.13　规划与建筑业一键系列插件

本节要介绍的 4 组插件包括 Pumap（一键风格地图）、Edgez+（一键边界上色）、Magiz（一键建筑造型）和 Indexz（一键统计）。

1. 插件的获取、安装与调用

访问作者的中文网站 ketchup.plus，分别下载后安装。

本节附件里有插件作者提供的 rbz 文件，可用【扩展程序→扩展程序管理器】命令安装。

选择【视图→工具栏】命令调出如图 6.13.1 所示的工具条。其中，①为 Magiz（一键建筑造型），②为 Edgez+（一键边界上色），③为 Pumap（一键风格地图），④为 Indexz（一键统计）。

图 6.13.1　工具条

2. 主要功能简介

（1）Pumap（一键风格地图）。

- 能导出任意范围、任意精度的地图和 3D 地形。
- 有多种漂亮风格，可自定义扩展。
- 可按地图模型的颜色随机分布人、树或任意群组，能自动适配 3D 地形。
- 能拾取地图模型的颜色。
- 能按已导出的模型还原地图。

（2）Edgez+（一键边界上色）。

Edgez 是一款边线上色插件，无须 PS 即可直接在模型上制作分析图。

为边线上色的插件在官网 ketchup.plus 已有几款，包括 Edgez 最初发布的免费版本。与已有插件不同的是，新版 Edgez 增加了一个画笔工具，可快速调整颜色，以及无视群组嵌套直接选中边界进行上色，大幅提高工作效率。

（3）Magiz（一键建筑造型）。

- 预设三种细节精度和多选单选生成模式，任意形状平面可一键快速生成建筑。
- 生成带贴图与丰富细节的建筑模型。
- 生成无贴图的白色模型。
- 重置为简单体块模型。
- 切换显示模型与平面。

（4）Indexz（一键统计）。

Indexz 是一款用于建筑、规划方案前期的建模辅助插件，可将模型元素即时转换为常用的经济指标。插件目前已用在了多个实际项目，可把核算模型指标的时间减少 90%。其主要功能如下。

- 材质定义：为元素附上不同的材质，就可以用于"总建筑面积"和"总用地面积"的分类统计。
- 计算逻辑：插件根据所选中的模型元素，将元素的蓝色定界框（bounds）中有高度的组件当成建筑，无高度的组件当成用地。建筑仅为群组和组件，用地仅为群组、组件与面。其余类型的元素都不纳入计算。
- 嵌套逻辑：群组和组件有嵌套的，只会计算最内部无嵌套的元素。例如建筑由不同的群组组合而成，插件会从外层向内搜寻，直到找到某个内部底层群组，然后把它当成一个"建筑空间"来计算层数、基底面积、总建筑面积等基础指标。
- 基底面积计算：基底面积按一个"建筑空间"内最低的水平面进行计算。如没有水平面，则按定界框的开间进深乘积计算，这样非矩形平面的建筑数值会偏大。若为多个"建筑空间"嵌套的群组或组件，会按"建筑空间"底面的高度进行分类，再取面积最大的值。
- 材质计算：材质遵循"所见所得"的原则，优先计算内部可见的材质。须注意的是，建筑仅按群组或组件的材质计算，内部面的材质均被忽略。
- 自定义公式：自定义公式默认调用插件文件夹内的 formula.txt 文件，也可在面板右下角指定新的文件。

6.14 建造业其他插件

有关建造业方面的插件，除了本章前面较详细介绍过的十多种之外，还有另外一些插件已集中在本节，供读者自行选择要不要去研究应用。

建筑业可用的插件，有些已经归入到"规划""景观"等部分，下面只列出了一部分，你可以到其他部分再找一下。

1. CADup（模型转图纸）

CADup 插件是款可以安装在 SketchUp 软件上的设计辅助插件。它可以帮助设计人员将 su 模型转换为平面、立面的线框视图，就跟 CAD 图纸一样，满足大家的设计制作需求，操作简单，非常好用。插件在附件里。

2. PowerCEMF（封面精灵）

这个插件专门优化大型 CAD 及自动封面，国内同行编制。插件在附件里。

3. Simple Building Generator（简易建筑生成器）

这是一款非常方便的建筑群生成插件，它可以根据建筑的平面轮廓线自动生成随机的建筑群体，并且自动赋予建筑外立面贴图；同时能沿路径自动生成模块化联排建筑。插件在附件里。

4. FloorGenerator（地板生成器）

这是针对 3DS Max 的一款木地板生成插件。该插件提供了各种纹理的木地板样式，可以帮助用户快速完成地板的铺设工作，适合从事房屋装修设计工作的人员使用，能够帮助他们大大提升设计效率。插件在附件里。

5. Generate Ceiling Grid（龙骨吊顶）

龙骨吊顶插件（Generate Ceiling Grid）是一个用于生成天花板龙骨吊顶的插件，能快速完成屋顶的吊顶铺装，非常实用，欢迎有需要的朋友使用。插件在附件里。

6. Medeek Truss（桁架工具）

为了在 SketchUp 中创建精确的 3D 桁架和屋顶几何图形，桁架插件提供了一个简单的界面。插件在附件里。

7. Instant Roof Pro（即时屋顶）

这是"即时系列插件"的一部分，是最强大的屋顶工具，能参数化创建高细节的坡屋顶。

8. SectionCutFace（面填充）

这是最简单易用的剖面填充工具，可定义材质和图层。

9. Axonometric Projection（轴侧投影）

这个插件可以很方便地将视角调整到轴侧投影的角度，输出一个标准轴侧页面。插件在附件里。

10. BIM-Tools（BIM 工具）

这是一款 BIM 工具插件，专门针对 SketchUp 软件研发，用户可以在这款软件内完成建筑的创建，而且能够载入到 BIM 专业的软件里面。它的功能非常丰富，是能把基本几何体快速变成实体建筑结构的 BIM 工具。插件在附件里。

11. BIMobject（BIM 对象）

这个插件只收集专业厂家的真实模型，丰富的模型免费用。插件在附件里。

12. RVT 2 SKP（RVT 转换器）

Revit 与 SketchUp 协同作战（RVT 插件），可在 https://www.rvt2skp.com/ 下载。

13. Building Structure Tools（建筑结构工具）

这是一套专门用于建立建筑结构模型的工具组，可快速绘制、修改结构构件，还可以输出整体模型统计及其表格。插件在附件里。

14. Dezmo pompi（管线工具）

这是专业的水管／风管模型工具。插件在附件里。

15. MultiWall Tool（复合墙体）

它能创建多层（最多四层）复合墙体，是创建节点详图的必备工具。插件在附件里。

16. Solid Quantify（实体量化）

只要按规范的实体建模，Solid Quantify 就可以统计出全部的实体信息，并生成表格。插件在附件里。

17. Bill of Material（材料清单）

只要按规范的实体建模，SOLID QUANTIFY 就可以统计出全部的实体信息，并生成表格（插件在附件里）。

18. LSS Zone（面积统计）

它能创建、保存、管理面积信息，生成房间关系图和面积报表。LSS Zone 是由俄罗斯的 Kirill 设计的一款 SketchUp 面积信息统计插件，主要用于面积信息的统计，也可以创建、存储和管理各类面积信息，生成房间面积、墙面面积、房间关系图表和房间面积报表等。LSS Zone 已汉化，是中文版本。

19. AreaTextTag（面积标注）

它能直接在模型上标注面积，可设置单位和精度 AreaTextTag（面积标注）。

第7章

规划与景观插件

　　本章收录的是跟规划与景观专业相关的插件。其实这些插件里也有不少常常被建筑设计业与室内设计业所运用，里面还有一些各行业通用的重要工具，比如 RpTreeMaker（创建植物），TopoShaper（地形轮廓），Compo Spray（组件喷雾工具），Modelur（参数化城市设计），Random Entity Generator（随机对象生成器），Skatter2（自然散布），SketchUp Ivy（藤蔓生成器），等等。

　　建议你先浏览一遍图文内容，看看有没有适合你所在行业的插件，然后择优安装测试。

7.1 RpTreeMaker（创建植物）

RpTreeMaker 插件是一个能快速创建高质量逼真植物到 SketchUp 模型中的免费工具。它是大名鼎鼎的渲染工具 Render Plus（兰德＋）的一部分，插件名称 RpTreeMaker 开头的 Rp 两个字母就代表了 Render Plus 两个单词的首字母。

这是有十多年历史的优秀工具。我们可以用它来创建各种各样的树木和植物，可指定的参数至少包括树的品种，树干的数量，根的数量，树的年龄，树干的弯曲参数，叶子和花朵的形状数量等。它能创建一个始终面向摄像头与拥有真实光照阴影的 2D 组件，且只占用很少的 SketchUp 资源，这样就可以随心所欲地在模型中添加很多树木。智能化的后台可以把近景的树木表现得非常精致，而作为远处背景的树木则适当简化以减少计算机资源消耗，每次改变 SketchUp 视图就会重新渲染生成树的组件，场景越放大，包含的细节就越多。

1. 插件的获取安装与调用

（1）选择【扩展程序→ Extension Warehouse】命令，输入 RpTreeMaker 搜索，在该插件的介绍页面会引导你到插件所有者的网站 https://renderplus.com。

（2）打开 https://renderplus.com 后，在顶部找到 Free Trials & Downloads（免费试用和下载）。打开页面后，填写一个简单的表格，勾选许可协议，下面有 15 种软件与插件可供下载。找到倒数第 3 个软件 RpTreeMaker，单击 Downloads 按钮即可下载。当然也可下载其他部分。

（3）下载的是一个 80MB 的 exe 文件，在本节附件里你可以找到它。Exe 格式的文件需要安装，注意安装路径，不要安装到 C 盘。

（4）选择【视图→工具栏】命令，调出如图 7.1.1 ⑤所示的工具条。工具条只有两个工具图标，即左侧的"创建树"和右侧的"从库加载树"。

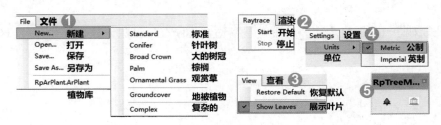

图 7.1.1 菜单栏与工具条

（5）图 7.1.1 ①②③④所示是插件面板上的菜单，分别是文件、渲染、查看、设置。主次菜单内容一目了然，没有什么可介绍的。

2. 创建树的三个默认面板

单击图 7.1.1 ⑤左侧的工具图标或选择【扩展程序→ RpTreeMaker】命令，都可以调出如图 7.1.2 所示的树编辑面板。

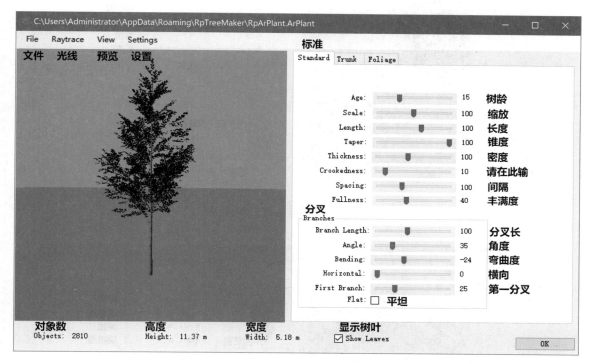

图 7.1.2 树编辑器的默认参数面板

树编辑面板左上角有文件、渲染、查看、设置 4 个菜单项，主次菜单已于图 7.1.1 ①②③④列出。如只想创建一棵默认的阔叶树，可以不理会菜单项。

如想要创建针叶树、大树冠树、棕榈树、观赏草、地被植物或者复杂的植物，也可以选择图 7.1.2 左上角的【文件→新建】命令，选择一种新的树种。

建议该插件的新用户先不要改变面板上的任何参数，就用默认的参数尝试创建一棵树；再根据结果逐步修改参数，生成新的树。

如果测试过程中调整过任何参数，插件会记住新的参数。插件没有恢复到原始状态的功能；如果参数被你弄到不可收拾，请回来看图 7.1.2 ~ 图 7.1.4；三幅截图上保留了插件的所有原始参数。如果你有经验，也可以把插件的原始状态截图保存。

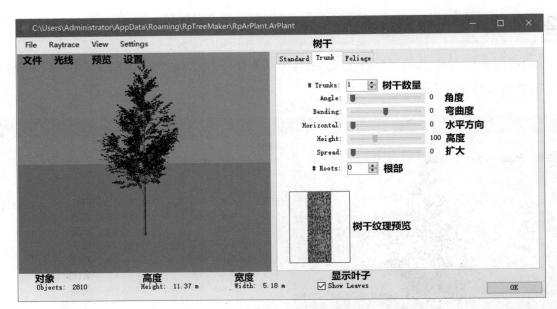

图 7.1.3　树编辑器的树干编辑面板

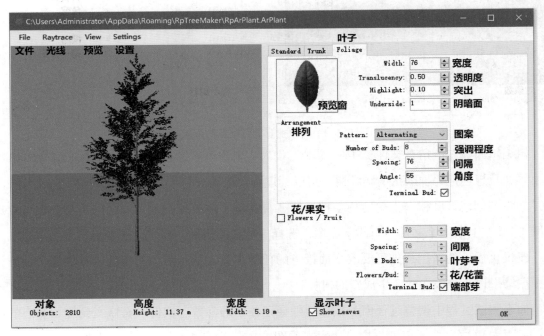

图 7.1.4　树编辑器的叶子编辑面板

3. 继续创建一棵树

（1）假设使用默认参数（或已经完成设置后），单击图 7.1.2 ~ 图 7.1.4 右下角的 OK 按钮，即会弹出图 7.1.5 中间所示的次级面板。

（2）在图 7.1.5 中间的次级面板上：

● 单击①，可打开左侧的图像精细调节面板，通常就用默认值。

● 单击②，可以不打开左侧的精细调节面板，仅调节图像的亮度（常用）。

● 单击③，可以显示图像的全部，相当于 SketchUp 的"充满视窗"功能。

● 单击④，可连接到 Render Plus 服务器进行云渲染（免费版无此功能）。

● ⑤所在的区域为创建树和渲染的预览区。

● 预览区下面还有一些可设置项。

◆ 新建树的名称或编号。

◆ 是否要同时创建侧视图与顶视图（分别放在两个不同的图层里）。

◆ 图像与阴影的精细度都分成 5 档，默认选择 Medium（中等）。

◆ 再往下有一个 Advanced Settings（高级设置）按钮，单击它后会弹出左下角所示的"高级设置"面板，如⑥所示。上面又有多个参数可供选择，如树组件的旋转角度（默认 0，即平行于红轴）；创建纵横交错图（默认不勾选）；改变相机与树的相对位置（默认 50%，即相机在树的中间）；俯视图在树高方向的位置（默认为 1%，即俯视图在树的根部）；改变预览窗口的背景模式（默认天空背景）；其中下半部分没有用中文译出的几个参数与渲染有关，请自行测试。

（3）全部设置完成后，单击⑦，开始生成树。此时有可能看不到进度与反应，请注意Windows 窗口底部的快捷工具栏右端是否有个新的图标，如有，单击它就可以看到如图 7.1.5右侧的窗口。

（4）当看到图 7.1.5 ⑩所示的位置显示（Place Tree（放置树）时，说明创建完成，单击⑩按钮，新创建的树就在光标上了。光标移动到目标位置单击，即可把树放置在模型指定位置。可以连续单击多次，按 Esc 键可停止并退出。

图 7.1.6 所示就是用这个插件的默认参数生成的几种不同的植物组件。

● 其中①是默认的树，仅把"树干数量"改成了 3，所以有三个分叉。

● ②是针叶树，③是大树冠的树（像灌木），④是棕榈树，⑤的草将原始状态放大了 5 倍，⑥是复杂的树。以上除特别说明的外，全部用默认参数。

限于篇幅，本节仅做了最简单的测试，读者还可尝试更改树皮和树叶，添加花朵与果实，具体的操作可访问插件所有者的网站 https://renderplus.com。本节附件里还有分类的链接文件，可以在 30 个常见问题中直接访问感兴趣的话题。

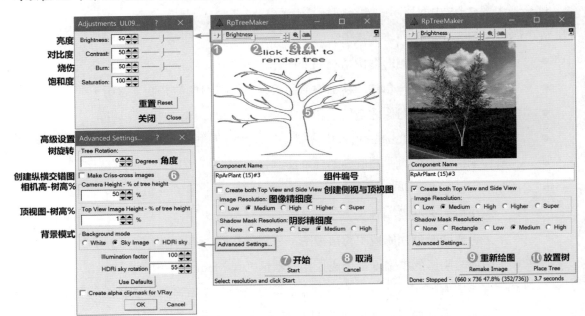

图 7.1.5 创建一棵树的全过程

图 7.1.6 默认参数生成的树

7.2 TopoShaper（地形轮廓）

虽说 SketchUp 原生的 Sandbox（沙盒工具）可以直接将等高线生成地形，但是 Sandbox 还存在以下缺陷。

- 需手动移动每条等高线到正确标高，非常麻烦。
- 不能对等高线进行清理与修复断线等预处理。
- 在等高线生成地形后，都会在边缘生成多余的面，清理起来很麻烦。
- 不能直接生成带有"裙底"的地形沙盘。
- 不能生成地形的准确 UV 坐标，影响后续的编辑和贴图。
- 不能用全站仪等仪器获取的点云数据生成地形。

Fredo6 的 TopoShaper 是有十年以上历史的优秀工具，这款插件几乎完全解决了 SketchUp 在地形处理的上述缺陷。

1. 插件的获取、安装与调用

访问 sketchucation.com，输入关键词 TopoShaper 搜索，阅读说明后下载。

选择【扩展程序→扩展程序管理器】命令安装，重新启动 SketchUp 后生效。

该插件自带中文，是收费插件，但有 30 天的试用期。

本节附件里保存有这个插件的 2.6a 版，经实测可用于 SketchUp 2022。

选择【视图→工具栏→ TopoShaper】命令调出如图 7.2.1 ①所示的工具条。上面只有两个功能按钮，分别对应插件的两大功能：左边是"以等高线生成地形"，右边是"以点云生成地形"。

2. 插件主要功能

TopoShaper 可以用两种方式生成地形，即等高线方式和点云方式。

它可对等高线进行各种优化处理，包括自动连接断开的小豁口，必要时还可手动连接断线，并可自动对线型进行优化。可即时预览生成的 3D 地形模型，还可自由调整网格数量，以控制生成地形的精度。生成的地形还可以同时生成裙底和带高程标注的 2D 等高线，并对模型顶部进行处理。对没有高程的 2D 等高线，TopoShaper 有个高程编辑器，用于指定等高线的标高。点云方式生成地形时，TopoShaper 能自动处理高程点的关系并进行计算，通过高程点生成三维地形，能根据设置的参数改变精度。点云方式生成的地形模型，同样可以指定生成带标注的等高线与沙盘底座。

3. 插件的使用要领

本节附件里还有一个详细的视频教程，所以就不再进行图文说明了。

图 7.2.1 ②是选中等高线（群组）后单击①左侧工具按钮弹出的参数面板。

图 7.2.1 ③是选中点云（群组）后单击①右侧工具按钮弹出的参数面板。

参数对话框各部分的应用细节请浏览视频教程。

图 7.2.1　工具条与参数面板

7.3　CompoSpray（组件喷雾工具）

CompoSpray 是一个基于喷雾（Spray）的用各种形状的组件在指定条件约束下进行快速填充的工具。被"喷雾"的组件包括树木、花草、人、岩石或者各种几何体等，因该工具用途广泛，并不限于"植树造林"，所以将多用点篇幅作介绍。本节附件有插件作者制作的动画教程与图文教程。

1. 插件的获取、安装与调用

选择【扩展程序→ Extension Warehouse】命令，输入 CompoSpray 搜索，直接安装。

访问 extensions.sketchup.com，输入 CompoSpray 搜索，下载后安装。

本节附件里保存有这个插件的英文 2.0 版与汉化 1.41 版，可用【扩展程序→扩展程序管理器】命令安装。经测试，二者都可在 2022 及之前的 SketchUp 版本中使用。

选择【视图→工具栏】命令，调出如图 7.3.1 ①所示的英文 2.0 版图标，②所示的 1.4 版汉化版图标。

选择【扩展程序→ Components Spray】命令，可见图 7.3.1 ③所示的菜单项，菜单对应工具图标。

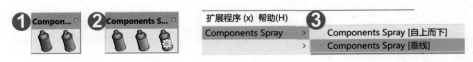

图 7.3.1　工具条与菜单

2. 两个工具的区别

（1）蓝色喷罐的喷雾方向平行于蓝轴（除非另行设置）见图 7.3.2 中的蓝色锥体与中心线。

（2）红色喷罐的喷雾方向平行于接受喷雾曲面的法线方向，见图 7.3.2 中的红色锥体与中心线。在单击鼠标左键之前，可以通过按左右方向键旋转角度，每次按键分别逆时针或顺时针旋转 5 度。

如果喷雾的组件是树木花草等植物，显然只能选择蓝色的喷罐。

图 7.3.1 ②所示的 1.4. 汉化版最右边的图标无足轻重，所以在 2.0 版已取消。

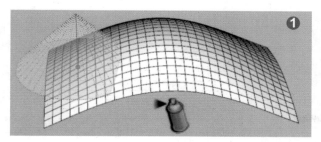 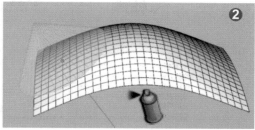

图 7.3.2　红蓝两工具的区别

3. 插件的主要面板

单击任一喷罐图标，都会弹出如图 7.3.3 所示的面板，所有设置都在这里完成。

- 图 7.3.3 ①所示的 8 个框内可指定最多 8 个不同组件。
- 图 7.3.3 ②所示的下拉菜单里有 10 个喷雾形状的选项，将在后文中细说。
- 图 7.3.3 ③所示的滑块与数值框可调整喷射压力，压力越高，喷射出的组件越多。
- 图 7.3.3 ④⑤用来指定组件喷射的目标图层与蒙版图层。
- CompoSpray 有三种方法用来约束组件的喷射，它们是海拔高度、坡度和缩放。
  图 7.3.3 ⑥⑦、⑧⑨、⑩⑪ 6 项就是对应的输入框，具体细节见后文。
- 图 7.3.3⑫⑬处共有 10 种约束条件，具体细节见后文。
- 以上所有设置完成并检查无误后，单击图 7.3.3⑭ 按钮即可实施喷雾。
- 若对喷雾效果不满意，可单击图 7.3.3⑮ 按钮取消修改的设置。
- 单击图 7.3.3⑯ 的 Help 按钮，可打开一个英文的 PDF 文件，该 PDF 文档已保存在本节附件里。下文中的部分插图即来源于该 PDF 帮助文档。

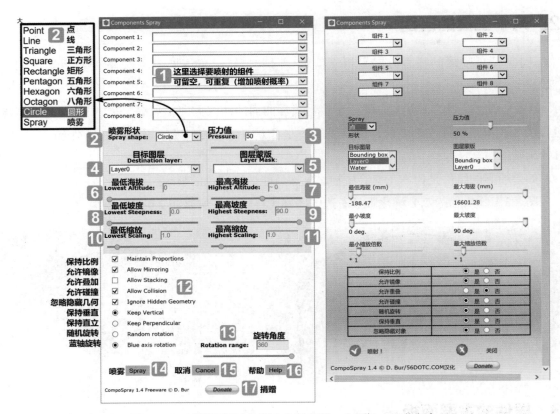

图 7.3.3　设置面板（左侧 2.0 英文版，右侧 1.4 汉化版）

4. 对"指定组件栏"的说明（见图 7.3.3 ①）

在正式使用 CompoSpray（组件喷雾）插件之前，必须先做好以下准备工作。

● 接受喷雾的对象（组或组件）可以是曲面地形，平整的地面，甚至垂直的墙面。

● 准备好喷射填充的组件，最常用的是树木、花草、人、岩石；组件必须提前放置在模型空间里，建议在"图元信息"面板上对每个组件赋予唯一的名字（可用汉字）。

列表中最多可选择 8 种组件参与喷涂，下拉列表中能见到模型里的所有组件。当模型非常复杂时，选择组件会很困难，此时就体现出为组件设定唯一名称的重要性了。

在喷射组件前，至少要选择一个组件，喷射时会随机混合最多 8 种不同组件。如果在列表中重复选择同一组件，它将按比例获得更多喷射的机会。

5. 对"喷雾形状与压力"的说明

如图 7.3.3 ②所示，有 10 种不同的喷雾形状可供选择，下面分别列出它们各自的要点。

- 选了 Point（点），就会在单击处插入一个随机选取的组件。

- 选了 Line（线），单击两个点，会在两点之间随机插入组件。

- 选了 Triangle（三角形），单击一个点定位等边三角形的中心，单击第二个点定位三角形的顶点（也可输入中心到顶点的距离），组件将被随机插入到由三角形定义的区域里。

- 选了 Square（正方形），单击一个点定位正方形的中心，单击第二个点定位正方形的顶点（或输入中心与顶点间的距离）。组件被随机放置在由正方形定义的区域中。

- Rectangle（矩形），单击一个点定位矩形的起点，单击第二个点定位矩形的长度（或宽度，或输入尺寸），单击第三个点定位矩形的宽度（或长度，或输入尺寸），组件被随机放置在由矩形定义的区域里。

- 如选了 Pentagon（五角形）、Hexagon（六角形）、Octagon（八角形）和 Circle（圆形），单击一个点定位形状的中心，单击第二个点定位形状的顶点（或输入距离）。组件被随机放置在由形状定义的区域上（其中圆形是一个四十条边的多边形）。

- 若选了 Spray（喷雾），喷射结果与圆形基本相似，区别是可以在圆形区域上多次喷洒组件而无须每次单击中心和半径（也可以分次修改喷雾半径）。将光标移到模型上，会看到一个蓝色（或红色）的圆锥体，圆锥体底部的中心就是圆形喷射区域的中心，单击一个点，组件就会被放下；移动光标，再次单击就再次喷射。如需更改圆锥半径，也可输入新的半径。若选了 Spray（喷雾），还有以下 4 个次级选项（若是植树造林，请选一个面）：

  - Vertices of Edges（边的顶点）。
  - Divided Edges（分散的边）。
  - Vertices of Faces（面的顶点）。
  - Selected Faces（选定的面）。

最后说说图 7.3.3 ③所示的压力。很简单，压力值越高，喷射而出的组件就越密集。提示一下，如果选了 Spray（喷雾）方式，建议把压力值调低一些，以便可以根据需要对某一区域进行多次喷射，创造出"疏密相间"的艺术效果，见图 7.3.4。

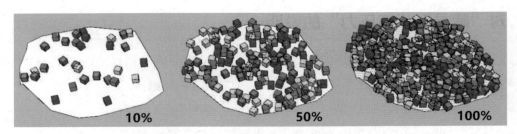

图 7.3.4　不同喷雾压力的组件密度

6. 关于"目标图层"与"图层蒙版"的说明

图 7.3.3 ④⑤用来指定组件喷射的"目标图层"与避免喷射的"蒙版图层"。

假设你所创建的模型有需要植树的山体，模型里还有池塘、水体和建筑，你一定不想把树木花草种到池塘和屋顶上，只要在"图层蒙版"里选择池塘、水体与建筑的图层，喷射组件的时候就会自动避开这些图层。

7. 关于对高度、坡度和缩放三项约束条件的说明

在图 7.3.3 ⑥⑦里可填写组件喷射海拔高度的上下限，以便设计者可有选择地在不同的海拔范围内安排不同的植物。

在图 7.3.3 ⑧⑨里可填写山体坡度的上下限，以免把植物安排到不适合种植的地形上。

在图 7.3.3 ⑩ ⑪ 里可填写喷射对象的自动缩放范围，形成大小变化，避免千篇一律。

8. 对最后 10 个约束条件的说明

图 7.3.3⑫ 加上 ⑬ 两处共 10 种约束条件，具体细节如下。

- 保持比例：不改变组件在红、绿、蓝三轴上的比例，默认是勾选的。
- 允许镜像：这项很容易理解，允许镜像可获得更加丰富的变化，默认也勾选。
- 允许叠加：如果不想要两棵树叠罗汉就别选它，默认不勾选。
- 允许碰撞：如果不想要两棵树长在一起或位置相近也别选它，默认不勾选。
- 忽略隐藏几何体：这个选项需要用一幅图片来配合解释。图 7.3.5 是以网状方格表示建模时（有意或无意）隐藏的几何体，默认是忽略它们存在的，所以不影响组件喷雾，结果如①所示；若需要得到如②所示被遮蔽的特殊效果，可勾选该项。

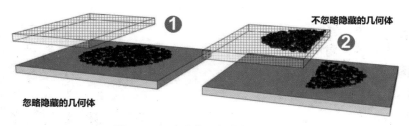

图 7.3.5　隐藏的几何体与组件喷雾

- 图 7.3.3⑫ 上有两个选项，英文是 Keep Vertical 和 Keep Perpendicular，二者都可以汉译成"保持垂直"，但是在英文里是有区别的。Keep Vertical 是汉语里的"保持垂直"，也就是所喷射组件的中心线与蓝轴平行；而 Keep Perpendicular 的意思则是所喷射组件的中心线与喷射目标面的法线平行。如果用这个插件来植树，当然不希望种的树违反自然规律，斜着生长，所以一定不要勾选 Keep Perpendicular（特殊需要除外）。

- 图 7.3.3⑫ 的 Random rotation（随机旋转）与 ⑬ 的 Blue axis rotation（蓝轴旋转）也是需要注意的。所谓 Random rotation（随机旋转），就是喷射的组件可以在红、绿、蓝三轴上随机旋转，这种随心所欲的旋转显然不适合植树造林，所以这个选项默认是不勾选的；反之，Blue axis rotation（蓝轴旋转）是符合自然规律的，所以默认是勾选的。

9.　几个"植树造林"以外的应用实例

大多数 SketchUp 用户用 CompoSpray（组件喷雾）插件来植树造林，SketchUp 老用户可能早就熟悉了。下面举两个跟植树造林没有关系的例子作为练习，说明如下。

- 两个练习中的①都是提前准备好的喷雾组件，②③④都是喷雾结果。
- 图 7.3.6 中喷雾后的组件整体呈圆形与矩形，且大小、角度、各组件出现的频度都有变化。可打开附件里的模型文件进行仿制与创新。
- 图 7.3.7 所示是另一个练习，①是提前准备的 4 个不同形状的几何体（组件）、这 4 个几何体分别是正方形、正圆、长宽比约为 4 的矩形和等边三角形。
- 图 7.3.7 ②中，经过喷雾后的 4 种几何体，大多都脱离了原来的形状。
- 至于图 7.3.7 ③和④的变形，请查阅本书 5.27 节和 5.28 节。可打开附件里的模型文件仿制与创新。

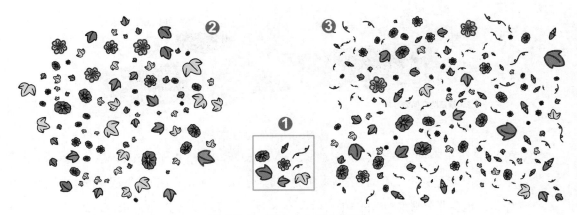

图 7.3.6　练习一（天女散花）

图 7.3.7　练习二（镂空板）

图 7.3.8 是第三个练习，①仍然是准备好的 5 个待喷射组件，②和③是完成喷射后的效果。请查阅本节附件中的模型文件，仿制并创新。

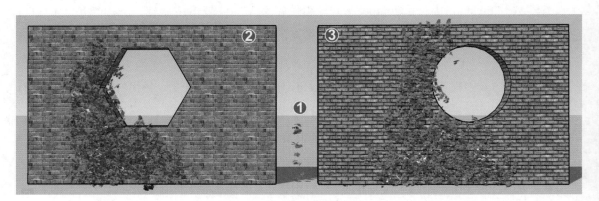

图 7.3.8　练习三（墙面藤蔓植物）

第四个练习中，选了 Spray（喷雾）。除了 Selected Faces（选定的面）之外，还有下面

3 个选项可用。为缩减篇幅，请查阅附件里的 PDF 文件，自行练习。

- Vertices of Edges（边的顶点）。
- Divided Edges（分散的边）。
- Vertices of Faces（面的顶点）。

7.4　Modelur（参数化城市设计，参数化总图设计）

本节要介绍的 Modelur 是一个无缝集成到 SketchUp 的参数化城市设计工具。它可以帮助规划师或建筑设计师快速创建和测试不同的城市设计方案。

Modelur 除了能实时计算关键的城市参数，还能提供交互式 3D 分区，包括设计不符合分区规定时的警告，如容积率、公寓数量、所需停车位不符合要求或者建筑物太高或太靠近。它还能导入 / 导出 GIS 数据，与 Excel 的 LiveSync 交互等。

如果你是城乡规划业或建筑业有规划任务的设计师，建议多花点时间学习并熟悉这个插件。

1. 插件的获取、安装与调用

选择【扩展程序→Extension Warehouse】命令，输入 Modelur 搜索，直接安装。

访问 extensions.sketchup.com，输入 Modelur 搜索，下载后安装。

本节附件里保存有这个插件的 2021 版，可用【扩展程序→扩展程序管理器】命令安装，但是该版本只能安装在 SketchUp 2021 版中。

该插件是收费的商业插件，有 7 天的试用期，自带中文版。

选择【视图→工具栏】命令，调出如图 7.4.1 所示的工具条。

图 7.4.1　工具条

选择【扩展程序→ Modelur】命令，可调出如图 7.4.2 所示的菜单。

扩展程序 (x) 帮助(H)		
Modelur	初始化Modelur	Initialize Modelur
	创建建筑	Create Building
	创建复杂的建筑	Create Complex Building
	创建城市街区	Create City Block
	复制选定的建筑	Copy selected Buildings
	再生和重新计算	Regenerate and Recalculate Model
	模型恢复默认设置	Restore Default Settings
	将Modelur数据发送到Excel	Send Modelur Data to Excel
	商店的土地使用	Store Land Uses
	导入土地使用	Import Land Uses
	按土地用途选择建筑物	Select Buildings by Land Use
	按土地用途选择城市街区	Select City Blocks by Land Use
	更新Modelur许可证	Update Modelur License
	解除浮动许可	Release Floating License
	启用/禁用代理服务器	Enable/Disable Proxy Server
	显示许可信息	Show License Info

图 7.4.2　菜单

2. 初始化与免费版申请

安装 Modelur 后，有两种方法可进行初始化。第一种方法是单击图 7.4.1 Modelur 工具条中的蓝色图标，弹出初始化窗口。第二种方法是如图 7.4.2 所示，选择【扩展程序→ Modelur → Initialize Modelur】命令。

如果你通过 modelur.com 下载了免费试用版，或者没有购买授权码，用上述任一种方法首次初始化时会弹出一个对话框，需要填入真实的电子信箱、姓名与所从事的行业、使用 Modelur 的目的等简单信息；确认后，插件进入初始化。

初始化完成后，会弹出如图 7.4.3 所示的面板（共有 5 个标签），Modelur 的所有功能都在这 5 个面板上完成，如设置、推敲、查核、调整、统计、导入、导出，等等。

面板上部还有文件、工具、Data（数据）、选项、帮助 5 个菜单，其中汉化不彻底的部分已经用红色的文字替换，请注意菜单与面板要配合使用，见图 7.4.4。

菜单栏的"帮助"菜单里有用户手册、交互式视频、介绍视频、显示教程、访问网站等栏目，这些是学习这个插件的重要渠道与资料。

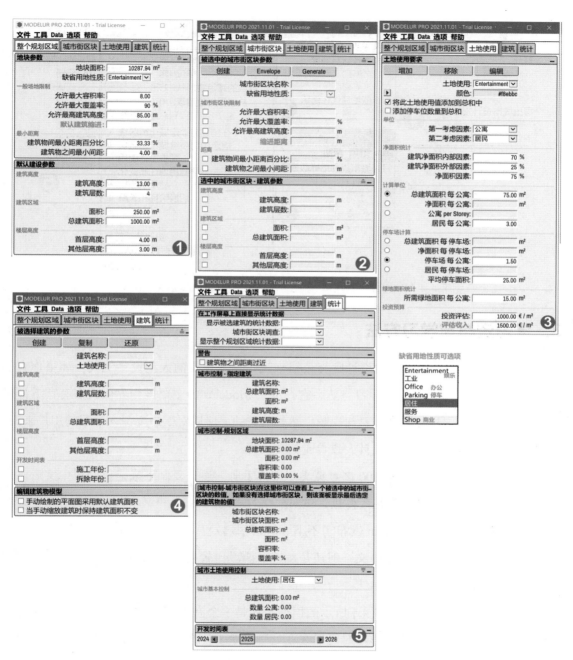

图 7.4.3　Modelur 的 5 个面板（供了解全貌，红字替代未汉化的英文）

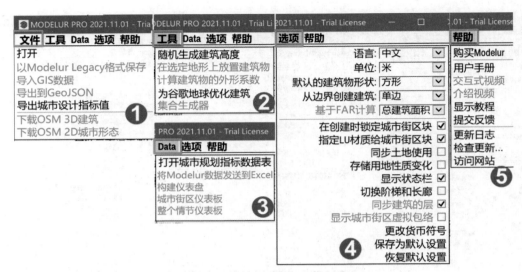

图 7.4.4　Modelur 的菜单（供了解全貌，红字替代未汉化的英文）

3. 学习资料与学习方法

　　Modelur 插件对于需要它的设计师与公司来说，是个重要的大型设计工具。如果你真的需要它，就非常值得花时间来学习与熟悉它。虽然 Modelur 的主要操作界面大多有官方提供的中文版，但是学习用的图文资料与视频仍然是英文的，所以对于想要深入学习的用户来说，需要懂点英文或者能借助翻译工具大致看懂英文说明。

　　本书作者已把官方提供的 100 多页英文"用户手册"逐一复制下来，机译成中文后略作修改整理，与英文版同时保存在附件里，供对照学习之用。

　　Modelur 官方在 Youtube.com 发布了不下 30 段视频教程，短的几分钟，长的个把小时。作者不大可能全部下载并译成中文，但还是挑选了两段比较典型的机译成中文字幕，有兴趣深入学习的读者可参考。

　　最有价值的是附件里如图 7.4.5 所示的模型，这是一个有 10 个页面。每个页面都带有操作提示的交互式学习用模型。学习时可以在③处顺序单击一个个页面，在④位置上就会出现对应的操作提示，学员就可以用①上的不同工具，⑤所示的不同图层，在模型②上做④所提示的操作，这是最直观的学习方法。

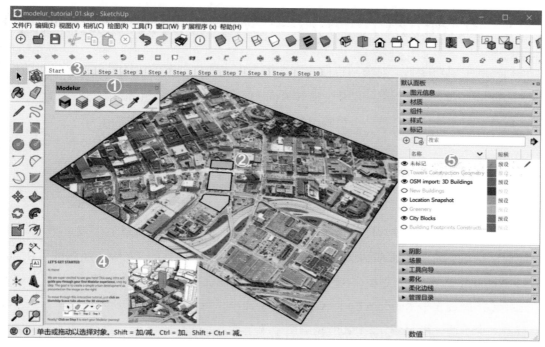

图 7.4.5 交互式学习用模型

4. 基本操作程序与功能

（1）设置设计要求：输入区域的分区规则，如最大容积率、场地覆盖范围、绿地面积、最大建筑高度等，并创建自定义土地利用类型，以提高灵活性和计算精度。

（2）生成建筑体量：使用"城市体量生成器"查看分区规则在空间中的表现，并为生成器设置最大几何建筑值，以帮助绘制基本草图或直接导入 dwg 楼层平面图。

（3）将所有想法变为现实：利用参数化建模和自动化数据计算的强大功能，设计和迭代设计师的想法。

（4）将数据与 Excel 电子表格同步：不用再手动将模型数据传输到电子表格，Modelur 的 Excel LiveSync 能将所有模型数据实时同步到 Excel 电子表格。

（5）其他功能与操作。

● 从公开的地图导入街道信息，做出适应现有环境的设计。

● 从 SHP 或 GeoJSON 文件导入 / 导出地理信息系统。

● 如果设计违反特定规定，会立即获得警告，并可快速修复设计，以符合特定规定。

7.5 Random Entity Generator(随机对象生成器)

该插件的主要功能是"对象随机散布",用来生成随机分布的实体对象;可以对随机分布的实体数量、分布区域、组件尺寸、旋转方向、密度、图层、分组等参数进行设置。

该插件是免费的,还自带一个植物组件库,也可以自行设置需分布的组件。

1. 插件的获取安装与调用

访问 sketchucation.com,输入 Random Entity Generator 搜索,下载。

选择【扩展程序→扩展程序管理器】命令安装,重新启动 SketchUp 后生效。

该插件虽然免费却搜索不到汉化版。本节附件里有这个插件的 1.2 版,经测试可在 2022 之前的 SketchUp 版本安装使用。本插件无工具条,只能在扩展程序与右键菜单调用。

选择【扩展程序→ Random Entity Generator 】命令,可见图 7.5.1 ①所示的菜单。

右击一个平面,可见图 7.5.1 ②所示的两个菜单项。

选择右键菜单中的 Set as Random Zone! 命令,调出如图 7.5.1 ③所示的对话框,可设置实体最大高度与实体随机分布的三种不同算法。

选择右键菜单中的 Randomize 命令,弹出如图 7.5.1 ④所示的设置面板,细节见图中的中文标注。

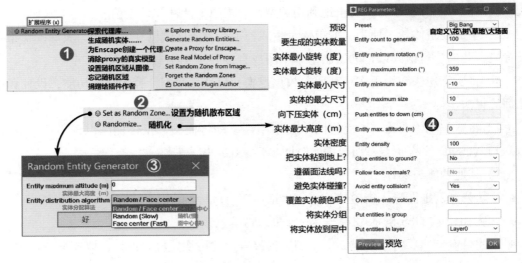

图 7.5.1　菜单

2. 插件的功能与使用

（1）右击对象分布的指定面域，选择 Set as Random Zone 命令设置其为随机区域。

（2）在弹出的对话框里定义随机生成参数，然后单击"好"按钮。

（3）若需对分布作更精细的设置，可在右键菜单里选择 Randomize（随机化）命令。

（4）对插件自带的组件或其他复杂组件，可生成代理以减少对计算机资源的消耗。

（5）代理组件可被 Enscape 等渲染工具认可。

（6）更多细节请播放本节附带的视频教程。

7.6　SketchUp Ivy（藤蔓生成器）

大概在 2006 年，SketchUp 和 3DS 玩家中流传过一个叫作 An Ivy Generator 的 3DS 插件，它可以生成漂亮逼真的常春藤。在 3DS 里生成藤蔓的时候，动作缓慢，像是在爬。中国玩家嫌它的洋名字太拗口，给它起了个幽默的绰号叫作"爬啊爬"。由于使用"爬啊爬"必须在 3DS 里生成藤蔓后再导入到 SketchUp 里，操作太麻烦，后来就很少有人玩它了。2011 年的春天，一位叫作皮埃尔（Pierre den）的 Ruby 作者，受到"爬啊爬"的启发，做了个大胆的尝试。他写了个插件，叫作 SketchUp Ivy，终于在 SketchUp 中初步实现了跟"爬啊爬"类似的藤蔓生成功能。

这个插件的表现尽管还不算十分完美，但它在多年后的今天，仍然是唯一能在 SketchUp 里生成藤蔓植物的工具。虽然最后更新是在 2015 年，但是在最新的 2022 版的 SketchUp 里仍然能用。

1. 插件的获取、安装与调用

访问 sketchucation.com，输入关键词 ivy 搜索，下载。

选择【扩展程序→扩展程序管理器】命令安装，重新启动 SketchUp 后生效。

本节附件里有这个插件的英文与汉化两个版本，都可用【扩展程序→扩展程序管理器】命令安装。测试中发现汉化版不够稳定，建议安装英文原版。

选择【视图→工具栏】命令调出图 7.6.1 ①所示的工具图标。单击图标，即可调出参数面板。整个面板有 5 页，图 7.6.1 仅展示②③④ 3 页，其中⑤⑥两页在后文中介绍。

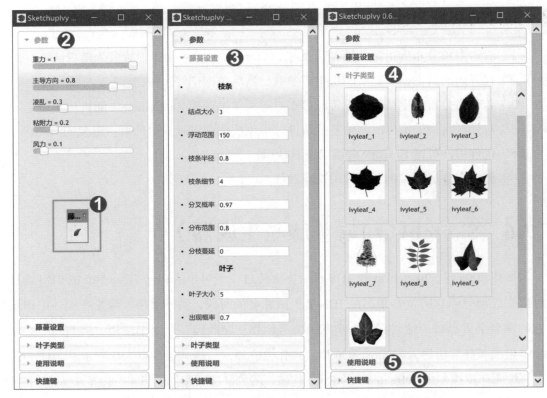

图 7.6.1　SketchUpIvy 参数面板（共 5 页，仅展示 3 页）

2.　插件的调节与使用

虽然英文 Ivy 有"常春藤"的意思，但是从图 7.6.1 ④中可见有 10 种不同的叶片可选，很多不属于"常春藤"，所以以"藤蔓生成器"命名更为精确。特此说明。

在本节的附件里，有一个本书作者于 2011 年发布在某专业论坛的一篇图文教程与一段 20 分钟的视频教程，经再次核对，目前仍然有效，读者可先浏览再动手测试练习。

在图 7.6.1 ⑤里有这个插件的使用说明，在图 7.6.1 ⑥里列出了几个快捷键。下面作者根据自己的经验归纳总结出几个要点，以备读者练习时参考。

● 　"藤蔓"的"根基"必须从组或组件开始生长，图 7.6.2 ②的"树池"就是个群组。

● 　图 7.6.1 ②③两页的参数一经修改，即便重启 SketchUp，甚至重启计算机都不能恢复到默认状态。建议初次使用前记下各项默认参数（或截图保留备查），以便必要时收拾残局。

- 如图 7.6.2 所示，单击工具图标①，弹出如图 7.6.1 所示的参数面板，先不要做任何改动。
- 如图 7.6.2 所示，单击花池群组②的中点，开始生成粉红色的（代表茎干的）曲线如③。
- 按住 Alt 键分别单击④⑤⑥三处，引导茎干的生长方向（可见茎干弯曲）。
- 按住 Ctrl 键单击一次，可见生成代表叶子位置的绿色十字，如⑦所示。
- 为了增加叶子的数量，可按住 Ctrl 多次单击，如⑧所示就是单击 6 次后的效果。
- 效果满意后，按住 Shift 键单击，稍等片刻便可生成茎干与叶子，如⑨所示。

这次测试，仅仅改小了如⑩所示的 Gravity（重力），并把叶片的尺寸从 3 改到 5。

上述过程中，任何时候不满意，都可按 i 键重新开始创建。

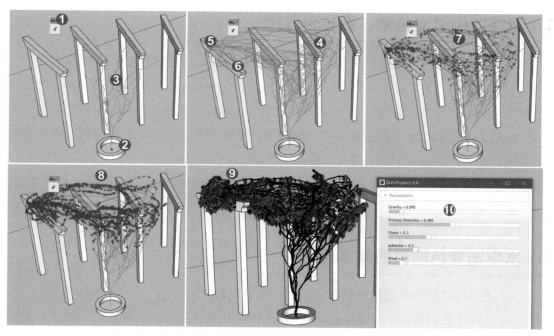

图 7.6.2 创建一棵藤蔓

3. 问题与解决

（1）生成的藤蔓时常会"穿墙而过"。作者曾尝试调整各参数，无明显改善。此时，可分次创建，每次创建一小部分后移动拼接。也可进入茎干组件后，把"穿墙"的部分删除掉。

（2）生成的茎干（或分次生成的茎干）有时会断开，可进入茎干组件拉长以衔接。

（3）高水平用户可自行创建新的叶片，保存到插件相关目录后再调用。

7.7　SR Gradientator（水平渐变色）

本节要介绍的渐变色插件 Gradientator，2013 年刚出来的时候，引起了很多人的兴趣，以为可以用它来弥补 SketchUp 自身色彩方面的不足；保持一个阶段的"热度"后，发现它的应用范围不太大，又逐渐冷了下来。在安排写作计划的时候，是否要把这个插件收录进系列教程，作者曾经考虑再三，最后还是连同下一节要介绍的高度渐变色二者一起收录了进来。"存在就是合理"，既然它存在了，一定会有人用，希望你也是其中的一个。

1.　插件的中英文名称、安装和调用

在本节的附件里可以找到插件 Gradientator。以前有人为它起的名字有"线性渐变色""过渡色""渐变色"等；其实插件本身的英文名称 Gradientator 是一个生造的单词，没有功能提示的意义，但中文名应表现它的主要功能；因为 SketchUp 有另一个插件是专门做高度渐变色的，而这个只能做水平方向的渐变色，所以为这个插件起名为"水平渐变色"还是合理并且容易记忆的，以区别于下一节要介绍的"高度渐变色"。

插件是一个 rbz 文件，可以用 SketchUp 自带的扩展程序管理器做简单安装。安装完成后，选择【扩展程序→ Gradientator】命令即可调用。

2.　水平渐变色插件的基本用法

（1）选择需要赋给渐变色的对象（一个或若干个）。

（2）选择【扩展程序→ Gradientator】命令，调出 Gradientator 对话框，见图 7.7.1 ①。

（3）在对话框菜单里选择三种颜色，如红、绿、蓝。

（4）单击 OK 按钮，完成渐变色。

例一：一次性对不同的对象赋渐变色

（1）选中图 7.7.1 下排的四个对象。

（2）按图 7.7.1 ①的设置赋渐变色（红、绿、蓝，下同）后单击 OK 按钮。

请注意下排矩形平面②与右二的立方体④并未获得渐变效果，它们都是光滑平整的。同

为立方体的⑤因经过了细分，曲面③本身就是细分的，所以获得渐变色。这个例子说明凡是需赋渐变色的平面对象须提前细分（曲面除外）。

例二：分别对不同对象赋渐变色

（1）下面的操作全部使用图 7.7.1 ①的相同设置（红、绿、蓝）。

（2）单独选择⑥的矩形，对其赋渐变色，结果如⑥所示，只接受了红色。

（3）单独选择⑦的曲面，对其赋渐变色，结果如⑦所示，赋渐变色成功。

（4）单独选择⑧的立方体，对其赋渐变色，结果如⑧所示，只接受了一种绿色。

（5）单独选择⑨的细分立方体，对其赋渐变色，结果如⑨所示，赋渐变色成功。

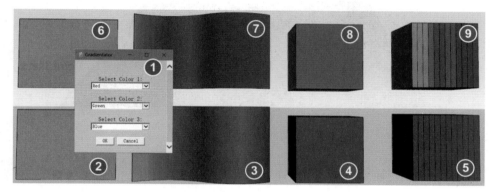

图 7.7.1　不同的条件不同的结果

例三：细分次数与渐变色效果

（1）图 7.7.2 换了一批实验对象，渐变色的设置仍然是红、绿、蓝。

（2）选择图 7.7.2 下排的五个对象①②③④⑤。

（3）赋给红、绿、蓝的渐变色后，从①到⑤获得整体平滑的渐变效果（从①的红到⑤的蓝）。

（4）单独对图 7.7.2 上排的每一对象分别赋渐变色。

（5）结果如下排所示，其中⑥⑦⑧⑨渐变成功但粗糙，⑩因细分次数多而渐变也更细腻。

例四：渐变从坐标原点开始

图 7.7.3 所示的地形，渐变条件不变，可见①处为坐标原点，渐变按①②③的规律变化。

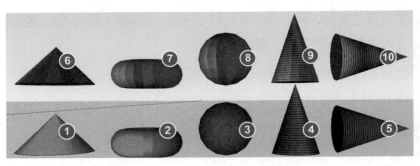

图 7.7.2　细分与渐变色效果

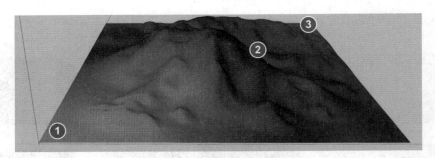

图 7.7.3　渐变从坐标原点开始

归纳如下。

（1）这个插件可以对选中的一个面或一组面产生指定颜色区间的渐变效果。

（2）应用 Gradientator 后，选择起始、中间和结束三种颜色即可自动生成渐变色。

（3）如对三个颜色中的一个或两个不指定颜色，将自动以 SketchUp 默认的白色填补。

（4）选中的对象不能是组或者组件，组或组件须进入或炸开后操作。

（5）选择的对象必须是一组面，一个单独的面需提前细分。

（6）柔化的曲面本质上是由若干平面组成的，也可以赋渐变色。

（7）平面分得越细，得到的渐变色也越精细。

（8）对于地形一类的对象，渐变从坐标原点开始。

7.8　高度渐变色

本书的 2.4 节简单介绍了 Fredo6 Tools（弗雷多工具箱），这一节要详细介绍工具条上一个能根据地形模型的高程创建连续颜色映射（渐变）的工具，它还有添加等高线、颜色高度对比表和半透明的彩色 2D 地图等功能。工具在图 7.8.1 以方框圈出。

图 7.8.1　Fredo6 Tools 工具条与高度渐变色工具

图 7.8.2 右侧是这个插件的主要设置面板，左侧是五个二级面板。

主面板上有五组功能选项，从上到下分别是：颜色渐变面板、高度界限、高度间隔、选择和装饰。下面结合实例说明其用途（如果纸质书看不清楚颜色变化，可查看本节附件里的模型）。

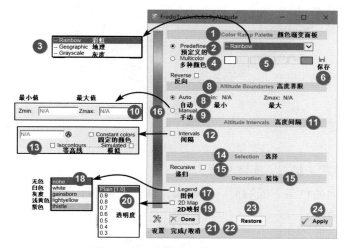

图 7.8.2　高度渐变色设置面板

（1）图 7.8.3 是一个地形模型，红轴方向 320 米，绿轴方向 360 米，蓝轴最高处 67 米。

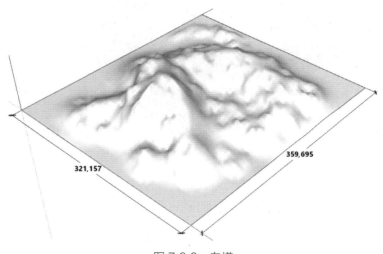

图 7.8.3　白模

（2）图 7.8.4 是默认设置未作修改、高度界限为自动、预定义为"彩虹"时生成的彩色高程。注意图 7.8.4 右侧竖向的色条，高低两端都是红色，映射到地形上最高最低也颜色相同。

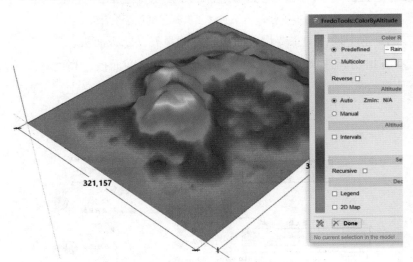

图 7.8.4　默认的"彩虹"

（3）图 7.8.5 是默认状态、高度界限为自动、预定义为"地理"时生成的彩色高程地形。注意图 7.8.5 右侧竖向的色条，低端蓝、高端紫，映射到地形上最高最低处颜色相同。

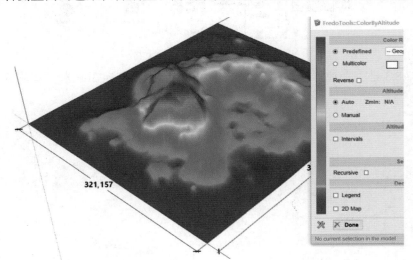

图 7.8.5　默认的"蓝紫"

（4）图 7.8.6 是默认状态、高度界限为自动、预定义为"灰度"生成的彩色高程，从黑色平滑过渡到白色。勾选图 7.8.7 ①处的 Reverse（反向）选项后，高程与颜色的关系相反，如图 7.8.7 所示。

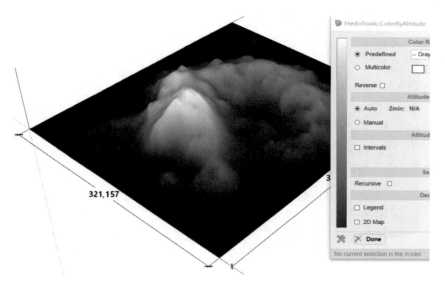

图 7.8.6　默认的"黑白"状态

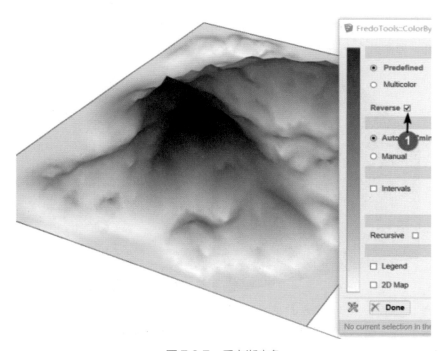

图 7.8.7　反向渐变色

（5）默认的颜色搭配若不如意，可以自定义一些自己喜欢的颜色。图 7.8.8 是自定义多种颜色后的结果。操作时，先选中图 7.8.8 ①，然后单击右侧的小色块，在弹出的调色板上指定颜色，此处只指定了三处，见图 7.8.8 ②③④。

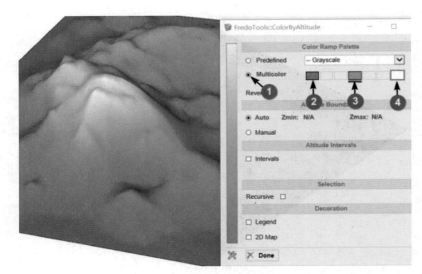

图 7.8.8　设置成三色

（6）下面展示一种能自动生成等高线并赋予不同颜色（非渐变）的方式。操作时，勾选图 7.8.9 ①，在图 7.8.9 ②处输入等高线的间隔距离（如 5m），勾选图 7.8.9 ③。在每两条等高线之间只用一种颜色（非渐变），勾选图 7.8.9 ④自动生成等高线。

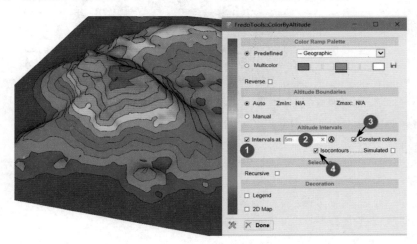

图 7.8.9　自动生成等高线并赋予不同颜色

（7）若要获得一幅 2D 的彩色等高线地图和一个高程颜色图例，操作时，勾选图 7.8.10 ①的 Legend（图例），生成图 7.8.10 ⑤所示的高程颜色图例，勾选图 7.8.10 ②的 2D Map，可生成图 7.8.10 ④所示的彩色 2D 等高线地图；在图 7.8.10 ③中指定等高线地图的透明度，图 7.8.10 ④的透明度设为 50%。

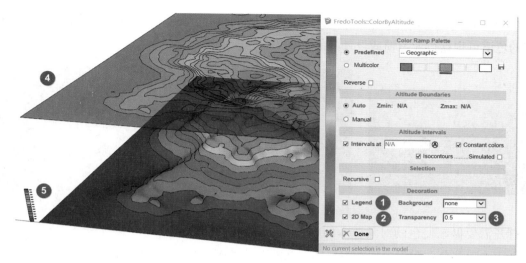

图 7.8.10　2D 的彩色等高线地图

（8）最后介绍一种用所谓递归原理实现的颜色高程变换。所谓递归，是一种编程中常用的函数算法，简而言之是按照某一法则对一个或多个前后元素进行运算，以确定一系列元素的方法。下面将用递归算法实现看起来不可能的事情。

如图 7.8.11 ①所示，两个在物理上完全不相干的地形，标高相差 54 米，却要用同一组高程颜色和同一组等高线。操作时，勾选图 7.8.11 ④处的 Recursive（递归），选择好参与递归的两个组，单击右下角的 Apply 按钮，稍待片刻就得到图 7.8.11 ②③的结果。

从结果可见，两个完全分开的地形"分享"同一组颜色（两组地形高度有部分重叠）。

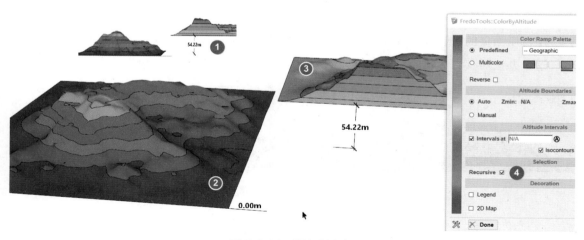

图 7.8.11　递归渐变色

（9）顺便介绍一种用贴图来解决高度渐变色的办法。这个办法虽然比使用插件麻烦，但是渐变效果比用插件还要好些。

用 Photoshop 或同类软件的"双色"或"多色"渐变工具制作一些图片，就像图 7.8.12 所示，渐变的色谱可根据行业习惯或设计师的喜好来确定。

图 7.8.12　准备好的图片

打开需要做渐变色的对象，本例中是一个山地的地形，如图 7.8.13 ①所示；再假设这座山很高，山顶部分有积雪，现在想要用图 7.8.13 ③的图片对山地做贴图。

用小皮尺工具生成一条辅助线，移动到山体最高处，如图 7.8.13 ②所示。

用缩放工具把贴图用的图片调整到与辅助线一样高（或更高），如图 7.8.13 ③所示。

炸开图片，右击面（不要选到线），选择【纹理→投影】选项。

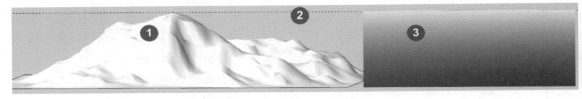

图 7.8.13　把图片调整到对象同高

用材质面板的吸管工具吸取图片材质，赋给山体，结果如图 7.8.14 左所示。

这个办法对其图形状的对象（如球体）做 Z 轴渐变同样适用（截图略）。

图 7.8.14　完成赋色后的山体

7.9　坡度渐变色

在 Fredo6 Tools 工具条上还有一个能根据地形模型的坡度陡峭程度创建一个连续颜色映

射（渐变）的工具，它在 Fredo6 Tools 工具条上用方框圈出，见图 7.9.1。虽然这个功能不是每一位 SketchUp 用户所必须有的，但它对少数用户可能是珍贵的。

图 7.9.1　Fredo6 Tools 工具条的坡度渐变色工具

（1）图 7.9.2 是它的主要设置面板和展开的次级菜单。

（2）图 7.9.2①②③是以不同颜色标注不同坡度的主要选项，分别指定不同的倾斜角度、最高和最低坡度的标注颜色。

（3）图 7.9.2④⑤⑥⑦是辅助选项，分别指定是否生成额外的彩色高程图例和 2D 平面图，以及图例的背景、平面图的透明度。

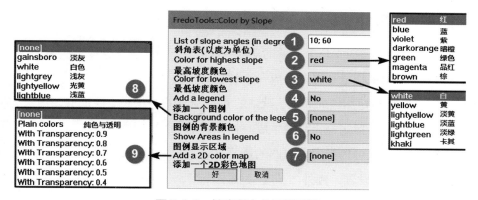

图 7.9.2　坡度渐变色设置面板

下面用两个实例对 Color by Slope（彩色坡度）插件的用法做具体介绍。

1. 例一

（1）图 7.9.3 左侧就是用不同颜色标注的坡度，颜色越浅的地形越平坦，颜色越深地形就越陡峭。

（2）在图 7.9.3②处填写了 5 组数字，用西文的分号隔开；5 组数字代表不同的坡度范围。

（3）图 7.9.3③处指定最高坡度（最陡峭）用 Blue（蓝色）标注。

（4）图 7.9.3④处指定了最低一档（最平缓）的坡度标注为 White（白色）。

（5）图 7.9.3②中各档次的颜色由插件从最低到最高（白到蓝）自动产生。

（6）图 7.9.3 ①里还有另外一个选项 Restore，选中后就恢复到初始状态。

插件的使用非常简单：选好组或组件，做好上述设置，单击"好"按钮，稍待片刻就可以得到图 7.9.3 左侧的"彩色坡度"。

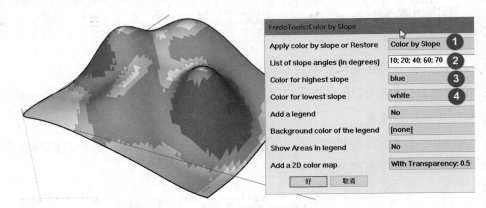

图 7.9.3　坡度渐变色

下面介绍图 7.9.4 ①②③④几个选项的功能与设置。

（1）图 7.9.4 ①用来指定是否要生成一个彩色高程图例。

（2）图 7.9.4 ②处指定图例的底色，默认的 none 代表没有底色，生成的图例是透明背景。

（3）图 7.9.4 ③用来指定是否需要生成一幅额外的 2D 平面图。

（4）在图 7.9.4 ④里可以指定平面图的透明度。

根据图 7.9.4 右侧的设置，额外生成了一幅平面图，见图 7.9.4 ⑤，还有一个色彩与高程对照用的图例，见图 7.9.4 ⑥。

图 7.9.4 ⑦是放大的彩色高程图例，可以看到每一高程区所用的颜色以及该区域的面积。

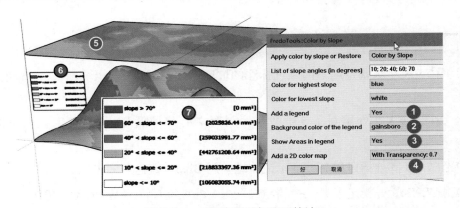

图 7.9.4　2D 高程图与面积统计

2. 例二

下面再介绍一个坡度渐变色插件 aa_color_by_slope。这是一个已经汉化的插件，因为下载已久，不记得确切来源了。可以用【窗口→扩展程序管理器】命令安装，安装完成后没有工具图标。

（1）选择【扩展程序→ Chris Fullmer 工具集→坡度颜色】命令，如图 7.9.5 ①所示。

（2）弹出第一个设置对话框（见图 7.9.5 ②），填入"最缓处颜色值"（对话框上名称错）。

（3）单击"好"按钮后弹出第二个对话框（见图 7.9.5 ③），填入最陡处颜色值（对话框上名称错）。

（4）单击"好"按钮后弹出第三个对话框（如图 7.9.5 ④），输入最大颜色层次数。

（5）第三次单击"好"按钮后坡度渐变色完成，如图 7.9.6 所示，越陡峭处颜色越深。

用 RGB 颜色数值可打开 SketchUp 材质面板进行查看。

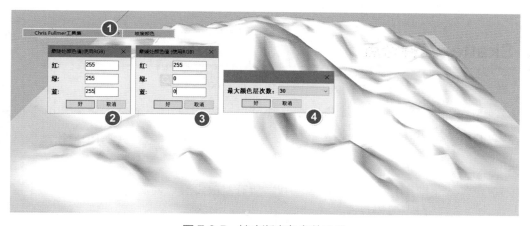

图 7.9.5 坡度渐变色参数设置

图 7.9.6 越陡峭处颜色越深

对于经常要跟山地模型打交道的 SketchUp 用户，一定明白这一节内容的用途。本节附件里有坡度渐变色插件和山地模型可供练习。

7.10　Skatter2（自然散布）

现实世界极其复杂，各种花草、树木和岩石构成了景观元素。自然界的元素分布既随机又有规律，Skatter 可同时模拟这种随机与规律。Skatter 具备多种参数来模拟和微调景观元素的分布，高效制作模型并模拟出自然的复杂度就不再是难题了。

Skatter 一直是 SketchUp 平台上模拟真实自然环境最强劲的武器。而 Skatter2 重写了全部程序架构，并提供了很多全新功能，同时加快了计算速度，配合可直接渲染的模型库，可以让你的对象散布工作提升到一个全新级别。

1.　Skatter 插件特点

（1）全中文界面。相信这是很多国内用户最喜欢的特点之一。

（2）无须加载重量级的精细化模型，就可以渲染成百上千个物体对象。由于理论上 Skatter 可以绕过 SketchUp 将真实对象的信息直接提供给渲染引擎，因此渲染对象的数量几乎是无限的。

（3）全参数化操作。可以随时编辑参数，所有修改没有必要从头开始；内容库丰富，免费的内容库会定期更新，内容包括植被、树木、石块、地毯，等等。

（4）通过合理的细节控制参数，可轻松作出更多效果。组件可以附着到曲面、曲线，也可以自由布点；可以像绘画一样直接绘制想要生成对象的区域。物体对象变换具有随机性，如位移、旋转、缩放、镜像，等等。

（5）相机裁切功能可以只渲染相机视野范围内的物体，太远的物体可以忽略；为了避免对象散布效果生硬，支持多种散布模式，可以使用衰减参数，通过海拔、坡度、相机裁剪及其他属性让分布对象平滑过度。

（6）代理渲染（仅供渲染）模式支持 V-Ray, Thea, Corona, Octane, Indigo, Enscape, IRender nXt, Twilight, Raylectron 和 Kerkythea 等渲染器，使用其他渲染器的用户依然可以在普通模式下渲染整个场景，所以 Saktter 可以说支持 SketchUp 平台上的全部渲染器。

2. 插件的获取、安装与调用

选择【扩展程序→ Extension Warehouse 】命令，输入 Skatter 搜索，直接安装。

访问 extensions.sketchup.com，输入关键词 Skatter 搜索，下载。

选择【扩展程序→扩展程序管理器】命令安装，重新启动 SketchUp 后生效。

该插件是收费的商业插件，自带简体中文版，有 15 天的试用期。

本节附件里有这个插件的 2.16 版，可用【扩展程序→扩展程序管理器】命令安装。

选择【视图→工具栏】命令，调出如图 7.10.1 ①所示的工具条。

选择【扩展程序→ Skatter 】命令，可见到如图 7.10.1 ②所示的菜单（默认是英文）。

图 7.10.1　工具条与菜单栏

选择任一工具或菜单，会弹出如图 7.10.2 所示的"许可证"对话框，如①所示填写电子信箱，单击 START 15-DAY TRIAL（开始 15 天试用）按钮，即可得到如③所示的试用许可。

图 7.10.2　申请 15 天试用

如果填写的是真实的电子信箱，马上会收到一封邮件，里面会向你提供 Quick Start Tutorial（快速开始教程）、the Manual（手册）与 The Forum（论坛）的链接。访问这些链接，认真阅读其中的图文与动画教程，可快速掌握该插件的应用要领与窍门。

选择【扩展程序 → Skatter → Preferences（首选项）】命令，如图 7.10.3 所示，在弹出的对话框最上面的 Language（语言）下拉列表里选择"中文（简体）"，重启 SketchUp 后即可切换成中文版。

图 7.10.3　切换成中文版

3. 组合编辑器与 3D Bazaar（3D 集市）

图 7.10.1 ①所示的工具条中虽然有三个工具，其实是两个不同的脚本。工具条左边的"新建组合"与"组合管理器"两个按钮是 Skatter 的主程序，而 3D Bazaar 是类似于 SketchUp 的 3D 仓库性质的工具。

单击第一个工具，会弹出如图 7.10.4 ①所示的"组合编辑器（全部缩拢态）；单击第二个工具，可在同一模型中创建的不同的组合并可随时返回编辑。

单击工具条右侧的 3D Bazaar 按钮，会弹出一个如图 7.10.4 ②所示的硕大 3D 集市（截图仅一小部分）。所谓集市并非买卖的市场，而是类似于 SketchUp 的 3D 仓库，可调用其中的组件或管理与组织保存在用户电脑上的自有组件。

图 7.10.4　组合编辑器与 3D Bazaar（3D 集市）面板

4. 大致的操作要领

（1）无论模型是否用于渲染，也不限于园林景观还是建筑或室内模型，该插件都有用武之地。

（2）Skatter 术语描述。

- Skatter 将对象的分布称为组合。一个组合有许多参数，如密度、分布类型、滤波器等（见图 7.10.5），并可控制对象的分散或集中方式。

- 一个 SketchUp 模型可以包含许多组合，例如景观设计师可以为草地创建一个组合，为树木创建一个组合，为地面上的砾石创建另一个组合，等等。

（3）有三种方法可以创建新的组合。

- 单击工具条左侧第一个按钮"新建组合"，创建一个组合。

- 单击工具条中间的按钮，在弹出的对话框上单击加号，新建一个组合。

- 选择【扩展程序→ Skatter2 →新建组合】命令，

（4）一个组合由三个主要部分组成。

- 对象：想要分散的对象，如想要多次复制以创建森林中树的模型。

- 地点：想要分布这些对象的位置，如在森林中这就是地形。

- 定义对象如何分布的参数：可以是密度、方向和其他用于微调分布的参数，如蒙版和过滤器，见图 7.10.5。

（5）一旦创建了新的组合，可按以下顺序完成分布。

- 选择一个对象，如树木与花草的组件（提前在模型空间里准备）。

- 在图 7.10.5 中，单击③"生成"按钮，在 SketchUp 模型中创建组件的分布实例。或打开③右侧的"仅供渲染"模式，将不会在模型中生成实例，而只是将他们直接发送到渲染引擎，如 V-Ray、Enscape 等。当你想生成数以千计的对象而又不减慢 SketchUp 的反应时，这是非常有用的。

- 运用遮罩：有许多类型的遮罩可用来约束对象分散或不分散的位置。

- 3D 集市：浏览 3D Bazaar，找到预先配置的分散组合，如草、树等。

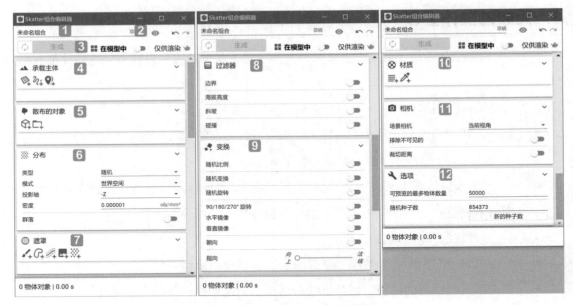

图 7.10.5　Skatter 组合编辑器

5. 学习资料

（1）Quick Start Tutorial（快速开始教程），https://skatter.help.lindale.io/getting-started。

（2）the Manual（手册），https://skatter.help.lindale.io/。

（3）The Forum（论坛），https://forums.lindale.io/c/skatter/16。

除了访问以上链接，本节附件里还收集了一些视频教程，能帮助读者快速掌握该插件的应用要领与窍门。

7.11　规划景观业其他插件

有关规划景观业方面的插件，除了本章前面较详细介绍过的十多种之外，还有另外一些插件已集中在本节，供读者自行选择要不要去研究应用。

规划景观业可用的插件，很多已经归入到"建筑""景观"等部分，所以下面只列出了一部分，你可以到其他部分再翻找一下。

1. Deck Builder（参数露台）

一键生成参数化的露台，含平台、台阶、栏杆。插件在附件里。

2. Park Generator（公园生成器）

它可以根据事先定义的规则自动生成一个简单的公园。使用方法也非常简单，首先在"扩展程序"里选择 Park Generator，然后选择一个规则文件即生成公园。插件在附件里。

3. Clip or Trim Terrain Mesh（修剪地形）

SketchUp 导入较大地形时，会出现图像分辨率不高的情况，但将地形分块导入又会出现重叠的情况。为了解决这个问题，该插件将地形重叠的部分进行修剪删除。使用方法是选择需要保留的地形，再按住 Shift 键单击需修剪的地形即可。插件在附件里。

4. Tree Maker（树木生成器）

在 SketchUp 里可以用这个插件生成 3D 植物。插件在附件里。

5. Make Fur（毛发生成器）

说是毛发，其实是植物生态分布，只要是组件都可以。插件在附件里。

6. Fractal Terrain Eroder（地形腐蚀）

这个插件会细分地形并产生分形抖动，使模型看起来更自然。插件在附件里。

7. Contour Maker（生成等高线）

这个插件会在已有的 3D 地形上生成等高线，总图设计必备。插件在附件里。

8. Instant（即时）

以下为 Instant（即时）系列插件的链接，其中很多并不适合我国的国情与国家标准，但是有几项还是能用的。你不用抄下这些链接，它们被保存在附件里，只要按住 Ctrl 键单击即可访问。

（1）Instant Road Pro（即时道路）。

插件链接：

https://valiarchitects.com/subscription_scripts/instant-road-nui

（2）Instant Site Grader（即时地基）。

插件链接：

https://valiarchitects.com/subscription_scripts/instant-site-grader-nui

（3）Instant Terrain（即时地形）。

插件链接：

https://valiarchitects.com/subscription_scripts/instant-terrain?redirect=no

（4）Instant Stair（即时楼梯）。

插件链接：

https://valiarchitects.com/subscription_scripts/instant-stair?redirect=no

（5）Instant Wall（即时墙）。

插件链接：

https://valiarchitects.com/subscription_scripts/instant-wall?redirect=no

（6）Instant Architecture（即时架构）。

插件链接：

https://valiarchitects.com/subscription_scripts/instant-architecture?redirect=no

（7）Instant Cladding（即时覆面）。

插件链接：

https://valiarchitects.com/subscription_scripts/instant-cladding?redirect=no

（8）Instant Door and Window（即时门窗）。

插件链接：

https://valiarchitects.com/subscription_scripts/instant-door-and-window?redirect=no

（9）Instant Fence & Railing（即时围栏和栏杆）。

插件链接：

https://valiarchitects.com/subscription_scripts/instant-fence-and-railing?redirect=no

（10）TopoShaper（地形轮廓）。

这是 Fredo6 设计的一款 SketchUp 地形轮廓插件，对 SketchUp 软件自带的 Sandbox 功能进行了优化，可以对等高线进行处理，调整单位网格大小，控制地形精度，从而生成三维地形并实时预览。插件在附件里。

第8章

室内与木业设计常用插件

　　看起来这一节收录的插件数量不太多。其实室内设计业常用的插件，除了第2～5章大量通用的插件之外，也会用到建筑业与景观业的常用插件。这里只收录了几种专业性较强的工具，比如 Profile Builder 3（参数化轮廓建模），云中库，八宝模型库，Click-Kitchen 2（一键厨房），ClothWorks（布料模拟），这些插件几乎是室内设计所专用。

　　如果你从事的是室内或木业方面的设计工作，建议先浏览之前章节的内容，相信有很多工具也适用于你的行业，然后择优安装测试即可。

8.1 Profile Builder 3（参数化轮廓建模）

Profile Builder 3 是一套灵活的 SketchUp 参数化快速建模工具。它是世界各地用户都喜欢的 SketchUp 插件，在中国已经流行了超过 10 年（中国用户简称 Profile Builder 3 为 PB3）。使用 PB3，能够比以往更快地建模。不仅如此，以 PB3 创建的模型更智能，并方便修改（如智能推拉工具、创建和保存自定义配置文件、参数化装配等）。PB3 操作简单，即使不是专业的人士或新手，通过多种内置的工具与组件也可以创建很多复杂的模型。它在室内设计、建筑设计与景观设计领域都有一定的用武之地。

1. 插件的获取、安装与调用

选择【扩展程序→ Extension Warehouse 】命令，输入 Profile Builder 3 搜索，直接安装。

访问 extensions.sketchup.com，输入关键词 Profile Builder 3 搜索，下载。

选择【扩展程序→扩展程序管理器】命令安装，重新启动 SketchUp 后生效。

本节附件里保存有这个插件的 3.3.3 版，可用【扩展程序→扩展程序管理器】命令安装。但要访问 PB3 官网 profilebuilder4sketchup.com 以真实的电子信箱申请 30 天免费试用许可，然后你将收到来自 MindSight Studios 的电子邮件，其中包含下载最新版本 Profile Builder 3 的链接以及激活许可证的说明。

选择【视图→工具栏→ Profile Builder 3 】命令，调出如图 8.1.1 所示的工具条。

选择【扩展程序→ Profile Builder 3 】命令，可调出如图 8.1.2 所示的菜单。

图 8.1.1　工具条

图 8.1.2　菜单

图 8.1.3　设置对话框

刚完成安装默认是英文版，可选择【扩展程序→Profile Builder 3→Preferences（系统设置）】命令，打开如图 8.1.3 所示的系统设置对话框，在顶部的 Language（语言）下拉列表里选择 Chinese（中文），重新启动 SketchUp 后即可见到中文的工具条、菜单和工作窗口。

2. Profile Builder 的变迁与基本概念

（1）最初的 Profile Builder 1.0 版出现在 2008 年，次年有了汉化版。它的基本功能就是以内置的 Profile（中国人称为"木线条"）截面进行路径跟随。

（2）2014 年出现了 Profile Builder 2.0 版，本节附件里有个本书作者于 2015 年录制的视频教程，可见工具条上的工具从 1 个增加到了 8 个。它们主要的功能除了保留了原来的"轮廓外形对话框"（图 8.1.4①④）以外，又增加了一个"部件对话框"（图 8.1.4②），实质上这是一个"动态组件"应用与管理工具，主攻各种栅栏围墙。

（3）大概在 2017 年，升级到了 Profile Builder 3.0 版。跟 2.0 版相比，它除了保留了图 8.1.4①②④的老功能外，又增加了一个"开洞工具"（见图 8.1.4③），还增加了"移除修剪""编辑轮廓""路径模式"与"反路径模式"，取消了 2.0 版的"计量器"（计价统计功能）。

（4）图 8.1.5①是 Profile Builder 3.0 版默认自带的截面库，图 8.1.5②是默认的组件库，两个各有 20 多个"样品"，更多的库需要登录到官网去下载。

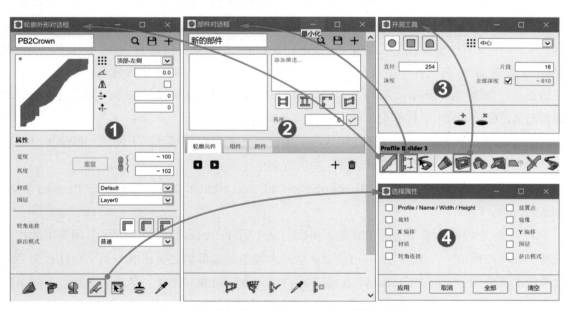

图 8.1.4　Profile Builder 3.0 版主要操作界面

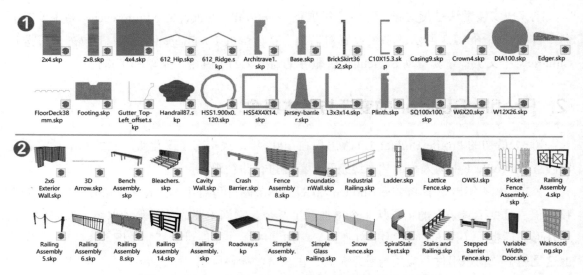

图 8.1.5　Profile Builder 3.0 版默认的截面库与组件库

3. 教程与扩展库

（1）本节附件里有中文讲解的 Profile Builder 官方视频与其他视频共 23 段，时长大概 3 小时，内容涉及 Profile Builder 插件的方方面面。认真观看视频并动手练习，Profile Builder 插件并不难掌握。

（2）本节附件里有一个名为 library file（库文件）的目录，里面有 28 个子目录，规模近 80MB，包含 4000 多个各种型材截面，内容如图 8.1.6 所示。这些是作者从 Profile Builder 1.0 开始逐步收集保留的 library（库），内容包括 AISC（美国钢结构设计协会）标准的金属型材截面与 AITC（美国木结构学会）的木型材与木线条截面。

如果需要在 Profile Builder 里使用这些截面，可以把它们复制到以下路径（目录），然后在 Profile Builder 的"轮廓外形对话框"中进行调用。

C:\Users\ 用户名 \AppData\Roaming\SketchUp\SketchUp 20xx\SketchUp\Plugins\DM_ProfileBuilder3

（3）鉴于现代木线条起源于欧美，所以包括中国在内的木线条截面大多引用美国的相关标准（或略作修改）。又因 Profile Builder 里的木线条截面都是北美标准与英文标注，为了令读者能准确使用 Profile Builder 插件，本节附件里还专门收集制作了一个《北美标准木线条数据手册》和一幅"标准木线条英文名称"的图片，以方便相关设计师查阅参考。

（4）本节附件里还有一个"线条库"目录，里面有 3 个 skp 模型，包含了国内常用的木线条截面近百种，读者们可以根据自己的需要，复制出来制作自己的截面库。

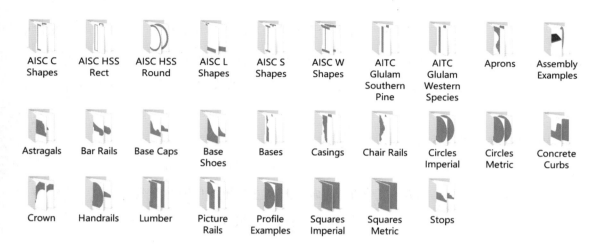

图 8.1.6　Profile Builder 可用的截面库

（5）最重要的放在最后说：无论 Profile Builder 的哪一个版本，无论是自带的截面还是上图所示的截面，都是英制的，直接应用时一定要注意换算成公制（1 英寸 =25.4mm，1 英尺 =12 英寸 =304.8mm）。若把 Profile Builder 任一版本用于重要工程，请务必注意应符合相关行业的国家标准。相关内容请查阅本系列教材的《LayOut 制图基础》一书。

8.2　云中库

这是一个在线免费调用组件库、材质库与 PBR 材质库的工具，出自北京一位网名"芊颐"的年轻人。其介绍与定位为："免费模型库，免费材质库，免费 PBR 材质库；全部一键导入，全球可用，功能强大超乎想象。不用注册，不用登录，不用花钱，不占用本地硬盘空间，引领 SketchUp 设计新趋势。是可提升设计效率至少 2 倍的 SketchUp 插件。"

对于本节推荐的插件，本书作者有至少三点看法与希望：一是这样的定位创新确实方便且做法高尚，定会受用户们爱戴。二是担心"芊颐"以一己之力能否承受长期免费带来的精力与各项费用在内的投入。三是担心插件形成一定影响后，最好不要被卷入知识产权困扰。

1. 插件的获取、安装与调用

访问 yunzhongku.com 下载云中库 rbz 文件。

选择【扩展程序→扩展程序管理器】命令安装，重新启动 SketchUp 后生效。本节附件里保存有这个插件的 2022.2.2 版，可用【扩展程序→扩展程序管理器】命令安装。

如图 8.2.1 所示，选择【视图→工具栏→云中库管理器】命令，调出如图 8.2.1 ①所示的工具条。

单击①按钮，可打开对应的库浏览器面板。

打开任一库浏览器面板，再单击②或③，可在模型或材质库间切换。

选中了模型库，单击④⑤⑥⑦⑧所示的选项即可进行更加精细的筛选。

一旦选中了某个组件或材质，单击⑨即可将选中的组件加入当前模型中。

图 8.2.1　工具条与库浏览器面板（组件，部分截图）

图 8.2.2 所示是材质库浏览器面板的部分截图，用法同组件库相同。

图 8.2.2　工具栏与库浏览器面板（材质，部分截图）

2. 插件的主要特点

（1）支持 2018 到 2022 所有版本的 SketchUp，免注册，免登录，安装完成后直接使用。

（2）基于云端技术，模型与材质库在云服务器上，库文件不占用存储空间。

（3）用户选择后可直接加载到当前模型中。

（4）试用过的材质与模型会被系统自动清理，不产生垃圾文件。

（5）目前云中库分成三大板块：模型库，材质库，PBR 材质库。

● 模型库有室内、景观、建筑三大分类，100 多个小类，数万个模型。

● 材质库门类多、分类全，查找更方便。

● 更接近真实世界的 PBR 材质，可在 Enscape 中直接渲染。

（6）与材料供应商合作，让设计师直接用到材料商提供的材质库。

（7）云中库集成了 525 种中国风色系，未来还将包括马卡龙、莫兰迪灰、孟菲斯、洛可可等色系，可快速调用。此外，还提供方便的配色，用户可做更多的色系尝试。

（8）库中的材质已经逐一优化：每个材质经专业处理后，宽度都是 600mm（长宽比不变），因 600 可被 2、3、4、5、6 整除，这就使拼接贴图更符合实际模数，不至于过大或过小。

8.3 八宝模型库

八宝模型库是国内八宝工作室的第二个插件（另一个是 9.12 节的八宝材质助手）。目前八宝模型库拥有涵盖室内、建筑、景观各领域的近 3000 个 PB3 智能组件（PB3 插件见 8.1 节），可有效减少设计师创建、查找、改造遇到的麻烦，明显提高工作效率，提高方案表现水平。八宝模型库平台也支持用户上传原创模型参与交易，优秀模型作者可获取应得收入。

八宝模型库插件自带本地模型管理器，使用在线模型的同时，也可以随时随地浏览、搜索与调用本地组件。此外，插件还拥有组件分析、Enscape 模型打包、本地模型代理等诸多方便的小功能，有望成为每位设计师手头的常用工具。

插件的获取、安装与使用方法如下。

访问 suclass.com 下载后安装。

选择【扩展程序→扩展程序管理器】命令安装，重新启动 SketchUp 后生效。本节附件里有这个插件的 2.2.2 版，可用【扩展程序→扩展程序管理器】命令安装。

选择【视图→工具栏→八宝模型库】命令，调出如下图 8.3.1 ①所示的工具条。

单击图 8.3.1 ①所示工具条左边的"八宝模型库"工具，将弹出图 8.3.1 的界面（部分）。

单击图 8.3.1 ②可展开多个库，在二级目录里还有很多子目录，方便查找。

在图 8.3.1 ③所示位置可输入关键词搜索。

在图 8.3.1 ④所示位置还有更多选择，见文知意，不再赘述。

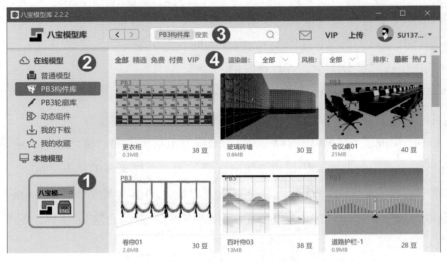

图 8.3.1 八宝模型库

8.4 Click Kitchen 2（一键厨房）

Click Kitchen 2（一键厨房）就是原来的 Click Cuisine（一键橱柜），在产品升级到第 2 代后更改了名称（之前还有一个 Click Kitchen 1）。顾名思义，更新后的插件更加强大，功能也不再限于设计橱柜，而是对厨房内的所有设备都有涉及。

Click Kitchen 2（一键厨房）通过简单的单击即可自动替换模型。由于它的 95% 工作只需简单地查看图片和单击鼠标就可以完成，因此对用户来说基本没有语言障碍。又由于模型使用了动态组件，细节尺寸可以根据用户的设定自动匹配，所以用起来非常方便。图 8.4.1 为设计效果。

Click Kitchen 2（一键厨房）属于商业插件，LT 版（普及版）价格仅 29.9 欧元，其中有超过 5000 种宜家橱柜样式，购买后可终身使用；可通过更新获得更多的宜家家具，也可以自定义材料和家具。专业版价格 49.99 欧元，适合专业工厂、设计师与承包商使用，其中包括 200 个厨房整套家具模型，20 个门和 25 个厨房台面模型，10 种常用门把手，超过 4000 个商业设计参考，可统一设置厨房和台面材质（请注意是否符合我国颁布的相关标准与实际国情）。

图 8.4.1　Click Kitchen 2（一键厨房）设计效果（部分截图）

插件（测试版）的获取、安装与调用方法如下。

选择【扩展程序→ Extension Warehouse 】命令，输入 Click Kitchen 2 搜索，直接安装。

访问 extensions.sketchup.com，输入关键词 Click Kitchen 2 搜索，下载后安装。

访问插件官网（法国）composant-dynamique.com/home，下载后安装。

该插件是收费的商业插件，图 8.4.2 所示为测试版工具条，有 7 天的试用期。

本节附件里有这个插件的测试版，可用【扩展程序→扩展程序管理器】安装。

选择【视图→工具栏→ Click-Cuisine 2 - Materials / Visibility / Settings - Trial】命令可调出如图 8.4.2 所示的工具条。

选择【扩展程序】，分别单击图 8.4.3 ①的两个菜单项，可调出如图 8.4.3 ②与③所示的两组子菜单。图 8.4.4 所示为"全功能专业版"工具条，供参考。

本节附件里有两段插件官方的视频，重要的一段有 20 分钟，已机译成中文。

图 8.4.2　测试版工具条

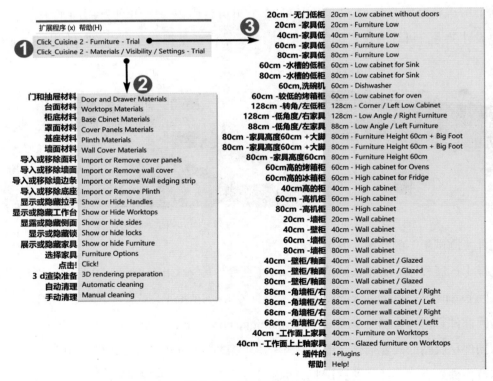

图 8.4.3　测试版子菜单

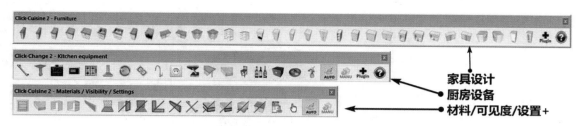

图 8.4.4　全功能专业版工具条

8.5　Curic Make2D（2D 生成）

这是一个把 3D 模型转变成 2D 视图的工具。虽然我们也可以在 SketchUp 和 LayOut 里把 3D 模型导出为 2D 的视图（截图也可以），但是用这个工具来做更加方便，功能也多。

Make2D 早先是一个独立插件，现在整合到 Curic Studio（Curic 工作室）里作为 8 组独立工具之一，见图 8.5.1 右下角框出的部分。

插件的获取、安装、调用与测试方法如下。

访问 extensions.sketchup.com，已无法搜索到 Curic Make 2D，要输入关键词 Curic Studio 搜索，下载后安装。也可用百度搜索"Curic Studio"。

选择【扩展程序→扩展程序管理器】命令安装，安装完即可见工具栏。

该插件是收费的商业插件，没有找到关于试用期的说明。

附件里有百度搜索到的 202x 版，可用【扩展程序→扩展程序管理器】命令安装。

若是购买了许可，选择【扩展程序→ Curic → Studio → License】命令输入 32 位许可码。

也可选择【视图→工具栏】命令，调出如图 8.5.1 所示的工具条。

选择【工具→ Curic】命令，可调出如图 8.5.2 ①所示的菜单（大量三级菜单截图略）。

图 8.5.2 ②是测试用的 3D 模型，③④⑤分别是生成的右视图、顶视图和正视图。

经 3 个多小时的测试，该插件只能对不太复杂的模型生成 2D 视图，实用性有限。

本节附件里有一个中文讲解的视频供参考。

图 8.5.1　Curic Studio 工具条

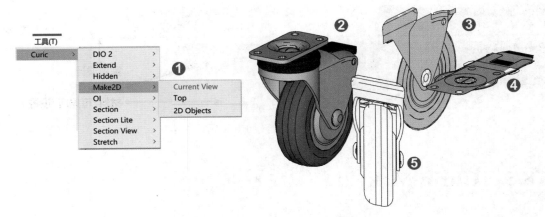

图 8.5.2 Curic Studio 菜单与测试结果

8.6 Eneroth Random Selection（随机选择）

这是一个比较常用的小插件，按理应归入到"次常用插件"章。考虑再三，还是放到这一章里，理由是室内设计业缺乏一种能够用来"随机排列"墙砖或地砖的工具（曾经有过，但是因为长期不更新，不能在新版的 SketchUp 里使用了。有的收费的插件里有这种功能，但是为了一个简单的"随机排列"目的去买整套插件显然不太合算）。

1. 插件的获取、安装与调用

选择【扩展程序→Extension Warehouse】命令，输入 Eneroth Random Selection 搜索，直接安装。

访问 extensions.sketchup.com，输入 Eneroth Random Selection 搜索，下载。

选择【扩展程序→扩展程序管理器】命令安装，重新启动 SketchUp 后生效。

该插件是免费插件，没有工具条，选择【扩展程序→Eneroth Random Selection】命令调用。

本节附件里保存有这个插件的 rbz 文件，可用【扩展程序→扩展程序管理器】命令安装。

2. 插件的三种用法

图 8.6.1 中，②是一些六角形的地砖（单块地砖不是组或组件），想要随机赋予图③所示的三种颜色，获得如⑨所示的结果，操作要领如下（注意很容易搞丢操作步骤）。

（1）全选②后选择如①所示的【扩展程序→Eneroth Random Selection】命令。

（2）弹出④与⑦所示的面板，面板上只有一个滑块，用来调整所选对象的数量，还有一个 Shuffle（洗牌，即重新排列）按钮。

（3）因本例只安排了三种颜色，可把滑块移动到大约三分之一的位置，这样将会随机选中全部对象的三分之一；如果对随机选择的结果不满意，可单击⑤ Shuffle 按钮重新排列。

（4）单击材质面板的吸管工具，吸取一种颜色赋给已被选中的对象，如⑥所示。

（5）接着的操作常被忘记：趁当前对象尚在被选中时，用右键创建群组，关闭面板④。

（6）再次全选所有对象，选择【扩展程序→ Eneroth Random Selection】命令，调出如⑦所示的面板。因为全部对象的三分之一已经赋色，剩下部分的一半是另一个三分之一，所以要把滑块移动到中间，不满意还可单击 Shuffle 按钮重新排列。

（7）接着重复之前的操作：调用吸管工具，吸取第二种颜色赋给选中的对象，如⑧所示。不要忘记创建群组，关闭面板。

（8）第三次全选所有对象，选择【扩展程序→ Eneroth Random Selection】命令，插件会自动识别已经被选中过的对象（群组），最后选中的就是剩下的部分，吸管赋色，最后的三分之一要不要创建群组就不重要了。最后的结果如⑨所示。

（9）颜色（材质）的数量与各自所占的比例可灵活调整。

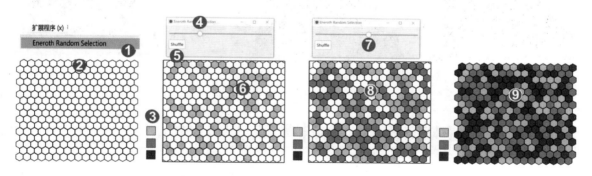

图 8.6.1　第一种用法

插件的第二种用法跟第一种的区别仅在于每一块六角形的地砖都是组或组件，其他的操作基本相同，如图 8.6.2 所示，不再赘述。

插件的第三种用法是"随机替换部分组件"，需重点介绍。图 8.6.3 中，①所示的小山上用喷雾工具全部种植了名为 S01 的绿色树，现要随机选择一部分换成名为 S02 粉色的树。

（1）全选如①所示的绿色的树（若同时选中了地形，务必用 Shift 键减选掉）。

（2）选择【扩展程序→Eneroth Random Selection】命令，弹出如面板②，根据需要替换的比例调节滑块，③中有大约一半绿色的树被选中。

（3）选择【默认面板→组件】命令找到粉红色的 S02，右击，在菜单里选择如④所示的"替换选定项"；③中被随机选中的绿色树就被替换成粉红色的树了（见⑤）。

（4）被替换的不一定是树，替换的比例也可随意调整。

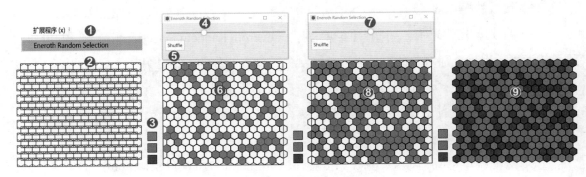

图 8.6.2　第二种用法

图 8.6.3　第三种用法

8.7　ClothWorks（布料模拟）

创建如图 8.7.1 所示的桌布、窗帘、床单、旗帜等柔性无规则的曲面，一直是 SketchUp 的短板；在这个插件发布之前，通常用导入其他软件创建的模型来解决这个问题，但这些曲面资源难找、线面数量庞大，这个问题一直困扰着 SketchUp 用户，特别是室内设计专业的用户。

本节要介绍的 ClothWorks（译为布料模拟）是 SketchUp 的一个布料和线材的通用模拟器，可用于室内和室外设计，主要用来创建旗帜、窗帘、桌布、枕头、电线、绳索等不规则对象。

因这个插件用途广泛，参数复杂，可介绍的内容很多，所以本节仅介绍这个插件的获取、安装与应用界面；更深入的操作细节将放《SketchUp 曲面建模思路与技巧》第 12 章作详细介绍。

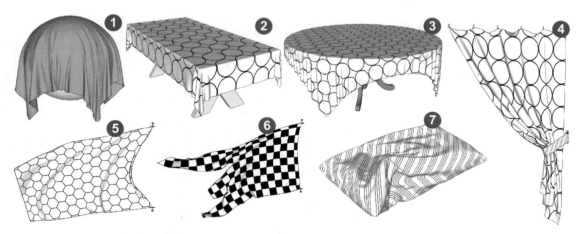

图 8.7.1　ClothWorks（布料模拟）的主要用途

1. ClothWorks（布料模拟）插件的获得与安装

ClothWorks（布料模拟）是收费插件，但有限时免费，下载与大致说明的链接如下：

https://sketchucation.com/plugin/2053-clothworks

至 2022 年第二季度，插件的最新版本是 V1.7.7 版，在 SketchUp 2016 ~ 2022 各版本均可应用，兼容 Windows 7.0 以上与 MacOS 10.8 以上操作系统。原版插件要最新版的 SketchUcationTools 配合，所以要先安装 SketchUcationTools（见本书 1.2 节）。ClothWorks 原版仅有英国英语、美国英语、俄语和西班牙语，不过很容易搜索到汉化版和汉化语言包。

下载的插件可以用【窗口→扩展程序管理器】命令安装；安装完成后，如图 8.7.2 所示，可在【视图→工具栏】里调用如①所示的工具条。在②所示的【扩展程序】菜单里单击如③所示的 ClothWorks，弹出二级菜单如④所示，里面有更多选项。⑤是汉化版的二级菜单，可供对照。

这里先大致介绍一下图 8.7.2 ①所示的工具条上六个工具的用途。

- 单击"打开用户界面"按钮，将会出现如图 8.7.4 ~图 8.7.7 所示的参数面板。

- 单击"开始模拟"按钮，即可按预先设置好的参数进行布料模拟。

- 布料模拟全程可见，当看到布料模拟已达到预期要求时，可单击"停止"按钮。

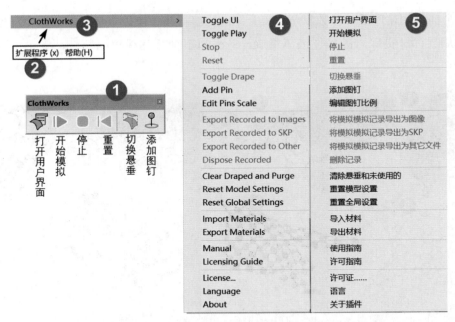

图 8.7.2 ClothWorks（布料模拟）的工具条与菜单

- 当布料模拟的结果不满意的时候，单击"重置"按钮回到原始状态。
- "切换悬垂"按钮主要用于对布料赋材质。
- "添加图钉"按钮主要用于制作窗帘、旗帜一类的布料模拟。

更具体的使用规则与诀窍将在《SketchUp 曲面建模思路与技巧》第 12 章用 8 个小节的篇幅，用十多个实例做详细讨论。

2. 右键菜单选项

此外，在右键菜单里也可以找到 ClothWorks，里面有一系列随场景不同而出现的可选项目。

（1）如图 8.7.3 所示，ClothWorks（布料模拟）的右键菜单的第一级如①所示，它用来定义某个群组为布料，另一些群组为"碰撞体"或"图钉"（可定义多种布料与碰撞体、图钉），也可以取消上述的定义。

（2）一旦定义了某个群组或组件为 Make Cloth（制作布料）后，再次单击 ClothWorks，就可以看到二级菜单里新增了"1 Cloth"（即选了 1 种布料），如②所示。如再单击这个"1 Cloth"，还会弹出内容更为丰富的三级菜单③，其中包括了 4 组 15 个选项，很多选项被选中后还会出现对话框和数值栏，这些将在《SketchUp 曲面建模思路与技巧》12 章的实例中介绍。

图 8.7.3　右键菜单里的选项

3. ClothWorks（布料模拟）的参数调节

图 8.7.1 ~ 图 8.7.7 的四个面板是 ClothWorks 插件分别对"模拟""布料""碰撞体""图钉"四个主要项目进行调节的手段。

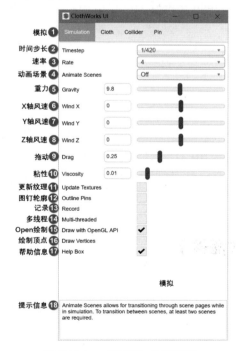

图 8.7.4　"模拟"参数面板

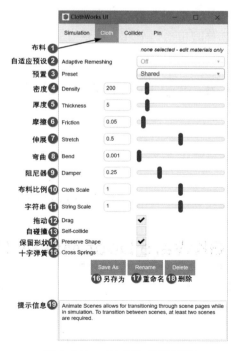

图 8.7.5　"布料"参数面板

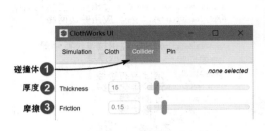

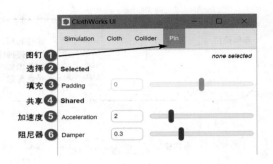

图 8.7.6 "碰撞体"参数面板　　　　　　　图 8.7.7 "图钉"参数面板

单击图 8.7.2 ①，即可打开这个面板，单击面板上的不同标签（下图深色部分）即可在四个不同面板中进行切换。面板上的参数调节见《SketchUp 曲面建模思路与技巧》12 章的实例。

最后，有必要告诉初次接触这个插件，或虽接触过却浅尝辄止的 SketchUp 读者：正因为这个插件功能强大，参数繁杂，拥有难以估量的组合可能，若是想一般性地用一下，看过《SketchUp 曲面建模思路与技巧》第 12 章的应用实例就足够了，也不算太难；但是若想真正用足其全部功能，用出水平，就要做大量的测试积累经验，每次测试少则几分钟，多到二三十分钟，折腾一整天也测试不了多少次。作者为写这个插件的应用，足足耗费近一周时间做各种测试与尝试，即便如此，在用各种参数组合出更多更好的结果方面，应该还有不少未被触及的角落；对此，请读者要有足够的思想准备。

8.8 室内与木业其他插件

有关室内设计与木业方面的插件，除了本章前面较详细介绍过的几种之外，还有另外一些插件已集中在本节，供读者自行选择要不要去研究应用。

需要说明，室内设计与木业部分的插件，很多已经归入到"建筑""景观"等部分，所以下面只列出了一部分，你可以到其他部分再翻找一下。

1. GKWare Door Maker（门制作插件）

GKWare Door Maker 是一款专用的 SketchUp 门制作插件，通过设置门的各项参数就可以快速生成橱柜柜门模型，门板材料、边框宽度、门板厚度、拉手位置、上下框高度和橱柜数量等都可自定义。其内置帮助文件，可帮助室内设计师轻松完成门的设计。插件保存在附件里。

2. GKWare Cabinet Maker（橱柜制作工具）

该插件专门提供给专业的橱柜生产厂家，由某设计加工橱柜。插件保存在附件里。

3. VMS Up 木工车间

这是一个插件工具合集，即虚拟木工车间里的工具，如榫卯加工、多米诺或板条装配、槽和成型加工以及硬件安装。该工具可以更快、更精确、更高质量地建模和设计。木匠每天进行的所有操作都将通过该工具得到极大的便利。有了三维设计的模型、每一块木材的名称和侧面的施工图，木匠在车间可以保证制造和装配顺利进行。插件保存在附件里。

4. EASYSKETCH Kitchen Design（厨房设计插件）

厨房云设计，可以让室内设计师、橱柜设计师在 SketchUp 上更快、更便捷地进行设计。该插件允许您浏览丰富的动态组件库，并直接调用。除了动态组件，还有一些额外的基于云的功能。例如说，你可以制作出自己的门，并保存在云端。

5. Tube Cutting Optimization（优化切割）

它能列出组件的尺寸并优化切割，是型材下料的好帮手。

6. FloorGenerator（地板生成器）

它能一键快速生成地面铺装，完成有厚度、有倒角的地板。

第9章

材质与动画插件

用 SketchUp 创建三维建模，只能算是运用了其中的一部分功能。如果能够同时把材质贴图与动画等功能用好，才算是真正学会了 SketchUp。这里收录了一批"三维建模"功能之外的插件，具有各行业通用的性质，比如：UVTools（UV 工具），UV Toolkit（TT UV 工具包），SketchUV（UV 调整），这些是各行业设计师都需要的贴图工具。Color Maker（颜色制造者），Munsell Maker（蒙赛尔色彩生成器），弥补了 SketchUp 原生材质系统的不足。Material Replacer（材质替换），Material Resizer（材质调整），Goldilocks（纹理分析），Texture Positioning Tools（纹理定位），SK Material Brower（八宝材质助手），这些是提高材质管理，提高材质运用水平的好帮手。

有了 SU Animate（专业动画插件）在平面图纸和三维模型之外，设计师又增加了一种表达手段。

9.1 UV Tools（UV 工具）

在本书的开头，曾经提到过：……有些插件简单到只有一个小小的 rb 文件，可怜到连工具图标都没有，照样能完成了不起的任务；甚至在十几年后的 SketchUp 2022 版里照样可以起到很大的作用。在这一节就证明给你看。

在本节随书赋予的附件里有英文原版与汉化版的 UVTools.rb 文件各一个。注意，该插件不能用【扩展程序管理器】安装，安装方法请查阅 1.1 节，即：把 UVTools.rb 文件复制到 C:\Users（或用户）\Administrator（你电脑名字）\AppData（先解除隐藏）\Roaming\SketchUp\SketchUp 20XX\SketchUp\Plugins，重启 SketchUp 生效。

1. UV Tools 的菜单

这个插件没有工具条，只能使用【扩展程序→ UV Tools】命令与右键菜单调用。

图 9.1.1 是安装在最新版的 SketchUp 2022 里进行测试时的截图。图 9.1.1 ①所示，【扩展程序】中导入导出 UV 的功能用于与其他软件交换 UV，实际贴图操作中主要用到图 9.1.1 ②所示的右键菜单。

（a）导入导出UV　　　　　　　　　　　　（b）UV贴图调整（右键菜单）

图 9.1.1　【扩展程序】菜单与右键菜单

2. UV Tools 柱状应用例一

图 9.1.2 中，①是一个瓶体状的对象，用来进行 UV 贴图。②是对这个对象赋予一种 SketchUp 自带的材质，显示乱纹。

鼠标右键单击②的表面，在右键菜单里选择【UV Tools → Cylindrical Map（柱形映射）】命令，对象表面变成如③所示的图案，可明显看出 UV 映射正确，纹理尺寸太大。

如⑤所示到材质面板上把 200 改成 20，结果如④所示，UV 贴图完成。

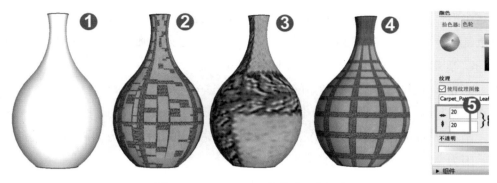

图 9.1.2　UV Tools 柱状应用例一

3. UV Tools 球状应用例二

图 9.1.3 中，①是展开的世界地图，②是待贴图的球体。

③是用油漆桶工具对球体按常规赋材质后的乱纹。

右键单击③的表面，在右键菜单里选择【UV Tools → Spherical Map（球面映射）】命令，贴图得到 UV 映射调整，纹理基本正常，如④所示。

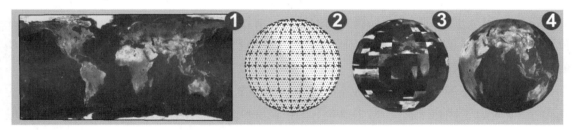

图 9.1.3　对球体的 UV 贴图

4. 关于 UV 坐标的定义

在系列教程的《SketchUp 要点精讲》里，一开头就介绍过 SketchUp 的坐标系统，也就是红绿蓝三轴，对应于以 X Y Z 表示的世界坐标系。对设计师而言，更重要的是它们还对应于东西、南北和上下。

像球体（包括所有的曲面）这样的对象，几乎每一个面都不能很好地对应于 X Y Z 轴，所以用 SketchUp 的投影贴图或非投影贴图都不能得到完美的效果。这个难题不是 SketchUp 所独有的，所有需要贴图的软件都有这个问题。所以，人们就想办法设计出了另外一个专门用来贴图的坐标系；因为 X Y Z 三个字母已经用过了，为了表示区别，另选三个字母 U V W

来表示这个专门用来贴图的坐标系统。XYZ 坐标系比较简单，它只有方向的概念；而 UVW 坐标系更复杂，不但有方向，还有数量，是一种以矢量理论为基础的系统。在 UVW 坐标系中：

- U 等于水平方向第 U 个像素除以图片的宽度。
- V 等于垂直方向第 V 个像素除以图片的高度。
- U 和 V 的值是 0 到 1 之间的小数，UV 贴图工具内部就是按照这个运算规则来操作的。
- 至于 W 的方向，垂直于 UV 平面，只在需要对贴图的法线方向翻转的时候才有用，因为 W 坐标不常用，所以有时简称为 UV。

用一个例子可以非常形象地理解 UV 坐标系，地球仪上的所有纬线对应于 U，所有经线对应于 V，而地图则可以看成是展开压平的地球仪，地图上的经纬线也就是展开压平的 UV 坐标。

9.2 UV Toolkit（TT UV 工具包）

在所有的三维建模工具里，贴图特别是在不规则表面上的贴图，都是绕不过去的难点，也是 SketchUp 天生的弱点之一。很多热心人为此编写出不少针对曲面贴图的插件，据简单统计，在 SketchUp 里针对材质或贴图方面的插件，前后至少出现过 50 个以上，但其中很多并没有太大的使用价值；能够解决点问题的插件中，免费的功能通常都比较简单；功能全面些的插件，则大多要收费。

上一节介绍了一个小个子的 UV 贴图工具，这一节要介绍另一个功能强大的插件——UV Toolkit。它可以直接翻译成"UV 工具包"。二者虽然名字都有 UV，功能却完全不同，可以互补却不能替代。

1. 插件的获取安装与调用

访问 sketchucation.com，输入关键词"UV Toolkit"搜索并下载。本节附件里保存有这个插件 rbz 文件，可用【扩展程序→扩展程序管理器】命令安装。

该插件是免费的，选择【视图→工具栏】命令，调出如图 9.2.1 所示的工具条。

在【扩展程序】菜单里同时有一组可选项，如图 9.2.2 所示。工具条与菜单的内容有区别，有时要配合起来使用。

插件作者的网名为 ThomThom，简称 TT，他还写过很多其他的插件。附件里除了有英文版，还有一个由网友"56 度"汉化的版本。

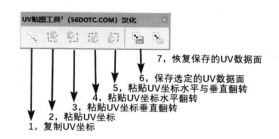

图 9.2.1　工具条

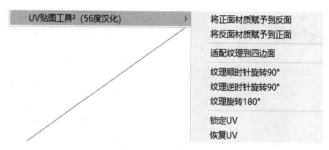

图 9.2.2　菜单栏

2.　例一：先演示一下菜单最上面的两个功能（正反面材质互赋）

（1）画一个面，为正面赋一种材质。

（2）用菜单命令把正面的材质赋给反面，现在反面也有了跟正面相同的材质。

（3）为正面赋给 SketchUp 的默认材质（白色）。

（4）使用菜单里的"将反面材质赋予到正面"命令，两面又有了相同材质。

一定有人会觉得奇怪，这两个功能有什么用？若到了渲染阶段发现有部分面的朝向不对，其实这两个功能进行局部修复补救非常有用，用了它们就不用一个个重新做贴图了。

3.　例二：继续演示这个插件的主要功能（复制与粘贴 UV）

图 9.2.3 中有一大堆大大小小的平面，有的上面还有孔洞。要在这些平面上做①处同样的贴图，要求是不管平面的大小形状，每个平面上只许有一个图片的纹样。

常规的贴图方法是这样操作的：用吸管工具吸取①处的材质，赋给所有无编号的面，然后用右键单击每一个平面选择【纹理→位置】命令，一个个调整贴图的大小与形状。现在换用这个插件来做就简单得多了，方法如下。

（1）选择经过调整的贴图①，单击第一个工具②，这样就让插件记住了当前已经选中的①的 UV 坐标。

（2）全选图里的所有平面。

（3）单击③按钮，对这些面粘贴刚才复制的 UV 坐标。

（4）图 9.2.4 是操作后的结果，可以看到所有的面，不管什么大小和形状，是否有孔洞，全都完成了贴图和尺寸缩放，每个面上只有一个图，都不重复。

这个功能有什么用？下面用两个实例来告诉你。

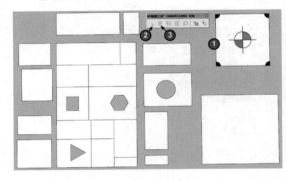

图 9.2.3　一堆形状不同的面

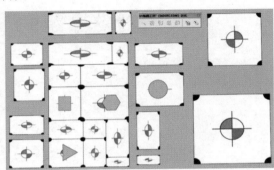

图 9.2.4　分别赋给同一个图像

4. 例三：街心花园中心铺装

图 9.2.5 是一个街心花园的白模与准备用来贴图的图片素材，其中①②③是要做贴图的位置，三圈小方块分别成组；④⑤⑥是用来贴图的素材图片。三种素材图片都有石块之间的接缝，所以完成贴图后的①②③也必须有石块之间的接缝，以更接近真实。操作过程如下。

（1）对图 9.2.6 中①的一个小方格赋材质并用右键菜单【纹理→位置】命令调整大小和位置，完成效果如图 9.2.6 ①所示，呈扇形，四周带半条拼缝。

（2）选中图 9.2.6 ①后，再单击工具条第一个按钮"复制 UV 坐标"。

（3）进入图 9.2.5 ①的群组，选中所有小块后单击工具条第二个工具"粘贴 UV 坐标"。

（4）第一圈完成 UV 贴图，如图 9.2.7 所示。

（5）图 9.2.8 是对第二圈赋材质，调整贴图大小位置后的情况。

（6）调整完成后，再单击工具条第一个按钮"复制 UV 坐标"。

（7）选中所有小块，单击工具条第二个工具"粘贴 UV 坐标"。

（8）第二圈完成后效果如图 9.2.9 所示。

（9）用上述方法完成第三圈的 UV 贴图的成品，如图 9.2.10 所示。

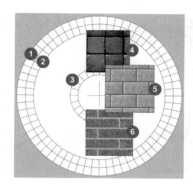

图 9.2.5 街心花园白模与素材

图 9.2.6 调整大小方位

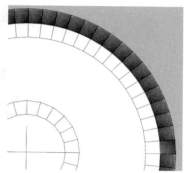

图 9.2.7 完成 UV 贴图

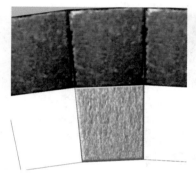

图 9.2.8 第二圈赋材质

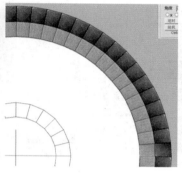

图 9.2.9 第二圈完成

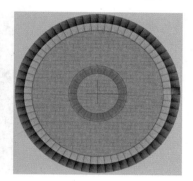

图 9.2.10 全部完成

5. 例四：翻转 UV

　　UV Toolkit 工具条上的第三、四、五个工具分别用来对 UV 坐标作水平、垂直、水平 + 垂直三种翻转，这个实例展示三种不同的翻转效果与操作方法。

　　（1）图 9.2.11 中，①是贴图素材，②③④⑤是已经完成贴图的对象。

　　（2）请再对照图 9.2.12 ②③④⑤，已经经过不同的"UV 翻转"。

　　（3）以②为例，选中已经赋材质的面。

　　（4）单击工具条第一个按钮，记住这个面的 UV 坐标。

　　（5）接着单击工具条的第四个按钮"粘贴 UV 坐标水平翻转"，结果如图 9.2.12 ②所示。

　　（6）图 9.2.12 ③是经过垂直翻转后的结果。

　　（7）图 9.2.12 ④⑤是经过"水平 + 垂直"翻转后的结果。

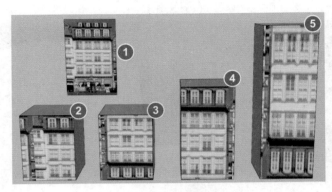

图 9.2.11　贴图后的原始状态

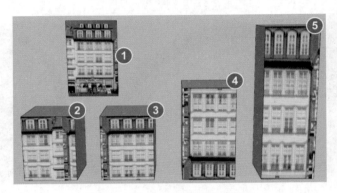

图 9.2.12　三种不同的翻转效果

6. 例五：更换组件的全部树叶

图 9.2.13 里有两棵树的组件，是我们以前介绍过的 2.5D 组件（树干树枝是 3D 的，树叶是 2D 的）。这种组件同时避免了 3D 和 2D 两种树木组件的缺点，是一种不错的创造。我们现在不是要研究这种组件的做法（做这种组件太麻烦了），但是我们可以改造它。

这种组件是把树叶做成小组件，再把若干小组件组合成一个大一点的组件，经过几个层级的组合嵌套，最后形成一棵完整的树。现在要把这棵树上的树叶全部换成图中躺在地面上的新树叶。一定有人会想：这么多树叶，排列得乱七八糟，是想换就能够换的吗？下面我们来试试看，能不能把原来的树叶换成这些新的。

（1）选择躺在地面上的树叶图像，单击工具条上的第一个按钮"复制 UV 坐标"。

（2）全选要更换的树枝树叶（提前炸开）。

（3）单击工具条上的第二个按钮"粘贴 UV 坐标"。

（4）结果如图 9.2.14 所示，更换成功。

图 9.2.13　2.5D 树组件的原始状态

图 9.2.14　更换树叶后

7．例六：保存和恢复 UV

（1）图 9.2.15 是一个用地形工具创建的地形，赋给①所示的材质后地形图全部是碎片。

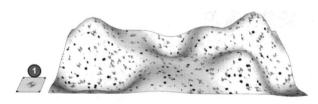

图 9.2.15　用材质工具赋材质后

（2）选好①后，再单击工具条右边第二个按钮"保存选定的 UV 数据面"。

（3）单击工具条上最右边的按钮"恢复保存的 UV 数据面"。

（4）操作结果如图 9.2.16 所示。

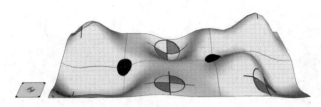

图 9.2.16　恢复 UV 坐标后

前面，我们用 6 个例子介绍了 UV Toolkit 的几种功能，至于把它用到什么地方，相信需要的时候自然会想到它。

9.3　SketchUV（UV 调整一）

前文介绍了两种 UV 贴图工具，只要看完图文教程就可以顺利掌握，但是这一节要介绍的插件却不是这样。SketchUV 至少有十年历史并且还在不断更新，最早是收费的，后来免费了，在附件里保存有来自 Extension Warehouse（扩展仓库）的英文原版，还有网友 H.J 汉化的版本，经过实用测试没有问题（这一节都会用 H.J 汉化的版本）。国内业界还有很多不同的汉化版，有新有旧，有的能用有的不能用，所起的中文名也各不相同（有六七种之多）。

SketchUV 是一个功能比较强大的 UV 贴图专业工具。正因为专业与功能强大，所以要完全驾驭它也要多付出一点时间。如果能把 SketchUV 这个工具用好用活，可以说 SketchUp 里的贴图就再也难不倒你了，甚至还可以把产生的 UV 纹理导出到其他三维软件中。作为一个重要工具，将用三个小节来介绍它。考虑到用图文形式来详细讨论这个插件的应用技巧实在是内容太多，所以将以插件原创单位推出的权威视频为主线（已加上中文提示）、图文内容为辅的形式来全面介绍这个重要工具。

1. 插件的获取、安装与调用

（1）获取和安装插件方法如下。

● 选择【扩展程序→ Extension Warehouse】命令，输入 SketchUV 搜索后直接安装。

● 访问 extensions.sketchup.com，输入关键词 SketchUV 搜索，下载。

● 访问 eketchucation.com，输入关键词 SketchUV 搜索，下载。

本节附件里有中英文两个 rbz 文件，可用【扩展程序→扩展程序管理器】命令安装，重新启动 SketchUp 后插件生效。

（2）选择【视图→工具栏】命令，调出如图 9.3.1 ①所示的工具条。彩色的是贴图工具（严格讲应该是"UV 坐标调整工具"因为它的功能并不是直接贴图，而是只产生调整贴图用的 UV 坐标）；黑白的是"路径选择工具"，是在特殊情况下获取 UV 坐标的辅助工具，不太常用。

（3）选择【扩展程序→ SketchUV 】命令，可调用如图 9.3.1 ②所示的菜单。

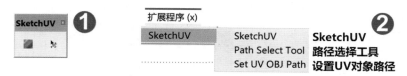

图 9.3.1　SketchUV 的工具图标与菜单

这个插件的主要功能都藏在鼠标的右键关联菜单里，如果操作的顺序不对，条件不满足，点烂了左键右键，你都找不到下一步该怎么做。

此外，操作这个插件的时候，为了方便地获得准确的 UV 坐标，最好提前用"视图工具"把视图调整到准确的投影方向，此如"前视图"，并将相机暂时调整到"平行投影"。

2. 球形贴图例（操作细节请浏览视频）

（1）三击全选想要做 UV 贴图的对象，把所有的面和隐藏的边线虚显出来，如图 9.3.2 所示。

（2）调用工具条左侧彩色的"UV 贴图工具"。

（3）光标回到做 UV 贴图的面上，找准一个交点当作 UV 坐标的基点，如 9.3.3 ①所示。

（4）单击鼠标右键，能看到该插件的全部功能，图 9.3.4 在演示的是汉化版，英文版的操作相同。

（5）当前需要做贴图的对象是球体，所以要选择"球形贴图"。

（6）请注意右键菜单括号里的"视图"二字。英文版里是 View 想要表达的其实是"所见即所得模式"的意思。

（7）选择右键菜单的"球形贴图"后，如图 9.3.5 所示，球体上布满了称为"UV 坐标"的图样，上面有 16 乘 16 的方格（以 0 到 F 的十六进制数值表示），还有从红到紫的渐变色。

（8）当 UV 坐标符合贴图要求时，用鼠标右键单击对象，在右键菜单里选择"保存贴图坐标"命令，如图 9.3.6 所示，弹出窗口告知保存成功与数量。

（9）把地图拉到 SketchUp 窗口中炸开，用吸管工具吸取材质后赋给球体，出现图 9.3.7 所示的乱纹。

（10）单击工具条左侧的彩色工具，移动到球面上，在右键菜单选择"加载贴图坐标"命令，如图 9.3.8 所示。

（11）贴图即刻得到 UV 调整，如图 9.3.9 所示（按保存的 UV 坐标重新分配各像素位置）。

（12）图 9.3.10 所示是球体南北两极的三边面，贴图后将产生乱纹。解决的方法请查阅《SketchUp 材质系统精讲》与《SketchUp 曲面建模思路与技巧》的相关章节。

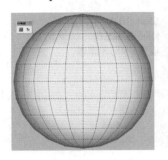

图 9.3.2　三击虚显边线

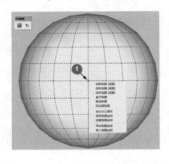

图 9.3.3　指定 UV 基点

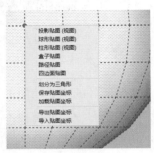

图 9.3.4　右键菜单细节

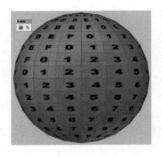

图 9.3.5　显示 UV 坐标

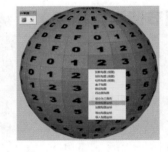

图 9.3.6　保存 UV 坐标

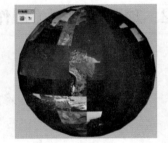

图 9.3.7　常规赋材质后

图 9.3.8　加载 UV 坐标

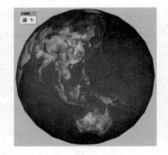

图 9.3.9　UV 调整后

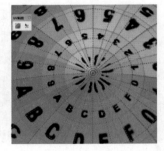

图 9.3.10　两极的三边形

3.　调整 UV 坐标操作概要（请对照视频）

上面的例子是在理想状态下的操作，实战中很少有不调整 UV 坐标的大小和方向的情况，下面介绍 SketchUV 插件如何用键盘配合鼠标进行 UV 参数的调整（以下操作的前提是已经选中调整对象，并单击了工具条上的彩色按钮和单击过调整对象）。

（1）操纵上下左右箭头键，可以看到 UV 坐标在移动。

（2）在按上下左右箭头键的同时按住 Ctrl 键，可旋转 UV 坐标。

（3）上下箭头键加上 Shift 键，调整垂直方向上的 UV 坐标尺寸。

（4）左右箭头键加上 Shift 键，调整水平方向上的 UV 坐标尺寸。

（5）按住 Tab 键（制表键）后，在所选的对象前面出现一个用来校正坐标的田字格方框，此时移动光标就可以将对象与校正用的田字格对齐。

（6）输入运算符加数字，可以对纹理做放大缩小、左右旋转的定量操作，如输入星号和 2 回车，纹理缩小两倍。想要放大纹理，就要输入斜杠后加放大的倍数。如输入加号和 5，纹理向左旋转 5 度；如输入减号和 5，纹理向右旋转 5 度。回车键的具体用法在后面的小节里讨论。

上面介绍的操作概要，已经列在图 9.3.11 左上角，在附件里有一个相同的图文文件可供随时查阅。

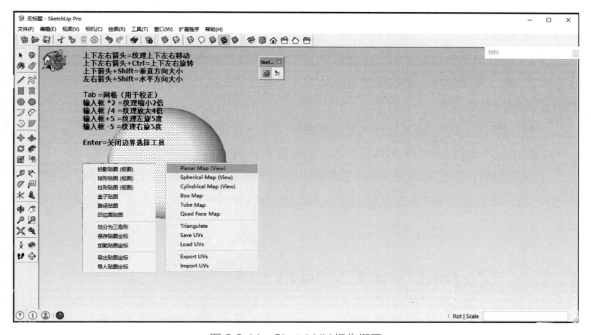

图 9.3.11　SketchUV 操作概要

4. SketchUV 右键菜单详解

最后，还要详细介绍一下右键菜单里的其他可操作选项。

（1）投影贴图（所见即所得）：虽然这个选项的名字是投影贴图，其实适应的范围很广，只要类似 SketchUp 默认投影贴图的对象都可以用这个选项。

（2）球形贴图（所见即所得）：凡类似于球形的贴图对象，不一定是正球形，都可以用这个选项。

（3）柱形贴图（所见即所得）：凡类似于柱形的对象，不一定是圆柱形，都可以用这个选项做 UV 调整。

（4）盒子（箱体）贴图：凡类似于盒子类的对象，不一定是规规矩矩的六面体，甚至一块石头的模型，都可以用这个选项做 UV 调整。

（5）路径贴图：用于对管道类（不一定是圆管）、道路类、枝杈类的对象做 UV 调整，功能较多，应用范围也较广泛。

（6）四边面贴图：凡是四边面的对象，如全部的管道，球体除两极的大部分，其他任何用四边面组成的曲面，或者经四边面工具转换过的三边面等对象，都可以用这个选项。

（7）划分为三角形（区割出三角形）：因为三角形无法获取合法的 UV 坐标，可以用这个工具区割出三角形（三边面）的范围，做单独处理。

（8）保存贴图坐标：每次完成一部分 UV 坐标调整后，要保存才生效。

（9）载入贴图坐标：用油漆桶工具贴图后（通常是乱纹）要载入已保存的 UV 坐标，贴图才能获得准确的调整。

（10）导出（输出）UV 坐标：导出以备渲染或与其他软件交换。

（11）导入（输入）UV 坐标：导入之前保存的备用 UV。

上面介绍的内容已经在图 9.3.11 的左侧列出，同时保存在本节附件里供查阅。后面还有两个小节是关于这个插件其余选项的演示和高级用法，所以等看完了后面的两个小节再动手不迟。

9.4 SketchUV（UV 调整二）

上一节介绍了 SketchUV 的最基本操作，它只涉及这个插件功能的一个方面，还有更多、更强的功能将在这一节和后一节做全面的介绍。附件里还有一些视频，做演示的是这个插件的作者——mind.sight.studios 团队（简称 m.s.s），他们是很多知名插件的作者。

他们在公布这个插件的同时，还非常贴心地提供了五个视频，基本涵盖了这个插件的全部功能，这五个视频是这个插件最权威的教程。在附件的视频里，提供了全部汉字说明、剪辑制作和背景音乐（原视频是无声的，比较沉闷），在重要的位置还添加了必要的中文说明。认真看完这几个视频，稍作练习，轻松驾驭 SketchUV 将不再困难。

例一：电脑椅靠背坐垫部分（视频从 1'32" 开始）

（1）三击靠背，虚显所有隐藏的线（如是群组，须双击进入，不用炸开）。

（2）让它面向相机，单击彩色图标，按 Tab 键调出田字格后校正，如图 9.4.1 所示。

（3）调用工具条上的彩色图标工具，右键单击一个交点并选择"投影贴图"命令，如图 9.4.2 所示。

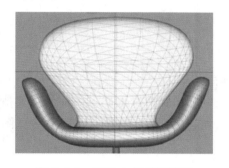

图 9.4.1　用 Tab 键校正靠背

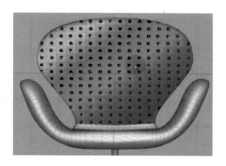

图 9.4.2　赋给 UV 坐标

（4）用箭头键 +Ctrl 键或 Shift 键调整 UV 大小和方向（或输入缩放比例）。

（5）选择坐垫，重复上面的过程，尽量改善接缝处衔接，见图 9.4.3 和图 9.4.4 所示。

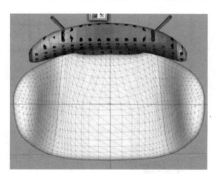

图 9.4.3　Tab 键校正坐垫

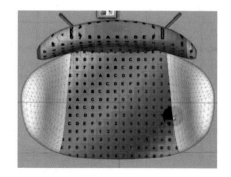

图 9.4.4　赋给 UV 并调整

窍门：双击一个面，该面就可快速对齐相机，避免反复调整。每完成一部分 UV 映射，就要在右键菜单里选择"保存贴图坐标"命令，如图 9.4.5 所示。

（6）对剩下的表面重复执行赋 UV 和调整后，图 9.4.6 是完整的 UV 映射的椅子，它在接缝处有好的连续性。

（7）用油漆桶工具赋材质后，在右键菜单中选择【加载 UV 坐标】命令，完成贴图后仍能调整大小方向。

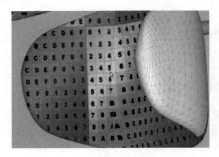

图 9.4.5 侧面赋 UV 并调整

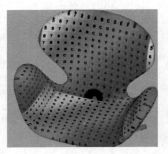

图 9.4.6 完成赋 UV 后

例二：电脑椅立柱部分（视频从 6'11" 开始）

（1）电脑椅坐垫下面有个立柱，形状是标准的圆柱体。

（2）进入群组，三击虚显网格，必要时用 Tab 键调出田字格校正方向，如图 9.4.7 所示。

（3）调用工具条上的彩色图标工具，右键单击一个交点并选择【柱形贴图】命令如图 9.4.8 所示。

（4）用箭头键 +Ctrl 键或 Shift 键调整 UV 大小和方向（或输入缩放比例）。

（5）右键单击柱面，在右键菜单里选择【保存贴图坐标】命令，如图 9.4.9 所示。

（6）用油漆桶工具赋材质后，在右键菜单中选择【加载贴图坐标】命令，完成贴图后仍能调整大小方向。

图 9.4.7 白模

图 9.4.8 赋 UV 后

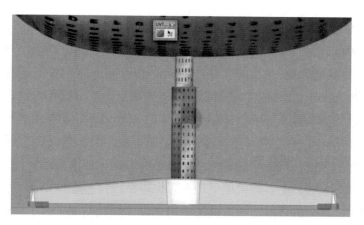

图 9.4.9　完成 UV 映射后的立柱

例三：不规则箱体（视频从 6'49" 开始）

（1）立柱下的基座，可以看成是箱体。

（2）进入群组，三击虚显网格，必要时用 Tab 键调出田字格校正方向，如图 9.4.10 所示。

（3）调用工具条上的彩色图标工具，右键单击一个交点并选择【盒子贴图】命令后，如图 9.4.11 所示。

（4）用箭头键 +Ctrl 键或 Shift 键调整 UV 大小和方向（或输入缩放比例）。

（5）右键单击一个面，在右键菜单里选择【保存贴图坐标】命令，如图 9.4.12 所示。

（6）用油漆桶工具赋材质后，在右键菜单里选择【加载贴图坐标】命令，完成贴图后仍能调整大小方向。

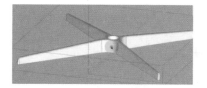

图 9.4.10　白模

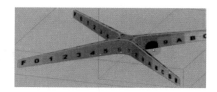

图 9.4.11　赋 UV 映射

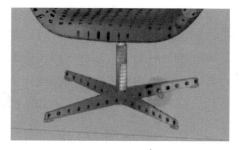

图 9.4.12　整体 UV 映射

例四：不规则柱形（视频从 8'50" 开始）

（1）虽然图 9.4.13 所示的灯座对于贴图来说是一个比较复杂的对象，但它大致还是圆柱体的形状，也可以看成是管状，所以可以用 SketchUpV 的柱面映射 UV 或者路径映射 UV。

（2）进入群组，三击虚显网格，必要时用 Tab 键调出田字格校正方向，如图 9.4.13 所示。

（3）调用工具条上的彩色图标工具，右键单击一个交点并选择【柱形贴图】命令后如图 9.4.14 所示。右键单击一个交点并选择【路径贴图】命令后如图 9.4.15 所示。

（4）用箭头键 +Ctrl 键或 Shift 键调整 UV 大小和方向（或输入缩放比例）。

（5）右键单击一个面，在右键菜单里选择【保存贴图坐标】命令。

（6）用油漆桶工具赋材质后，在右键菜单里选择【加载贴图坐标】命令，完成贴图后仍能调整大小方向。

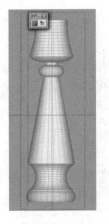

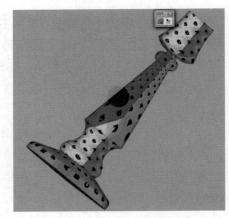

图 9.4.13 特殊柱体　　　　图 9.4.14 赋 UV　　　　　　图 9.4.15 调整 UV

例五：四种不同的管状路径贴图（视频从 11'44" 开始）

（1）一般规律：凡是用"路径跟随"创建的任何几何图形都可以用路径 UV 映射。

（2）一定要沿着管子的纵轴设置 UV 坐标系的 U 方向（UV 坐标系的定义见 9.1 节）。

（3）基本操作同前几例：进入群组，三击虚显网格。

（4）调用工具条上的彩色图标工具，沿管子的纵轴画线，指定 U 方向，生成 UV 映射。

（5）用箭头键 +Ctrl 键或 Shift 键调整 UV 大小和方向（或输入缩放比例）。

（6）右键单击一个面，在右键菜单里选择【保存贴图坐标】命令。

（7）用油漆桶工具赋材质后，在右键菜单里选择【加载贴图坐标】命令，完成贴图后仍能调整大小方向。

图 9.4.16 ~ 图 9.4.19 所示就是几种典型的管状路径 UV 映射。

图 9.4.16 弯管状 UV 映射

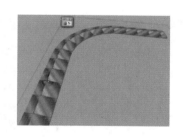

图 9.4.17 异形截面管状 UV 映射

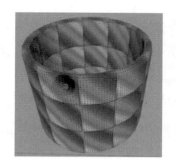

图 9.4.18 直管 UV 映射

图 9.4.19 弯曲平面 UV 映射

例六：球形特例热气球（视频从 14'55" 开始）

（1）图 9.4.20 的这个特例看起来像是球面，也可以看成类似于柱面映射。

（2）进入群组，三击虚显网格，必要时用 Tab 键调出田字格校正方向，如图 9.4.20 所示。

（3）调用工具条上的彩色图标工具，右键单击一个交点并选择【球形贴图】命令后如图 9.4.21 所示。

（4）用箭头键 +Ctrl 键或 Shift 键调整 UV 大小和方向（或输入缩放比例）。

（5）右键单击一个面，在右键菜单里选择【保存贴图坐标】命令。

（6）用油漆桶工具赋材质后，在右键菜单里选择【加载贴图坐标】命令，完成贴图后仍能调整大小方向。

（7）如图 9.4.22 所示贴图应在 U 方向重复两次，所以要输入"*2U"。

例七：路径工具（视频从 16'30" 开始）

SketchUV 插件工具条右侧上还有一个黑白颜色的"路径选择工具"。这个工具的主要功能是方便画线（如指定 U 方向的线），用于将复杂表面分割成更易于管理的 UV 贴图部分。

（1）单击一条边以启动路径，然后单击路径上的各种边，单击的边与附近的边会自动选中。

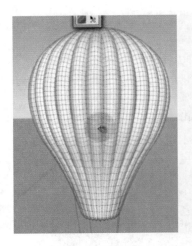  

图 9.4.20 热气球白模　　　　　图 9.4.21 赋 UV 映射后　　　　　图 9.4.22 贴图后

（2）在使用该工具画线后，任何时候按 Enter 键或 Return 键都可以使边缘变硬。

可以通过双击边缘来快速选择边缘循环。这个工具在基于四边形的网格上效果最好，但也可以在其他几何图形上试试。在三角形网格中双击一条边选择一个循环有时可能奏效，但通常会产生意想不到的结果。

这个工具对于将表面分割成更小的区域进行 UV 贴图非常有用。

9.5　SketchUV（UV 调整三）

这一节要展示的是如何用 SketchUV 的 Box Map（箱体贴图）功能为一块岩石做 UV 贴图。请注意，SketchUV 对于贴图对象形状的定义并不十分严格，所以不用纠结右键菜单里的"投影、球形、柱形、盒子、路径"。它们都不要求严格符合文字所示的要求，只要形状差不多就可以试试。这一节的标本——石块，最接近盒子（箱体），所以下面将用 SketchUV 的"盒子贴图"来做尝试。

（1）图 9.5.1 是一块石头的白模，2225 条边线，1392 个面，对于模型中的配角，这种线面数量有点太高了。

（2）三击对象，虚显所有隐藏的线（如是群组须双击进入，不用炸开），如图 9.5.2 所示。

（3）调用工具条上的彩色图标工具，右键单击一个交点并选择【箱体贴图】命令，结果如图 9.5.3 所示。

（4）用箭头键 +Ctrl 键或 Shift 键调整 UV 大小和方向（或输入缩放比例）。

（5）完成 UV 映射调整后，在右键菜单里选择"保存贴图坐标"。

（6）用油漆桶工具赋材质；再次调用工具条上的彩色图标工具，在右键菜单中选择【加载贴图坐标】命令。

（7）完成贴图后的结果如图 9.5.4 所示，贴图后仍能调整大小方向。

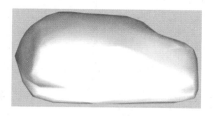

图 9.5.1　石头白模

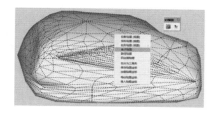

图 9.5.2　指定箱体贴图

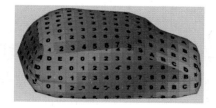

图 9.5.3　赋给 UV 映像

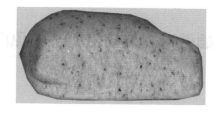

图 9.5.4　贴图完成图

图 9.5.5、图 9.5.6 是另一块低线面数量的石头（操作方法相同）。

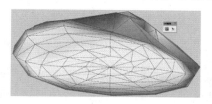

图 9.5.5　低线面数量的石头图

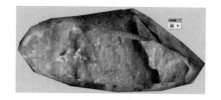

图 9.5.6　贴图完成后图

9.6　Color Maker（颜色制造者）

这一节要介绍一个色彩方面的插件，英文名称是 Color Maker，直接翻译是"颜色制造者"。它体积小巧却功能强大，是 SketchUp 用户在色彩应用方面的好帮手。本节附件里提供有这个插件的最新版本。安装这个插件只需用【窗口→扩展程序管理器】命令，经实际测试，这个插件好用并且可靠。

1. 插件的获取、安装与调用

选择【扩展程序→ Extension Warehouse】命令，输入 Color Maker 搜索，直接安装。

访问 extensions.sketchup.com，输入关键词 Color Maker 搜索后下载。

本节附件里有这个插件 rbz 文件，选择【扩展程序→扩展程序管理器】命令安装，重新启动 SketchUp 后生效。

选择【视图→工具栏→ Color Maker】命令，调出图 9.6.1 ①所示的工具图标。单击图标后，会弹出一个面板，如图 9.6.1 右侧所示。插件的所有的功能全部集中在这个面板上，非常简洁。

Color Maker 插件可以快速生成国际通用的 15 种重要颜色系统的标准色谱，很好地弥补了 SketchUp 自身色彩工具的不足。

2. 插件功能与用法概述（见图 9.6.1）

（1）在图 9.6.1 ② Color systems（色彩系统）的下拉菜单可以选择在国际通用的 15 种颜色系统中，默认是 Web（网络）。全部 15 种色彩系统名称见图 9.6.2 与附带的说明。

（2）假设在这 15 种国际通用的颜色系统中选定了一个（图 9.6.1 ②选用了 Web 系统）。

（3）单击图 9.6.1 ③ Colors（颜色）下拉菜单，可以看到 Web 系统的所有颜色，部分如图 9.6.3 所示，每一种颜色样本上都标明了国际通用的色彩名称（重要）。

（4）如果选中了图 9.6.1 ③里的一种颜色，在图 9.6.1 ④的位置就出现了这种颜色的色样。

（5）同时在图 9.6.1 ⑤ Values（数值）行，左边给出了这种颜色的 RGB 值，也就是组成这种颜色的红绿蓝成分；右边的 HEX 后面给出的是这种颜色的十六进制数值。通常这些才是我们需要的颜色参数，可以将其复制到任何有调色板的软件里去生成标准色彩，当然也包括 SketchUp 和所有的渲染工具。

（6）在图 9.6.1 ⑥的位置可输入颜色的关键词，如 Red（红），Blue（蓝），Yellow（黄）等。

（7）输入颜色关键词后，再单击图 9.6.1 ⑦ Search colors，弹出所有搜索结果，如图 9.6.4 所示。

（8）单击图 9.6.1 ⑧这个按钮，可以列出图 9.6.1 ②处指定色系的全部颜色。

（9）图 9.6.1 ⑨ Create a material 用于创建一种材质，单击它，可以把图 9.6.1 ④所示的色样发送到 SketchUp 的材质面板上去，方便建模的时候调用。

（10）在图 9.6.1 ⑩ Create all materials（创建全部材质）处，如果需要经常跟某种颜色体系打交道，假设美国的颜色标准，可以在上面选择 USA FS 595C 色彩系统，然后单击 Create all materials（创造全部材质）按钮，SketchUp 的材质面板上就会出现 USA FS 595C 色彩系统的全部颜色。用这个工具可以弥补 SketchUp 材质面板色彩不全的缺陷。

（11）图 9.6.1 ⑪ Help（帮助），单击它会弹出一个 PDF 帮助文件。

（12）图 9.6.1 ⑫ Cancel（取消），单击它关闭面板。

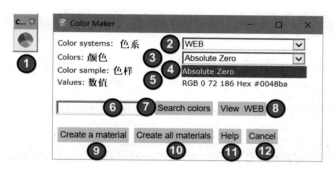

图 9.6.1　操作面板

可调用的 15 种色系介绍如下。

- AS 2700，澳大利亚颜色标准。

- AutoCAD，这里有 CAD 里可以调用的 255 种颜色。

- BOOTSTRAP，bootstrap 色彩标准。

- HTML-SU，HTML 超文本标记语言可调用的颜色。

- Munsell，蒙赛尔色彩系统。

- NBS，美国的颜色标准。

- NCS，新西兰的自然颜色系统。

- Pantone：潘通公司的八种颜色标准，市面上很多色卡都是潘通的产品，它是事实上的国际标准。

- PMS，潘通的色彩匹配系统。

- Ral，德国的颜色标准。

- RESENE，油漆行业的通用颜色系统。

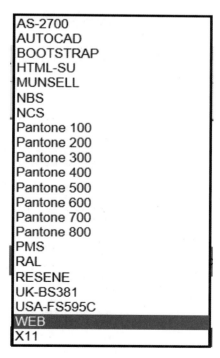

图 9.6.2　可调出的 15 种色系

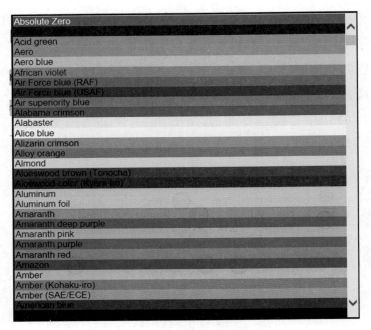

图 9.6.3　Web 色系部分颜色

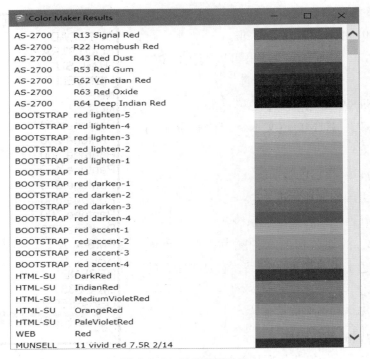

图 9.6.4　部分搜索结果

- UK-BS381，英国颜色标准。
- USA-FS595C，美国的颜色标准。
- Web，网络图文应用的安全色彩系统（仅限屏幕显示）。
- X11，计算机图形学颜色系统。

这个插件的用途和使用方法大概就介绍这么多。如果你经常要跟色彩打交道，并且未经过色彩理论方面的专门训练，或想要对色彩方面做更加深入的研究，建议查阅本系列教材的《SketchUp 材质系统精讲》一书。

9.7　Munsell Maker（蒙赛尔色彩生成器）

这一节要介绍一种叫作 Munsell Maker 的插件，国内也称它为"蒙赛尔色板"。

附件里提供这个插件的 rbz 文件，只要用【窗口→扩展程序管理器】命令直接安装即可。

安装完成后是没有工具图标的，只能在【扩展程序】菜单里调用（见图 9.7.1）。

这个工具使用起来也比较简单，图文说明在附件里。但想要用好它，还需要具备一点"蒙赛尔色彩系统"知识。

有很多读者以前没有机会接触"蒙赛尔色彩体系"，用起来可能会有问题，下面用最少的篇幅解释三个问题。

第一，什么是"蒙赛尔色彩体系"。

第二，如何使用这个插件。

第三，为什么要用这个插件，也就是什么人、什么时候需要用这个插件。

图 9.7.1　Munsell Maker 菜单项

1. 蒙赛尔（Munsell）色彩系统与标示形式

这个色彩系统由美国艺术家 Munsell 在 1898 年发明的，其特点就是"用数字来精准描述色彩"。正因为这个特点，今天我们用计算机做设计，这个系统就更为重要了。

蒙赛尔系统也是其他色彩分类法的基础。1905 年，Munsell 出版了一本说明颜色数字标注法的书，也就是现代人所说的"色卡"，目前它仍然是比色法的标准。蒙赛尔色彩系统为传统色彩学奠定了基础，也是当今数字色彩理论参照的重要内容。

为了说明蒙赛尔色彩系统，下面用一个三维空间模型进行表述。如图 9.7.2 所示。我们可以用这幅图把蒙赛尔色彩分解出三个重要的概念：色调，也称色相（Hue）；明度（Value）；色度，也称浓度和彩度（Chroma）。

- 圆周方向的色环就是色相（色调），见图 9.7.2 ①②，英文是 Hue，简称 H。
- 明度（Value）位于中心轴上，用来定义亮色与暗色的特性。它从黑（0）到白（10）按序排列，中间还有 9 级灰度，如图 9.7.2 ③所示。
- 色度，也就是浓度，彩度，饱和度（Chroma），是辨别色调纯度的特性。在蒙赛尔系统中，颜色样品离开中央轴的水平距离代表饱和度的变化，如图 9.7.2 ④所示；色度轴从明度轴向外延伸，中央轴上的色彩度为 0，离开中央轴愈远，彩度数值愈大。蒙赛尔系统通常以每两个彩度等级为间隔制作色卡。各种颜色的最大彩度是不相同的，个别颜色彩度可达到 20。

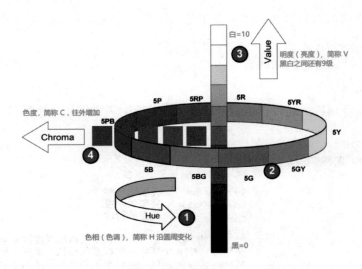

图 9.7.2　蒙赛尔色彩系统三维空间模型

上面蒙赛尔色彩系统三维空间模型中的"色度 C"和"明度 V"的概念与它们的"值"比较直观容易理解；对于"色相 H"的值，可以借助图 9.7.3 看得更清楚：为了区分颜色的特性，选择五种主色相（红、黄、绿、蓝、紫）及五种中间色（红黄、黄绿、绿蓝、蓝紫、紫红）为标准，按环状排列，划分成 100 个均分点（每色相再细分为 10，共有 100 个色相，并以 5

为代表色相，色相之多几乎是人类分辨色相的极限，定义 R 为红色，YR 为黄红，Y 为黄色等；每一主色和中间色均划分为十等份，根据色彩所处位置可做进一步的定义。

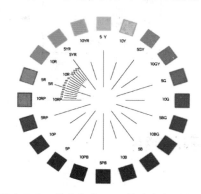

图 9.7.3　蒙赛尔色彩系统中色相的概念

通过上面两幅图像，我们大概知道了 HVC 的概念，现在再介绍一下蒙赛尔色系对每一种颜色的标示方法，这也是今后用蒙赛尔色卡必须知道的。

蒙赛尔色相的标定系统，任何颜色都可以用颜色树（色立体）上的色相 H、明度值 V 和色度 C 这三项坐标来标定，并给出唯一标号。

标定的方法是先写出色相 H，再写明度值 V，在斜线后写色度 C，如 7.5YR7/12，开头的 7.5YR 表示红黄色调并偏黄，明度 7，色度 12。再例如标号为 10Y8/12 的颜色，它的色相是黄（Y）与绿黄（GY）的中间色，明度值是 8，色度是 12；这个标号还说明，该颜色比较明亮，具有较高的彩度。

2.　例一：生成一个 Munsell Color（蒙赛尔色彩）

明白了蒙赛尔色系和它的标示规则，下面再讨论这个插件的应用就轻松了。

在【扩展程序】菜单里调用 Munsell Maker 后，可以看到一共有 8 个可选项，分成三组（见图 9.7.4）。

第一组的第一个 Munsell Color 是蒙赛尔色彩，如图 9.7.4 ①所示。单击它后，在弹出的面板（图 9.7.4 ②）三个下拉菜单里选择 H、V 和 C 的数值（蒙赛尔色卡上有相同的值）。确定后，好像什么都没有发生，其实刚才选择的颜色已经保存到了 SketchUp 的材质面板上，只要打开材质面板的"在模型中"就可以看到这里多了一种颜色，如图 9.7.4 ③所示。

显然，必须提前知道 HVC 的值才能得到准确的颜色。若指定了蒙赛尔色卡编号，可以输入这个编号里的 HVC，无论显示器有没有经过色彩校正，最后输出的模型或图纸上的颜色都是准确的，并且在地球上的任何国家都适用。这是用数码来标示颜色的好处，也是蒙赛尔的初衷。

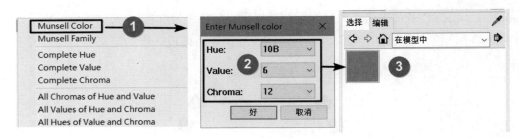

图 9.7.4　用蒙赛尔色彩面板生成一个颜色

3.　例二：生成一组蒙赛尔颜色

现在看看菜单里的第二项：Munsell Family（蒙赛尔家族）。注意这里的 Family（家族、家庭）并不包含图 9.7.5 色立体的全部，也不包含色立体中的"一页"，仅仅包含了"一页中的一行"，即图 9.7.5 ①箭头所指的范围。

（1）选择图 9.7.6 ① Munsell Family（蒙赛尔家族）。

（2）弹出一个"蒙赛尔色彩家族名称与编号对照表"，如图 9.7.6 ②所示。

（3）弹出的面板上有一大串列表，一共有 224 行，每 1 行代表蒙赛尔颜色体系中的一组颜色。每一组由一个编号和颜色说明组成，根据说明的文字，可查找出编号并且记下。

（4）单击"好"按钮后，弹出另一对话框，如图 9.7.7 左侧所示，输入刚才的编号，如"1"，材质面板上就增加了这组颜色；如图 9.7.7 ②所示，这一组颜色的名字是"vivid pink（亮粉红或莹彩粉红）"。

这种一次提供一组相似色的功能对于设计师来说比较有用，但前提是你必须知道对照表中文字的意义。本节附件里就有这个对照表的所有 224 组色彩的说明和它的编号。

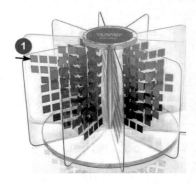

图 9.7.5　蒙赛尔色立体

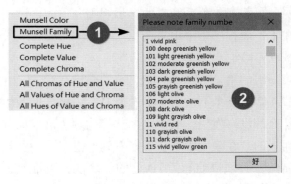

图 9.7.6　蒙赛尔色彩家族名称与编号对照表

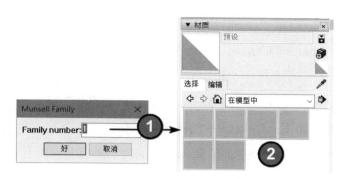

图 9.7.7　蒙赛尔色系第 1 组的全部颜色

4.　例三：列出指定的完整色相

菜单的第二组有三个可选项，分别是 Complete Hue（完整的色相），Complete Value（完整的明度），Complete Chroma（完整的色度）。

（1）如图 9.7.8 ①所示，选择了 Complete Hue（完整的色相），在弹出的对话框上选择了"0R"这一组色相，单击"好"按钮后，SketchUp 材质面板上就列出了这一组色相的所有颜色，如图 9.7.8 ③所示。

（2）另外两个菜单项的操作一样，结果类似，区别是在材质面板上出现的内容不同。

这三个选项对于设计师精细地挑选颜色很有用。不过显示器最好提前做过色彩校正，否则选中的颜色在打印或印刷时会难料结果。

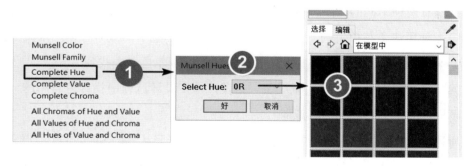

图 9.7.8　列出指定的完整色相

5.　例四：指定 HVC 中的两个，列出所有可能的颜色

最后还有三个菜单项是用条件选颜色的工具。

- All Chromas of Hue and Value：指定色相和明度，列出全部色度的颜色。

- All Values of Hue and Chroma：指定色相和色度，列出全部明度的颜色。

- All Hues of Value and Chroma：指定明度与色度，列出全部色相的颜色。

意思是，H、V、C 三个条件中，指定两个后，列出所有可能的颜色。

选择图 9.7.9 ① All Chromas of Hue and Value，也就是想要指定色相 H 和明度 V，列出全部彩度 C 的颜色；弹出如图 9.7.9 ②所示的对话框，在其中的下拉菜单里选择 Hue（色相）和 Value（明度），单击"好"按钮后，在 SketchUp 的材质面板上就列出了所有彩度（Chroma）的颜色，如图 9.7.9 ③所示。

菜单上的其余两个项目用法一样，结果一样，只是材质面板上的结果不一样。

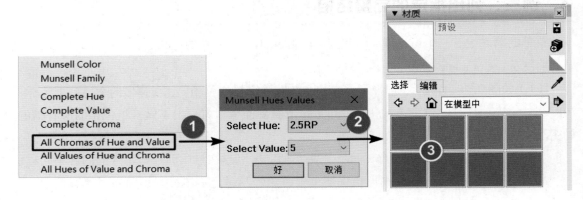

图 9.7.9　指定 H 和 V 后列出所有 C 的颜色

这个插件有两种不同的用法，也是两种不同的用途。

- 第一种用法（菜单上的上面两项）是知道蒙赛尔色卡的编号，调用准确的颜色；这个编号可能是图纸或甲方指定的，也可以在蒙赛尔色卡中找到。

- 第二种用法（菜单上的下面六项）是设计师在设计过程中找寻色彩用的，用这六种不同的方法，总能找到满意的。

综上所述，这个插件对于色彩方面有较高要求并且严谨认真的 SketchUp 用户来说是重要的。重复一遍提示：如果你的工作经常要跟色彩打交道，并且未经过色彩理论方面的专门训练，或想要对色彩方面做更加深入的研究，建议你查阅本系列教材的《SketchUp 材质系统精讲》一书。

附件里有这个插件和前面用到的所有道具图片及简单的图文说明。

9.8 TT Material Replacer（材质替换）

这一节要介绍插件的英文名称是 TT Material Replacer，中文翻译为"材质替换"。这是一个非常简单但使用机会却很多的插件。这个插件保存在本节的附件里，可以用【扩展程序管理器】安装。安装完成后，是找不到工具图标的，只能使用【工具→ Material Replacer】命令调用。

在图 9.8.1 的演示模型中已经做好了表面材质。若客户对原有的材质不满意，需要替换成新的材质，这个操作可以用 SketchUp 原生的材质工具完成，但比较费事。有了这个插件就方便很多，具体的做法如下。

提前把你能够提供的或者客户愿意接受的所有材质都做成像图 9.8.1 ②所示的样板，甚至可以打包成群组，这样用起来更方便。里面准备的六种材质都是工厂仓库有现货的；此外还准备了六种颜色，也是仓库有存货的。需要调整材质的时候，把它们拉到工作窗口里待用即可。

现在你可以请客户坐在你的旁边，当面更换材质给他看，让他找一种满意的。

（1）选择【工具→ Material Replacer（材质替换）】命令。

（2）工具图标变成一个吸管，旁边的文字是 Replace default，意思是替换默认的。

（3）把吸管工具移到想被替换的材质上，如图 9.8.1 ①所示，工具图标上的文字变成了这种材质的名称；单击确认替换。

（4）把工具移动到可供选择的新材质上，图 9.8.1 ②所示；工具旁边显示新材质的名称，单击确认，模型上所有的材质就焕然一新。

（5）如果还想看看其他的材质，只要重复这一过程。

不过要提醒你，在第二次替换新的材质之前，最好先返回原先的状态。

如果发现替换的木纹是横向的，尺寸也不对，可以提前根据模型对象的大致尺寸创建一些矩形的平面，再用"坐标贴图"方法调整方向和大小备用。这样贴好的图，至少在较大、较多、较主要的平面上是符合要求的，不至于影响视觉效果。

如果替换材质后发现还有少量不符合要求、需要改变纹理方向的部分，不用一个个去旋转方向，在 9.11 节里还要向你推荐另一个工具，专门用来调整纹理的方向。

图 9.8.1　材质替换插件用法

9.9　Material Resizer（材质调整）

SketchUp 的用户中经常有人会吐槽：规模不大的一个模型，为什么 skp 文件的体积动不动就几十兆，几百兆？细究起来，可能有很多种原因，其中材质贴图方面主要有两项。

- 没有及时清理曾经试用过的、现在已经不再用的贴图和材质。解决这个问题并不难，只要选择【窗口→模型信息】命令，然后在统计信息里清理一下就可以了。
- 模型中用了太多高像素甚至超高像素的贴图，模型一下子就被"催肥"了。眼前就有个例子，这个模型在上一节里出现过，从 Windows 的资源管理器中可以看到它的文件体积是 5M 左右，现在打开的是跟刚才差不多的一个模型，就是多了左边几个贴图用的样板，你猜猜看，它的文件体积有多大。你一定不会想到它差不多有原来的四倍大吧。

贴图或材质可能会把模型撑得很胖，这个问题早就引起了大家的注意，所以在 SketchUp 的插件大家族里，为贴图或材质减肥的工具有不少，这一节要介绍的插件叫作 Material Resizer（材质调整）。它也是一种为材质减肥的工具，来源于 SketchUp 官方的 Extension Warehouse（扩展程序）。

因为模型中用到的所有贴图要保存在 skp 文件里，图 9.9.1 说明贴图尺寸过大会导致模型体积快速膨胀；其实这些高像素、高清晰度的贴图对于设计和表达来说，没有多少实际的意义。

但是如果模型中用了很多偏大的贴图，想要一个个去查找并且修改却会非常困难；所以我们想要有一个工具，可以把模型里所有贴图的尺寸都列出来，让我们来决定要不要修改和如何修改。

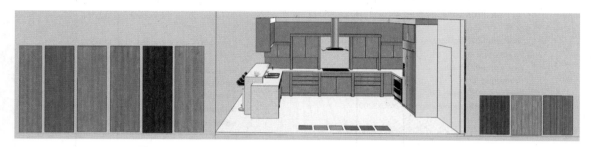

图 9.9.1　本节标本模型

插件 Material Resizer（材质调整）就是用来解决这个问题的，下面演示这个插件能做什么，怎么做。这个插件已经保存在这一节的附件里，可以用 SketchUp 的【扩展程序管理器】简单安装。安装完成后，没有工具图标，可选择【扩展程序→Material Resizer】命令调用。

调用它以后，弹出如图 9.9.2 所示的面板，上面列出了当前模型里所有的材质，左边有一个小小的缩略图和材质名称，右面框出的数据是贴图的尺寸，以像素为单位。

如果模型里材质品种太多，图 9.9.2 ②所指处有个过滤器，单击这个像漏斗的图标，会出现一个输入框，左边一排文字 Show materials larger than 意思是只显示大于指定像素的材质。假设输入 800 后回车，所有高度或宽度小于 800 像素的材质就不再显示了，只留下大于 800 像素的对象。

现在我们就可以根据这些材质使用的位置和重要性来确定要如何处理它们。说实话，想把这一步做好并不容易，如果没有丰富的经验，图像尺寸很难定得合适；若是定得大了，则模型瘦身的预期打了折扣；定得小了，模型看起来就会模糊不清。

在下一节我还会为你介绍一种检测材质的工具，可以很好地解决这个难题。现在先把精确调整材质大小的问题放一边，为这些材质定一个大致的尺寸。

注意，图 9.9.2 ④处有一行字和一个数值框，上面写着：Reduce selected materials to，意思是：想把选定的材质减少到数值框里的像素，默认是 512 像素。

现在选择需要瘦身的对象，可以一个个勾选，也可以在图 9.9.2 ③处勾选全部，接着就可以单击图 9.9.2 ⑤处的"GO！"。

因为要一个个材质进行计算和修改，稍微等一下。

现在所有需要调整的材质尺寸全都变了，如图 9.9.3 所示。

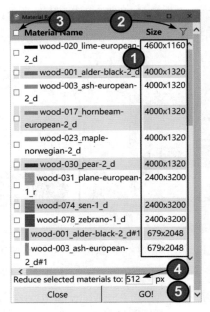

图 9.9.2　瘦身前清单

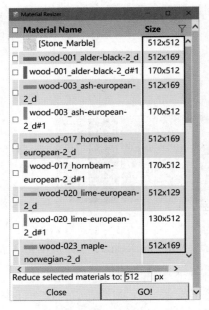

图 9.9.3　瘦身后清单

　　调整前较大的尺寸都变成了 512 像素，调整前较小的尺寸全都按比例缩小了。图 9.9.4 是调整前的文件，大小 19.1MB，图 9.9.5 是调整后的文件，大小 6.17MB，是原来的三分之一还不到。

图 9.9.4　瘦身前模型大小　　　　　　　图 9.9.5　瘦身后模型大小

9.10　Goldilocks（纹理分析）

　　上一节介绍的插件 Material Resizer（材质调整）可以快速把太大的材质（通常是贴图）调整到指定的大小，因此可以大大缩小模型的体积。但是这种方法比较粗暴，可能会把不该缩小的材质也缩小了。

这一节要介绍的插件叫作 Goldilocks。按照字面直译，居然叫作"金发女郎"。这是跟一种叫作 LightUp 的即时渲染器配套应用的插件。大家都知道：在小规格模型上用了高像素的纹理会使文件增大，运行变慢；反过来，大尺度的模型如果使用了低像素的纹理，会使得贴图看上去模糊。这两种情况下的模型，若还要做渲染的话，问题很大。所以，即时渲染器 LightUp 出现的同时，"金发女郎"也应运而生。

这个插件在后面的篇幅里，改称为"纹理分析"。"纹理分析"插件是一个 rbz 文件，可以用 SketchUp 的【扩展程序管理器】进行简单安装。安装完成后没有工具图标，可以在【工具】菜单里看到以下两个选项：Goldilocks texture（纹理分析），Goldilocks Geometry（几何分析）。

1. 纹理分析

现在打开一个曾经见过两次的模型，如图 9.10.1 所示，仍然将它当作标本进行分析。

选择【工具→Goldilocks texture（纹理分析）】命令，开始对当前模型贴图的像素与模型的尺度关系进行客观分析，并提供分析的结果。

模型用 Goldilocks 分析后，会提供一个如图 9.10.2 所示的图表。图表的左边是 Material Name（材质名称），右侧是 Texture Resolution（纹理分辨率）；模型中尺寸偏大的贴图会以红色进度条显示，进度条越长，表示贴图与模型的尺寸匹配越差；合适的贴图则使用绿色进度条显示。如果看到黄色的进度条，说明这个贴图精度过低。

很长的红色条，对应的贴图纹理像素不一定很大，只是跟它在模型里扮演的角色不相符，比如一个没有删除的废材质，没有用在模型上，在分析结果里会突出显示。所以进行"纹理分析"之前，要先清理所有不再使用的废材质，免得出现干扰信息。

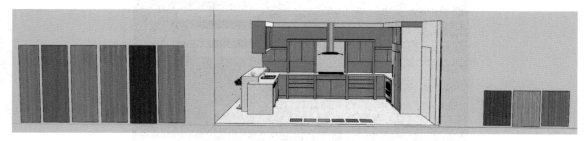

图 9.10.1 本节测试用模型

现在进行另一项测试。选择【工具→Goldilocks Geometry（几何分析）】命令，开始对当前模型的几何体精细程度进行客观分析，并提供分析的结果，如图 9.10.3 所示。这个图表有左右两个部分，左侧是 Component Path（对象的路径）；右侧是 Edge Density（边缘密度）（边缘密度即边缘线段的数量），红色的进度条越长，表示这个对象的边缘线段密度越高，越应该进行精简。

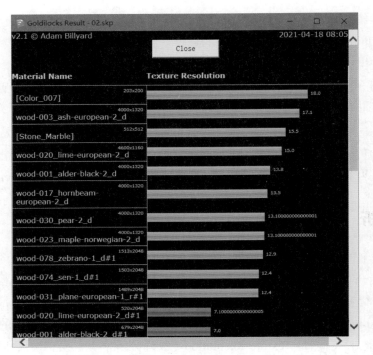

图 9.10.2　Goldilocks texture（纹理分析）

图 9.10.3　Goldilocks Geometry（几何分析）

2. 合适尺寸的材质

第二个测试用的模型如图 9.10.4 所示。你可以打开附件里的这个模型，观察每一个组件的图像，都足够清晰。我们可以看看这些图像的分辨率，为今后实战中确定贴图所需的像素数量提供参考。

图 9.10.4　测试用模型二

选择【工具→Goldilocks texture（纹理分析）】命令，分析结果如图 9.10.5 所示。可见大多数对象的纹理大小呈现绿色，说明在合理的范围内。注意查看这些清晰度足够高的贴图，大概是多少像素：仔细观察图表左边的数据，取个偏高的平均值，所以高度 1000 像素左右、宽度五六百像素就可以获得足够好的效果。

不过还要注意：Goldilocks 对贴图大小的分析与给出的数据，是以保证渲染效果、减少渲染时间为目标的，注重的是当前视图（即将渲染的画面）中可见的材质；如果把模型转过一个较大的角度，或者缩放模型可见部分，贴图材质在画面的比例有了变化后，就需要重新进行分析。

至于图 9.10.6 所示的另一项测试结果，是选择【工具→Goldilocks Geometry（几何分析）】命令，对当前模型的几何体精细程度进行客观分析，并提供分析的结果。图 9.10.6 中的图表也有左右两个部分，左侧是 Component Path（对象的路径）；右侧是 Edge Density 边缘密度（边缘密度即边缘线段的数量），红色的进度条越长，表示这个对象的边缘线段密度越高，越应该精简。

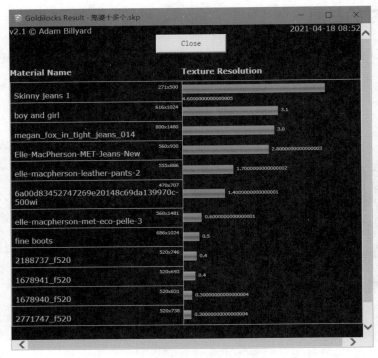

图 9.10.5　模型纹理大小分析

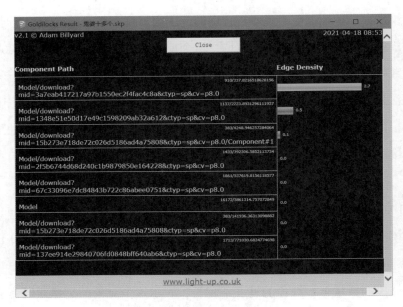

图 9.10.6　模型精细度分析

9.11　Texture Positioning Tools（纹理定位）

这一节要介绍的插件，英文名称是 ENE Texture Positioning Tools，有人直译成中文为"贴图位置调整"。这个名字太长了，建议根据其实际功能意译成"纹理定位"。

附件里有这个插件的 rbz 文件，可以用 SketchUp 的【扩展程序管理器】安装。安装成功后，可以调出如图 9.11.1 所示的工具条，也可以在【扩展程序】菜单中调用。

图 9.11.1　纹理定位插件

这个插件可以用多种方式精确地调整贴图，并且有操作直观简单、不需要花大量时间去测试学习、直接可用的优点，作者郑重推荐给建筑设计、室内设计、家具设计等经常要做平面贴图操作的朋友。

下面安排了 7 个场景来介绍这一组插件的用途和用法。

（1）图 9.11.2 是一个柜子模型，现在对它赋材质。最简单的方法是进入群组，全选后赋一种材质，结果如图 9.11.2。问题在所有结构件上的木纹全部是同一个方向，部分贴图方向错误位置已经用圆形的编号列出，以便于做对照。

图 9.11.2 所示的木纹既不符合材料的力学特性，也不符合生活中的常识，所以这种贴图是业余水平，专业人员如果把贴图做成这样是在自毁声誉。传统的做法是右键单击需要调整的面（注意不要选择到边线），在快捷菜单中选择【纹理→位置】命令，然后调整纹理的方向；再用吸管获取准确的纹理，然后赋给需要调整的面。如果用本插件的话，会方便很多，做法是按住 Ctrl 键加选所有需要调整的面，然后单击图 9.11.3 ①框出的两个按钮中的一个（区别是向左还是向右旋转），一瞬间纹理就全部调整到准确的方向了。现在你可以把图 9.11.3 跟图 9.11.2 比较一下。

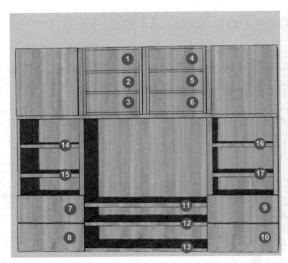

图 9.11.2　错误的贴图　　　　　　　　　　图 9.11.3　调整后的正确贴图

（2）对象是一个十二面锥体截台，现为它赋一种砖块的材质，如图 9.11.4 所示。可以看到，大多数面上的纹理不对。

想要把所有面上的砖块纹理全部调整成水平的，全选后单击图 9.11.1 ①的"贴图对齐边线"工具，所有的面就全部调整到水平方向了，如图 9.11.5。当然，还可以让它们全部转一个 90 度。

（3）插件的"贴图对齐边线"功能在对拱门、拱桥一类的对象上做贴图特别方便，图 9.11.6 所示是错误的贴图。全选后单击图 9.11.1 ①按钮，所选贴图对齐到边线，结果如图 9.11.7 所示。

附件里还有一个拱桥的例子，可参考。

图 9.11.4　错误的贴图　　　　　　　　　　图 9.11.5　调整后的正确贴图

图 9.11.6　错误的贴图　　　　　　　　　图 9.11.7　调整后的正确贴图

（4）前面两个例子中，贴图对齐的是圆周方向的边线。想要让纹理对齐其他方向，可以用图 9.11.1 的第二个工具——对齐所选边线。

如图 9.11.8 所示，矩形的右上角有一条斜线。加选图 9.11.8 ①的面和图 9.11.8 ②的线，然后单击图 9.11.1 ②"对齐所选边线"工具，结果如图 9.11.8 所示，这是对齐内部的边线。

如果在图形外部随便画一条线（如图 9.11.9 ②所示），然后按住 Ctrl 键做加选。选择有贴图的面和新画的线，再单击第二个工具（图 9.11.1 ②"对齐所选边线"），结果如图 9.11.9 所示。

（5）如果你知道要让纹理旋转的角度，可以直接单击图 9.11.1 ⑤中的"指定角度旋转贴图"按钮，在弹出的数值框里输入角度值，确定后就得到了精确的旋转。这个工具避免了调整贴图坐标的烦琐操作，也为精准调整贴图提供了方便。

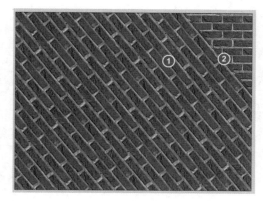

图 9.11.8　贴图对齐内部的线　　　　　　图 9.11.9　贴图对齐外部的线

（6）对于图 9.11.10 这样的情况，一个平面上只允许贴一幅完整的图，调整起来也同样方便。可以用下述办法操作：选中贴图的平面，再加选一条边线，然后单击图 9.11.1 ②的"对齐所选边线"，必要时还可以用图 9.11.1 ③④工具旋转 90°，得到的结果如图 9.11.11 所示。

图 9.11.10　调整前　　　　　　　　　　　　　　　图 9.11.11　调整后

（7）前面介绍的工具，功能虽然很强，但可以用人工替代，不过操作烦琐而已。如果前面的这些介绍还不能让你心悦诚服的话，请看最后一个法宝，它就是图 9.11.1 ⑥的"随机移动贴图"。这个工具对于室内设计师做地面铺装，建筑和景观设计师做室内外公共空间的大面积墙体和地面铺装非常好用，请看演示。

你一定碰到过像图 9.11.12 所示的情况，做地面铺装的时候，用瓷砖或石板材料做贴图，所有铺装单元里的贴图是完全相同的。

现在有了这个宝贝，情况就大不相同了。只要在全选贴图后单击图 9.11.1 ⑥的"随机移动贴图"工具，所有单元上的贴图都会做一个随机的移动，结果就像图 9.11.13 那样；如果不满意，还可以再次单击该工具重新排列。

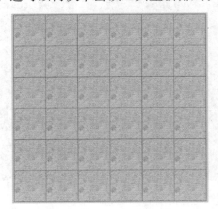

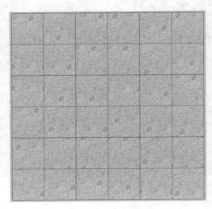

图 9.11.12　调整前　　　　　　　　　　　　　　　图 9.11.13　调整后

9.12　SK Material Brower（八宝材质助手）

刚入门的 SketchUp 用户，都会感觉到 SketchUp 自带的材质太可怜、太贫乏了。

之前的系列教材里，我们不止一次演示过把图片拉到 SketchUp 的窗口里然后炸开，它就会出现在材质面板上；如果以后还想用，可以保存成 skm 文件。但是这个办法只适合处理少量的图片，用它处理大批量的图片，几乎没有可行性。

很多年前，有位热心人写了一个叫作"skm 材质生成器"的小程序，可以批量地把 jpg 图片转换成 skm 材质；作者曾经不止一次为这个小程序制作过图文和视频教程。可惜这个神通广大的小程序没有持续更新，在高版本的 SketchUp 里就不太好用了。

2022 年，国内的"八宝工作室"发布了一个"八宝材质助手"的免费插件，试用以后感觉非常不错，功能也较丰富，比原先的"材质生成器"强了很多。经征求该工作室的同意，这个插件被收录入这本书，并且附上该工作室提供的视频介绍。

1.　该插件的基本用法

（1）插件用 SketchUp 的【窗口→扩展程序管理器】安装命令，工具图标如图 9.12.1 ① 所示。

（2）在图 9.12.1 ②的 C 盘之外设置一个存放贴图图片的专用目录，如图 9.12.1 ③所示。

（3）图 9.12.1 ④中显示当前选中子目录里的图片素材缩略图。

（4）单击图 9.12.1 ④处的缩略图，光标变成油漆桶，移动光标到贴图对象上并单击，完成贴图，如图 9.12.1 ⑥所示。

（5）图 9.12.1 ⑦处还有三个滑块，可以对贴图进行缩放、旋转、透明操作。

该插件跳过了传统的先把图片转换成 skm 材质的过程，直接调用外部图片做贴图；同时，贴图目录大小不限，图 9.12.1 中的"分类材质图片"有 86,893 个文件，76GB，并未影响 SketchUp 运行。

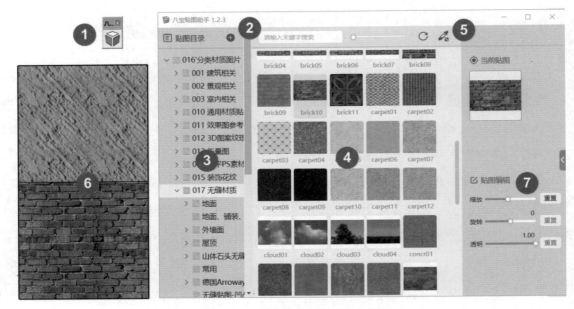

图 9.12.1　八宝材质助手的基本操作

2. 替换贴图（用外部图片）

（1）调用图 9.12.2 ①的吸管工具，单击需要替换的目标，如图 9.12.2 ②所示。

（2）到图 9.12.2 ③处确定替换范围，在"全局""组内""单组"中选择。

（3）再单击一个材质的缩略图，即可完成替换。

3. 替换贴图（用模型内材质）

（1）调用图 9.12.2 ①的吸管工具，单击需要替换的目标，如图 9.12.2 ②所示。

（2）再调用图 9.12.2 ⑥的另一个吸管工具，单击替换的"源"，如图 9.12.2 ⑤所示。

（3）如上操作后的结果是，图 9.12.2 ②⑤都变成图 9.12.2 ⑤的图样。

4. 替换 UV 贴图

图 9.12.3 ②是一个曲面的模型（抱枕），这种贴图带有 UV 坐标信息。这个插件有锁定原贴图 UV 信息的功能，而后再替换成其他贴图，此时替换后的贴图依然会沿用原来的 UV 坐标。

操作方法如下。

（1）调用图 9.12.3 ①的吸管工具，单击带有 UV 坐标信息的抱枕（图 9.12.3 ②）。

（2）再单击图 9.12.3 ③处的小锁图标，锁定 UV 图标。

（3）最后单击新的贴图，如图 9.12.3 ④所示。

（4）替换贴图后的抱枕如图 9.12.3 ⑤所示。

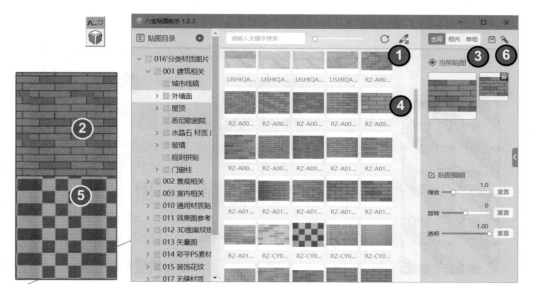

图 9.12.2　两种替换贴图

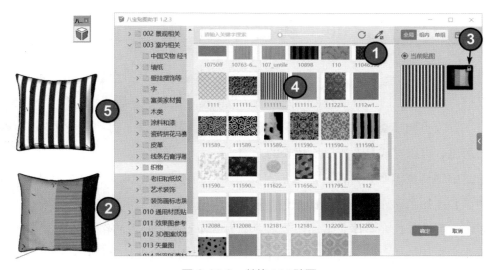

图 9.12.3　替换 UV 贴图

5. 采集模型中的贴图（可将带有 Enscape/VRay 渲染参数的材质保存）

用以下的操作可采集模型中的贴图素材。

（1）调用图 9.12.4 ①的吸管工具。

（2）单击图 9.12.4 ②要采集的贴图素材。

（3）再单击图 9.12.4 ③所指的软盘状图标，在弹出的对话框中命名并指定保存位置。

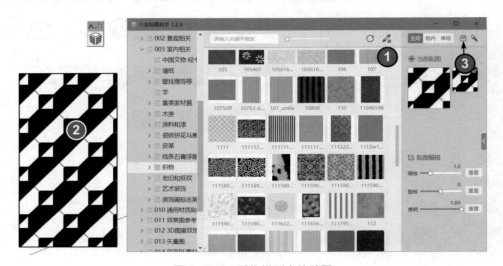

图 9.12.4　采集模型中的贴图

9.13　Grey Scale（灰度材质）

《道德经》里有"一生二，二生三，三生万物"的哲学思想，它同样能应用于色彩理论中：我们可以把"黑"和"白"看成是色彩的两极，也就是《道德经》里"一"和"二"的概念；所谓"有"到极点归于黑，"无"到极点归于白；在素描中，除了黑白两极之外，中间是深浅不同的灰色，可以看成是"三"所代表的万物。

无论是中国传统国画还是西方的素描，都由黑白两色奠定基础，黑白之间是数不清的灰色。在中国，由黑色、白色与过渡的灰色组成的水墨国画，其艺术价值丝毫没有因为色彩简单而受影响，可见灰色在整体完整性和艺术感染力方面有举足轻重的作用。

灰色作为常用的中性色，是所有纯色中最能彰显气质的颜色，无论用在建筑、景观、室内还是家具，都显得知性、优雅和不落俗套。

这个插件是一个 rbz 格式的文件，来源于 Extension Warehouse，保存在这一节的附件里，可以用 SketchUp 自带的【扩展程序管理器】简单安装。安装完成后，没有工具图标，要用【扩展程序→GyeyScale（灰度模式）】命令调用；在这个插件界面上，一共只有七个英文单词，一级、二级菜单一共只有两个选项和五个单词：GyeyScale Mode（灰度模式）和 Front Face Mode（正面模式），现在分别看一看它们的使用方法。

例一：标本是图 9.13.1 ①，一架公务飞机的模型，彩色。

（1）选择【扩展程序→ GreyScale → GreyScale Mode】命令，如图 9.13.1 ②所示。

（2）彩色的模型变成了灰色，如图 9.13.1 ③所示。

（3）再次选择【扩展程序→ GreyScale → GreyScale Mode】命令，模型仍可恢复成彩色。

例二：以 SketchUp 默认的正面颜色替换所有颜色。

（1）选择【扩展程序→ GreyScale → Front Face Mode】命令，如图 9.13.2 ①所示。

（2）彩色模型的所有颜色被 SketchUp 默认的正面颜色所替代，如图 9.13.2 所示。

（3）再次选择【扩展程序→ GreyScale → Front Face Mode】命令，模型仍可恢复成彩色。

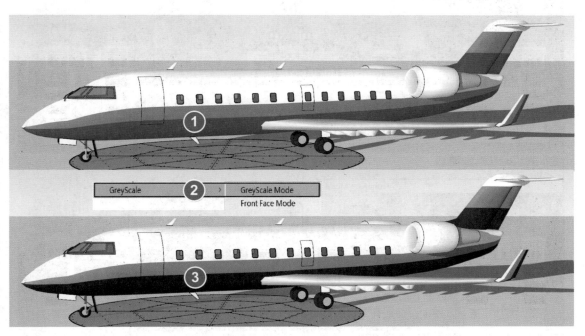

图 9.13.1　例一：公务飞机

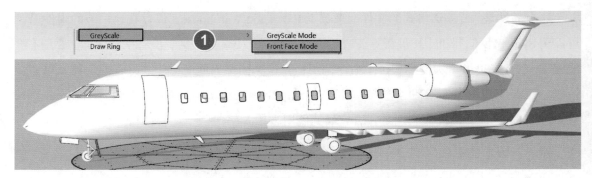

图 9.13.2　例二：SketchUp 默认的正面颜色

例三：标本是图 9.13.3 ①，印度的 Mysore Palace（迈索尔皇宫）的模型，彩色。

（1）选择【扩展程序 → GreyScale → GreyScale Mode】命令，如图 9.13.3 ②所示。

（2）彩色的模型变成了灰色，如图 9.13.2 ③所示。

（3）再次选择【扩展程序 → GreyScale → GreyScale Mode】命令，模型仍可恢复成彩色。

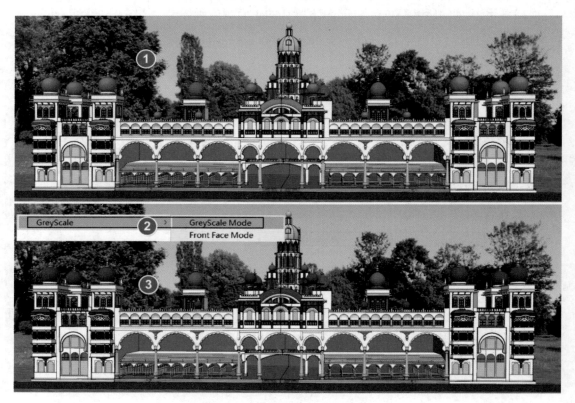

图 9.13.3　例三：迈索尔皇宫

例四：突出展示部分材质，标本为图 9.13.4 ①中的别墅模型，也是彩色的。

有一种艺术表达方式，叫作"突出"，假设我们想要突出表现一部分墙面的材质，可以这样做。

（1）选择【扩展程序→ GreyScale → GreyScale Mode】命令，如图 9.13.4 ②所示。

（2）彩色的模型变成了灰色，如图 9.13.4 ③所示。

（3）用鼠标右键单击需要突出展示的材质，在快捷菜单里找到 Revert Color（恢复颜色）命令，想要突出显示的材质就恢复了原状，其余部分仍然是灰色的，如图 9.13.5 所示。

（4）再次选择【扩展程序→ GreyScale → GreyScale Mode】命令，模型仍可恢复成彩色。

这个插件很简单。如果想把自己的设计表达得不落俗套、与众不同，可以考虑用这个插件。

图 9.13.4 例四：别墅

图 9.13.5　灰色中突出显示一部分材质

9.14　ThruPaint（穿透纹理）

这一节要介绍的是 Fredo6 Tools（弗雷多工具条）上最右边的工具，名称是 ThruPaint。这个单词后半截 Paint 是油漆，前半截 Thru 有穿过、穿越的意思。按字面翻译的话，应该是"穿越油漆"（能穿透组或组件刷材质的意思）。因为 Fredo6 为这个插件起的英文名称比较怪，于是中文翻译就各显神通，有翻译成"纹理工具"的，有翻译成"材质工具"的，有翻译成"贴图工具"的，还有翻译成"材质增强工具"的。作者以为，无论中文还是英文里的 material、chartlet、map、texture，它们之间是有区别的。根据该插件的实质行为和出于对作者原意的尊重，还是用"穿透纹理"比较贴切。

本节附件里有这组插件的英文版和汉化版，可以用【窗口→扩展程序管理器】命令进行简单安装。安装完成后，可以用【视图→工具栏】命令调出图 9.14.1 所示的工具条。

请注意：汉化版里有不少翻译错误，如果你的英文还行，建议还是用英文原版。

图 9.14.1　Fredo6 Tools 工具条

单击图 9.14.1 最右边的按钮后，会弹出如图 9.14.2 所示的面板。凡是 Fredo6 编写的插件，大多有一个花花绿绿的小面板，其中很多按钮是 SketchUp 本身就有的功能，还有一些是完全用不着的，这些按钮可以省略或移到右键菜单。

如图 9.14.2 所示，我们可以把它分解成①～⑥六个部分来理解与学习。

（1）单击图 9.14.2 ①像画笔的按钮，可以查看默认参数并设置；单击它后，弹出一个如图 9.14.3 所示的参数设置面板，就接受默认设置。

画笔按钮的左侧有四个小按钮，用来改变面板位置和状态。

（2）图 9.14.2 ②是信息提示区，工作时显示某些信息。

图 9.14.2　ThruPaint 设置面板

图 9.14.3　参数设置面板

（3）图 9.14.2 ③是 MATERIALS（材质），基本功能就是获取材质，包括四个功能图标，从左至右分别是获取面上的材质，获取材质和 UV 调整，两个灰色的箭头是上一个和下一个材质，最右边是获取 SketchUp 的默认材质（用来恢复到默认的正面和反面）。

（4）图 9.14.2 ④是 UV PAINTING（UV 贴图）。这一组工具中的前三个是这个插件中最重要的。

● 第一个方格的按钮是"用四边形做 UV 贴图"。这个图标的形状就表达了这种贴图适合对球形或类似形状的对象做贴图。选中后显示红黄方格。

● 第二个方格的按钮是"自然 UV"，是一种不变形的纹理。选中后是红黄色的。

● 第三个带有四条射线的图标，是传统的投影贴图。选中后也是红黄色的。

● 第四个像油漆刷的工具，能转移 UV（视频里有实际用途）。

（5）图 9.14.2 ⑤这组工具占有的面积最大，主要用来对线和面进行选择和柔化平滑，单击"面向"或"四边"两个按钮，可以收缩工具条上对应的部分。这一组工具还可以分成三个更小的组。

- 图 9.14.2 ⑦所在的小组有五个小按钮，分别对应于"面里的面""表面""所有已连接面""所有相邻的面用相同的材质""所有相邻面具有相同的材质和 UV"；这些工具都用来选择赋材质的面。其实只要是 SketchUp 的熟手，选择这些面根本不用如此复杂的工具。

- 图 9.14.2 ⑧所在的组也有五个小按钮，分别是"可见面""正面""反面""反面和正面""面翻转方向"，都是用来确定赋材质的面。

- 图 9.14.2 ⑨这个小组的几个工具都是用来对边线进行处理的，分别是"实线""柔化""平滑"和"隐藏"。

（6）图 9.14.2 ⑥的 OPTIONS（选择），都跟 SketchUp 的环境配置有关（中文翻译"SU 环境保护"有问题）。这组按钮也可以分成三个小小组。

- 图 9.14.2 ⑩这一组有四个小按钮。第一个工具是显示每个面的对角线。第二个按钮是当调用 SketchUp 本地绘制工具时自动激活 ThruPaint。第三个按钮可以调用 SU 本地的材质工具，快捷键是 F9。第四个工具用来在显示和隐藏边线之间切换。

- 图 9.14.2 ⑪一个大大的问号，并不是要带你去学习如何使用这个插件，而是显示三大类、五十多个快捷键不必记这么多快捷键，可以查表解决。

- 图 9.14.2 ⑫垃圾桶图标的工具，英文原文是 Purge all thrupaint attributes in the model, Reduving the size of the model. 译成中文是：清除模型中的所有 thrupaint 属性，还原模型的尺寸。也就是说：万一你把模型搞到一团糟的时候，在这里可以抛开现在所有的麻烦。

这个插件还有比较繁杂的"VCB 输入"。所谓 VCB，就是 SketchUp 的"数值框"。作者已经把所有的快捷键与"VCB 输入"放在附件中，方便你操作时查阅。

这个插件涉及的内容较多，要用图文的形式完整呈现很难。在本节的附件里有插件作者 Fredo6 的 16 分钟视频（已添加背景音乐），还把原先的英文提示译成中文字幕。只要对 SketchUp 有点认识的用户看过上面的概要后再去看视频应该不难理解。快捷键见表 9.14.1 ~ 表 9.14.3。

表 9.14.1 快捷键（用箭头键的纹理变换）

转　换	按　键	描　述
箭头 [常规]	用箭头键来调节贴图角度和大小，鼠标确定贴图位置	
平移	右箭头	沿红轴平移（U）
	向上箭头	沿绿轴平移（V）
	左箭头	沿负向红轴平移（-U）
	向下箭头	沿负向绿轴平移（-V）
缩放	按 Ctrl 与向上箭头	统一比例放大
	按 Ctrl 与向下箭头	统一比例缩小
	Shift 键与右箭头	在 U 方向放大缩放比例
	Shift 键与左箭头	在 U 方向减少缩放比例
	Shift 键与向上箭头	在 V 方向放大缩放比例
	Shift 键与向下箭头	在 V 方向减少缩放比例
旋转	Ctrl 与右箭头	绿色向红色旋转（顺时针）
	Ctrl 与左箭头	红色向绿色方向旋转
	上一页（PgUp）	旋转 +90 度（没有场景时）
	下一页（PgDn）	旋转 -90 度（没有场景时）

表 9.14.2 其他快捷键

操　作	关　键	描　述
材质	Enter 键	鼠标下的样本材质
	Backspace 键	设置默认材质（取消当前材质）
	TAB 键	向后循环浏览模型中加载的材质列表
	Shift 与 TAB 键	向前循环浏览模型中加载的材质列表
纹理	任何箭头	鼠标下的样品材质和 UV 模式（有纹理时）
	单独按 Ctrl	在当前纹理上强制绘制模式
	单独按 Ctrl	可视化：旋转和缩放切换推理
	F7	切换网格可视性（在网格 UV 模式下）
杂项	F9	调用 SketchUp 原生油漆桶工具
	F10	显示此帮助

表 9.14.3　VCB 输入格式（注：VCB 就是 SketchUp 的"数值框"）

转　换	描　述	例　子
VCB（常规）	以空格或；分隔的链式命令	2xu 30d 4*v
	可接受的公式（无空格）	2+3x or (3*4+2)d
翻转	以红色和绿色的方向为正向，以 UV 为单位（0 到 1.0）	
	在 U 方向翻转	0.5u
	在 V 方向翻转	0.5v
	在 UV 方向翻转	0.5
旋转	从绿色到红色的角度为正（顺时针）	
	围绕鼠标位置或原点旋转	
	相对旋转度数	30d
	相对旋转弧度	0.5r
	相对旋转在等级	100/3g
	相对旋转：%(斜率)	45%
	绝对旋转：双后缀	30dd or 0.5rr
	旋转 90°	+
	旋转 −90°	−
	旋转 180°	++
缩放	比例因子相对为正，绝对为负	
	缩放是基于鼠标位置与视觉原点	
	统一比例	3x
	缩放比例在 U 方向	2.5xu
	缩放比例在 V 方向	3.5xv
	缩放 U 和 V 方向	2.5xu 3.5xv

续表

转　换	描　述	例　子
镜象	基于鼠标位置或视觉原点完成镜像	
	原点的对称性	/
	U 轴的镜像	/u
	V 轴的镜像	/v
平铺	将纹理映射到 U 和 V 定义的方向	
	全面平铺（系数 1X1）	1*
	在 U 方向平铺	2*u
	在 V 方向平铺	2*v
	如果没有定义，则使用储存的系数（1）	*
	询问平铺方向	**
复位纹理位置	复位所有	0
	复位旋转	0d
	复位缩放比例	0x

9.15　Color Paint（调色板）

这一节要 Fredo6 Tools 工具条上的另外一个宝贝——Color Paint（调色板）。它在 Fredo6 Tools 工具条上的位置见图 9.15.1。安装调用见 2.4 节。

图 9.15.1　Fredo6 Tools 工具条

1. Color Paint（调色板）概述

SketchUp 自带的材质面板上，有一个"颜色"项，里面包含了 106 种颜色；还有一个"指定颜色"项里有 152 种颜色；且不说这两个颜色集存在的不足甚至毛病（可参阅《SketchUp 材质系统精讲》2.5 节），单说这两个颜色集的规模，就难以适应对色彩有专业应用要求的 SketchUp 用户。

弗雷多先生大概也看到了这一点，所以就编写了这样一个插件，大大扩展了 SketchUp 用户对于色彩的掌控能力与运用范围。选择【Fredo6 Tools → Color Paint（调色板）】命令后，将弹出 Color Selector（颜色选择器）面板（见图 9.15.2），上面有 8 个标签，包含有 6 个颜色集合，介绍如下。

- ③ Named（命名的），包含 138 种有英文标准名称的颜色。
- ④ Grayscale（灰度），包含 256 种不同的灰度。
- ⑤ RAL Classic（劳尔经典色卡），包含 230 种标准色。
- ⑥ RAL Design（劳尔设计色卡），包含 1624 种标准色。
- ⑦ SVG Palette 139 Colors，包含 139 种 SVG 色卡标准色。
- ⑧ Extended（扩展的颜色集），包含 873 种标准颜色。
- ①②用于加载与调用调色板文件和"我喜欢的颜色集"。

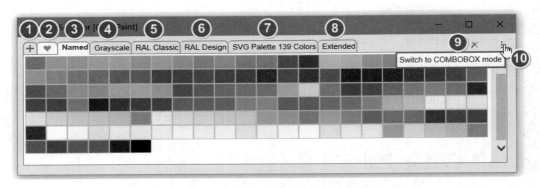

图 9.15.2　Color Selector 面板

2. 使用举例（Named）

单击图 9.15.3 ① Named 标签，可看到 138 个色块；把光标停留在（不要单击）任何一个色块上，都会显示如图 9.15.3 ②所示的信息，其中包含有英文名称、编号、色卡号和 RGB、Hexa、HSV、Luminance 等数值；为了让不太熟悉色彩理论的读者也能享用这个插件带来的便利，下面对图 9.15.3 ②所示的色彩术语稍做介绍。

（1）SVG 是一种主要用于网页配色的调色板，图 9.15.3 ②所指的红色相当于 SVG139 号色。

（2）RGB 是一种广泛应用于屏幕显示的，以红绿蓝三原色为基础建立的色彩模式，主要应用于计算机或手机屏幕、投影仪等电子显示应用。一般的喷墨打印机可以勉强表达 RGB 色彩，但有色差。RGB 颜色不宜直接用于对色彩有较高要求的印刷。图 9.15.3 ②上的 RGB=[255.0.0] 代表红色。

（3）Hexa 也是一种表示颜色的方法，用 6 位十六进制码表示，每两位代表一种颜色，顺序是"红绿蓝"，图 9.15.3 ②上的 Hexa=FF0000 是上述同一种红色。十六进制的数值 FF 相当于十进制的 255，可见其意义与 RGB 是相同的，只是表达的方式不同。

（4）HSV 色彩模式跟 SketchUp 材质面板上的 HSB 和 HSL 都是以色相、饱和度、明度来表征颜色的系统，三种颜色模式的 H 都是指色相（Hue），S 指饱和度（Saturation）；HSB/HSV/HSL 中的字母 B/V/L 都指亮度（明度），英文单词分别为 Brightness / Value / Lightness；这三种色系即使存在少许不同，也没有根本的区别。

（5）Luminance 是明亮程度，也叫光度，用来度量被照表面的亮度，等于光源或表面的单位投影面积所发射的单位立体角的光通量。

将光标移动到某一个色块上并单击，光标变成油漆桶，这种颜色就成为 SketchUp 材质面板的当前颜色，它将出现在材质面板的左上角。接着就可以用材质面板对它进行查看、编辑，也可以直接对目标赋色。

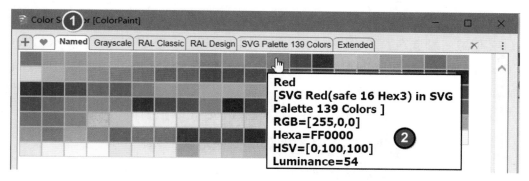

图 9.15.3　一种颜色的数据

3. 调色板的进阶应用

上面介绍了调色板与 SketchUp 材质面板配合应用的方法，可以方便地获得宽广的可选色域。

下面介绍的用法，适用于 Color Paint（调色板）上的所有色系。

（1）赋色：单击某种颜色，光标变成油漆桶后，移动到对象上单击即可为对象赋色；同时，这种颜色也出现在 SketchUp 材质面板的"当前材质"上（即材质面板上最大的色块），单击材质面板的"编辑标签"，还可以对其进行修改编辑。

（2）查看颜色参数：光标移动到某种颜色，即可查看这种颜色的所有详细参数，如图 9.15.3 ②所示。

（3）创建颜色集：单击某种喜欢的颜色，不要松开鼠标，稍微移动一点点，当这种颜色上出现一个红色心形图案时，这种颜色就被收集到图 9.15.4 ①中"我喜欢的颜色"里。图 9.15.4 ②就是刚刚收集的几种颜色。

（4）从颜色集里删除：只要单击某种颜色，按着鼠标左键拖曳到图 9.15.4 ③有红色叉叉的图标上，这种颜色就从"我喜欢的颜色"里删除。

（5）当前颜色收集到颜色集：单击图 9.15.4 ④的油漆桶图标，可以把 SketchUp 当前正在使用的材质收集到"我喜欢的颜色"里去。注意：若当前材质是某种图片（贴图），保存的是其颜色的平均值而不是图片本身。

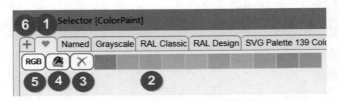

图 9.15.4　创造与保存颜色集

（6）创造一种颜色：单击图 9.15.4 ⑤的 RGB 图标，会弹出图 9.15.5 所示的 Favorite Color Creation 面板。这是一个创造颜色的工具，在这里输入任意 RGB、HCV、Hexa 颜色系统的数据都会产生一种颜色。单击图 9.15.5 ⑥，即可加入图 9.15.4 ①的"我喜欢的颜色"里去。另外，在图 9.15.5 ④的 Opacity 里可以指定新颜色的不透明度。

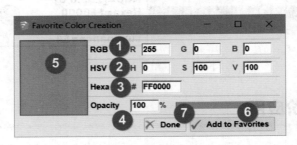

图 9.15.5　创造颜色

（7）加载与调用调色板文件：单击图 9.15.4 ⑥的加号标签，弹出如图 9.15.6 所示的对话框。单击图 9.15.6 ①，可以加载一个已有的调色板文件；单击图 9.15.6 ③，可调出一个创建调色板文件的范本。

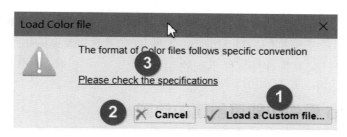

图 9.15.6　加载已有的调色板

Fredo6 Tools 的调色板较好地弥补了 SketchUp 材质面板的不足，大大充实了 SketchUp 用户在色彩方面的选择，相当于增加了一个独立的可配置颜色选择器与色彩收藏夹。

9.16　SU Animate（专业动画插件一）

在此后的几个小节，我们要讨论 SketchUp 的"动画"、相关插件与相关的内容。在正式展开讨论之前，需要提前做一点铺垫，免得从来没有接触过相关领域的读者产生困惑。

1.　动画对于设计的重要性

设计师的劳动成果和专业水平必须要表达出来，只有别人接受了，设计才具有价值。所以，如何让别人接受你的设计，就变得跟设计同样重要甚至更加重要。"动画"在交代三维信息方面有着绝对的优势。

- 想要表达 SketchUp 模型的总体外观或局部细节，只要简单地创建一连串场景页面，SketchUp 就可以自动生成"页面动画"。

- 如果想要对日照光影进行研究，并且想把研究结果展示出来，就可以制作一种特殊形式的动画，叫作"阴影动画"。

- 如果在设计阶段就想亲自体验自己的设计是否合理，或者想要让大家提前感受设计成果，可以创建"漫游动画"，动画中展示的就是工程建成后的真实体验。

- 如果想要表达某产品的装配关系，可以用 SketchUp 创建"装配动画"。

- 如果想展示物体移动与其规律，可以用"路径动画"。

- 如果要想表达对象的内部结构，可以使用"剖面动画"。

- 用 SketchUp 与一些专用的插件结合起来，还可以创建其他专业的动画。

如果我们能够把传统的静态图纸和动画手法综合起来运用，让两种表达形式各司其职，表达的效果将会更加丰富精彩，当然也更容易被甲方所接受。在竞争激烈的市场经济环境里，多掌握一种表达方法，你将处在更有利的地位。我们非常幸运，在 SketchUp 中一旦完成了模型的创建，就既可以产生传统的二维矢量图、彩色的效果图和模拟的手绘图，也可以获得各种形式的动画，这是任何其他软件都做不到的。

2. SketchUp 原生功能可创建的动画

SketchUp 本身就有制作动画的功能，但非常有限，大概有以下几种。

（1）页面动画：这是最简单的动画，只要创建两个以上的页面，每个页面里是模型的不同视图，切换页面就能见到动画效果，还可以导出视频文件。本节附件里就有一个简单的页面动画。

（2）剖面动画：这是活用 SketchUp 剖面工具创建的动画，通过巧妙地运用剖面工具，可生成如医院里的"CT 片"连续播放的效果，这对于表达建模对象的内部结构非常有效。

（3）图层动画：这是活用 SketchUp 图层功能创建的动画，通过巧妙地运用图层功能，可生成如产品装配效果的动画，对于表达设计对象的装配关系非常有效。

以上介绍的这些只是用 SketchUp 原生工具生成的一部分动画；用某些渲染工具也可以制作动画，只是操作过程相对复杂，对计算机的要求非常高。

3. 可用于创建动画的 SketchUp 插件

作者曾经制作过一套"SketchUp 动画制作技巧"的视频（43 集，13 小时），专门讨论在 SketchUp 里创建动画影片的课题。在动手之前，作者曾搜罗了所有能收集到的 SketchUp 动画插件与工具，花了两三个月时间至少曾对下列十多种插件做了重点测试与比较。

飞行相机插件：Floating Camera。

物体位移插件：Proper Animation。

路径动画插件：Camera Key Maker。

关键帧动画：Keyframe Animation。

仿真动画插件：SAT 2.0。

关键帧动画：Animation SU alive Free。

联动动画插件：JointSU 1.0。

剖面动画插件：Animate Sections。

位移组件动画：Mover Animation Tool with Easings。

动画页面管理：[Re]Scene。

全景场景：PanoScene。

4. 为什么选择 SU Animate

经过反复测试，上面插件里有几个发现存在问题，不太可靠，还有一些不能在新版的 SketchUp 里使用；有些收费不菲的插件，功能也很一般；最后，这一大堆插件都被舍弃了。

其实，不把它们纳入这个系列教材还有个最根本的原因：它们的功能都包含在专业动画插件 SU Animate 里；既然如此，我想还不如把全部精力集中在 SU Animate；作为读者或学习者的你们，与其花大把时间研究一大堆不同功能的动画插件，还不如深入研究一个功能完整的工具；只要把 SU Animate 学透学精，你的 SketchUp 动画就能称得上是大师级别了。下面详细介绍一下 SU Animate 的特点。

（1）功能丰富，可以用它来创建几乎所有想得到的 SketchUp 动画。

（2）SU Animate 底层逻辑和界面设计得非常正规、思路清晰，学习和使用很容易上手。

（3）SU Animate 生成的动画可以跟 SketchUp 推荐的渲染工具 Podium、Walker 等对接。

（4）不喜欢英文的同学可找到汉化版本。其实英文版除去重复的地方只有二三十个单词。

（5）虽然是收费插件，但它有十天的免费全功能试用期，过期后还可以用修改系统日期的方法继续试用。当然，其他变通的永久使用方法就不方便说了。

（6）SU Animate 不像大多数插件那样，一阵心血来潮后就不再更新了。SU Animate 已经从 2008 年的 1.1 版，随着 SketchUp 的更新，一路升级到现在的 4.3 版，功能一次比一次好。所以有充足的理由对它的未来充满信心。

5. 插件的获取、安装与调用

在常用的插件网站 extensions.sketchup.com 和 eketchucation.com 是找不到 SU Animate 的，只能访问官方网站 https://suanimate.com/ 下载试用版或购买正版。

本节附件里有这个插件的 rbz 文件，它是 2022 年最新的、官方推荐 V4.2.1 版。请注意，附件里还有 V4.2.2 和 V4.3 版，它们多少有点问题，不推荐安装。

选择【扩展程序→扩展程序管理器】命令安装，重新启动 SketchUp 后生效。安装后 10 天内可享受全功能试用。

选择【视图→工具栏】命令，调出图 9.16.1 所示的工具条。

选择【扩展程序→ SU Animate】命令，可调出对话框。

国内可搜索到的汉化版，都是 4.0 或 4.1 版的，更适合用于 32 位系统，并且都存在一些问题。汉化后的 SU Animate 的所有版本，都包含一个 rb 文件和一个文件夹，安装这种插件，要把它们全部复制到 SketchUp 的 Plugins 目录里去。请查阅本书 1.1 节相关专题。

英文基础差或不喜欢英文版的用户，可以用中文版入门，在熟悉这个插件的基本操作后，改用英文版就不会有困难了，这样还能顺便学习几十个英文单词和常用短语。第二种办法是：如果你是个一点都不懂英文，又不想学习的懒汉，作者为你准备了丰盛的懒汉套餐。图 9.16.2 里已经把这个插件上的所有英文翻译出来，方便操作时查阅对照。

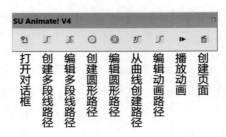

图 9.16.1　SU Animate 的工具条

6.　如何学习使用 SU Animate

SU Animate 是一个功能强大的正规插件，若是全部用图文的形式来介绍它们的功能并且举例说明，需要另外写一本书（原来确有写书的计划）。现在为了不占用太多篇幅，打算用两个小节来简单介绍这个插件的概况。

这一节主要介绍 SU Animate 的不同版本、来源、安装与调用等最初一定会碰到的问题，并且配有一段十多分钟的视频辅助说明。虽然视频是多年前制作的，但仍然有效。

下一节将主要介绍 SU Animate 的操作界面和基本的操作要领，还配有一段 20 多分钟的视频进行辅助说明。虽然视频是多年前制作的，但仍然有效。

SU Animate 至少能够创建十多种类型的动画，如相机路径动画，对象路径动画，人物实景漫游动画，对象生长动画，对象剖面动画，对象图层动画，产品装配动画，对象旋转动画，螺旋路径动画，相机环视动画，阴影研究动画，SketchUp 模型虚拟现实，等等。

在本节的附件里还有一些学习用的视频教程目录链接，供有兴趣深入学习的读者参考。

图 9.16.2　中英文对照

9.17　SU Animate（专业动画插件二）

上一节我们介绍了 SU Animate 的不同版本、不同的安装方法和汉化版的缺陷等内容，相信你已经把自己想要的 SU Animate 安装好了。这一节我们将从 SU Animate 的用户界面开始，讨论 SU Animate 的使用方法和一些窍门。

为了介绍与讨论的方便，下面先用已知有部分问题的 SU Animate V4.1 汉化版讨论。对于已经安装了英文版的朋友，也可对照学习。

1.　工具条功能简介

如图 9.17.1 ①所示，SU Animate 的图标工具条提供了九个常用的命令，分别介绍如下。

（1）第一个按钮：用来打开 SU Animate 对话框，这个对话框里包含了 SU Animate 的大多数操作选项，非常重要；选择【扩展程序→ SU Animate】命令也可以调出这个对话框。

（2）工具条上第 2 ~ 8 这六个工具都与动画的路径与播放有关；从图 9.17.1 ①上面的文字注释即可望文知意，不用再做更多解释（附件的视频里有更详细的示范）。

（3）工具条最右边的工具"创建页面"需要说明一下。我们知道，动画或电影的最小单位是"帧"，相当于 SketchUp 里的一个"场景页面"。这个工具的功能是把当前设置好的、已经可以正常播放的动画变成一系列 SketchUp 场景页面；即使只生成保证品质的最低标准动画——每秒 30 帧，一段 20 秒的动画会产生 600 个场景页面（SketchUp 官方有个建议值，最好不要超过 200 个场景页面）。

其实生成这些页面是完全没有必要的。如果想要把动画变成视频，可以搜索安装一种"录屏工具"，来录制屏幕上播放的动画。

2. 新建动画工具

单击图 9.17.1 ②所示的"打开对话框"按钮，即可见到一个长长的对话框，其头部如图 9.17.1 ③所示，可见上部有 4 个标签，下面有 4 个参数栏目。单击图 9.17.1 ④的"新动画"标签，可在 6 种动画形式中选择一种（每种都有不同的后续操作），图 9.17.1 中的⑤处两个标签是"播放"与"刷新"其功能不言自明。单击图 9.17.1 ⑥，下拉菜单里除了可指定创建图层动画外，还有一些辅助功能。

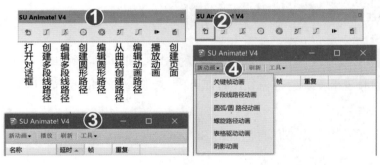
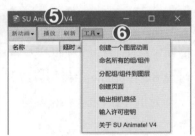

图 9.17.1　工具条与部分对话框

3. 对话框的大致功能

上面介绍了 SU Animate 工具条上的九个工具，单击工具条上的第一个工具（最常用），弹出 SU Animate 对话框，里面包含了 SU Animate 的大多数操作选项，下面结合一个简单的例子介绍一下。

（1）如图 9.17.2 所示，是一个简单的"对象移动路径动画"，动画的脚本（目的）是三只老鼠沿着三条不同的路径从左侧的起点移动到右侧的终点（如④所示）。要求第一只老鼠先出发，走到半路时第二只老鼠出发，第三只老鼠的出发时间比第二只又晚一些。三只老鼠先后到达终点。

（2）从图中可见三条"路径（Path）"对应三只老鼠。"路径（Path）"在播放动画时会自动隐藏，也可以用"标记（图层）"来隐藏。

（3）从①和②可见，每条路径都能单独设置占用的"帧（数量）"和每条路径的"延时（时序）"。Path1 对应第一只老鼠，从起点到终点占用 20 帧；Path2 对应第二只老鼠，因为距离比较长，安排了 30 帧跑完全程；第三只老鼠的路程更长，所以安排了 40 帧跑完全程。

（4）至于出发的时间先后也可从①里面看到：第二只老鼠（Path2）在第一只跑完全程的一半时（延时 10 帧）出发；第三只老鼠出发时，第一只老鼠已经到达终点（延时 20 帧）。

（5）图 9.17.2 ③是播放控制器，可以用它来控制播放和暂停、单步运动、调节快慢等功能。

更多细节与其他视频的创建技巧见所附视频与链接。

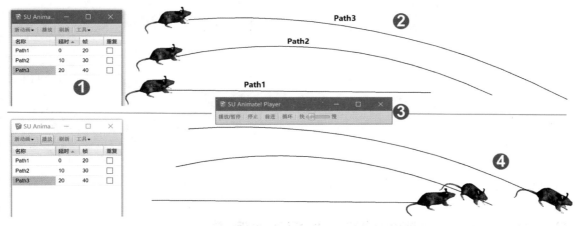

图 9.17.2　一个路径动画的例子

9.18　SketchUp 动画经验谈

这一节作者想把这些年关于 SketchUp 动画制作方面积累的心得体会写下来，比较完整地表达我想对所有 SketchUp 动画制作者想要说的话，希望对你有用。内容一共分成四个部分。

第一，为什么要做 SketchUp 动画？

第二，SketchUp 动画的用途、性质和注意点。

第三，补充几种镜头表现的技巧。

第四，关于 SketchUp 动画制作的总结。

1. 为什么要做 SketchUp 动画

总体上讲，设计师的劳动成果和设计机构的专业水平，必须要表达出来让别人审阅和评价，只有别人接受了，设计才具有价值，不然就是占用硬盘空间的累赘；所以，如何让别人接受你的设计就变得跟设计同样重要了，有时候它甚至比设计本身更重要。

传统的图纸，包括三视图、剖面图、透视图、手绘、电脑效果图等，它们的优点是可以借助版面的幅度和图纸的数量表现项目的细节和尺寸等设计要素，但是，这些表达方式却有着一个共同的先天不足——它们都只能传递二维的静态信息；特别是用效果图来表达项目设计的方法已经风靡（甚至被滥用）很久了，过分的造作、夸张、美化、虚假、公式化、同质化、庸俗化等毛病越来越突出，审美疲劳早已形成。可以说：效果图的效果越来越差，尤其是某些号称傻瓜渲染、立等可取的软件，做出来的东西千篇一律。

SketchUp 动画在交代三维信息方面有着绝对的优势。比如，想要表达 SketchUp 模型的总体外观或局部细节，只要简单地创建一连串场景页面，SketchUp 就可以自动生成页面动画，甚至能展示图纸上看不见的背面、反面，钻进模型的肚子里展示模型的内部；借助于某些插件，还可以很方便地创建更多种类的动画，丰富动画的内容和表达方式。

如果我们能够把传统的图纸和动画手法综合起来运用，让两种表达形式各司其职，效果将会更加丰富，当然也更容易被对方所接受。在当下竞争激烈的行业形势下，多掌握一种动画这样的表达方法，你将处在竞争中更有利的地位。

2. SketchUp 动画的用途、性质和注意点

（1）设计投标。用动画形式配合项目投标越来越普及，而看这种动画的人几乎都是内行，所以创建这种用途的动画，一定要有资深专业人士做指导和审阅；内容要突出设计理念、设计思路、构成手法、建筑形态、卖点亮点、经济和技术方面的可行性，要突出空间感和设计感。

（2）工地和施工。随着数码技术的发展和普及，工地现场规划、材物料进出和存放、施工机械布置、施工顺序和流程、设计要素之间碰撞等跟施工有关的设计和表达也多由数码技术完成，特别在上下、左右、内外之间的沟通时，SketchUp 动画作为辅助的交流手段，可以起到非常重要的作用。

（3）房地产销售。在房地产销售领域，动画跟效果图一样，越来越被重视和普及。动画面向的主要对象是有购房意愿的社会大众，这一类动画要突出现场写实效果、周围环境、配套设施、价格性能比等信息，商业味较重，最容易掺入虚假夸张、过度美化的成分，所以要注意适度，避免引起反感。

（4）招商引资。这种动画当然是给有投资能力、正在寻找投资机会的老板看的，内容大多是介绍投资环境、优惠政策、商机、前景等，表现手法也比较商业化，即便要塞进去一些夸张的成分，也要适可而止。

（5）城乡规划。这是一种比较常见的动画，应该在动画中突出以人为本的设计理念、宏观的整体透视、配套设施的合理性、环境保护措施、可持续发展等方面的内容；以城乡规划为主题的动画，最容易犯的错误就是鸟瞰成分太多，天马行空，飞来飞去的镜头占据大部分篇幅；把观众都变成了孙大圣、小飞侠，何以体现以人为本？所以，鸟瞰、俯视和飞行的内容要适度，应多安排人视漫游。

（6）旧城改造。这应该是从"四万亿刺激措施"开始兴起的投资方向，这一类动画要表现改造后的旧城用来做什么。如果是拆旧建新，动画的内容就跟上面讲的建筑投标相似；如果要把旧城改造成保留历史风貌、传统特色的项目，通常有"修旧如旧"方面的要求，设计师要恶补传统建筑方面的知识，了解当地的历史、地理、人文方面的特色，不然就做不出能感动人的东西。

（7）旅游开发。这一类动画，可能是用来投标和招商，也有可能用来做广告。根据用途的不同，表达的重点可能会有很大的区别，但是周边环境、山水景观、传统建筑等要素是必不可少的。动画最好主要沿着观景路线用人视角度漫游，在预定的观景点停留环视、凝视，要体现出身临其境的感受，尽量避免太多的鸟瞰、穿越和飞翔内容。

3. 补充几种镜头表现的技巧

用 SketchUp 创建动画，大致有十多种表现技巧，如漫游，凝视，环视，俯视，仰视，飞行，移位，阴影，剖面，图层，变焦，模糊，切换，等等。在撰写此文的过程中，又想到了一些需要补充的内容。

（1）由远及近与逐渐远去。这里所说的远和近，是指动画观众的主观感受。对于动画的制作者来说，就是对象在窗口中的大小（术语叫作变焦）；为了获得平滑的远近过渡（变焦），最好不要使用鼠标滚轮，可以使用 SketchUp 基本工具里的相机缩放工具，还可以借助 AxisCam 相机轴移插件。在实际操作中，无论是人视还是鸟瞰，都可以用由远及近的手法刻画一个要重点表达的对象（也就是俗称的特写镜头）。而逐渐远去的手法，时常用在一个主题交代完毕、转向另一个主题或动画结束的时候。

（2）模糊变清晰或相反。这是另一种突出重点对象的手法。如果这种手法运用得当，能让你的作品富有诗意并且产生意境深远的感觉。有两种不同的方法可以获得这样的效果，一种是合理运用 SketchUp 的雾化功能，逐步由模糊转入清晰，或者反过来从清晰慢慢模糊。要获得这种效果，只要在逐步调整雾化程度的同时，不断捕获关键帧就可以了。

另一种方法是在制作动画视频后期的时候添加模糊特效，这可能需要经过较长时间的经验积累并且要经历反复的测试。显然，对于我们以使用 SketchUp 为主的人，前一种方法实现起来更方便，更可控。

（3）蒙太奇和镜头切换：电影和电视在后期制作的时候，时常会把不同的镜头组接在一起，得到各个镜头单独存在时所不具有的含义和艺术效果，这种手法就是蒙太奇。SketchUp 动画想要获得这种效果，首先要按照预想好的脚本，用 SketchUp 获取一系列分镜头的素材，然后在合成编辑的时候做拼接整合；相邻两个分镜头连接的位置最好是软性的切换，众多后期编辑软件都有丰富的转场特效，技术上不会有什么困难，所以我们可以把心思用在内容的安排和原始素材的创作上。

（4）解说词和背景音：用 SketchUp 做动画，本身是不带解说词和背景音乐的。如果想把动画做得更加专业，解说词和背景音乐必不可少，可以在后期剪辑的时候加进去，技术上并无难度。要用心的是撰写解说词和挑选背景音乐，解说词当然是应该言简意赅，言之有物，在交代清楚主题的前提下越简短越好；背景音乐的挑选大有讲究，最好征求专业人士的意见，还有，现在对音乐作品的版权抓得很紧，随便下载一段音乐做背景，搞不好会惹麻烦，作者对此有过亲身体会。

4. 关于 SketchUp 动画制作的总结

这是 SketchUp 动画制作方面的一个小小总结。

（1）做 SketchUp 动画的全过程，就像电影和电视一样。首先需要有一个好的脚本，这个脚本当然不会是上万字的大本子，但至少要提前确定做这个动画的目的（用途）是什么，是给什么人看的（观众是谁），有什么卖点、亮点给人看，如何给他们看。只要预先想好了这几个问题，事情就解决了多半。用 SketchUp 可以制作十多种不同类型的动画，它们各有偏重和用途，就看你如何去组织和发挥了。

（2）做动画跟做设计一样，做加法很容易，把素材和特技堆砌起来就行；要学会做减法很难，要自觉地做减法更难，能用最小的篇幅提供最多的信息才是高手。

（3）设计脚本和具体操作的时候，一定要记住"以人为本"这四个字。动画的观众要看的就是脚踏实地的东西，所以要尽量多一点人视角度的漫游，环视，仰视，凝视……如果你能让观众体会到你的设计是为他们而想，为他们而作，你就成功了；所以，除了整体介绍的段落外，尽量少用一点鸟瞰、俯视和穿越等手法。SketchUp 的相邻两个页面之间，SUAnimate 的两个关键帧之间，如果存在距离较大的过渡，在观众看来就是相机在跳来跳去，看得人头晕，效果非常不好。

（4）最后再来说几个可以用来做动画的软件工具。如果你访问过 SU Animate 的官方网站，可能会注意到，他们推荐配套使用的渲染工具是 Podium，还有一个 Podium Walker 可以直接将 SketchUp 模型做成动画并且完成渲染；而 Podium 也是 SketchUp 官方推荐的渲染工具，可惜功能有限，只能做漫游动画。

（5）通常，要制作一个完整的、比较正规的动画，大致需要经历三个过程。

- 首先是规划、制作和收集动画的素材，包括用 SketchUp 生成各种动画片段；用 Photoshop 制作图片文字；用 Flesh 制作片头片尾，撰写和录制解说词，收集照片，背景音乐，等等。当然，用 SketchUp 完成的工作是最重要的。

- 第二步，是对 SketchUp 形成的动画页面进行渲染。能够完成这一步工作的工具太多了，如 VRay，Podium，Artlantis，Twilight，Lumion 等，但是它们有一个共同的问题：想要快一些，就难得到质量，也没有个性；想要做好一点，就要花大量的时间。我有个朋友，制作了几分钟的动画，用了半个月时间。所以专业做动画的公司是按动画成品的"秒"数收费的，能够上电视广告的动画，制作费就达六位数。如果你的动画不是电视台做广告用的，我强烈建议建模的时候认真一点，把材质和贴图做得正规些，再配合 SketchUp 的日照光影、风格样式、雾化柔化直接做出动画的素材片段，照样能风采不凡，吸引眼球；不去做渲染，是最符合多快好省原则的方案。

● 第三步，是后期剪接和编辑。要把前面准备好的素材按照脚本的要求连接起来，加上片头片尾，语音解说，图片文字，背景音乐……如果这部分工作用大众化的软件来做，如绘声绘影、威力导演等，所花费的时间不会太多，品质也说得过去。如果你打算靠做动画吃饭，就要去啃几个不太容易精通的软件，如视频编辑软件 Premiere，特技和视频处理软件 After Effect，数字影视后期合成与特技软件 Combustion，等等；当然，前期的 Photoshop、CAD、3DS Max、Maya、VRay 等渲染工具，特效校色 After Effects，树插件 TreeStorm 及 Speedtree，全息贴图 RPC，森林制作 Forest Pack、自然景观 DreamScape……这些软件各有用处，也不能马虎。

9.19　其他材质与动画插件

除了本章前面较详细介绍过的 17 种之外，还有另外一些插件已集中在本节，供读者自行选择要不要去研究应用。

1. Heightmap from Model（模型转高程图）

这个插件可以将 SketchUp 的地形模型输出为 RAW 和 BMP 图像格式，这些格式可以在3D 软件里利用置换贴图直接调用。使用前需要先关闭透视，然后转成顶视图，再运行插件。插件保存在附件里。

2. Map Maker（法线贴图）

这个插件可以将场景中精细的模型根据法线颜色进行绘制并导出为法线贴图，导出的贴图能够运用在低精度的模型中，使其达到高精度模型的渲染效果。插件保存在附件里。

3. S4U Scale Definition（重设贴图比例）

这个贴图插件功能简单但实用。它可以将所选组或者组件的材质贴图恢复为原有的比例，适用于组或者组件进行放大缩放操作后贴图比例也跟着变化的情况。使用该插件，可以快速将贴图比例恢复成原比例。插件保存在附件里。

4. Animate Sections（剖切动画插件）

剖切动画插件可以为所选模型组自动制作剖切生长动画效果，简化了动画的制作过程。

5. Keyframe Animation（关键帧动画）

这个插件可以通过设置关键帧在 SketchUp 内部制作物体对象变换动画，具体包括位移、旋转、缩放、镜像和反转，并且还可以将几种变换动作进行叠加，形成组合的动作动画，最终还可以对动画进行视频输出。使用 Keyframe Animation 可以非常方便地展示工程工序、家具、机械等产品的安装分解步骤等动画效果。

6. Axis Cam（相机轴移插件）

这个插件使用键盘直接操作相机，使得相机的目标点总是朝向被选中的物体，而相机则沿固定的轴向运动。在创建某些种类的动画时候，可配合使用此插件。

第 10 章

其他插件与软件

　　本章介绍几种比较重要却难以归类的插件与外部软件，尤其是其中的"模型减面与优化工具""图像逆向重建工具""位图矢量化工具"，对于经常要进行曲面建模的 SketchUp 用户比较重要，所以集中在一起进行介绍。

10.1 Auto Magic Dimensions（自动魔术尺寸）

使用自动魔术尺寸插件，只需单击一个按钮，即可轻松将尺寸自动添加到模型中，能加快工作流程。该插件可向平面的几何图形、组和组件添加尺寸。

- 插件会自动创建四个图层，分别是红、绿、蓝三轴的尺寸图层与没有对齐的尺寸图层。
- 单击按钮时，尺寸将添加到最接近与屏幕对齐的图层中。打印与导出文件的时候，可以选择部分图层或全部尺寸。
- 可以在选项中设置尺寸与图形的偏移距离。
- 尺寸可以同时添加到多个组，甚至可以一键添加组与组之间的间隙。例如将一连串厨房橱柜与相互间的间隙同时标注出来。
- 如果希望尺寸显示在对象的背面而不是正面，只需稍微旋转模型，让背面对着屏幕，尺寸就会标在面对屏幕的那个方向上。

插件的获取、安装与调用

选择【扩展程序→ Extension Warehouse】命令，输入 Auto Magic Dimensions 搜索，然后直接安装。该插件不能在 extensions.sketchup.com 中输入关键词 Auto Magic Dimensions 进行搜索下载，所以无法提供这个插件 rbz 文件。

安装完成后会看到如图 10.1.1 所示的工具条，也可选择【视图→工具栏→ Auto Dimensions】命令调出工具图标。

单击右侧的"工具设置"按钮，会弹出如图 10.1.2 所示的对话框，所做的设置将成为插件默认值。

图 10.1.3 所示为是否标注组或组件之间距离（间隙）的区别。

本节附件里有插件作者制作的视频，已添加了中文字幕。

图 10.1.1　工具条

图 10.1.2　工具设置

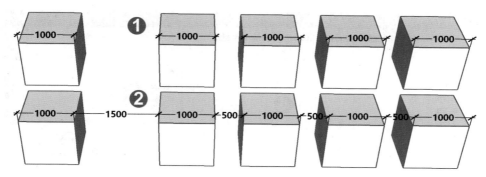

图 10.1.3　"尺寸间隙"选择 no 和 yes 的区别

10.2　通用格式导入并减面（Universal importer）

Universal importer 是一种在 SketchUp 里"通用格式导入并减面"功能使用的插件，可以导入 50 多种不同格式的三维模型文件（见表 10.2.1），同时拥有对导入模型的"减面优化"功能。

1.　插件的获取、安装与调用

访问 Universal importer，输入关键词 Universal importer 搜索，下载。本节附件里保存有这个插件的 rbz 文件（2022 版安装曾发现有问题），选择菜单【扩展程序→扩展程序管理器】命令安装。

安装完成后，通常会自动弹出的图 10.2.1 ①所示的纸鹤状的图标；也可以选择【视图→工具栏→ Universal importer】命令调出这个图标。但现在不要去单击它。

插件安装完成后，在【文件】菜单新增了一个【Import with Universal Importer】菜单项；单击它可以导入需要减面的 3D 模型。

选择【文件→ Import with Universal Importer】命令，会弹出如图 10.2.1 ②所示的 Select a 3D Model（选择一个 3D 模型）对话框，单击③所示的 3D Models 项，将会看到一个奇长无比的格式清单，其中包含表 10.2.1 的所有格式，不用管它。直接在资源管理器里导航到你需要导入的 3D 文件④。单击"打开"按钮。

单击工具图标，按提示操作，改动线面数量，稍等片刻即可完成减面。

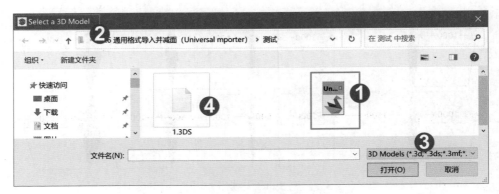

图 10.2.1　工具图标与新菜单

2. 该插件支持的 3D 文件格式列表

见表 10.2.1。

表 10.2.1　Universal importer 可导入的模型格式

3D	CMS	LWO	NDO	SIB
3DS	COB	LWS	NFF	SMD
3MF	DAE/Collada	LXO	OBJ	STP
AC	DXF	M3D	OFF	STL
AC3D	ENFF	MD2	OGEX	TER
ACC	FBX	MD3	PLY	UC
AMJ	glTF 1.0 + GLB	MD5	PMX	VTA
ASE	glTF 2.0	MDC	PRJ	X
ASK	HMB	MDL	Q3O	X3D
B3D	IFC-STEP	MESH / MESH.XML	Q3S	XGL
BLEND	IRR / IRRMESH	MOT	RAW	
BVH	ZGL	MS3D	SCN	

3. 两个应用实例

（1）图 10.2.2 是一个减面实例，减面前的①中有 20,000 个面，减面后的②中仅剩 800 个面，统计数如③所示。适度柔化后，看不出球体的精度有什么变化。

（2）图 10.2.3 是另一个减面实例，减面前的①中有 32,405 个面，减面后的②中仅剩 3,990 个面，③是适度柔化后的效果，统计数如④。实例看不出有什么明显变化。

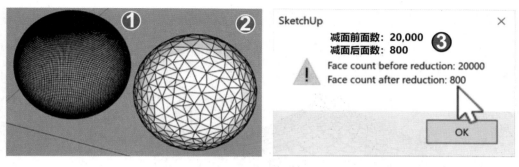

图 10.2.2　一个减面实例

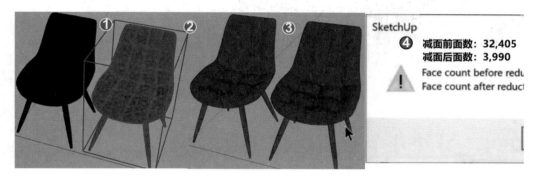

图 10.2.3　另一个减面实例

《SketchUp 曲面建模思路与技巧》一书第 20.6 节的附件里有插件作者的视频。可供参考。

10.3　SketchUp Viewer（SketchUp 浏览器）

SketchUp 用户（尤其是室内设计行业的设计师）经常会遇到一个难题：把模型提供给甲方或其他人后，如何只允许对方浏览，而不允许其修改；以往大多用截图的形式，这不能充分发挥 SketchUp 三维模型的表达优势。

本节的附件里有两个名为 SketchUp Viewer 的文件，分别适用于 Windows 系统和 Mac 系统。今后当你要把模型发给对方浏览而不允许改动时候，可以把这个 SketchUp Viewer 模型浏览器与模型文件同时发给对方。

对方收到 SketchUp Viewer 后，只要简单安装就可以打开你的 skp 模型文件了，绝大多数人不用指导就知道如何使用这个浏览器。用 SketchUp Viewer 模型浏览器打开一个模型后的效果如图 10.3.1 所示。SketchUp Viewer 界面上只有与浏览、观察模型有关的工具，没有任何能够修改编辑模型的手段；这样，你既能充分发挥三维模型的表达优势，又避免了模型在用户手里被改动甚至被破坏的尴尬。

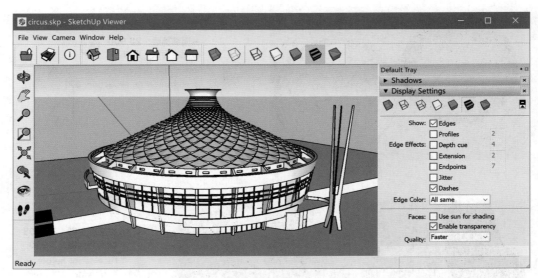

图 10.3.1　SketchUp Viewer 模型浏览器

10.4　另外几个减面优化工具

能够用于模型减面优化的工具很多，有在 SketchUp 里使用的，有在其他 3D 软件里使用后导入 SketchUp 的，还有独立的软件工具。除了前面介绍的减面优化工具之外，在《SketchUp 曲面建模思路与技巧》一书里还详细讨论过另外一些更加方便的工具与方法。

本节要介绍的是撰写本书时候曾经测试过，并因为各式各样的原因未被收录入本书进行详细讨论的此类工具，在此列出供有兴趣研究的读者参考。

1. CleanUp（SketchUp 模型清理工具）

插件的大致功能如下：在模型范围内修复重复的组件名称，清理未使用的项目，删除隐藏的几何，删除重复的面，删除孤立的边缘（除切割平面上的边缘），删除边缘材质，修复断裂的边缘，平滑和柔化的边缘，把边缘和面放到 Layer0，合并相同的材质，合并连接的共面，等等。

2. D5 转换器

目前 D5 渲染器支持直读 skp 格式的模型文件。D5 转换器可以无缝链接 SketchUp，包括模型优化。

3. Polygon Cruncher（减面工具）

这是一款非常好用的三维模型优化软件，它能够支持 LightWave、3DS Max、Maya 三款软件的多个不同版本，可以在不影响 3D 模型外观的前提下尽量减少模型的多边形数量，同时在高优化比的情况下不损失细节，还可以保留原型的 3D 模型浏览器，是一款实用的 3D 减面插件。

4. Transmutr（模型转换器）

Transmutr 能将各种 3D 格式转换为 SketchUp 文件，具有强大的功能，如自动渲染材料和代理、几何简化，以及缩放、单位转换、轴 / 原点转换等基本选项。

Transmutr 会从源文件中提取尽可能多的数据，为自动创建渲染准备材料。这能使您免于烦琐的手动工作来重新创建已在源软件（3DS Max 等）中制作的材质。当然，也可以通过添加地图或调整主要值来轻松编辑和调整材质。

10.5　Agisoft Metashape（图像逆向重建工具一，原 PhotoScan）

作者在《SketchUp 材质系统精讲》第 8 章和《SketchUp 曲面建模思路与技巧》第 17 章里曾经对这个工具做过详细的讨论，现在再次简单介绍，有兴趣者可参阅上述两书的相关章节。

这是一种较早进入中国，在国内有较多用户的照片建模工具，软件有中文版，也有中文网站，即 www.agisoft.com/ 或 www.photoscan.cn/（二者相同）。读者可在网站下载试用版，也可注册后申请一个月的全功能版。PhotoScan 是它原名（仍然通用），现在改名为 Metashape；功能有所改良，最新的版本是 Agisoft Metashape 1.8.1。本文实例所用的还是 1.4.4 的旧版，故后续统一称为 PhotoScan。该软件的主要功能是"多视点三维重建"（即以多张照片重现三维现场）。

PhotoScan 是最早也是至今唯一曾经跟 SketchUp 结缘的照片建模工具。早在 2010 年，有个 SketchUp 的插件叫作 Tgi3D，由三个部分组成，其中之一就是 Tgi3D SU PhotoScan。把它作为一个独立的高精度相机校准工具，大大增加了 SketchUp 曲面建模的能力。遗憾的是，Tgi3D 只能应用于 SketchUp 7.0 至 SketchUp 2018。而 PhotoScan 则仍然欣欣向荣，现在我们可以使用 PhotoScan 生成 3ds、dae、dxf、stl、obj 等 SketchUp 可以导入的文件格式。

这个软件的用途能大能小，大到能做航拍图像处理（这是它的主要功能），形成数字地形与数字表面的三维高精度测量；小到对各种考古遗址、文物进行数字化；对建筑物、内饰、人像等各种场景对象建模，可做到超级详细的可视化；甚至用手机随便拍几张照片，就可以形成三维模型。它的另一个特点是：虽然它功能强大，但是初级应用比较简单，很容易操作。本节将用一组照片来实现三维建模并形成 SketchUp 模型。

图 10.5.1 是一组用普及型手机拍摄的石雕照片。经过 PhotoScan 的三维重建运算，得到一个 obj 文件（也可指定其他格式）。图 10.5.2 就是导入这个 obj 文件后的模型（未经修整）。

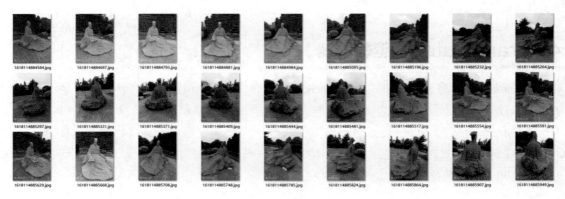

图 10.5.1　一套雕塑照片

图 10.5.2　SketchUp 导入 obj 文件后

10.6 RealityCapture（图像逆向重建工具二）

这一节要介绍另一个知名的照片建模工具——RealityCapture。该软件官网的简单介绍如下："RealityCapture 是最先进的摄影测量软件解决方案，正在改变行业。它是目前市场上最快的解决方案，它为您的工作带来了有效性，并使您能够专注于您的目标。完全自动地从图像和／或激光扫描中创建虚拟现实场景、纹理、3D 网格、正交投影、地理参考地图等。"

想要深入了解 RealityCapture 的读者，可访问其官网 www.capturingreality.com，该网提供有教程和测试用照片素材的下载链接。经反复搜索，找不到中文版的官网（仅检索到几个主要以空拍服务进行地理信息重建的代理商）。愿意尝试的读者可去官网下载免费试用版，官网也提供按工作量收费的经济套餐。

1. RealityCapture 的初始界面

软件的下载安装不再详细介绍。

RealityCapture 基本没有工具图标，绝大多数操作需选择软件界面顶部的菜单命令。因为软件的功能相当多，所以菜单也比较复杂，并且没有汉化的版本全英文的界面可能会吓退很多不谙英文的尝试者，但除非你用它的目的是"带高程与经纬度的无人机空拍照片建模"，此时需要花点时间较深入地研究一下之外；对于普通的应用，包括像"既有建筑与大中小型雕塑逆向重建"一类的任务，即使英文马马虎虎，看完《SketchUp 曲面建模思路与技巧》17.3 节与配套的视频，也可顺利操作出成果。

- 图 10.6.1 中，①是该软件的"文件"菜单，有新建、打开、保存、另存等常用功能。
- ②里有 8 种视图样式选项，和撤销、恢复功能（实例中会提到）。
- ③是初始的一级菜单，分别是工作流、对齐、重建。
- ④是二级菜单，内容因一级菜单改变而变化（实例中会列出）。
- ⑤才是最终要使用的命令，虽然看起来很复杂，其实常用项并不多。
- 除了上面的①②③④⑤的菜单部分外，菜单区的下面是工作区，下面全部是帮助文件，输入关键词可针对所遇到的问题搜索答案。

2. 一个简单实例

为了对照，仍以上一节的 28 幅照片为例尝试生成模型，如图 10.6.2 左侧所示为导入的全部照片，图中①②③④⑤⑥为操作过程与工作用菜单；右侧为生成的模型。生成的结果可导出为多种格式后再导入到 SketchUp 使用。

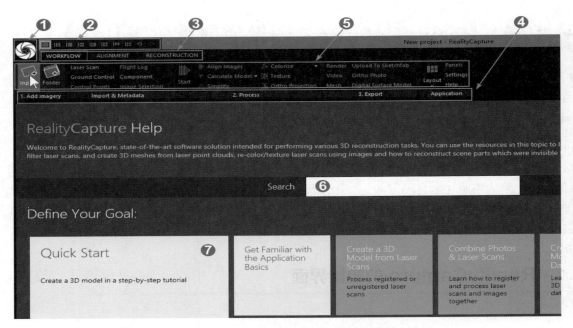

图 10.6.1　RealityCapture 的初始界面

图 10.6.2　照片和模型

因撰写此稿件使用的是免费版本，可能输出功能受到限制，尝试多次，导出的模型不能在 SketchUp 里导入（也许还有其他未知原因）。但从上述测试结果看，该软件确实有生成速度快、生成模型精度高等优点，建议愿意接受英文操作界面的读者尝试。

10.7　3DF Zephyr（图像逆向建模工具三，简称 3DF）

3DF Zephyr 是要介绍的第三种图像逆向建模工具。官网 https://www.3dflow.net/ 与 http://www.3dflow.net.cn/ 可下载免费版本试用，安装过程中有软件自带的中文版可供选择。

3DF Zephyr 的特点如下。

- 3DF Zephyr 是一个完整的摄影测量软件，广泛应用于摄影测量和三维激光扫描领域。

- 3DF Zephyr 先进的技术允许使用任何相机或无人机重建任何对象，是将三维激光扫描仪和影像数据相结合的完整、强大、可靠的软件包。

- 3DF Zephyr 提供了许多专业工具，旨在简化工作流程；其中 3DF Masquerade 的图像遮罩功能非常巧妙，支持导入和导出所有最常见的文件格式。

- 3DF Zephyr 的专有技术可以完全控制整个重建过程，所有的版本均包含可直接使用的预设参数以及为专业人士提供的可调的高级参数。

- 3DF Zephyr 可以通过图片进行全自动轻松重建三维模型；Zephyr 广泛应用于各种专业领域，如测量、工程施工、3D 建模、政府和科研机构等。

- 3DF Zephyr 软件的两个核心专利技术——3DF Samantha 和 3DF Stasia——属于业内领先，也是学术界认可的构建技术，处理过程完全自动化，无须标靶、手动编辑以及其他特殊设备；此技术是利用每个像素提供最准确的解决方案，同时提供了一个用户友好的界面，导出几乎常见的所有 3D 格式，并且可自动生成无损高清视频。

3DF Zephyr 有四种不同版本。免费版单次只能处理 50 张照片，SketchUp 用户如果用于照片建模已经够用。另外的 Lite 版是低成本版本，单次能处理 500 张照片，小企业足够用。Aerial 版有完整的摄影测量包，含所有功能与更多高级功能，如正射影像、CAD 绘图、DTM、DEM、多光谱数据处理等。Aerial EDU 版是面向高校与科研院所的完整摄影测量包。

图 10.7.1 是对既有建筑无人机空拍的重建。图 10.7.2 是作者在附近公园用手机随便拍摄了一些照片后尝试建模的截图。

图 10.7.1　既有建筑逆向重建

图 10.7.2　照片重建

10.8　img2cad（位图矢量化工具一）

想要生成曲面，通常先要获得曲线。我们时常把位图导入到 SketchUp 里，在位图上描绘其轮廓线，将这些轮廓线当作路径放样或用其他形式形成曲面，其实这就是一种手工的"位图矢量化"过程。这种方法不但费时费力，还容易出错，本节和下一节将介绍一些配合工具完成位图矢量化的有关内容。

看这个工具的名称就知道，它是用来把 image（位图）转换成（2，即 to）cad（矢量图）的工具。作者依稀记得，大概在 Windows 3.2 或 Windows 95 年代就用过这个工具，可见它已经有 30 年左右的历史了，现在已经发展到 7.6 版。

该软件是收费的，但是官网有免费版可下载，国内还能搜索到汉化版。软件下载后不用安装，解压后单击其中的绿色 img2cad 图即可运行。

1.　img2cad（图片转 cad 软件）特点

- 输入图像格式有：BMP，JPG，TIF，GIF，PNG，PCX，TGA，RLE，JPE，J2K，JAS，JBG，MNG 等。
- 输出矢量格式有：DXF，HPGL，EMF，WMF 等。
- 在单色、灰度或彩色图像上跟踪光栅线、圆弧、圆、箭头线、虚线、折线、阴影线。
- 自动校正：恢复相交、对齐、连接片段，将片段连接到直线、圆弧、圆与折线。
- 删除小尺寸的矢量对象，更正识别的文本。自动将图像调直至参考线。
- 去除颜色斑点，使颜色更均匀。可以调整公差等级。
- 批量处理，支持拖放。

2. 官网的实例

从 Img2 cad 获得出色的结果非常容易，不需要任何经验或专业知识。表 10.8.1 中列出了官网的实例。

表 10.8.1　官网的实例

参数设置	输入图像	生成矢量
细化对象：中心线 原始尺寸的比例：1 颜色阈值：0 容差：15 对象识别：全选		
细化对象：轮廓 原始尺寸的比例：1 颜色阈值：100 容差：15 对象识别：全选		

3. 实测例一：黑白图像矢量化

见图 10.8.1 和图 10.8.2。

图 10.8.1　待处理的 jpg 图像　　　　图 10.8.2　处理后的矢量图

4. 实测例二：黑白线稿图像矢量化

设置参数供参考：细化，中心线；原始尺寸，1；颜色阈值，600；容差，1 ~ 30（测试）；对象识别，全部；其余默认，如图 10.8.3 和图 10.8.4 所示。

图 10.8.3　原始位图

图 10.8.4　矢量图

5. 小结

img2cad 是一个将图片转换成 CAD 的小工具，不需要 AutoCAD 支持，该工具有几大优点。

- 体积小巧，使用方便，支持 32 位和 64 位系统。
- 可以一次完成整个文件夹内很多位图的转换（即批处理）。
- 可以"描边"，也可以生成"中心线"。
- 支持的位图格式多：如 JPG，BMP，TIF，GIF，PNG 等。
- 支持输出的格式也不少：有 DXF，HPGL，EMF，WMF，TXT 等。

缺点只有一个：转换后的矢量图边缘不够光滑，可能需要用 SketchUp 的 Curvizard Launcher（曲线优化工具）后续处理一下。

10.9　Vector Magic（位图矢量化工具二，矢量魔法）

上一节介绍的 img2cad 有很多优点，但有个致命的缺点就是矢量化后的边缘锯齿较为严重，大多数应用场合中需要做后续的平滑处理。这一节介绍的 Vector Magic（矢量魔法）保留了 img2cad 的大多数优点，还克服了它的缺点，是设计师的最爱。

Vector Magic（矢量魔法）的应用可简可繁，对于 SketchUp 用户：绝大多数应用可以简单到完全自动完成。对于专业的平面设计师；也可选择需要人工参与的复杂应用，有几十种参数可供选择与调整。

该软件有桌面应用程序，还很容易搜索到汉化版，此外还有功能更为强大的云端服务。只要在网页浏览器中输入 https://zh.vectormagic.com/ 打开中文网页，按照提示上传位图并简单设置后即可下载矢量图。《SketchUp 曲面建模思路与技巧》14.4 节有详细讨论。

图 10.9.1 中，①②③是原始位图，④⑤⑥是矢量化导入 SU 后，⑦⑧⑨为成面情况。

（1）其中①是黑色填充图案，双色，中等精度。这种图最适合矢量化后导入 SketchUp 做成浮雕。④所示的矢量图，边线 1160，面 55，如⑦所示可推拉成体。

（2）其中②是线描图案，双色，低等精度。这种图矢量化后需要修整才能成面做成浮雕。⑤所示的矢量图，边线 10031，仅有少量边线形成小面，如⑧所示。

（3）如③所示的彩图，三色，中等精度。⑥所示的矢量图，边线 5505，如⑨所示生成面 264 个，也需要稍微加工后才有实用价值。

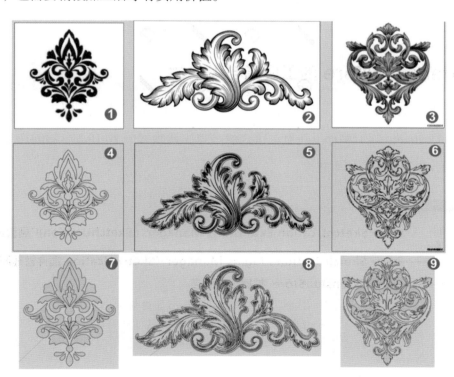

图 10.9.1　实例

10.10 ExtensionStore（扩展程序商店）

1. ExtensionStore 概述

这一节要介绍的是 ExtensionStore v4.2.5（本书脱稿时的最新版本）。

ExtensionStore 实质上是一个"管理插件的插件"，它还有另一个名字，叫作 SketchUcationTools（SketchUcation 是一个老资格的插件发源地）。

我们可以用它来访问 SketchUcation 庞大的插件库，其中包含 800 多个（组）免费的插件，并且允许用户把它们安装到 SketchUp 中使用。

有些插件，如 ClothWorks（布料模拟），必须先安装这个管理器才能安装。

这个"管理插件的插件"的下载链接如下：（本节附件里有 4.2.5 版）

https://sketchucation.com/pluginstore?pln=SketchUcationTools

下载完成后，可以用 SketchUp 的【窗口→扩展程序管理器】命令进行快速安装，

2. ExtensionStore 的工具条与菜单栏

安装完成后的工具条名称是 ExtensionStore（见图 10.10.1）在【扩展程序】菜单里的名称是 SketchUcation，其子菜单里还有九个次级菜单（请参阅图 10.10.2 右侧的译文），其功能比工具条分得更细，调用更快捷。

图 10.10.1 ExtensionStore 工具条

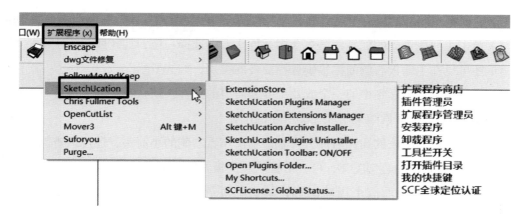

图 10.10.2　ExtensionStore 菜单项

3. SketchUcation 功能

根据 SketchUcation 公布的信息，ExtensionStore v4.0 至少有以下功能。

（1）搜索 ExtensionStore 上 800 多个插件和扩展程序。

（2）查找信息，报告错误并直接向作者提出功能请求。

（3）使用自动安装功能，将插件或扩展程序直接安装到 SketchUp 中。

（4）将 SketchUp 插件或扩展安装到自定义文件夹。

（5）向 SketchUp 插件或扩展的作者提供捐赠。

（6）管理已安装的 SketchUp 插件和扩展。

（7）保存已启用 / 禁用的插件或扩展。

（8）卸载插件和扩展。

（9）自动插入来自 Archive（存档）的 ZIP 和 RBZ 格式的插件。

（10）切换 SketchUcation 工具栏的可见性。

（11）可以根据需要定制 SketchUp 环境，根据当前任务定义启动或临时加载的插件。

（12）完成自定义后，可保存为"Sets"，需要时将插件加载到 SketchUp 中，从而改进工作流程；也可以随时从工作区中删除不必要的项，使管理插件和扩展设置成为一个简单的过程。

4. ExtensionStore（扩展程序商店）的操作界面

（1）在图 10.10.3 中，单击图 10.10.3 ①按钮，弹出②所示的面板，它的主要功能是搜索和设置插件。

（2）主面板左侧标签里有"完整的列表""最近"和"最热下载"三个选项，如③所示。

（3）单击主面板中间的标签，可在众多插件作者中选择一位，如④所示。

（4）还可以在主面板右侧的标签中选择插件的类别，如⑤所示。

（5）可以用这三个标签中的一个或几个搜索需要的插件，默认状态为"最近""全部作者的""所有类别"，搜索结果出现在②所在的位置。

（6）②处有搜索出来的插件名称、作者；单击作者右侧的小箭头，还可以查阅该插件的简介。单击插件名右侧的心型图②，可表示喜欢。面板右侧是下载按钮。

（7）在②面板的上面有个齿轮图标，单击它可进入设置页面，在⑥中可设置项目。⑦⑧⑩⑪分别是更新、下载、配置与文件包。

- 单击 Updates（更新）标签，可对已安装的插件进行更新，更新完成后出现"Woot! All your extensions are up to date."（耶！你所有的扩展都是最新的）。

- 单击 Downloads（下载）标签，可查看已下载的插件清单。

- 单击 Profile（配置）标签，可看到 SketchUp 中已经安装的插件数量等。

- 单击 Bundles（文件包）标签，可保存、查看插件（文件）包。这是一个新的功能，允许在多台电脑上运行相同的插件包。

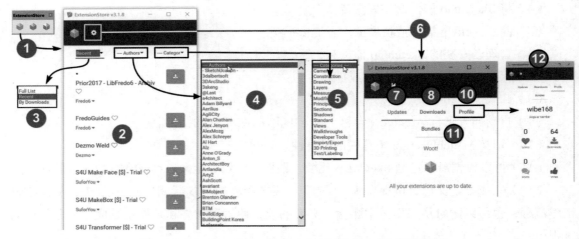

图 10.10.3　ExtensionStore（扩展程序商店）操作界面

（8）单击⑧下载按钮后，ExtensionStore 会弹出图 10.10.4 所示的提示，让你确认保存（安装）在默认的主插件目录或自建的插件目录里。

（9）图 10.10.5 是 SketchUp 在安装任何插件时都会弹出的安全提示。

（10）已经安装的插件，在图 10.10.3 ②插件名称左侧会出现一个提示用的小黑点。

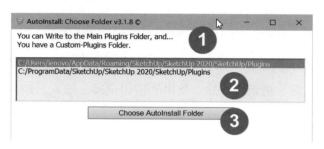

图 10.10.4　插件目录路径

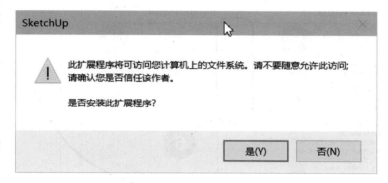

图 10.10.5　安全提示

5. SketchUcation Plugins Manager（SketchUcation 插件管理器）

下面介绍 ExtensionStore 工具栏中间的绿色按钮 SketchUcation Plugins Manager（插件管理器）与它的功能，见图 10.10.6。

（1）插件管理器最上面一行，默认显示主插件路径，见②处。单击右侧向下箭头也可选择用户自建的插件目录。

（2）③是已加载插件，④是禁用的插件。

（3）面板中间有一组按钮⑥，分别是向左、向右的箭头和一个菱形，用途如下。

- 选择左侧某插件后，再单击向右的箭头，该插件被移入右侧的禁用区，插件名称变成红色，该插件在 SketchUp 启动时不会载入，节约计算机资源。

- 如想恢复右侧已被禁用的插件，可选中它后单击向左的箭头，该插件恢复正常。

- 中间的菱形表示临时加载，单击右侧已禁用的插件，再单击这个菱形，该插件就会出现；用过后可关闭该插件。

（4）选择左侧或右侧的某个插件，在⑤处可查看该插件的详细信息。

（5）单击⑦管理器设置按钮，会弹出⑧处的一堆按钮（Plugins Sets），可以用它们来添加插件、指定应用、返回、更新、删除、输出和输出全部、输入与输入全部，管理功能非常强大。

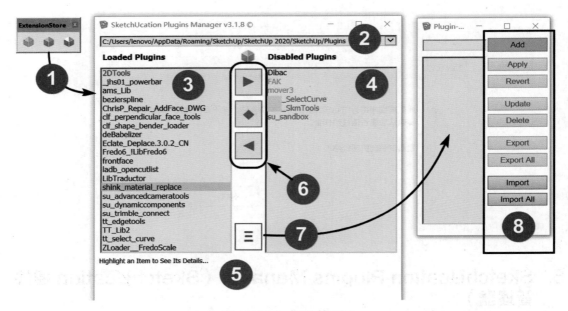

图 10.10.6　插件管理器

（6）上面曾经提到的"SketchUp 的默认插件目录"路径如下，见图 10.10.7 上面一行：

C:/Users/ 用户名 /AppData/Roaming/SketchUp/SketchUp 2020/SketchUp/Plugins

（7）另外还有个"用户定义的插件目录"。如果你没有自定义，SketchUp 有一个默认路径 C:/ProgramData/SketchUp/SketchUp 2020/SketchUp/Plugins（见图 10.10.7）。建议你在 C 盘以外的位置自定义一个插件目录，以避免重装系统时出现麻烦或损失。

图 10.10.7　默认与自定义插件目录路径

6. SketchUcation Extensions Manager（扩展程序管理器）

ExtensionStore 工具条上的第三个按钮是 SketchUcation Extensions Manager（扩展程序管理器），见图 10.10.8。

（1）它与前面介绍的 SketchUcation Plugins Manager（插件管理器）用法完全一样，所以就不再重复介绍与讨论了。

（2）二者的区别仅在于它们分别对 Extensions（扩展程序）和 Plugins（插件）进行管理。

（3）至于 Extensions（扩展程序）与 Plugins（插件），二者的区别如下（英文定义）。

- Plugins are bits of code that can be added into SketchUp after the initial install to provide additional features.（插件是一些代码，可以在初始安装后添加到 SketchUp 中，提供额外的功能）

- Extensions are more robust plugins.（扩展程序是更强大的插件）

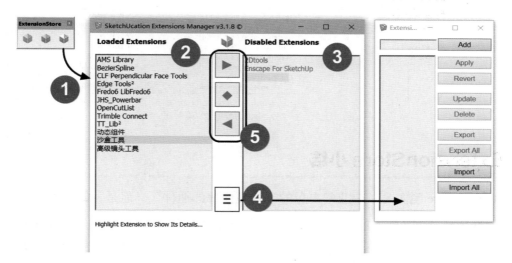

图 10.10.8　扩展程序管理器操作界面

7. ExtensionStore 的菜单项

图 10.10.9 中的菜单项前面已经出现过一次菜单上面三项的功能跟 ExtensionStore 工具条的三个按钮完全相同，不再赘述。其他项介绍如下。

（1）ExtensionStore：扩展程序商店。

（2）SketchUcation Plugins Manager：插件管理员

（3）SketchUcation Extensions Manager：扩展程序管理员

（4）SketchUcation Archive Installer：安装程序，就是安装新的插件，ExtensionStore 面板上有相同的功能。

（5）SketchUcation Plugins Uninstaller：卸载程序，ExtensionStore 面板上没有的功能，用来卸载不再需要的插件。

（6）SketchUcation Toolbar：工具条开关，单击它可以关闭和显示 ExtensionStore 工具条。

（7）Open Plugins Folder：打开插件目录。

（8）My Shortcuts：我的快捷键，试了多次，好像只能显示部分快捷键，似乎不大好用。

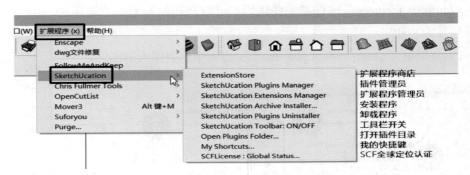

图 10.10.9　SketchUcation 菜单项

8. ExtensionStore 小结

ExtensionStore 确实是一个非常出色的"管理插件的插件"，但是，或许因为它自身和其中的插件全都是英文的界面，或许因为其中有一些收费的插件，又或许它还存在些不尽人意之处……总之它在中国大陆的知名度并不高，其应用一直局限于极少数高水平爱好者的尝试。

至于国内，类似的"管理插件的工具"（统称为"插件管理器"）就更多了。其中有些已经成功运行多年，能够提供稳定的服务；有些还存在各种问题，正在改进中；有些则已经熄火……总体来讲，我国 SketchUp 应用在"插件管理器"方面的努力和表现（除知识产权方面的问题之外）要远优于世界上其他国家。

不想再使用 ExtensionStore 时，可以在"扩展程序管理器"里停用或卸载该程序（名称为 Sketchucation 而不是 ExtensionStore），已经安装的其他插件不会因此而失效。

SketchUp 常用插件手册

SketchUp 常用插件索引

（按首字母与章节顺序排列）

等 级	章节	英 文 名	中 文 名	页码
♥♥♥♥	6.1	1001bit Tools	1001 建筑工具集	293
♥♥	3.5	2DBoolean	2D 布尔	104
♥♥♥	3.14	2D Tools	2D 工具集	125
♥♥	3.8	3D GRID LINE	3D 网格	109
♥♥♥	6.2	3skeng	机电暖通 BIM 工程设计套件	300
♥	10.7	3DF Zephyr 简称 3DF	图像逆向重建工具三	427
♥♥	4.4	AreaTextTag	面积标注	157
♥♥	4.5	Angular Dimension	角度标注	160
♥♥♥	5.13	Artisan Organic Toolset	雕塑工具集一	231
♥♥♥	5.14	Artisan Organic Toolset	雕塑工具集二	236
♥♥♥	5.15	Artisan Organic Toolset	雕塑工具集三	239
♥♥	10.1	Auto Magic Dimensions	自动标注尺寸	420
♥♥	5.17	Bezier Surface	贝兹曲面	247
♥♥	5.18	Bezier Surfaces from Curves	曲线生成贝兹曲面	250
♥♥♥	3.1	BoolTools	布尔群组交错	94
♥♥♥	5.5	Bezier Spline	贝兹曲线	207
♥♥	5.23	Bitmap to Mesh	灰度图转网格（无工具图标）	268
♥♥♥♥	8.3	BabaoMod	八宝模型库	357
♥♥♥	2.9	Chrisp RepairAddFace DWG	DWG 修复工具	71
♥♥	2.18	Groups from Tags/Layers	按图层编组	89
♥♥	2.19	Construct tool	点线工具	90
♥♥	3.3	Cylindrical Coordinates	圆柱坐标（无工具栏）	101

续表

等 级	章节	英 文 名	中 文 名	页码
♥♥	3.10	Curic_axis_v1.1.0	轴工具	114
♥♥♥	3.12	ColorEdge	彩线与虚线	119
♥♥	4.6	CompoSpray	组件喷雾	163
♥♥♥	4.9	CleanUp³	清理大师（无工具栏）	173
♥	4.11	Center of Gravity	质量重心（无工具栏）	177
♥♥	4.15	Curic Face Knife	库里克面刀	183
♥♥♥	5.3	Curviloft	曲线放样	199
♥♥♥	5.4	Curvizard	曲线优化工具	205
♥♥♥	5.29	CurveMaker	铁艺曲线	283
♥♥	6.3	Curic Section	Curic 剖面填充工具	301
♥♥♥	7.3	Compo Spray	组件喷雾工具	329
♥♥	8.4	Click-Kitchen 2	一键厨房（测试版）	358
♥♥	8.5	Curic_make2d	Curic 2D 生成	360
♥♥	8.7	ClothWorks	布料模拟	362
♥♥	9.6	Color Maker	颜色制造者	381
♥♥♥	9.15	Color Paint	调色板	407
♥♥	5.7	Draw Ring	莫比乌斯环（无工具图标）	215
♥♥♥	6.5	DIBAC for SketchUp	建筑绘图工具	303
	2.14	Edge tools	边界工具	79
♥♥♥	5.1	Extrude Tools	曲面放样工具包	188
♥♥	8.6	Eneroth Random Selection	随机选择	361
♥♥♥	10.10	ExtensionStore	插件管理器	430

续表

等 级	章节	英 文 名	中 文 名	页码
♥♥♥♥	2.12	JF MoveIt（Mover）	精确移动	74
♥♥♥♥	2.1	LibFredo6 等	库文件（重要）	36
♥♥♥♥	2.10	Make Face	自动封面	72
♥♥	3.19	Mouse Gesture	鼠标手势	141
♥♥♥	6.8	Medeek Wall	Medeek 墙结构	310
♥♥♥	6.13	Magiz	一键建筑造型	317
♥♥♥	7.4	Modelur	参数化城市设计	332
♥♥	9.7	Munsell Maker	蒙赛尔色彩生成器	383
♥♥♥	9.8	Material Replacer	材质替换	388
♥♥♥	9.9	Material Resizer	材质调整	389
♥♥♥	5.21	NURBS Curve Manager	曲线编辑器	258
♥♥♥♥	2.16	PerpendicularFaceTools	路径垂面工具	87
♥♥♥♥	3.15	Place Shapes Toolbar	基本形体工具条	130
♥	4.1	Parametric Modeling	参数化建模一（无工具栏）	144
♥♥	4.10	Polyhedra	规则多面体（无工具栏）	176
♥♥	6.13	Pumap	一键风格地图	317
♥♥♥	8.1	Profile Builder 3	参数化轮廓建模	353
♥♥	10.5	Photoscan，Agisoft Metashape	图像逆向重建工具一	424
♥♥♥	2.15	QuadFaceTools	四边面工具	81
♥♥	6.9	Quantifier Pro	计量器	311
♥♥♥♥	2.5	RoundCorner	弗雷多倒角	63
♥♥	3.4	Raylectron Platonic Solids	柏拉图多面体	103

续表

等 级	章节	英 文 名	中 文 名	页码
♥♥	3.7	Random Tools	随机工具	107
♥♥	4.8	Revcloud	云线（无工具栏）	172
♥♥	7.5	Random Entity Generator	随机对象生成器	340
♥♥	7.1	RpTreeMaker	创建植物	322
♥	10.6	RealityCapture	图像逆向重建工具二	425
♥♥♥♥	2.8	Selection Toys	选择工具	70
♥♥♥	2.13	Solid inspector2	实体检测修复	75
♥♥♥♥	2.17	Select Curve	选连续线	88
♥♥♥	2.20	SUAPP	SUapp 基础版	91
♥♥	3.2	S4U To Components	点线面转组件	97
♥♥♥	3.6	Skimp	模型转换减面	106
♥♥	3.9	SteelSketch	创建型材	112
♥♥♥	3.13	Solid Quatify	实体量化（无工具栏）	123
♥♥	4.13	Skydome	球顶背景	180
♥♥	4.14	Simplify contours	简化等高线（无工具栏）	183
♥♥	4.16	Slicer	切片	185
♥♥	5.8	Superellipse	张力椭圆（无工具图标）	216
♥♥♥	5.9	Soap Skin & Bubble	肥皂泡	217
♥♥	5.11	SurfaceGen	参数曲面	221
♥♥♥	5.12	Scale By Tools	干扰缩放	224
♥♥	5.19	Stick Groups to Mesh	曲面黏合	253
♥♥♥	5.24	SUbD	参数化细分平滑	271

续表

续表

等 级	章节	英 文 名	中 文 名	页码
♥♥♥	9.14	Thru Paint	穿透纹理	403
♥♥	4.3	Unwrap and Flatten Faces	展开压平	154
♥♥	6.11	Undet for SketchUp	点云逆向建模	314
♥♥♥	9.1	UV Tools	UV 工具	368
♥♥♥	9.2	UV Toolkit	UV 工具包	369
♥	10.2	Universal Importer	通用格式导入和减面	421
♥	4.2	VIZ Pro	参数化建模二	149
♥♥	5.10	Voronoi + Conic Curve	泰森多边形圆锥曲线	219
♥♥♥	5.22	Vertex Tools	顶点工具箱2	259
♥♥	10.9	Vector Magic	位图矢量化工具二	429
♥♥♥♥	8.2	Yunku	云中库	355
♥♥	4.7	Zorro2	佐罗刀（无工具栏）	171
♥♥	5.25	FloorGenerator	铺装生成器（补遗）	277